长江江苏段河道演变规律及综合治理关键技术

苏长城　闻云呈　周东泉　夏云峰　罗龙洪　著

河海大学出版社
HOHAI UNIVERSITY PRESS
·南京·

图书在版编目(CIP)数据

长江江苏段河道演变规律及综合治理关键 / 苏长城等著. -- 南京 : 河海大学出版社,2020.12

ISBN 978-7-5630-6767-1

Ⅰ.①长… Ⅱ.①苏… Ⅲ.①长江—下游河段—河道演变—研究—江苏 Ⅳ.①TV882.2

中国版本图书馆CIP数据核字(2020)第263225号

责任编辑 彭志诚
特约校对 李 萍
封面设计 张育智 刘 冶
出版发行 河海大学出版社
地 址 南京市西康路1号(邮编:210098)
电 话 (025)83737852(总编室)
(025)83722833(营销部)
经 销 江苏省新华发行集团有限公司
排 版 南京布克文化发展有限公司
印 刷 广东虎彩云印刷有限公司
开 本 710毫米×1000毫米 1/16
印 张 19.25
字 数 390千字
版 次 2020年12月第1版
印 次 2020年12月第1次印刷
定 价 88.00元

前言

江苏地处“一带一路”交汇点和长江经济带龙头地带，是“长江经济带”和“长三角一体化”两大国家战略的叠加区。长江江苏段位于长江流域下游河口地区，承泄流域180万km^2的洪水入海，自西向东流经南京、扬州、镇江、泰州、常州、无锡、苏州、南通等八个设区市，长432.5km，流域面积3.86万km^2，约占全省国土面积的40％，承载了全省60％的人口，创造了全省80％的国内生产总值。近年来，随着长江上中游水土资源开发利用，中下游河道、航道整治力度的加大，特别是三峡水库的建成运行、长江口综合整治开发规划和长江南京以下12.5m深水航道整治工程的实施等，长江来水、来沙和工情条件发生了较大变化。为此，水利部门相继实施了南京河段二期整治、新济洲、镇扬三期整治和全省崩岸应急治理等工程，航道部门实施了长江南京以下12.5m深水航道整治工程等。苏南现代化建设示范区规划的实施和沿江经济社会发展也对长江水安全、水资源、水生态环境等提出了更高的要求。贯彻落实长江大保护精神，加强变化环境下长江江苏段河道演变规律研究、河道治理保护技术、多目标下长江河道综合治理协调技术等研究，为长江河道治理、航道整治、岸线保护利用等长江治理保护、管理提供技术支撑十分必要。

本书从长江江苏段基本情况、水沙特性、河床演变规律、河势控制关键技术以及协调治理技术等方面进行编写，全书共分7章，各章主要编写人员如下：第1章由苏长城、罗龙洪、夏云峰等执笔，第2章由杜德军、周东泉、袁文秀等执笔，第3章由吴道文、周东泉、夏云峰等执笔，第4章由徐华、苏长城、袁文秀等执笔，第5章由杜德军、夏云峰、王晓俊等执笔，第6章由闻云呈、张世钊、罗龙洪等执笔，第7章由夏云峰、苏长城等执笔。

长江江苏段的河道治理是一个涉及水利、交通、生态以及社会需求的综合治理，且有些涉水工程竣工时间较短、河床仍处于不断变化中，需要持续观测和研究，书中涉及的一些内容仍需要深入研究。书中存在的欠妥和不足之处敬请读者批评指正。

需要特别说明的是，本书涉及研究成果是在南京水利科学研究院、江苏省水利工程规划办公室、江苏省水利勘测设计研究院有限公司等多家单位的共同努力下完成的，本书的出版还得到了江苏水利科技项目（2020002、2020010）、水利部三峡后续项目（126302001000200002）及南京水利科学研究院专著出版基金的资助，谨此表示感谢。

目录

1 绪论

长江是我国第一大河流，干流全长约 6 300km，总落差约 5 400 m，横贯我国西南、华中、华东三大区，流经青海、四川、西藏、云南、重庆、湖北、湖南、江西、安徽、江苏、上海等 11 个省(自治区、直辖市)注入东海，支流展延至贵州、甘肃、陕西、河南、浙江、广西、广东、福建等 8 省(自治区)，流域面积约 180 万 km^2。

江苏地处“一带一路”交汇点和长江经济带龙头地带，是“长江经济带”和“长三角一体化”两大国家战略的叠加区。长江江苏段位于长江流域下游河口地区，承泄流域 180 万 km^2 的洪水入海，自西向东流经南京、扬州、镇江、泰州、常州、无锡、苏州、南通等八个设区市，长 432.5 km，流域面积 3.86 万 km^2，约占全省面积的 40%，承载了全省 60%的人口，创造了全省 80%的国内生产总值。长江江苏段是流域洪水安全入海的通道、国家南水北调东线工程的水源地、长江黄金水道水上运输大动脉的重要组成部分，还是长江三角洲重要的湿地生态功能区，具有十分重要的战略地位。长江江苏段全线位于感潮河段，既受上游洪水威胁，又受外海高潮特别是风暴潮的袭击，江堤防洪、防冲保坍、控制和稳定河势一直是长江整治和防汛的重要任务。

近年来，随着长江上中游水土资源开发利用、中下游河道、航道整治力度的加大，特别是三峡水库的建成运行、长江口综合整治开发规划和长江南京以下12.5 m深水航道整治工程的实施等，长江来水、来沙和工情条件发生了较大变化。三峡工程蓄水运用以来，大通水文站年均水量变化不大，而输沙量大幅减少。2003—2018年年均输沙量约 1.34 亿 t，而蓄水前的 1950—2002 年，年均输沙量为 4.26 亿 t，上游来沙平均减幅约 80%。下游含沙量减小明显，河床呈现冲刷的趋势，大通站悬沙、底沙各组粒径有增大的迹象。水利部门相继实施了南京河段二期整治、新济洲、镇扬三期整治和全省崩岸应急治理等工程，航道部门实施了长江南京以下 12.5 m 深水航道整治工程等。苏南现代化建设示范区规划的实施和沿江经济社会发展也对长江水安全、水资源、水生态环境等提出了更高的要求。贯彻落实长江大保护精神，加强变化环境下长江江苏段河道演变规律、河道治理保护技术、多目标下长江河道综合治理协调技术等研究，为长江河道治理、航道整治、岸线保护利用等长江治理保护、管理提供技术支撑十分必要。

1.1 概述

长江江苏段的治理，经历了20世纪50年代、70年代的局部保坍（重点部位控制），80年代南京、镇扬两河段的初步系统治理，以及90年代以来的全河段系统治理三个阶段。1998年长江大水后，相继实施了南京河段下关浦口沉排护岸加固，镇扬河段二期整治和扬中河段、澄通河段、河口段（江苏）一期整治工程，南京河段二期整治工程，和畅洲左汊口门控制工程，新济洲河段河道综合整治工程，新通海沙、通州沙西水道、铁黄沙和福山水道综合整治工程等以及交通部门实施的深水航道整治工程。全省境内长江崩岸长度约450 km，累计护岸384 km。长江堤防也先后进行了20世纪50年代、70年代、80年代三次加高培厚，形成了较完善的防洪工程体系。长江江苏段河势得到初步控制，总体基本稳定，达到流域规划防御1954年型洪水的标准。

本书围绕江苏水利改革和发展的中心任务，针对水利现代化建设的关键技术和制约水利发展的短板及薄弱环节，开展长江江苏段河道演变规划及综合治理关键技术研究。在全面开展长江江苏段现状情况调查，收集沿江港口码头、桥梁、基础设施及航道治理、河道整治、洲滩综合整治等工程资料，以及交通航道、河道整治规划等各类规划基础上，分析存在的问题，采用理论研究、河床演变分析、数值模拟和物理模型试验等多重手段开展技术攻关，开展变化环境下长江江苏段水动力、泥沙输移机理、河床演变规律、河势控制关键技术、河势控制与航道治理等协调性及对策等系列化的研究。

变化环境下长江江苏段水动力、泥沙输移机理及河床演变规律研究，包括变化环境下长江江苏段水动力及泥沙输移机理研究、河床冲淤及其演变规律研究和洲滩关联性研究。变化环境下长江江苏段水动力及泥沙输移机理研究主要内容有：变化环境分析，主要分析水情、沙情以及工情等现状及其变化；变化环境下长江江苏段水动力特性研究，主要包括沿程潮汐特性、涨落潮流速特性、涨落潮流量特性等以及沿程高低潮位、潮流量与上游径流、潮差的关系等；变化环境下长江江苏段泥沙输移规律研究，主要包括长江江苏段河床泥沙粒径组成、含沙量的时空及其垂线分布等；还有遥感技术在长江江苏段含沙量分布反演中的应用等。变化环境下长江江苏段河床冲淤及其演变规律研究主要内容有：长江江苏段河床冲淤特性的分析；长江江苏段径潮流共同作用下河床演变规律研究。变化环境下长江江苏段洲滩关联性研究主要内容有：长江江苏段分汊河道纵向（上下游）河床演变关联性研究；长江江苏段分汊河道横向（河段内）河床演变关联性研究等。

变化环境下长江江苏段河势控制关键技术研究，包括长江江苏段河势控制现状分析、不同类型汊道稳定特征、河势控制特点、分汊河道河势控制工程措施及有效性研究。长江江苏段河势控制现状分析主要内容有：河势控制工程现状调查、河势控制工程现状及规划方案的实施状况梳理分析等。长江江苏段不同类型汊道稳定特征及河势控制特点研究主要内容有：不同类型汊道稳定特征分析；河势控制特点、要点分析研究。长江江苏段分汊河道河势控制工程措施及有效性研究主要内容有：变化环境下长江江苏段分汊河道河势控制工程措施研究、河势控制工程有效性分析等。

变化环境下长江江苏段河势控制、航道治理等协调性及对策研究，包括现状及相关规划工程实施后对防洪潮（水）位影响，河势控制、航道治理及洲滩利用协调性和河道综合治理对策研究等。现状及相关规划工程实施后对防洪潮（水）位影响研究主要内容有：现状条件下长江江苏段防洪（潮）水位的研究；规划工程方案实施条件下长江江苏段防洪（潮）水位研究等。变化环境下长江江苏段河势控制、航道治理及洲滩利用协调性研究主要内容有：变化环境下长江江苏段河势控制、航道治理、洲滩利用现状及规划的梳理分析；河势控制、航道治理、洲滩利用现状及规划协调性分析等。变化环境下长江江苏段河道综合治理对策研究主要内容有：新水沙条件、新边界条件及沿江经济社会发展现状的综合分析；变化环境下长江江苏段河道综合治理对策研究等。

1.2 国内研究进展

我国自 20 世纪 50 年代开始实施有关感潮河段河道治理，首先是在西江下游等河段开展河道治理探索，之后是黄浦江和长江口治理。针对不同河道类型及其河道稳定特征进行河道治理，在此基础上，通过稳定河势，进行航道整治。自 20 世纪 90 年代，水利部门开展长江节点治理、河道系统治理，交通部门开始了高等级深水航道整治。通过这些实践，丰富了工程设计、施工经验，使得在河势控制、河道治理、航道整治等方面的研究也更加深入。

1.2.1 河道稳定特征

1.2.1.1 分汊河段及河口段分类

(1) 分汊河道类型划分指标

国际上在河型分类上一般都接受 Leopold 和 Wolman 的倡议，把河流分为网状、弯曲和顺直三种类型。某河段的实际长度与该河段直线长度之比，称为该河段的河流弯曲系数，用 K_a 表示，K_a 值越大，河段越弯曲。一般情况下，K_a 值大于 1.2 时，可以视为弯曲河流；K_a 值小于等于 1.2 时，可以视为顺直河流。分汊河流

与网状河流的差别在于前者是被江心洲分割开的，而后者则是由很多沙洲分割开的。这些江心洲相对于河宽来说尺寸比较大。分汊型河道各汊道之间明显分开，相距甚远，位置也更为固定。在正常水位下某一汊道不一定过水，但它仍是一条活跃的、明显可辨的河槽。

在我国分汊型河流相当普遍，都普遍发育江心洲，按其外形来说又可以分为三种类型：

① 顺直分汊型。各股汊道的河身都比较顺直，弯曲系数 K_a 在 1.0 至 1.2 之间。汊道基本对称，江心洲有时不止一个，但多按上下顺序排列。

② 微弯分汊型。在各支分汊河道中至少有一支弯曲系数较大（1.2～1.5），成为微弯形状。多数是两支简单的汊河，但也有河心存在两个并列的江心洲而形成三股的复式汊道。

③ 鹅头分汊型。各股汊道中至少有一股弯曲系数很大，超过 1.5，成为很弯曲甚至鹅头状。这种类型的江心洲河流多数具有 2 个或 2 个以上的江心洲，分成 3 支或 3 支以上的复式汊道，弯道的出口和直道的出口交角很大。

长江支流、西江、北江的汊道都属于顺直分汊型和微弯分汊型，鹅头型汊道常见于长江中下游。

标志河道分汊程度的指标有不同的形式。习惯的做法是把各股汊道河长的总和与分汊河段沿河谷方向的长度的比值作为分汊指标，称为分汊系数。

在采用分汊河流总长来计算分汊指标时，不可避免地把汊河弯曲系数的影响也引了进来。为了消除这方面的影响，Brice 建议用下列形式的分汊指数（*B. l.*），作为表示分汊型河道流路特性的指标，分汊指数（*B. l.*）大于 1.5 时，才作为分汊型河流。

分汊型河流由河漫滩形成平滩河槽的河岸与河槽中形成的江心洲共同组成分汊型河道的平面形态。由江心洲的形态和排列不同而形成不同的分汊型。分汊型河道的形态由进口展开段、各汊和出口节点及与各汊连接的延伸部分体现出来，还分布于具有不同形态和不同分流比的主汊内。

（2）河口分类

对河口分类问题，国外先后有 D. W. Pritchard、Cameron 和 Pritchard、D. V. Hansen 和 M. Rattray Jr、B. Glenne、Lars Ryderg 和 R. W. Fairbridge 等，分别从河口平面形态、地形、盐度结构、环流形式等方面，对河口分类做过相应的研究。国内自 20 世纪 60 年代开始进行研究。黄胜和葛志瑾从水流特性、泥沙动态两方面，结合地质地貌条件，联系中国的一些潮汐河口，对潮汐河口分类进行了探讨，后来又根据河口的涨落潮流量、含沙量等给出了判别指标；周志德和乔彭年从河口河床演变学的角度，根据“形态与成因”的原则，对潮汐河口的分类作了探讨。常用的河口

分类法主要有：

① 平面形态分类法

根据平面形态分类法，将河口分成两个基本大类：三角洲河口和河口湾，并对其进行了分段(图 1.2-1)。

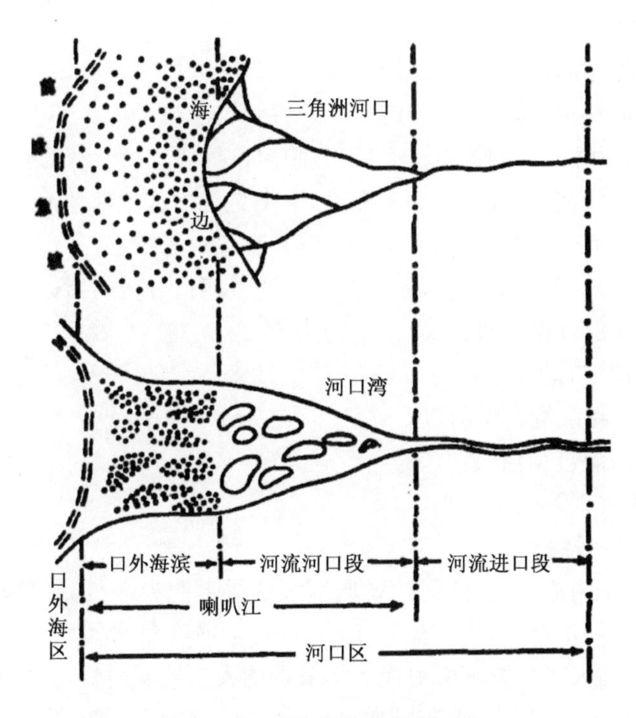

图 1.2-1　三角洲河口和河口湾

根据平面形态分类法分析，长江口属于三角洲河口。这一分类法，仅考虑河口的平面形态，而没有将之与水动力、泥沙等条件结合起来，从发生学进行分类。但此分类法基本概括了河口平面形态的两个基本类型。因此，至今仍有广泛的应用与参考价值。

② 潮差分类法

河口潮汐及其作用河口在海洋潮波的作用下，会出现河口潮汐现象。潮波在河口传播的过程中会发生变形、潮差递减、涨潮历时缩短、落潮历时加长。涨潮流上溯所达到的界限，称为潮流界；潮波影响所及的界限称为潮区界。Davies(1973)和 Hayes(1975)根据河口平均潮差(ΔH)的大小，将河口分为三类：弱潮河口，$\Delta H < 2$ m；中潮河口，2 m$<\Delta H<$4 m；强潮河口 $\Delta H>4$ m。

河口潮差是影响河口过程的海域动力因子之一，通常被用来描述潮汐作用的强弱程度。但实测结果表明，由于受到口外水下地形及河口区地质地貌条件的影响，潮差的大小有时与河口盐淡水混合程度等并不能完全吻合。

③ 水动力和地质地貌条件分类法

黄胜和葛志瑾从水文水力学的角度，分析了潮汐河口冲淤演变的主要因素；从水流特性、泥沙动态两方面，结合地质地貌条件，联系中国的一些潮汐河口，对潮汐河口分类进行了探讨。将河口分为：

(a) 强潮海相河口，如钱塘江河口等。

(b) 弱潮陆相河口，如黄河口等。

(c) 湖源海相河口：如黄浦江河口、射阳河口等。

(d) 陆海双相河口：又可分两个亚类，一类是与山区毗邻的河口，如瓯江口、闽江口；另一类是冲积平原上的河口，如长江口、珠江口等。

此后，黄胜等对此分类法进行了完善，补充了河口分类的指标，将河口分为：

(a) 海相强混合型河口。

(b) 海相缓混合型河口。

(c) 陆海双相缓混合型河口。

(d) 陆相弱混合型河口。

1.2.2.2 分汊河段稳定性特征

(1) 汊道稳定性指标

节点：存在于河岸两侧，由耐冲物质组成的局部边界条件，主要功能是控制河流的摆动幅度及局部格局，使河流趋于稳定，对上或有壅水作用，对下或有挑流作用。人工节点：在人工控制下河道成为多节点的人工控制河流，其作用主要防止主流顶冲下岸线崩退，及深槽、主流贴岸，岸坡冲刷。在两岸交错节点的控制下既控制了河道的摆动，又控制了深槽主流的摆动。

钱宁的《河床演变学》中对节点类型、控制作用进行了分类研究。节点有两岸对峙双节点和单边节点，节点段有长有短，节点间纵向距离变化影响到河型发展，节点纵距与节点间宽度比值在一定范围内，有利于江心洲河型出现。如节点纵距太长，节点对河型发展的控势作用减弱，节点间太近，将限制原有河型的发展。自身有一定长度的双峙节点有利于江心洲河型的形成，有一定长度节点更能控制河道的摆动或主流的摆动。

节点在冲积性河流河床演变中扮演着重要的角色，起着十分重要的作用。节点对河道的控制作用主要体现在：节点的稳定程度、节点断面的宽深比和节点段控导的长度。节点的存在不但对汊道的消长产生深远的影响，而且对分汊型河流的形成及汊道的平面外形起了控制作用。相邻的两个河段由于中间节点的调节作用，上游河段的演变不可能立即对下游河段产生影响，上、下游河段河床演变的关联性逐步减弱，各分汊河段滩槽整体格局不再受上游河段河床演变的控制，历史上

“一滩变，滩滩变”的演变模式大为削弱。

河道的演变除了和河岸组成物质较粗有关以外，和节点钳制作用也有很大关系。弯曲型河流由一系列方向相反的弯道衔接而成。根据长江中下游分汊河段的资料，节点之间河道摆动所能达到的最大宽度与节点纵向间距之间存在着一定的关系。在弯道的组合蠕动过程中，需要一个回旋的空间，形成一个蜿蜒带。蜿蜒带的宽度又称弯道的摆幅。据罗海超、尤联元等的分析，摆幅（B_m）和多年平均流量间存在着指数关系 $B_m=378Q_m^{0.41}$。

(2) 河道稳定性指标

河流的河床纵向稳定程度，自 19 世纪末以来许多科学家、工程师对这个问题进行了研究，俄罗斯著名河道专家娄赫金提出了河床的稳定与河底沉速的直径成正比，与水面比降成反比，公式表示为 $K=\frac{d}{J}$。作为河床纵向稳定指标，K 值愈大，河床纵向变化愈小，即河床的纵向稳定程度愈大。

苏联马卡维耶夫认为稳定系数中应包含河道水深，稳定系数公式表示为 $K_y=\frac{d}{hJ}$，此公式具有相对意义，不能确定冲刷或淤积。

窦国仁认为河床稳定系数与河床流速及底沙起动流速有关。

对于河道的断面稳定性，河床断面形态与上游来水来沙及河床边界条件有关，在河口段由于受潮汐影响，河床断面形态也与涨潮来水及涨潮来沙等因素有关，河床在短期内局部冲淤变化可能较大，如遇特大洪水、风暴潮影响。但从较长时段看河床处于一平衡状态，或接近平衡状态，河床断面形态与来水来沙因素相适应。

河相关系是冲积平原河流与河床长期相互作用下河床几何形态与水流泥沙边界条件的相互关系，不同的河相关系反映不同的水沙条件及边界条件对河床几何形态的影响。

对于河岸稳定性，沿江护岸等工程的实施使得河岸稳定性进一步加强，但随着上游来水来沙的变化调整，沿江崩岸发生的频次有所增加，但崩岸的发生具有突发性和偶然性，机理复杂，现阶段对于崩岸的量化指标较少。

1.2.2 新水沙条件下长江河道治理相关研究

余文畴将长江河道分为顺直型、弯曲型、蜿蜒型和分汊型四类，各类河型又细分为多个河型，并根据汊道在平面的形态尺度，给出了单一河道和分汊河道类型的分区判数，以此对河道的类型进行分类。

卢金友认为，目前长江中下游干流河道的河势稳定性仍较差，其治理应以保持河势稳定、维护健康长江为目标，在加强河道演变观测及人类活动影响等关键性问题研究的基础上，及时修订河势控制规划，因势利导，适时实施河势控制工程。

周东泉等在《江苏省崩岸应急治理工程可研报告》中，对江苏段的河势现状以及存在的问题进行了梳理，提出了崩岸易发生的部位，并提出相应的措施。

潘庆桑认为，河势控制应在掌握河道变化规律的基础上，处理好使用该河段水资源的各部门之间的关系，从顺直微弯型河道、蜿蜒型河道、分汊型河道和游荡型河道等方面，对河势控制进行相关的研究。

臧英平等认为，三峡工程建成后，来水来沙条件发生变化，清水下泄可能引起长江南京段河道发生冲刷，河床冲刷可能引起局部河段河势发生变化、河道岸坡变陡、水流顶冲部位改变、崩岸增加等问题，需加强观测、研究。

胡春燕与侯卫国认为，受上游来沙减少和三峡工程拦沙的影响，长江中下游干流河道将长期处于冲刷调整态势。根据不同河型的演变特点，提出长江中下游干流微弯单一型河段、弯曲型河段和分汊型河道的河势控制基本方向。

1.2.3 长江南京以下 12.5 m 深水航道治理

长江南京以下 12.5 m 深水航道治理工程是现阶段世界上航道里程最长的感潮河段航道整治工程项目。在建设条件(如水沙特征)、治理思路、工程方案和施工安排等方面都存在复杂性和独特性。20 世纪 90 年代，夏云峰等开始了长江三沙河段的治理研究，在前期研究的基础上，航道部门先期对航道整治的重点部位进行了守护，如鳗鱼沙心滩守护、双涧沙守护，为后期 12.5 m 深水航道整治的工程顺利实施奠定了基础。根据“十二五”期间长江黄金水道建设总体推进方案，长江南京以下 12.5 m 深水航道建设工程应按照“整体规划、分期实施、自下而上、先通后畅”的治理思路分期实施。一期工程已于 2015 年 12 月正式竣工验收，二期工程于 2018 年 4 月底通过交工验收，2018 年 5 月 8 日试运行。至此，12.5 m 深水航道由长江口上延至南京。

1.2.4 国内主要河口的治理

世界许多城市均坐落在河口地区，如纽约、伦敦、阿姆斯特丹、上海、天津等，河口地区的工农业和商贸业因河口的特殊位置得以飞速发展，对河口防洪、水运、生态的治理研究越来越得到重视。近代的河口治理始于 19 世纪初，如德国易北(Elbe)河口的疏浚开始于 1834 年，法国卢瓦尔(Loire)洞口整治工程开始于 1834 年，美国哥伦比亚(Columbia)河口整治工程开始于 1882 年。我国河口治理起步较晚，1980 年以后我国才开始对长江、珠江、瓯江等大小河口陆续进行整治和治理，早期整治和治理需求和目的较为单一,主要有河口航道的疏浚与整治,河口挡潮闸工程,河口围垦。随着经济发展和河道整治技术的进步,有必要开始河口河势控制方面的研究,河口河势控制兼顾防洪、航运、水资源利用、生态保护等方面的需求,力求对河口进行系统的、全面的规划和治理。

1.3 国外研究进展

20 世纪初,随着水力学和河相学的诞生,西方发达国家开始现代意义上的治河工程,形成了相关的设计理论指导与方法。以下主要概述几个典型的治理工程进展情况。

(1) 法国塞纳河口治理

塞纳河运输量占法国内河航运量的大部分,河口宽阔,属于强潮河口。河口三角洲区域洲滩密布,航道摆动不定,港口航道淤积严重,近 100 多年来,法国政府投入巨资进行了多次整治。

自 1848 年开始实施第一期整治工程,主要包括顺堤束流、高顺堤加丁坝与潜堤组合、重建北顺堤等,共分为 7 个阶段的工程计划。二战前,主要是凭工程师们的经验确定整治工程方案,工程几经失败。20 世纪 50 年代后,通过模型试验手段进行了整治工程方案布置及其效果的试验研究,逐渐摸索出一套行之有效的整治与疏浚相结合的工程措施。

(2) 美国密西西比河的治理

美国密西西比河下游属蜿蜒性平原河流,河道平面上较为弯曲,其流域面积、径流总量和输沙总量与长江相近,其下游与长江下游相似,但潮汐比长江口弱,河道类型上也略有不同,长江下游多为弯曲多分汊河道。密西西比河航运始于 1705 年,整治工程始于 1836 年,采用简单的疏浚措施,在拦门沙开通了 5.5 m 水深的通海航道,但维护十分困难。之后经 40 余年的反复争论,1875 年提出河口拦门沙治理,采用双导堤整治与疏浚相结合的工程措施,并优化拦门沙航道轴线位置,仅 4 年时间取得了宽 135 m、深 9.1 m 的深水航道,满足了当时航运需求,也使新奥尔良港成为世界著名深水大港。在此之后,不断实施了以航运为主要目标的整治工程,全面提高和改善航道条件。经过 160 余年的摸索治理,实现了万吨级船队通航的目标。

密西西比河治理思路和工程措施,以及研究手段和方法方面,与我国长江江苏段河道治理多有相似之处,前者的河演分析、模拟技术、工程平面设计、建筑物结构型式和材料选择等诸多成果,值得借鉴参考。

(3) 荷兰三角洲工程

19 世纪的莱茵河是当时世界最繁忙的内河航线，通航程达 886 km。但因自然河道入海，三角洲河床不稳，航线经常改道。同时，由于荷兰地势低洼，经常形成洪涝灾害。之后，荷兰启动了庞大的三角洲治理计划，历时 30 多年，在入海口及其他各条入海水道之间建设了一系列具有防潮抗洪、通航、水生态环境保护等功能的挡潮闸，构成了整个三角洲水系统控制工程。同时，在三角洲离河口 30～40 km的上游河段修建了一系列为通航、泄洪和水资源管理服务的水利工程设施。工程建成后，使荷兰西南部地区摆脱了水患的困扰，围垦新增了大片土地，确保了鹿特丹深水大港的地位，以及莱茵河流域的内河航运，并且极大程度地改善了三角洲区域的水生态环境，促进了该地区乃至全荷兰的经济发展。

在荷兰三角洲工程规划实施期间，展开大量的现场测验、河床演变分析、水流泥沙数值模拟计算和河工模型试验等专项研究工作。三角洲治理的主要思路是"总体规划、综合治理、建闸为主、疏浚为辅、分期实施"，工程实施计划和方案也是几经多方比选和反复调整才最终确定。虽然莱茵河与长江相比有诸多不同，但其中工程规划设计的理念，特别是工程建设融入水生态环境保护的理念，新型整治建筑物结构型式和材料选择设计方法，以及水沙动力与河床演变的模拟技术等研究手段和方法等，仍值得借鉴参考。

(4) 德国易北河口治理

德国易北河为中欧主要河道之一，入海河口形成 2.5～15 km 宽的河口湾。易北河下游，自河口上溯至汉堡上方的盖斯特哈赫特，受潮汐影响水位时涨时落，并存在双向流。易北河口段是汉堡港的出海航道，海轮可从北海沿易北河航行而抵达汉堡。历史上曾因种种原因，航道严重堵塞，近乎瘫痪，汉堡港几乎丢失了全部位于东德境内的易北河流域的传统经济腹地。易北河口治理工程始于 20 世纪 70 年代，有关决策由柏林联邦政府、河流流经州及捷克共和国三方共同制定，主要是根据河口潮汐和泥沙运动的规律，依据相关研究工作支撑，采取疏浚与整治工程(长导堤及丁坝)相结合的方法，增强了河道本身的冲刷能力，通过有关河势控制工程措施从而使其满足航运要求。目前易北河的下游与口门出海航道已浚深至 13.5 m，可满足 10 万吨级海轮停泊要求。

由以上国内外研究进展我们看到，河道治理有关研究主要局限于单一河段，长河段的河势控制主要基于河道的平面形态分类进行研究，这期间形成的整治理论和工程技术虽然很多且富有价值，但与长江江苏段情况有所差异，基本难以直接应用。同时随着长江水情、工情、沿江经济和环境需求的提升，长江江苏段的河势控制技术有待深入研究。

1.4 高程系统换算

本书中的高程系统除特别注明外均为1985国家高程基准，平面坐标系为1954年北京坐标系。本地区高程换算见图1.4-1。

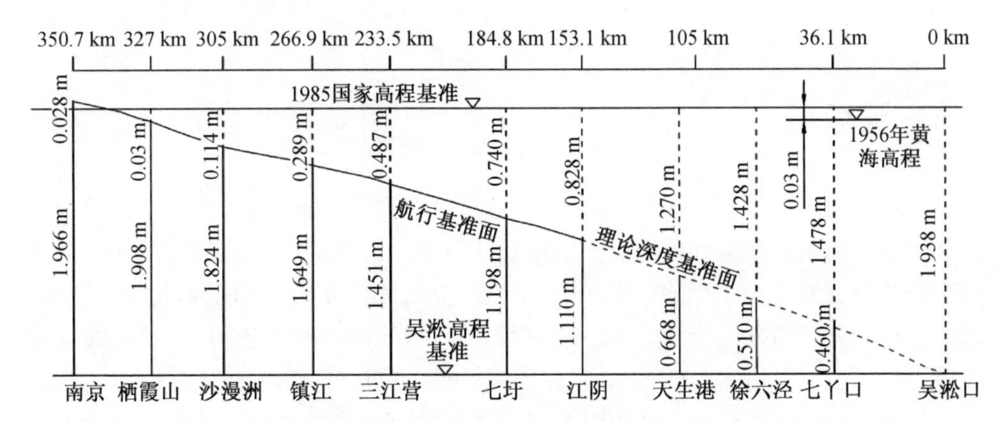

图 1.4-1　工程河段基面换算关系

2 长江江苏段基本情况

2.1 河段概况

江苏地处长江流域下游河口地区，承泄上游 176 万 km^2 的洪水入海。境内长江干流自西向东从苏皖省界的猫子山到长江口北支的前哨村，总长 432.5 km，从上至下分为南京河段、镇扬河段、扬中河段、澄通河段、河口段等五个河段，均是《长江流域综合规划》确定的重点治理河段。长江堤防 1 510 km，其中干流堤防 1 188 km（主江堤 849 km，闸外港堤 339 km），长江岸线总长 1 169.5 km，其中主江岸岸线总长 828.1 km（左岸 444.8 km，右岸 383.3 km），江心洲岸线总长度 341.4 km（含太平洲岸线长度 83.6 km）。通江河流 238 条，万吨级以上码头泊位 320 个，过江桥梁（隧道）13 座，跨岛桥梁 9 座。江心洲 21 个（其中有人居住的 12 个），总面积达 390 km^2，耕地 36 万亩①，人口 43 万人。江苏长江平面形态呈藕节状，总体上均为江心洲发育、宽窄相间的分汊型河段。全境处于潮区界内，受上游径流以及外海潮汐、台风共同影响，水动力条件较为复杂，历史上河线摆动，崩岸频繁，河势不稳，主支汊道易位多次发生，河段汊道众多，滩槽交错，演变关系十分复杂。见图 2.1-1。

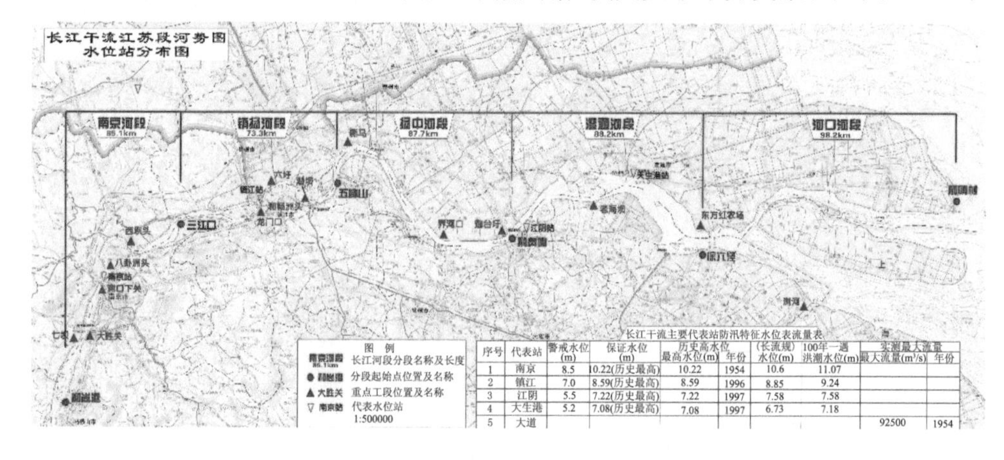

长江干流主要代表站防汛特征水位表流量表

序号	代表站	警戒水位(m)	保证水位(m)	历史高水位		(长流规)水位(m)	100年一遇洪潮水位(m)	实测最大流量	
				最高水位(m)	年份			最大流量(m³/s)	年份
1	南京	8.5	10.22(历史最高)	10.22	1954	10.6	11.07		
2	镇江	7.0	8.59(历史最高)	8.59	1996	8.85	9.24		
3	江阴	5.5	7.22(历史最高)	7.22	1997	7.58	7.58		
4	大生港	5.2	7.08(历史最高)	7.08	1997	6.73	7.18		
5	大道							92500	1954

图 2.1-1 长江江苏段示意图

① 1 亩≈666.7 m^2

2.1.1 南京河段

南京河段上起猫子山下至三江口，主泓长约 85.1 km(图 2.1-2)。猫子山—下三山为新济洲汊道段，猫子山—三江口自上而下有七坝、下关、西坝和三江口四个节点，相邻节点间水域开阔，出现分汊河道，分别为新济洲汊道段、梅子洲汊道段、八卦洲汊道段和龙潭水道。

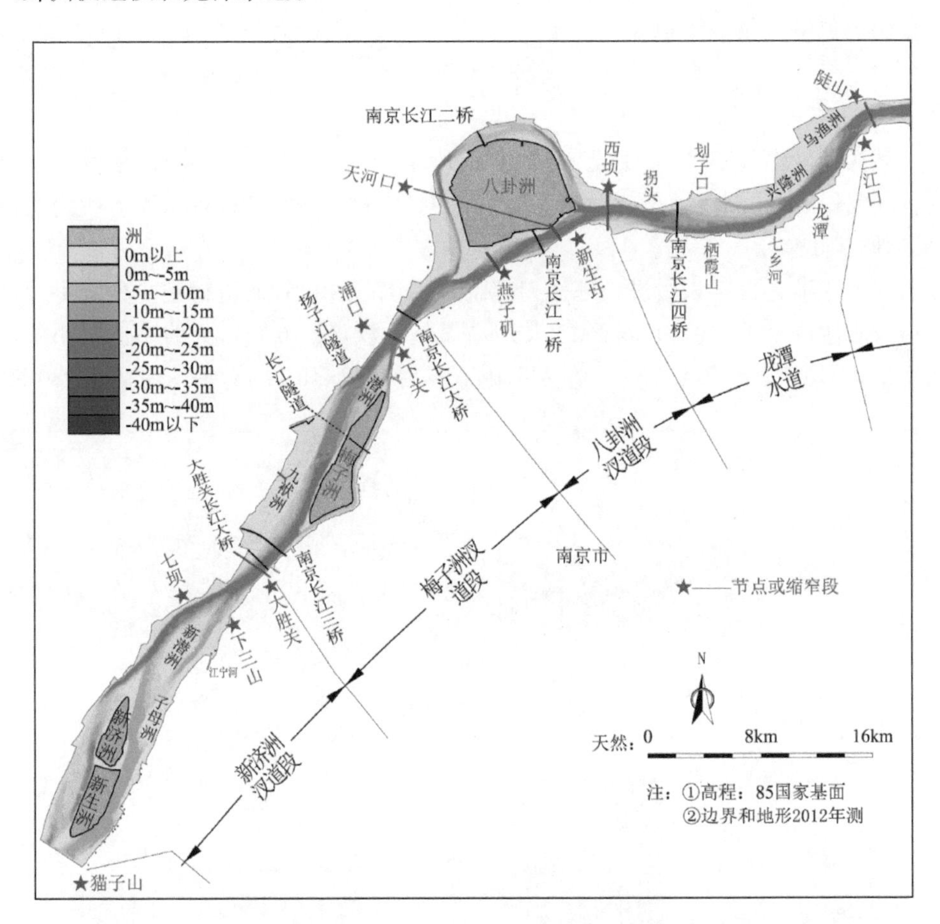

图 2.1-2　长江南京河段河势图

新济洲汊道段上起猫子山下至大胜关，长约 26 km，河道两端宽中间窄，边滩在左岸，右岸为深槽，自上而下有新生洲、新济洲和新潜洲。本段的右岸有秦淮河的入江口。

梅子洲汊道段位于大胜关至南京长江大桥间，主泓长约 21 km，属微弯分汊河型。梅子洲洲体最宽处为 2.7 km，长为 12 km，左汊为主汊，宽约 1.6 km，分流比

维持在 95%左右,分沙比略大于分流比。

八卦洲汊道位于下关至西坝间,主泓长 17 km,属鹅头型分汊河道。分流段自长江大桥到八卦洲头长约 4.2 km,江面逐渐展宽,洲头最宽达 2.1 km。八卦洲汊道汇流后,主流顶冲左岸西坝一带下行,过拐头后逐步过渡进入龙潭水道。

龙潭水道的两端分别由西坝和三江口节点控制,平面形态向南凹进,长约 21.3 km,主流紧贴凹岸下行,深槽紧靠右岸,至弯道末端经三江口挑流过渡到左岸的陡山节点进入仪征水道。

2.1.2 镇扬河段

镇扬河段上起三江口,下至五峰山,河段全长约 73.3 km,按河道平面形态分为仪征河段、世业洲汊道段、六圩弯道段和和畅洲汊道段,和畅洲汊道下段为大港水道(图 2.1-3)。

仪征水道近百年来受进口三江口、陡山一对节点控制,河道稳定少变。世业洲汊道自泗源沟至瓜州渡口,长 24.7 km,右汊是主汊,长 16 km,为曲率比较小的弯曲河道,平均河宽约 1 450 m。左汊呈顺直型,为支汊,长 14 m,平均河宽约 880 m。

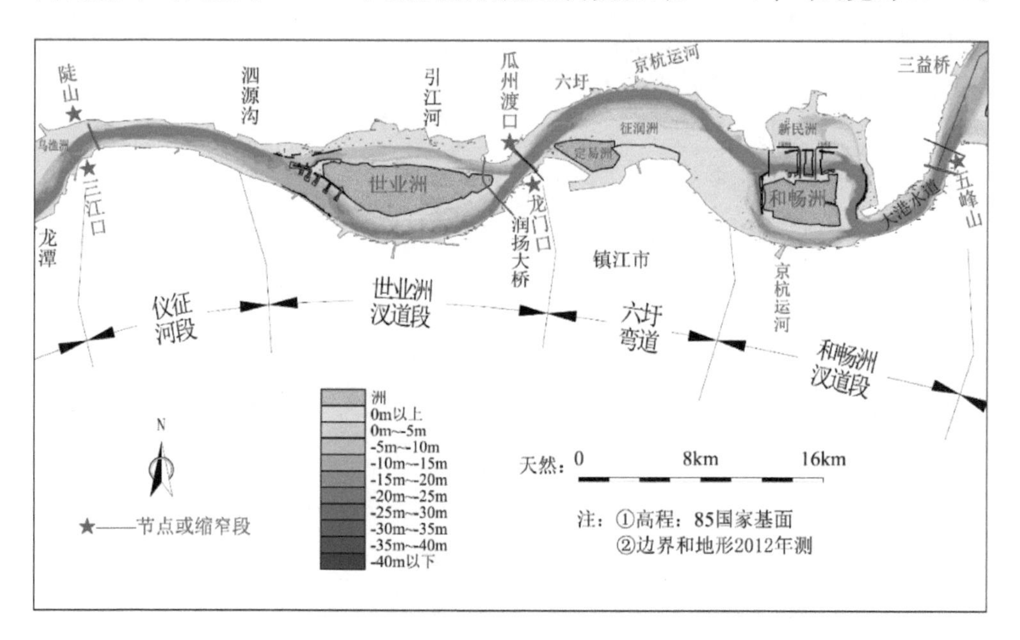

图 2.1-3 镇扬河段河势图

六圩弯道自瓜洲渡口至和畅洲汊道进口,长约 19 km,进出口河宽分别约为 1 480 m 和 1 300 m,弯顶附近可达 2 350 m,为两端窄中部宽的弯道。

和畅洲汊道自汊道进口至五峰山,长约 18.5 km,汊道左汊长 11 km,右汊长

10 km。汊道分流区左右侧分别为人民滩和征润州尾滩，洪水期滩面宽阔，进出口段的河宽分别为 1 300 m 和 1 500 m。和畅洲体在平面上呈方形，汊道接近鹅头型。

和畅洲尾至五峰山为大港水道，多年来河道较为稳定，平均河宽为 1 500 m 左右，为曲率适度的弯曲河道。

2.1.3 扬中河段

扬中河段上起五峰山下至鹅鼻嘴，长约 87.7 km，上承镇扬河段，下接澄通河段，其中太平洲右汊长 44 km，左汊长 49 m。太平洲洲体长为 31.5 km，最宽处 9.8 km，是长江下游最大的江心洲。扬中河段的入流段与出口段为微弯形单一河道，由五峰山和鹅鼻嘴两组节点控制(图 2.1-4)。

扬中河段进口五峰山节点处河宽最窄为 1.1 km。大港水道因受右岸微弯形山丘节点的控制，深槽紧靠右岸。

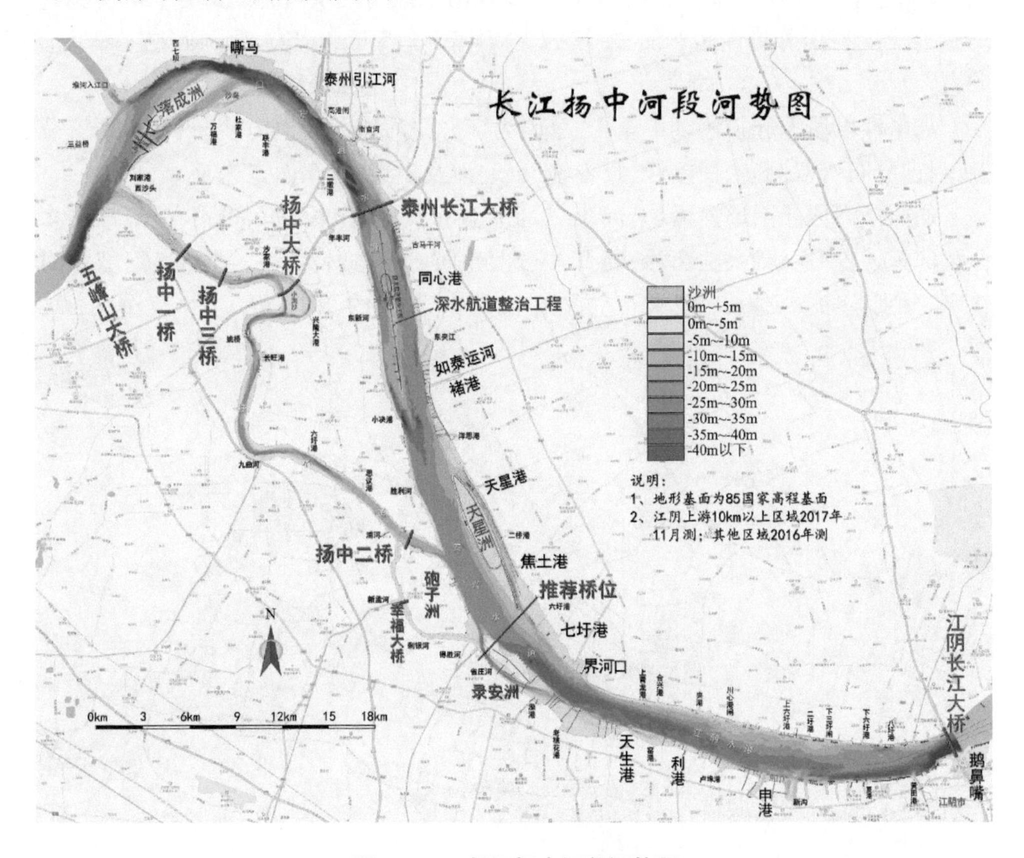

图 2.1-4 长江扬中河段河势图

五峰山以下河道展宽形成太平洲汊道，太平洲左汊是主汊，江宽水深，多年来

分流比维持在90%左右，右汊是支汊，窄浅而弯曲。

太平洲左右汊汇合口下游江阴河道平面形态为两端窄中间宽，进口处受右岸天生港矶头导流岸壁控制，河宽约2.0 km，出口鹅鼻嘴处河宽仅1.4 km，中间最宽处达4.4 km，并在南岸芦埠港至夏港之间分布有长约9 km，宽约1.0～1.5 km的水下边滩。

2.1.4 澄通河段

澄通河段上起鹅鼻嘴下至徐六泾，长约88.2 km，上承扬中河段，下接长江口南支河段。由福姜沙汊道、如皋沙群段及通州沙汊道组成(图2.1-5)。

福姜沙汊道上起江阴鹅鼻嘴下至护漕港。进口由鹅鼻嘴和炮台圩对峙节点控制，江面宽度仅1.4 km，往下江面逐渐展宽，分汊前展宽段长约9 km，分汊前江面宽4 km左右。下游福姜沙分汊河段，右汊福南水道为支汊，长16 km，平均河宽约1 km，河床窄深，外形向南弯曲；左汊为主汊，长近12 km，河宽3.1 km左右，外形顺直。

如皋沙群段上起护漕港下至十三圩，为多分汊河道。河道内沙洲罗列，水流分散，目前分布有双涧沙、民主沙、长青沙、泓北沙及横港沙，江面宽达6 km以上。

通州沙河段属澄通河段，上起十三圩下至徐六泾，全长约39 km，为暗沙型多分汊河道，江中通州沙、狼山沙、新开沙以及铁黄沙等沙体发育。进出口河宽相对较窄，分别宽约5.7 km、4.5 km左右，中间放宽，最大约9.4 km。

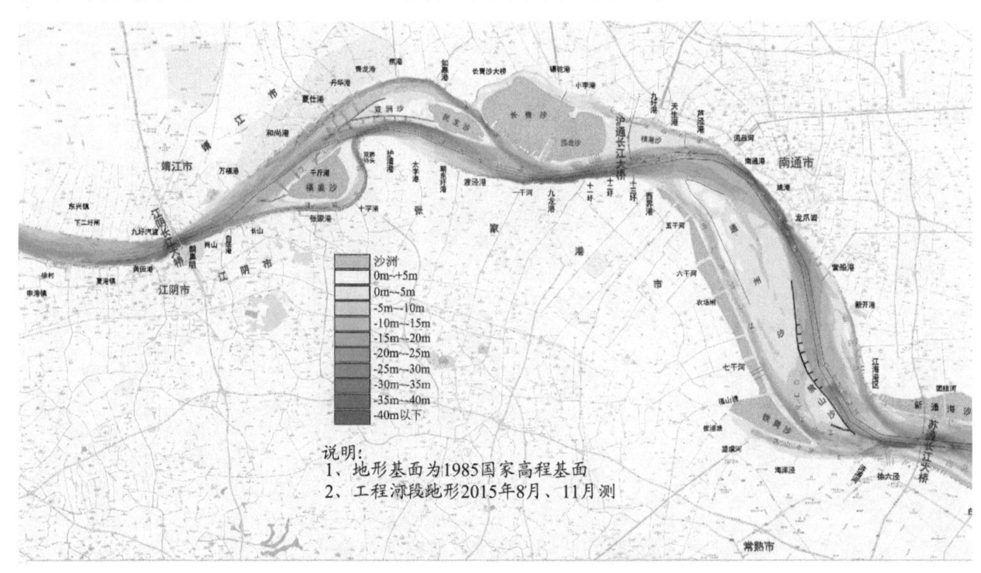

图2.1-5 长江澄通河段河势图

2.1.5 长江河口段(江苏)

长江口南支河段上起徐六泾下至吴淞口,全长约 70 km。河道上接通洲沙水道,下与南、北港相连。南、北支分汊口位于南支上段,徐六泾江面宽约 4.5 km,白茆口以下江面展宽到 10.0 km,到七丫口处江面略微收缩,七丫口以下又逐渐放宽,至吴淞口江面宽度达 17.0 km。南支河段以七丫口为界分为南支上段及南支下段。长江河口段河势图如图 2.1-6 所示。

南支上段微弯,河段中有白茆沙及白茆沙南、北水道,白茆沙为水下暗沙。长江主流自徐六泾节点段进入白茆沙南水道,分流比约占 65%左右。白茆沙南北水道汇合后进入宝山水道。

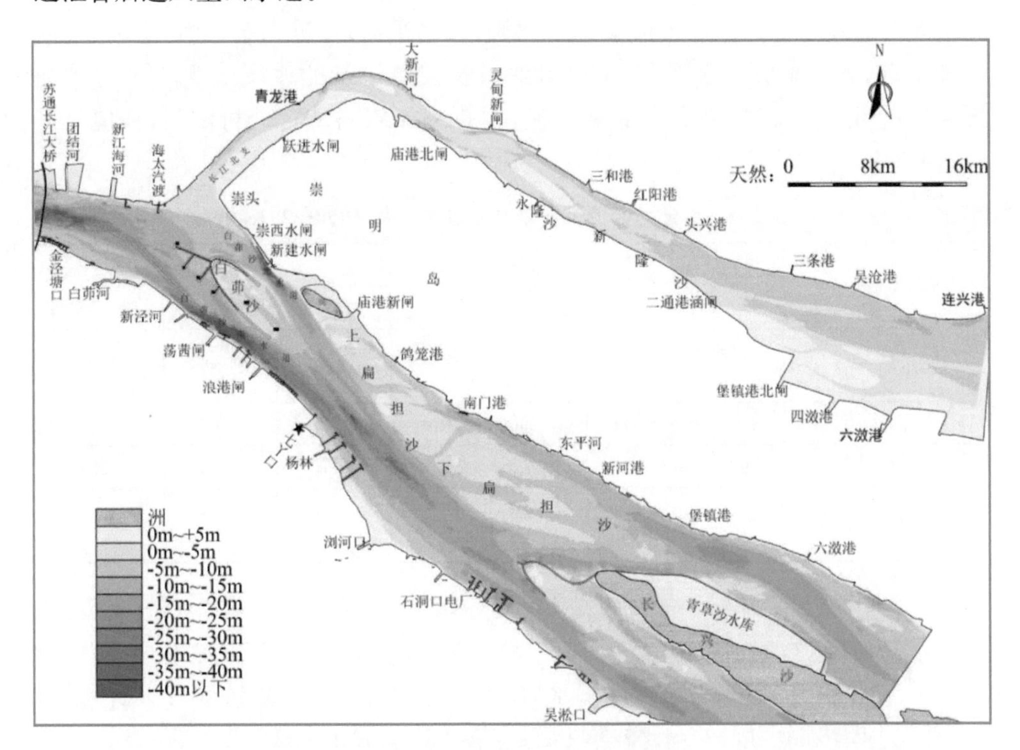

图 2.1-6 长江河口段河势图

南支下段顺直,河段内有扁担沙、浏河沙、中央沙等暗沙,主槽在浏河口附近分为两股水流,分别进入南、北港。新浏河沙、中央沙与南岸之间为新宝山水道,是通往南港的主要水道,扁担沙与中央沙之间的通道为新桥通道,是通往北港的主要水道,扁担沙与崇明之间为新桥水道。

北支河段位于崇明岛以北,为长江出海的一级汊道。北支河段西起崇头东至连兴港，全长 83 km。北支河道平面形态弯曲，弯顶在大洪河至大新河之间，弯顶上下河道均较顺直，北支河床宽浅，洲滩淤涨围垦并岸，进口崇头断面河宽约3.0 km，出海口连兴港断面宽约 12.0 km，最窄处青龙港断面宽 2.1 km。目前北支为涨潮流占优势的河道，常形成对长江南支河段的水、沙、盐倒灌。

2.2 来水来沙条件

2.2.1 径流及泥沙

长江下游最后一个水文站大通站，距南京河段进口猫子山约 167 km。大通站以下较大的入江支流有安徽的青弋江、水阳江、裕溪河，江苏的秦淮河、滁河、淮河入江水道、太湖流域等水系，入汇流量约占长江总流量的 3%～5%。大通站的径流资料可以代表本河段的上游径流，根据该站资料统计分析，其特征值见表 2.2-1。

表 2.2-1 大通站径流及沙量特征值统计表(1950—2018 年)

类别	最大	最小	平均		
			总平均	三峡蓄水前	三峡蓄水后
流量(m^3/s)	92 600(1954 年 8 月 1 日)	4 620(1979 年 1 月 31 日)	28 302	28 655	27 130
径流总量($\times 10^8$ m^3)	13 454(1954 年)	6 696(2011 年)	8 959	9 075	8 584
输沙量($\times 10^8$ t)	6.78(1964 年)	0.72(2011 年)	3.55	4.26	1.34
含沙量(kg/m^3)	3.24(1959 年 8 月 6 日)	0.016(1993 年 3 月 3 日)	0.400	0.47	0.156

一年当中，最大流量一般出现在 7、8 月份，最小流量一般在 1、2 月份。径流在年内分配不均匀，5—10 月为汛期。三峡水库蓄水前，其径流量占年径流总量 71.1%、沙量占 87.2%；三峡水库蓄水后，其径流量占年径流总量 67.6%、沙量占 78.4%，表明汛期水量、沙量比较集中，沙量集中程度大于水量。

长江水体含沙量与流量有关。三峡蓄水前，多年平均含沙量约为 0.47 kg/m^3，而洪季为 0.61 kg/m^3；三峡蓄水后，多年平均含沙量约为 0.16 kg/m^3，而洪季约 0.18 kg/m^3。径流、泥沙在年内分配情况详见表 2.2-2，历年径流、输沙总量分布见图 2.2-1。

表 2.2-2 大通站多年月平均流量、沙量统计表

月份	流量				多年平均输沙率				多年平均含沙量(kg/m³)	
	平均流量(m³/s)		年内分配(%)		平均输沙率(kg/s)		年内分配(%)			
	蓄水前	蓄水后	蓄水前	蓄水后	蓄水前	蓄水后	蓄水前	蓄水后	蓄水前	蓄水后
1	10 900	13 640	3.2	4.2	1 130	1 050	0.7	2.1	0.104	0.077
2	11 600	14 160	3.4	4.3	1 170	950	0.7	1.9	0.102	0.067
3	15 900	19 290	4.6	5.9	2 450	2 280	1.5	4.5	0.154	0.118
4	24 100	23 810	7.0	7.3	5 950	3 120	3.7	6.2	0.247	0.131
5	33 700	31 730	9.8	9.7	12 000	4 630	7.4	9.1	0.357	0.146
6	40 400	40 150	11.7	12.3	17 200	6 650	10.6	13.1	0.426	0.166
7	51 000	46 840	14.8	14.4	37 400	10 100	23.1	19.9	0.733	0.216
8	44 300	40 600	12.9	12.5	31 000	8 270	19.2	16.3	0.699	0.204
9	40 800	34 350	11.9	10.6	27 010	6 760	16.7	13.3	0.663	0.197
10	33 900	25 750	9.9	7.9	16 910	3 380	10.5	6.7	0.499	0.131
11	23 000	19 860	6.7	6.1	6 910	2 160	4.3	4.3	0.300	0.109
12	14 200	15 380	4.1	4.7	2 520	1 330	1.6	2.6	0.178	0.087
5～10月	40 670	36 570	71.0	67.4	23 590	6 630	87.5	78.5	0.580	0.181
年平均	28 650	27 130			13 470	4 223			0.474	0.156

备注：流量根据 1950—2018 年资料统计；输沙率、含沙量根据 1951 年、1953—2018 年资料统计；三峡蓄水以 2003 年为准。

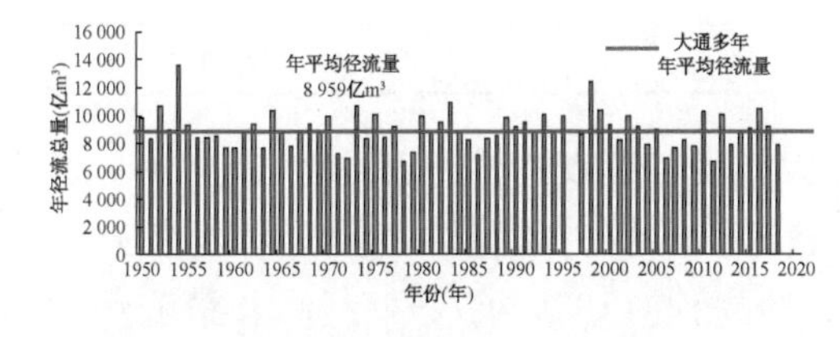

(a) 大通历年径流总量(1950—2018 年)

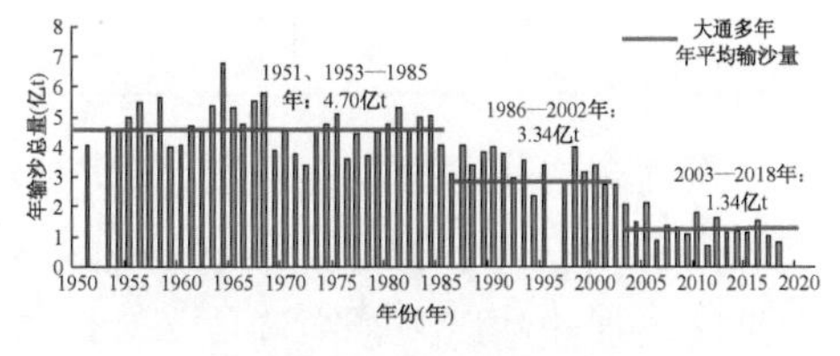

(b) 大通历年输沙总量(1951—2018 年)

图 2.2-1 1950—2018 年大通站历年径流总量、历年输沙总量分布

图 2.2-2 为三峡蓄水前后大通站多年月均径流量、输沙量对比图。可见，三峡水库蓄水后，洪季流量减少有限，枯季时个别月份流量有所增加；而洪季沙量减少程度明显，而枯季总体上输沙量较小，蓄水后输沙量有所减少但幅度不大。

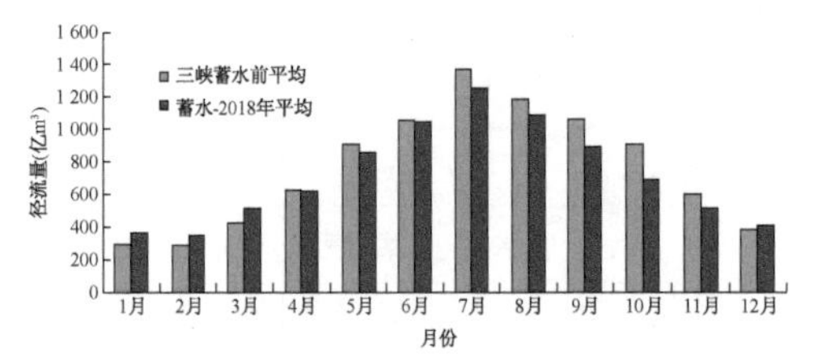

(a) 大通站三峡蓄水前后月均径流量比较

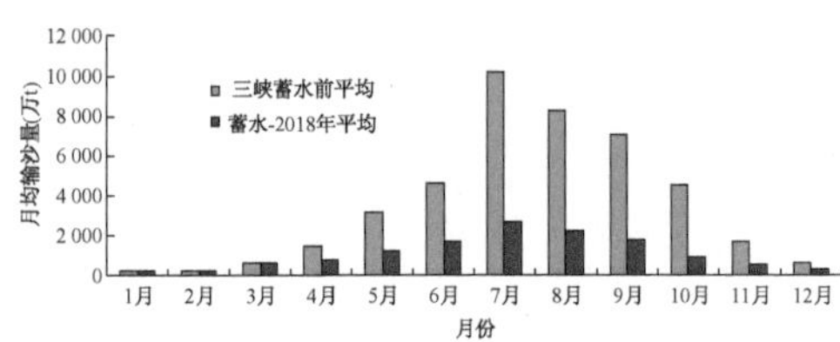

(b) 大通站三峡蓄水前后月均输沙量比较

图 2.2-2　大通站三峡水库蓄水前后月均径流量、输沙量对比

2.2.2　潮汐和潮流

长江口为中等强度潮汐河口，本河段潮汐为非正规半日浅海潮，每日两涨两落，且有日潮不等现象，在径流与河床边界条件阻滞下，潮波变形明显，涨落潮历时不对称，涨潮历时短，落潮历时长，潮差沿程递减，落潮历时沿程递增，涨潮历时沿程递减。其潮汐统计特征值如表 2.2-3。

表 2.2-3　大通以下沿程各站的潮汐统计特征(1985 国家高程基准)　　单位:m

特征值	站名								
	大通	芜湖	南京	镇江	三江营	江阴	天生港	徐六泾	杨林
最高潮位	14.7	10.99	8.31	6.70	6.14	5.28	5.16	4.83	4.50
最低潮位	1.25	0.23	−0.37	−0.65	−1.10	−1.14	−1.50	−1.56	−1.47
平均潮位	6.72	4.64	3.33	2.63	1.95	1.27	0.97	0.77	0.23
平均潮差	—	0.28	0.51	0.96	1.19	1.69	1.82	2.01	2.19
最大潮差	—	1.11	1.56	2.32	2.92	3.39	4.01	4.01	4.90
最小潮差	0	0	0	0	0	0	0.0	0.02	0.01

最高潮位通常出现在台风、天文潮和大径流三者或两者遭遇之时，其中台风影响较大。1997 年 8 月 19 日(农历七月十七日)，11 号台风和特大天文大潮遭遇，天生港站出现建站以来最高潮位 7.08 m(吴淞高程)，1996 年八号台风，正值农历六月十七天文大潮，遭遇上游大洪水(长江大通站流量达 72 000 m^3/s)，江阴出现历史上最高潮位。

长江口潮流界随径流强弱和潮差大小等因素的变化而变动，枯季潮流界可上溯到镇江附近，洪季潮流界可下移至西界港附近。据实测资料统计分析可知，当大通径流在 10 000 m^3/s 左右时，潮流界在江阴以上，当大通径流在 40 000 m^3/s 左右时，潮流界在如皋沙群一带，大通径流在 60 000 m^3/s 左右时，潮流界将下移到芦泾港—西界港一线附近。见图 2.2-3。

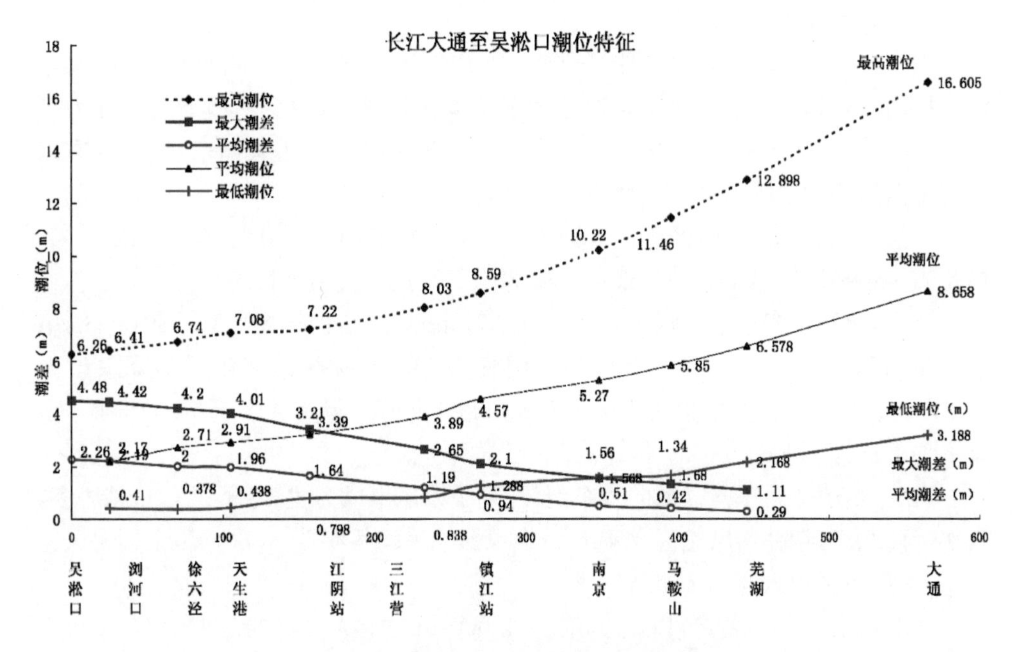

图 2.2-3　长江大通—吴淞口沿程潮位特征

2.3　气象条件

江苏省长江流域处于湿润的亚热带季风气候区范围。四季分明，冬季受高空西北环流控制，天气晴朗，寒冷干燥，降水为全年最少季节。夏季由于太平洋副热带高压增强，温暖湿润的水汽吹向大陆，天气炎热，雨量充沛，降水为全年最多季节。5、6 月份太平洋暖气团北伸到长江与南岭之间，一般年份 6 月中旬前后抵达长江两岸。因此，冷暖气团在长江下游地区相遭遇，江淮之间在冷暖气流的交汇下，锋面活动显著，形成连绵的梅雨，是本流域的主要雨季，其特点是持续时间较长，降水笼罩面积大，多年平均梅雨量 220 mm，最大梅雨量 573 mm。8、9 月份本流域处于副热带高压控制下，台风活动频繁，尤其是在副高偏北偏西的天气形势下，台风极易侵袭本流域，构成台风暴雨。因此，6—9 月份是雨季，降水量占全年降水量的 65%～70%。

由于季风气候的影响和气象的周期性变化，年降水量的年际变化较大，根据近 60 年实测资料统计，年降雨量最多的年份，降雨量实测可达 1 500～1 700 mm，最少的年份仅 450～600 mm，极值比在 3.0～4.5。年降水量的多寡，在一定程度取决于梅雨量的大小和台风影响的频次。

(1) 南京河段、镇扬河段

南京—镇江河段地处亚热带季风区，临江近海、气候温和、四季分明、雨水丰沛，“梅雨”“台风”等地区性气候特征明显。本区域 3—5 月为春季；6—8 月为夏季；9—11 月为秋季；12 月—次年 2 月为冬季。冬季盛行西北风和东北风，夏季以东南方向的海洋季风为主，春、秋季为过渡期，以偏东风为主。

气温：镇江市多年平均气温 15.4 ℃，最高气温 41.1 ℃，最低气温 −12.9 ℃；扬州市多年平均气温 14.8 ℃，最高气温 39.8 ℃，最低气温 −18.5 ℃。

降水：镇江市多年平均降水量为 1 043.8 mm，最大年降雨量为 1 601.0 mm，最小年降雨量为 457.6 mm，多年平均雨日为 116 d；扬州市多年平均降水量为 1 027.8 mm，最大年降雨量为 1 520.7 mm，最小年降雨量为 488 mm(1978 年)，多年平均雨日为 114 d。

风况：本地区全年盛行风向为东南风，夏季以东南风为主，冬季以东北风居多，其次为西北风，年平均风速为 3.4 m/s；台风影响平均每年 2～3 次。历年最大风速 16 m/s，历年平均风速 3.7 m/s。

雾况：该河段一次雾日(能见度在 1 000 m 之内)发生的最长持续时间为 18 h 2 min，最短持续时间为 3 min。其历年年最多 11 d(1979 年)，历年年最少 1 d(1975 年)，历年平均 6.5 d(1975—1984 年)。

(2) 扬中河段

扬中河段地处亚热带季风区，临江近海、气候温和、四季分明、雨水丰沛，“梅雨”“台风”等地区性气候特征明显。本区域 3—5 月为春季；6—8 月为夏季；9—11 月为秋季；12 月—次年 2 月为冬季。冬季盛行西北风和东北风，夏季以东南方向的海洋季风为主，春、秋季为过渡期，以偏东风为主。根据江阴气象站多年实测资料分析，各气象特征值分述如下。

气温：多年平均气温 15.2 ℃，最高年平均气温 19.6 ℃，最低年平均气温 11.5 ℃，多年最高气温 38 ℃，多年最低气温 −14.4 ℃，最低月平均气温 2.3 ℃，最高月平均气温 27.8 ℃。

降水：年均 1 002.6 mm，年最大 1 342.5 mm，年最小 583.9 mm，1 d 最大降水量 219.6 mm，多年平均降雨天数大于 0.1 mm 有 124 d，大于 5.0 mm 有 50 d，大于 10 mm 有 30 d，大于 25 mm 有 20 d，大于 50 mm 有 3 d。

风况：多年最大风速 27 m/s，年均 2.9 m/s，6 级以上大风天数，年平均 15 d，历年最多 49 d，8 级以上大风天数，年平均 8 d，历年最多 26 d。

雾况：本地雾日相对较多，一般发生在冬、春季的清晨及夜间，上午 10 时以后消散。年平均雾日 29.6 d，能见度<1 000 m 的雾日，年平均 6.5 d，年最多 11 d，多年持续至上午 8 时后的雾日 8 d。

(3) 澄通河段、长江河口段

澄通河段地处亚热带季风气候区，四季分明，雨量丰沛，台风雨和梅雨气候明显。境内冬季盛行大陆西北风，寒冷少雨；夏季盛行海洋东南风，炎热多雨，寒潮和台风过境时风速较大。台风雨和梅雨气候明显；春、秋两季为冬夏季风交替时期，气候多变。其气象特征如下(根据南通气象站多年统计的资料)。

气温：多年平均气温 15.1 ℃，极端最高气温 39.5 ℃(2003 年 9 月 2 日)，极端最低气温－10.8 ℃(1997 年 1 月 31 日)。

降雨：年平均降雨量 1 074.1 mm，最大年降雨量 1 795.1 mm(1921 年)，最小年降雨量 490.5 mm(1922 年)。

风况：本地区主要风向以偏东风为主，夏季多偏南风，冬季多偏北风，春、秋季为过渡期，以偏东风为主。台风大部分发生在 7～9 月，台风一般 6－8 级，最大为 12 级。1997 年 11 号台风时，实测最大瞬时风速达 20.0 m/s。年平均风速 3.4 m/s，年最大风速 26.3 m/s(1960 年 7 月 7 日，偏东北风)。

雾况：雾日以秋季(10 月和 11 月)为最多，冬季(2 月和 3 月)为最少，雾时一般较短。年平均雾日数 30.9 d，年最多雾日数 60 d，年最少雾日数 5 d。

雷暴：年均雷暴日数 33 d，年最多雷暴日数 53 d，年最少雷暴日数 15 d。

2.4 入江支流

大通以下沿江两岸汇入长江的支流较多，左岸主要有土桥河、凤凰颈、裕溪河、石跋河、驻马河、老江口、泗马山河、马汊河、滁河、苏北运河、淮河入江水道、泰州引江河以及仪六丘陵区、通扬和通吕通启地区的诸多通江河道汇入长江；右岸主要有大通河、荻港河，九华河、青弋江、水阳江、漳河、古溪河、清江、秦淮河、江南运河、新孟河、新沟河、走马塘、望虞河以及太湖地区、秦淮河地区、固城石臼湖地区等水系汇入长江。入江支流中青弋江、水阳江入江流量相对较大。淮河入江水道是淮河下游的干流，承泄上、中游 66%～79%的洪水，它上起洪泽湖三河闸，经淮安、扬州二市十县(市、区)及安徽省天长市，至三江营汇入长江，全长 157.2 km，设计行洪流量 12 000 m^3/s。沿程河、湖、滩串并联，地形、地貌、植被较为复杂，上段为新三河、金沟改道段；中段为高邮湖、新民滩、邵伯湖串联，下段由六条河道先分后合汇入夹江后与长江沟通。淮河入江口位于口岸直水道三江营附近。淮河水沙来量主要集中在汛期 7—9 月。青戈江、水阳江以及淮河入江水道示意图如图 2.4-1 所示。

根据统计青弋江、水阳江等多年平均流量总和只占大通流量的 1.2%，淮河入江水道年平均流量约 360 m^3/s(表 2.4-1)，占大通站多年平均流量约 1.25%。总的来说，这些支流的数量虽多，但它们的流量与长江干流站大通站的流量相比则相对较少。本次研究过程中，为研究分析支流汇入对长江水位的影响，淮河入江水道入江水量按照设计流量 12 000 m^3/s 选取；青弋江与水阳江入江流量按照 3 000 m^3/s 选取。三江营站点多年潮位变化如表 2.4-2 所示。

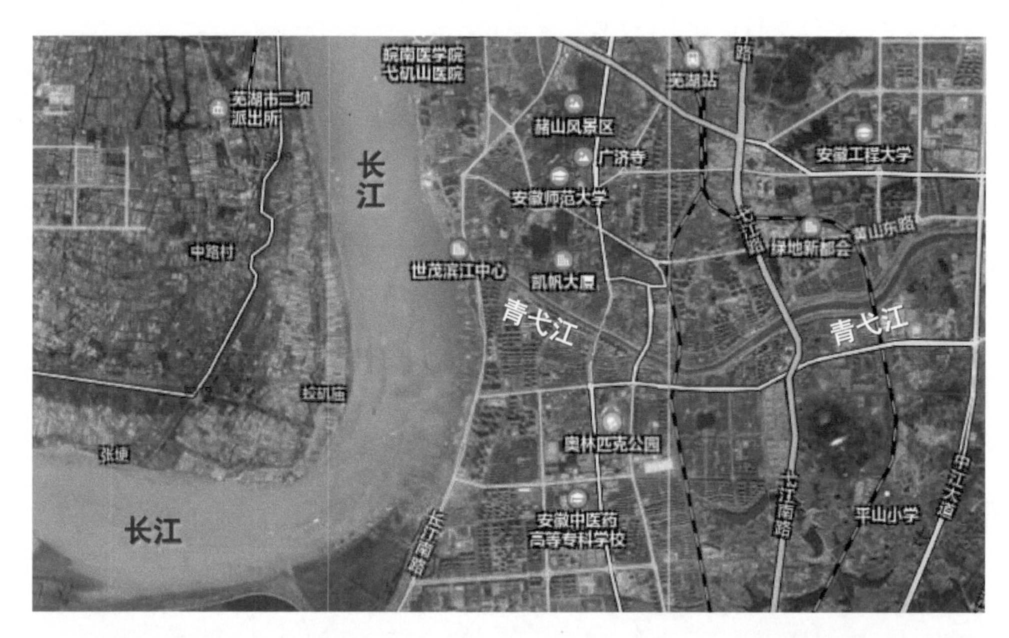

图 2.4-1 青弋江、水阳江以及淮河入江水道示意图

表 2.4-1 淮河夹江近期月平均流量 单位：m^3/s

月份	1	2	3	4	5	6	7	8	9	10	11	12	年平均
多年平均流量	−82	−100	−87	−241	−253	−276	1 250	1 650	1 310	770	400	23	360

注：负号为长江流入淮河。

表 2.4-2 三江营站点多年月最高、月最低值潮位分析表 单位：m

月份	1	2	3	4	5	6	7	8	9	10	11	12
多年月最高潮位	3.71	3.33	3.92	4.27	4.76	5.43	5.93	6.27	5.55	4.93	4.35	3.63
多年月最低潮位	−0.63	−0.31	−0.21	0.01	0.71	1.11	1.42	1.21	0.77	0.33	0.08	−0.21

2.5 防洪工程

根据长江流域综合治理规划，长江流域逐步形成了以堤防为基础，三峡工程为骨干，干支流水库、蓄滞洪区、河道整治相配合的综合防洪体系。

江苏地处长江下游，采取“固堤防，守节点，稳河势，止崩坍”的防洪策略，形成了较为完善的堤防挡洪和河势控制工程体系，基本可以防御 1954 年型洪水（约 50 年一遇），长江河势得到初步控制，总体基本稳定，为沿江经济社会发展奠定了基础。

规划推进江堤防洪能力提升工程建设，进一步巩固长江干支堤防，满足防御 1954 年型洪水的要求，河口段、重点城市和开发区段堤防按防御 100 年一遇洪潮水位加固;继续加强重点险工、主要节点、分汊河道和洲滩治理,保障岸线稳定。现状主要防洪工程情况如下。

(1) 长江堤防

全省现有江堤总长 1 510 km,其中主江堤 849 km、港堤 339 km、洲堤 322 km;左岸主江堤长 458.7 km,右岸主江堤长 390.5 km,见表 2.5-1。主江堤中,南京主城区段 60.5 km 为 1 级堤防,其余均为 2 级堤防;港堤均为 2 级堤防;太平洲洲堤为 2 级堤防,其余洲堤为 3 级及 3 级以下堤防。2003 年实施完成的江堤达标建设工程,设计堤顶高程按《长江流域综合规划》确定的 1954 年型设计水位(无台风影响)加超高确定,1 级主江堤堤顶宽度不小于 8 m,2 级不小于 6 m,港堤和洲堤堤顶宽度不小于 5~6 m;主江堤顶高程按当地防洪设计水位加超高确定,按《江苏省江海堤防达标建设修订设计标准》(苏水管〔1997〕80 号)规定,长江江苏段以左岸南通九圩港及右岸常熟福山港为界,以上段超高 2.0 m,以下段超高 2.5 m。主江堤护坡上护至堤顶,下护至滩面,无滩面的护坡下限至低潮位;沿线大中型建筑物防洪(潮)标准为 100 年一遇设计、200~300 年一遇校核,小型建筑物按《长江流域综合规划》防洪水位设计、100 年一遇校核。

表 2.5-1 江苏省长江江堤基本情况表 单位:km

省辖市	主江堤			港堤	洲堤	小计
	左岸	右岸	小计			
南京	94.1	97.5	191.6	24.5	56.7	272.8
扬州	74.9		74.9	35.8	9.5	120.2
镇江	28.9	93.9	122.8	57.7	151.1	331.7
泰州	95.6		95.6	73.9		169.6
常州		17.2	17.2	26.3	10.3	53.7
无锡		40.5	40.5	11.8		52.3
苏州		141.4	141.4	44.6	16.8	202.8
南通	165.2		165.2	64.4	77.2	306.8
合计	458.7	390.5	849.2	339.1	321.5	1 509.8

按照国务院批复的《长江流域综合规划(2012—2030)》及《长江流域防洪规划》(以下简称《长流规》),长江中下游以 1954 年型大洪水为防御目标。《江苏省防洪规划》(苏政复苏政复〔2011〕21 号),补充分析提出了包括洪、潮和台风增水综合因素在内的长江防洪 100、200、300 年一遇洪水位,见表 2.5-2,补充分析的江苏省境内 100 年一遇各站水位介于《长流规》1954 年型洪水无台风影响和有台风影响的两个设计水位之间。综合考虑近十几年来长江两岸开发利用对长江洪潮水位抬高的影响,

中游治理和江堤建设对洪水峰量增大的影响，吴淞潮位的抬高以及台风增水的影响等，江苏长江干流堤防，近期工程按照全面落实防御1954年型洪水的《长江流域综合规划(2012—2030)》标准进一步巩固、完善；河口段、重点城市和开发区段按防御100年一遇洪潮水位设计。

表2.5-2 江苏沿江各站设计洪潮水位表 单位：m

站名	《长流规》设计水位		洪潮和台风增水综合分析水位		
	无台风	有台风	100年一遇洪潮水位	200年一遇洪潮水位	300年一遇洪潮水位
南京	8.66	9.16	9.13	9.41	9.58
镇江	6.91	7.56	7.30	7.54	7.67
三江营	6.41		6.49	6.74	6.88
江阴	5.31	6.10	5.62	5.87	6.02
天生港	4.79		5.24	5.50	5.65
青龙港	4.56		4.85	5.10	5.25
三条港	4.71		4.92	5.16	5.30
吴淞口	4.07	4.60	4.47	4.70	4.84

(2) 河道整治工程

河道整治从早期的局部治坍、重点部位控制，发展到河段初步的系统治理。20世纪50至60年代主要是应急防洪治坍。20世纪70年代开始了重点部位河势控制工程，从单纯抢护坍岸，逐步走向分析研究河势演变规律，按照上下游相联系配合的要求，实施护岸工程。20世纪80年代起转向重点河段初步的系统整治。1998年长江大水后，在国家安排国债的支持下，实施了南京河段下关浦口沉排护岸加固、镇扬河段二期整治和扬中河段、澄通河段、河口段(江苏)一期整治工程。2000年后实施了南京河段二期整治工程、和畅洲左汊口门控制工程、新济洲河段河道综合整治工程；新通海沙、通州沙西水道、铁黄沙和福山水道综合整治工程等。目前正在开展八卦洲河段河道整治工程、镇扬三期整治工程和全省崩岸应急治理工程等前期工程。经多年治理，长江河势已得到一定程度的控制，改变了历史上河道平面形态大幅度摆动的局面。全省境内长江崩岸长度约450 km，累计护岸384 km。

南京河段的治理大致可分为六个阶段：第一阶段(1950—1951年以疏浚导流为主的整治工程)，疏浚工程并未达到预期的效果。第二阶段(1955—1957年的沉排护岸工程)1954年长江发生特大洪水，下关、浦口江岸崩坍。汛后在下关、浦口通过抛石和沉树进行紧急抢险，基本稳定了下关、浦口的崩岸险情。1955—1957

年，分三期开展了下关、浦口沉排护岸工程，并率先在国内深水沉排护岸方面取得成功，工程实施后，护岸段在较长时间内未发生崩坍险情。第三阶段（1964—1981年平顺抛石护岸工程）陆续对下关、浦口沉排区的两侧及排脚进行了抛石加固，同期对七坝、梅子洲头、大胜关、燕子矶、天河口、新生圩、西坝头、栖霞龙潭弯道等岸段也先后实施了平顺抛石护岸工程。第四阶段（1983—1993年的集资整治工程）在以往整治的基础上，实施了南京河段一期工程（集资整治工程）。集资整治工程对七坝—大胜关、梅子洲头及其右缘、八卦洲头及其左右缘、燕子矶、天河口、新生圩、栖霞龙潭弯道、三江口、兴隆洲头等处进行了新护和加固。第五阶段节点控制应急工程（1991—1997年）实施七坝上（林山圩）等岸段进行应急治理。第六阶段（1998年大水后）进入20世纪90年代，长江多次发生大洪水，特别是1998年，长江发生了仅次于1954年的大洪水。此阶段实施了浦口下关沉排加固工程、南京河段二期河道整治工程、长江新济洲河段整治工程。

镇扬河段治理过程分为四个阶段：第一阶段单一目的或局部护岸整治工程（1959—1983年）。20世纪60年代初镇江港的淤积日益严重，为了维护镇江港正常生产，1963年开挖焦南航道代替逐渐淤废的焦北航道。同期也曾对都天庙、和畅洲头等处实施抛石护岸工程。20世纪70年代为了抑制六圩弯道及和畅洲汊道江岸的剧烈崩退，在六圩弯道、和畅洲头、高桥洲等地实施了抛石护岸工程，在六圩大运河口附近实施丁坝工程。第二阶段集资整治工程（1983—1993年）。20世纪80年代初，和畅洲左汊急剧发展右汊逐年淤积萎缩，危及右汊大港港区、谏壁电厂、京杭大运河口、谏壁水利枢纽等重要设施的安全运行和左汊防洪安全，由此实施了长江镇扬河段一期整治工程，对处于剧烈的自然演变状态下的镇扬河段实施了初步的应急控制工程，实施的地段主要有龙门口、六圩弯道、沙头河口、和畅洲洲头、和畅洲东北角、孟家港等处，对人民滩串沟进行了适当封堵。一期整治工程实施后，镇扬河段剧烈演变的河势开始得到初步控制，六圩弯道崩岸的趋势受到了控制，和畅洲左汊急剧扩展的速度显著减缓，左汊分流比的年增率由3.57%减少为0.7%。第三阶段节点控制应急工程（1991—1997年），对世业洲头、和畅洲东北角、孟家湾港、六圩弯道等岸段实施了应急治理。第四阶段二期整治工程（1998—2005年），对镇扬河段实施了二期整治，其目的是巩固一期整治成果，控制和畅洲左汊不断发展的态势，实施仪征水道左岸、世业洲头左缘护岸、引航道口下游护岸工程、六圩弯道护岸加固、和畅洲洲头及两侧护岸、左汊口门控制工程、孟家港上段护岸工程等。目前正在实施镇扬河段三期整治工程。

扬中河段治理过程大致分为三个阶段：第一阶段单一目的或局部护岸整治工程，自20世纪70年代实施嘶马弯道强崩段丁坝群护岸后，又在相邻丁坝间续以抛石和软体排护岸连接，实施小决港、兴隆弯道等段护岸，实施炮台圩护岸等整治工

程。第二阶段节点控制应急工程(1991—1997年),对嘶马弯道、永安洲、小决港、录安洲及姚桥弯道、兴隆弯道等岸段进行节点应急整治。第三阶段一期整治工程(1998—2004年),为“初步稳定现有河势,抑制河势向不利方向发展,提高两岸堤防的抗洪能力,为本河段的综合整治创造条件”,对嘶马弯道、杨湾、永安洲(过船港)、靖江下三圩、下四圩、扬中丰乐桥、小决港、砲子洲、录安洲、大路弯道、兴隆弯道、姚桥弯道、九曲河弯道等岸段实施新建或加固抛石护岸工程。目前正在实施长江扬中河段天星洲汊道河道综合整治工程。

澄通河段治理过程分为四个阶段:第一阶段局部河势控制工程,20世纪70年代实施了福姜沙汊道、老海坝等护岸工程。第二阶段的节点控制应急工程(1991—1997年),对安宁港—夏仕港段、长青沙西南角、东方红农场、九龙港、老套港—老沙码头段等岸段进行整治。第三阶段一期整治工程(1998—2004年),对灯杆港—安宁港、长江农场、又来沙、长青沙、段山—十二圩港、双山小北五圩段等岸段进行新建或加固护岸工程。第四阶段以边滩整治为主的综合整治工程(2008年以来),实施了新通海沙、通州沙西水道、福山水道南岸边滩、铁黄沙等综合整治工程及张家港市老海坝节点综合整治工程等。

河口段为抵御水流的冲刷和风暴潮的侵蚀,20世纪50至60年代实施了青龙港沉排护岸,并相继实施了海门、启东的丁坝群护岸及常熟、太仓海塘工程等。1998—2000年,实施河口段近期整治工程,完成常熟金泾塘口抛石护脚、白茆河口护坎、时思护坎、浏家港护坎、大新抛石护脚、庙港抛石护脚、江海农场抛石护脚。2001年以来,海门市对北支险工段实施了应急防护工程。

河口段在治理的同时伴随着大量的围垦。据统计,1948年通州沙东水道成为主汊后,通海沙迅速扩大淤高,露出水面,通州市1954—1982年对该沙共围垦18次;海门市先后开展了江心沙、永隆沙和江滨沙、圩角沙、灵甸沙围垦;启东市1966—1990年先后在沿江围垦17处(包括永隆沙,兴隆沙)。1994年至2012年,太仓市陆续实施长江边滩圈围;2007年后,常熟市实施白茆小沙边滩综合整治工程;2008年以来南通市实施了新通海沙圈围工程;深水航道项目实施了白茆沙整治工程等;2014年还实施了长江口北支新村沙水域河道综合整治工程等。

2.6 相关规划

(1)《长江流域综合规划(2012—2030年)》

水利部长江水利委员会编制的《长江流域综合规划(2012—2030年)》已经国务院批复实施(国函〔2012〕220号)。

防洪标准:根据长江中下游平原区的政治经济地位及20世纪及以前曾经出现

过的洪水及洪灾情况，长江中下游总体防洪标准为防御中华人民共和国成立以来发生的最大洪水，即 1954 年洪水，在发生 1954 年洪水时，保证重点保护地区的防洪安全。感潮河段堤防可考虑潮水和台风影响，按相关规范确定防洪标准；江苏长江口干堤按 100 年一遇高潮位遇 11 级风标准建设。

防洪体系及布局：长江中下游采取合理地加高加固堤防，整治河道，安排与建设平原蓄滞洪区，结合兴利修建干支流水库，逐步建成以堤防为基础，三峡水库为骨干，其他干支流水库、蓄滞洪区、河道整治相配合，平垸行洪、退田还湖、水土保持等措施与防洪非工程措施相结合的综合防洪体系。

河道治理：长江中下游河道治理的目的是控制和改善河势，稳定岸线，保障堤防安全，扩大泄洪能力，改善航运条件，为沿江地区经济社会发展创造有利条件。

(2)《长江中下游干流河道治理规划(20116 年修订)》

《长江中下游干流河道治理规划(2016 年修订)》已经水利部批复实施(水规计〔2016〕280 号)。

近期目标：结合三峡工程运用后的水沙变化情况，对现有护岸段和重要节点段进行加固和守护，继续发挥其对河势的控制作用，保障防洪安全，防止三峡工程运用后河势出现不利变化；基本控制分汊河段的河势，对河势变化较大的河段进行治理，为黄金水道的建设提供坚实的保障。

远期目标：在近期河道治理的基础上，考虑上游水利水电枢纽的建设及运用将进一步影响中下游水沙变化的情况，对长江中下游干流河道进行全面综合治理，使有利河势得到有效控制，不利河势得到全面改善，形成河势和岸线稳定，泄流通畅，航道、港城、水生态环境优良的河道，为沿江地区经济社会的进一步发展服务。

(3)《长江岸线保护和开发利用总体规划》

《长江岸线保护和开发利用总体规划》经水利部、国土资源部批复实施(水建管〔2016〕329 号)。

规划按照岸线保护和开发利用需求，划分了岸线保护区、保留区、控制利用区及开发利用区等四类功能区，并对各功能区提出了相应的管理要求；提出了保障措施。长江干流江苏段规划岸线功能区 187 个，岸线长度 1 169.9 km，其中岸线保护区 50 个、长度 167.1 km，保留区 49 个、长度 316.3 km，控制利用区 76 个、长度 613.0 km，开发利用区 12 个、长度 73.6 km。

按照长江岸线保护和开发利用总体规划，对长江岸线进行科学合理的保护与开发，共分为岸线保护区、保留区、控制利用区和开发利用区四类。

岸线保护区是指岸线开发利用可能对防洪安全、河势稳定、供水安全、生态环境、重要枢纽工程安全等有明显不利影响的岸段。岸线保留区是指暂不具备开发利用条件，或有生态环境保护要求，或为满足生态岸线开发需要，或暂无开发利用

需求的岸段。岸线控制利用区是指岸线开发利用程度较高，或开发利用对防洪安全、河势稳定、供水安全、生态环境可能造成一定影响，需要控制其开发利用强度或开发利用方式的岸段。岸线开发利用区是指河势基本稳定、岸线利用条件较好，岸线开发利用对防洪安全、河势稳定、供水安全以及生态环境影响较小的岸段。

(4)《江苏省防洪规划》

《江苏省防洪规划》已经江苏省人民政府批复实施(苏政复〔2011〕21 号)。

总体布局：根据长江流域治理部署，将逐步建成以堤防为基础，三峡工程为骨干，干支流水库、蓄滞洪区、河道整治相配合以及其他非工程措施构成的综合防洪体系。据此，要求长江中下游在大通以上利用蓄滞洪区分蓄超额洪水的基础上，进行干支河堤防巩固、堤基防渗、堤身隐患处理和穿堤建筑物加固，并进行河势控制和崩岸守护。江苏省长江河道治理，为适应沿江经济带的快速发展，近期，使长江干支堤防进一步巩固，满足防御 1954 年型洪水的要求，河口段、重点城市和开发区段堤防按防御 100 年一遇洪潮水位加固；统筹河势控制、防洪安全，并与深水航道整治相结合，加强重点险工、主要节点、分汊河道和洲滩治理，保障岸线稳定；同时加强河道管理，落实在不影响防洪和河势稳定前提下，岸线、洲滩、水域和江砂的合理开发利用范围、方式与条件。

工程布置：江苏省地处长江下游，全靠两岸堤防与河床稳定来防御长江洪潮。根据洪水特点及存在的主要问题，主要采取“固堤防，守节点，稳河势，止崩坍”的工程布局，堤身堤基保安全与水下河岸稳定相结合，堤防消险与穿堤建筑物加固改建统筹安排，工程和管理并重。

堤防巩固：长江堤防总体仍按江堤达标工程布局，巩固已建成果，进行部分堤段的灌浆、防渗和填塘固基，彻底消除堤身堤基隐患；重点加固和改建原来未达标准的穿堤建筑物；敞口的通江支河，区别情况，加固支河堤防或增建部分河口控制工程；加固原来未达标的部分闸外港堤，以完善长江干流两岸防洪保护圈。远景结合河道整治和岸线的局部调整，相应调整局部堤线。

河道整治：河道整治以控制和稳定现有河势为主，加强重要节点和险工岸段的守护；对处于萎缩的重要支汊，近期遏制其不利发展，并为今后争取有所改善创造条件；对多汊段和河口段，有计划地逐步进行整治。

(5)《长江干线航道发展规划》

《长江干线航道发展规划》已经交通运输部批复实施(交规划发〔2003〕2 号文)。规划至 2020 年，长江干线武汉—铜陵河段航道最小维护尺度将达到 4.5 m×200 m×1 050 m，保证率 98%，铜陵—南京河段航道最小维护水深将提高到 6.0 m 以上；南京—浏河口河段航道尺度与长江口 12.5 m 深水航道相适应，逐步改善通航条件，适应海船运输的需要。

随着长江南京以下12.5 m深水航道建设一、二期工程逐步实施并完工，南京以下深水航道将发挥积极的航运经济效益。

2.7 变化环境分析

2.7.1 水沙变化

本次研究主要利用大通站和徐六泾站的实测水沙资料来分析水沙条件的变化。

(1) 大通站水沙条件变化

① 水沙年际和年内变化

三峡工程蓄水运用以后，大通站年均水量变化不大，输沙量大幅度减少。由于上游来沙减少和三峡水库拦沙作用等影响，近年来大通站输沙量呈明显的趋势性减少，2003—2018年年均输沙量约1.34亿t，而蓄水前的1950—2002年，年均输沙量为4.26亿t，上游来沙平均减幅约70%。根据三峡蓄水前后大通站多年月均径流量、输沙量对比可见洪季流量略有减小，枯季流量有所增加(具体量值变化详见第三章3.2.1节)，但沙量洪季减小程度明显，枯季变化有限。

② 径流量的预测分析

本次研究采用90系列，利用一维模型预测的大通2015—2035系列水沙过程并分析其一致性、合理性。结合1998—2000年实测90系列资料和三峡工程运行后2003—2013年实测资料，对比分析水沙变化趋势。由于来水来沙的随机性，预测的水沙过程只能与2003—2013年进行特征值的比较，而与1998—2000年实测资料的对比，反映了在相同来水来沙情况下，枢纽调节对大通站水沙过程变化的影响。

预测系列(即90系列预测值)和2002—2013年实测值相比，平均流量增大10%，最大流量增大19.6%，最小流量减少2.8%；预测系列和1998—2000系列实测值相比，最大流量减少5.4%，最小流量增加6.5%；预测系列中后10年(2025—2035年)与前10年(2015—2025年)相比，最大流量减少5%，最小流量增加10%，平均流量和径流量保持不变，这与上游水库群乌东德—白鹤滩2020年投入运行有关。

综上所述，枢纽调度基本不改变下游径流总量，相对于2003—2013年实测，预测的2015—2035系列平均流量偏大10%，这与近些年总体来水偏枯有关，最大流量增大19.6%，枯期平均流量基本不变；相对于1998—2000年实测流量过程，反映了流量年内分配变化，预测的洪峰平均流量减少20%左右，汛后蓄水期平均流量

减少 40%左右;预测系列的后 10 年与前 10 年相比,最小流量增加 10%左右。对比如图 2.7-1 所示。

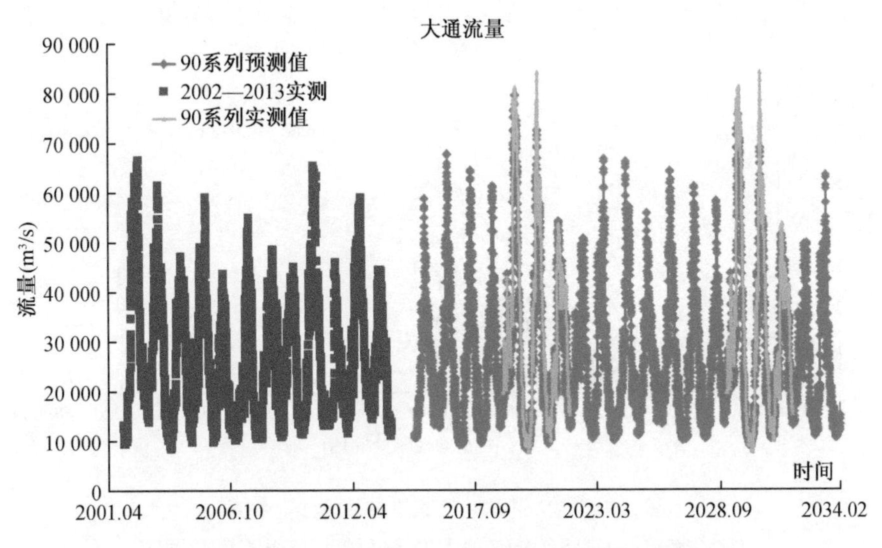

图 2.7-1 预测的大通 2015—2035 流量过程及与实测的对比

③ 泥沙粒径变化

根据三峡工程建成前(1997 年)、建成初期(2005 年)以及近期(2012 年)的大通站悬沙、底沙的数据来分析三峡建成悬沙、底沙级配的调整变化。不同时期悬沙、底沙级配曲线见图 2.7-2。随着三峡的蓄水,大量泥沙滞留库区,下游含沙量减小明显,河床呈现冲刷的趋势,大通站悬沙、底沙各组粒径有增大的趋势。

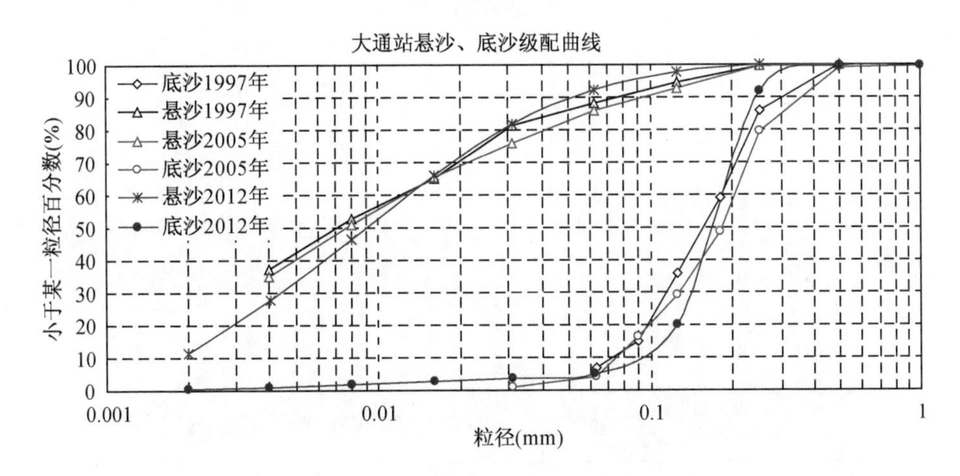

图 2.7-2 大通站悬沙、底沙级配曲线图

④ 断面输沙量相关分析

大通站月径流量与月输沙量而言，其两者呈现一定的指数关系，从图 2.7-3 可以看出当径流量大于 30 000 m^3/s 后，点群较为分散，两者相关性较差。

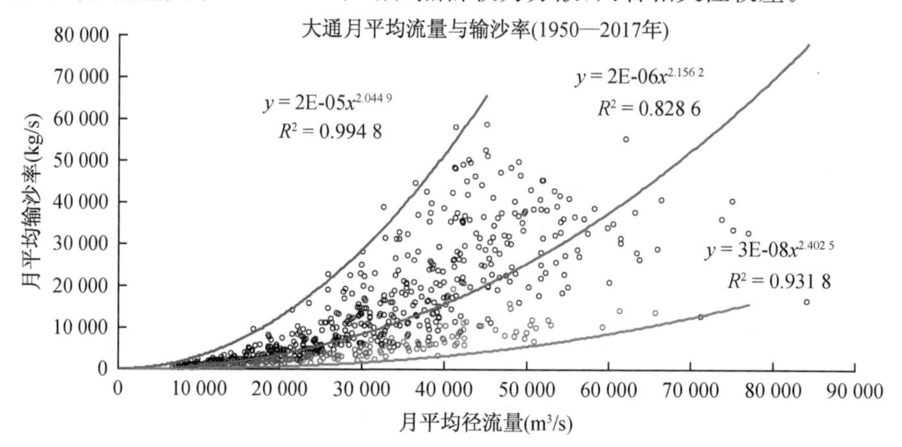

图 2.7-3　大通站月径流量与月输沙量关系

（注：黑色散点为三峡蓄水前实测数据、粉色散点为三峡蓄水后数据）

⑤ 含沙量的预测分析

大通 2015—2035 年的含沙量预测过程见图 2.7-4。各特征时期含沙量变化方面，预测系列和 2003—2013 年实测值相比，洪峰平均含沙量减少 7%，枯期平均含沙量接近，汛后蓄水期平均含沙量减少 26%；预测系列和 1998—2000 年实测值相比，洪峰平均含沙量减少 49%，汛后蓄水期平均含沙量减少 69%。

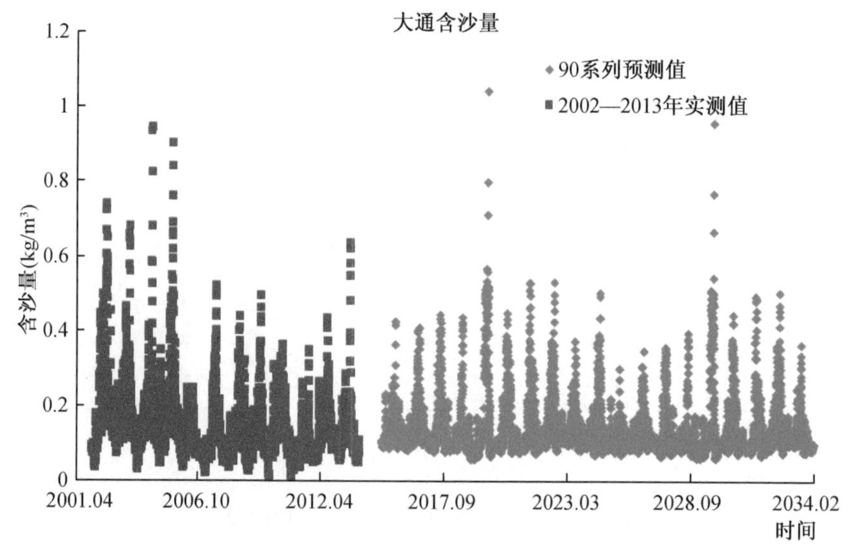

图 2.7-4　预测的大通 2015—2035 年含沙量变化及与实测含沙量的对比

综上所述，在含沙量变化方面预测的 2015—2035 年平均含沙量为 0.14 kg/m³，略小于 2002—2013 年实测值 0.15 kg/m³；相对于 1998—2000 年实测资料，反映了同一来水条件下枢纽的调节作用，预测系列变化明显，平均含沙量减少 42%，洪峰平均含沙量减少 49%，汛后蓄水期平均含沙量减少 69%。

（2）徐六泾站水沙条件变化

徐六泾站处于长江下游南支河段进口，是长江干流距入海口门最近的综合性水文站，利用徐六泾站已有资料分析其水沙关系，并与同期大通站资料进行对比及相关性分析，可充分反映上游大通站来沙减少对本河段的影响问题。

① 含沙量变化

徐六泾水文站含沙量的变化直接指示上游来沙量年变化的情况。根据徐六泾站多年来实测泥沙资料分析，得到了该站涨、落潮平均含沙量特征见图 2.7-5。

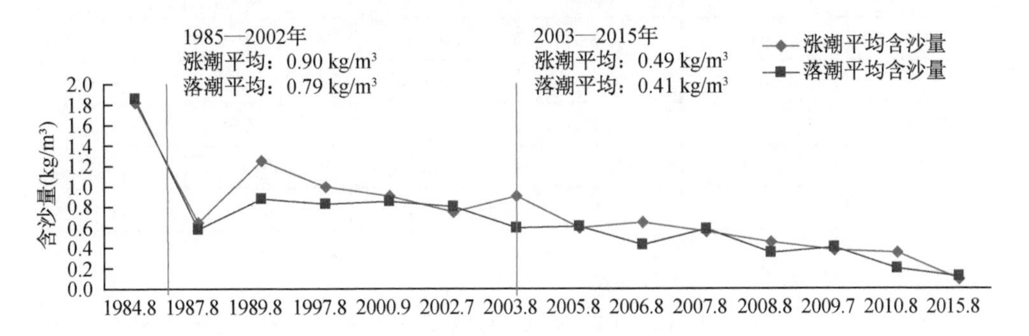

图 2.7-5 徐六泾站含沙量历年变化

20 世纪 90 年代以前徐六泾断面涨落潮含沙量均较高，1984 年涨、落潮平均含沙量分别为 1.82 kg/m³ 和 1.85 kg/m³。1995—2002 年涨、落潮平均含沙量有一定程度的减少趋势，且变化较为平缓，其间涨、落潮平均含沙量分别为 0.90 kg/m³ 和 0.79 kg/m³，下降了 50%左右。2003 年后，随着上游来沙量的大幅减少，徐六泾断面落潮含沙量也明显下降，且在近年来呈现连续的下降趋势，2003—2010 年涨、落潮平均含沙量分别为 0.55 kg/m³ 和 0.45 kg/m³，涨潮平均含沙量比 1984—2002 年减少 48%，落潮平均含沙量比 1984—2002 年减少 54%。

综上所述，长江流域来沙量显著减少，徐六泾站涨、落潮平均含沙量均呈现逐年减少的趋势，与 2003 年前含沙量值相比，2003 年后含沙量总体减少约 50%。而长江口南北港枯季含沙量变化不明显，水体含沙量主要受潮汐影响，而实测资料表明洪季含沙量减少约 40%；长江口北支河段主要受潮汐影响，含沙量变化与上游水沙变化基本无关。

② 泥沙粒径变化

选取 1999 年 9 月洪季、2000 年 2 月枯季、2002—2008 年徐六泾站每年 2 月

(枯季)和8月(洪季)大潮期中泓一个站点的悬沙资料,统计徐六泾站的悬沙粒度(涨急、涨憩、落急、落憩四个典型时刻)组成和矿物成分。徐六泾断面悬沙粒度变化有如下特点:

枯季悬沙粒径大于洪季,三峡水库蓄水以后,悬沙有所细化。徐六泾站与大通站相比,徐六泾站粒径比大通站粗。其中,枯季差异明显,徐六泾站粒径约是大通站几倍;洪季两站粒径粗细相当。见表2.7-1。

表2.7-1　悬移质平均中值粒径统计表　　单位:mm

时间	徐六泾中泓	大通月平均	时间	徐六泾中泓	大通月平均
			1999.9	0.015	
2000.2	0.032		2002.8	0.011	0.01
2003.2	0.017	0.008	2003.7	0.009	0.01
2004.2	0.017	0.003	2004.8	0.008	—
2005.2	0.011	0.008	2005.8	0.007	0.008
2006.2	0.023	0.004	2006.8	0.010	0.006
2007.2	0.019	0.005	2007.8	0.010	0.007
2008.2	0.019	0.002	2008.8	0.007	0.009

(3) 大通站与徐六泾站水沙相关性分析

由徐六泾站和大通站水、沙相关图可知,两站的短期水、沙点据显著相关,且点据均匀分布在相关线两边。为了进一步论证徐六泾站与大通站的关系,下面对徐六泾现有的2005—2010年净泄潮量与对应的大通站径流量进行对比分析(见图2.7-6、图2.7-7),从图中可以看出两站的变化过程完全一致,且徐六泾站多年平均净泄量只比大通站多年平均径流量大2.45%,这也说明了大通站水量基本能代表长江河口入海水量。

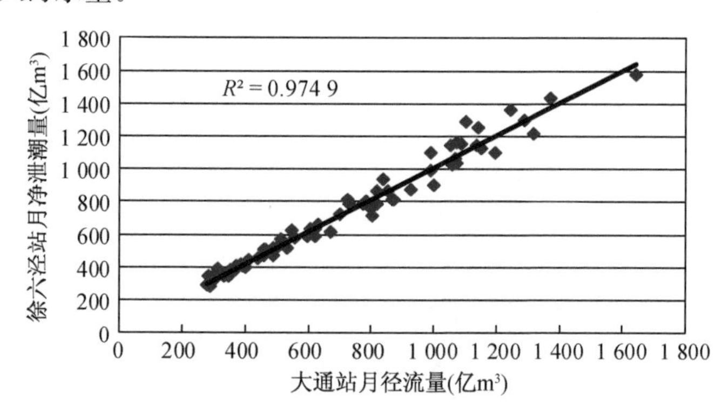

图2.7-6　2005—2010年大通月径流量和徐六泾月净泄潮量

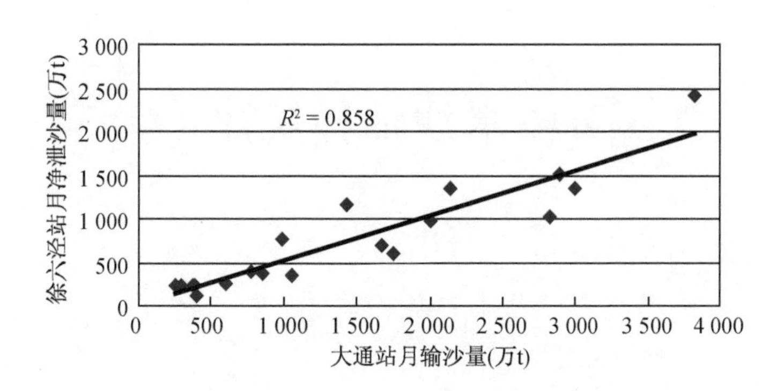

图 2.7-7　2009—2010 年大通月输沙量和徐六泾月净泄沙量

综合以上分析，徐六泾站与大通站的水、沙量具有良好的关系，且短期水、沙变化趋势一致，由此可见，以大通站作为长江口河段来水来沙的上边界条件是可行的。

2.7.2　工情变化

长江江苏段是长江中下游经济最发达的地区之一，水利、交通以及地方建设涉水项目众多。主要有以下几类项目：(1) 水利部门的河道整治工程，工程实施为整体河势的稳定奠定基础。(2) 交通部门的 12.5 m 深水航道整治工程，在整体河势稳定的基础上实现 12.5 m 深水航道上延至南京，包括仪征水道、和畅洲水道、口岸直水道、福姜沙水道、通州沙水道和白茆沙水道等六碍航浅滩整治工程。(3) 岸线利用工程。沿江众多跨江工程(桥梁、隧道)，江苏目前拥有已建过江通道 14 个(京沪高速铁路桥、长江三桥、长江大桥、长江二桥、长江四桥、润扬大桥、泰州大桥、江阴大桥以及苏通大桥等)，7 个在建(南京长江五桥、沪通长江大桥、五峰山长江大桥、和燕路过江通道、仙新路过江通道、龙潭长江大桥、常泰长江大桥)，15 个规划待建，加上争取纳入新规划的 9 个，届时江苏过江通道规模将达 45 个。另外沿江还有南京港、镇江港、泰州港、苏州港等港口码头工程。

3 长江江苏段水沙输移规律

3.1 水动力时空分布特性

3.1.1 沿程潮汐传播特征

长江口为径流与潮流相互消涨非常明显的中等潮汐河口，河口区的潮波受黄海潮波及东海潮波系统共同影响，其中东海潮波系统是主要影响因素。潮波平均周期为 12 h 25 min 在一个太阴日内具有明显的日潮不等现象，一天之内有两次高潮和两次低潮，相邻两次低潮的高度大致相等，但相邻两次高潮的高度相差较大。潮波沿着河口上溯，受径流及河道地形影响，潮位越往上游越高，潮波能量逐渐削弱，潮波逐渐变形，波前变陡，波后变缓，导致潮差和潮历时沿程发生变化。长江口具体潮汐传播特征，见 2.2.2 节中叙述。

北支河段位于长江口潮流界，年最高潮位往往是天文潮、台风两者组合作用的结果。北支中、下段有三条港潮位站、连兴港潮位站，其潮位特征值统计见表 3.1-1。北支河段仅分泄长江 4%左右的径流量，潮位变化主要受潮汐影响，径流对潮位影响较小。

表 3.1-1　长江南北支实测潮位特征统计表(85 基面)　　单位:m

水位站	最高潮位	出现日期	最低潮位	出现日期	最大潮差	平均潮差
徐六泾	4.83	1997.8.19	−1.26	1999.2.4	4.49	2.02
杨林	4.5	1997.8.19	−1.47	1990.12.1	4.90	2.17
六滧	3.95	1997.8.19	−1.77	1990.12.3	5.21	2.39
崇头	4.68	1997.8.19	−1.33	1988.1.6	4.78	2.16
青龙港	4.68	1997.8.18	−2.13	1961.5.4	5.63	3.07
连兴港	4.19	1997.8.18	−2.84	2006.3.29	5.80	2.94

南支河段潮位变化主要受潮汐影响，其分泄长江 96%的径流量，径流对潮位的影响相对较小，潮位变化主要受天文大潮及台风影响，径流引起的潮位变化仅在 0.6 m 左右，而潮汐引起的潮位变化，其平均潮差达 2 m 多，最大潮差达 4 m 以上。长江南北支主要潮位站，历年最高和最低潮位见表 3.1-2。

表 3.1-2 青龙港站、三条港站潮位特征值表(吴淞基面)

项目	青龙港站	三条港站
历史最高潮位(m)	6.61(1997 年)	6.52(1997 年)
历史最低潮位(m)	−0.20(1961 年)	−0.43(1969 年)
平均最高潮位(m)	5.32	5.53
平均最低潮位(m)	0.41	0.15
平均高潮位(m)	3.81	3.82
平均低潮位(m)	1.13	0.80
最大潮差(m)	4.81	5.95
最小潮差(m)	0.05	0.06
平均潮差(m)	2.69	3.07
平均涨潮历时	3:09①	4:54
平均落潮历时	9:19	7:31

中华人民共和国成立以来，青龙港站前 5 位的最高高潮水位均是热带气旋和大潮共同作用的结果，详见表 3.1-3。

表 3.1-3 青龙港前 5 位最高高潮位分析表(吴淞基面，单位：m)

年最高高潮位	出现日期	主要形成原因	大通流量(m^3/s)			备注
			当时流量	年最大流量	年平均流量	
6.61	1997.8.19	11 号风暴大潮	45 500	65 700	26 700	1954 年大通站最大流量发生时相应高潮位为 5.57 m
6.37	1996.8.1	8 号风暴大潮和洪水	72 000	75 100	20 000	
6.14	1981.9.1	14 号台风大潮	41 900	50 000	27 900	
5.98	1974.8.20	13 号台风特大潮	46 500	65 000	26 600	
5.65	1983.7.13	暴潮和洪水	68 000	72 500	35 200	

1997 年 8 月 18—19 日，本地区同时遭遇 11 号台风引起的台风浪和风暴潮袭击，北支口出现涌潮。实测资料显示青龙港附近 5 min 壅高 0.78 m，并出现本区域的历史最高潮位，青龙港潮位达 6.61 m。本次风暴潮和台风浪对本地区的堤防构

① 本书中涨落潮历时表示为“(小时)：(分钟)”，如 3:09 代表 3 h 9 min.

成严重的威胁，南通市的主江堤多次遭受严重破坏。由于当时台风浪呈东南向，使海门港支水山码头一带受冲严重，海门港的部分岸线到了决口的边缘，给本地区造成了较大的损失。

据 2019 年 6 月实测资料分析，南北支高潮位总体相差不大，南支高潮位上游大于下游，北支有涌潮出现，灵甸港高潮位最高明显大于上下游高潮位，低潮位上游高于下游，北支低潮位明显低于南支，北支进口崇头至连兴港，最低潮位为 −0.39～−1.81 m，南支徐六泾至六滧最低潮位为 −0.02～−0.79 m，涨潮潮差略大于落潮潮差，但南支潮差明显小于北支潮差，北支平均潮差落潮在 2.81～4.01 m，其中灵甸港最大达 4.01 m，南支平均潮差落潮在 2.48～2.9 m。涨潮历时北支略大于南支，北支在 3:25～5:15，连兴港最长灵甸港最短，南支在 3:54～4:45，其中浏河口最短。

3.1.1.1 长江江苏段高低潮位沿程变化

(1) 南京至江阴段高低潮位沿程变化

感潮河段其最高潮位、最低潮位、平均潮位总体为上游大于下游。潮位受径流及潮汐影响，上游潮位变化受径流影响较大，下游潮位受潮汐影响相对较大。受径流影响潮差沿程变化为上游潮差小于下游潮差。

图 3.1-1 为 2015 年 9 月实测镇江五峰山至江阴段沿程高低潮位及平均潮位变化，上游大通站流量 31 000 m^3/s。可见在上游相同径流条件下，低潮位大小潮相差不大，高潮位大潮潮位明显高于小潮。

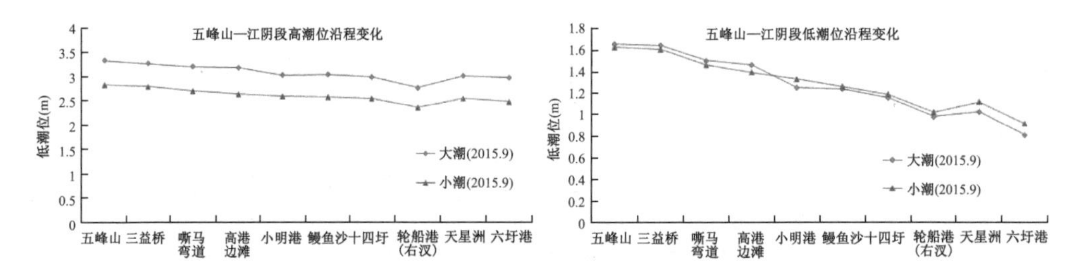

图 3.1-1 五峰山—江阴各潮位站特征潮位沿程对比图

(2) 江阴至吴淞口段沿程高低潮位变化

如图 3.1-2 和图 3.1-3 所示，江阴以下的高低潮位受上游径流、下游潮汐的共同影响，高、低潮位总体呈现自上而下沿程递减的趋势；同时由于分汊、弯道、越滩流及北支涌潮等影响，如皋、青龙港等局部站点高低潮位的变化趋势与相邻站点略有不同。

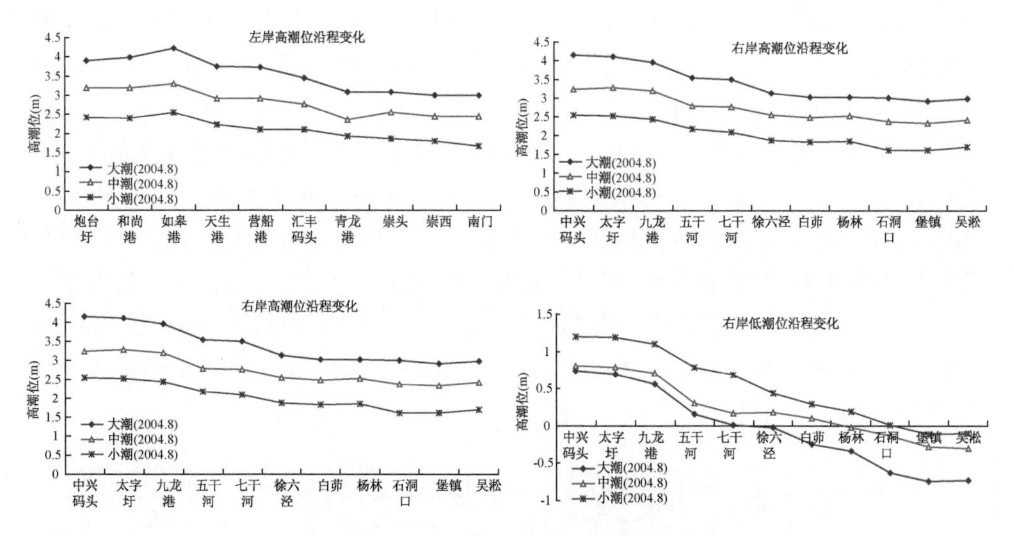

图 3.1-2 洪季高、低潮位沿程变化

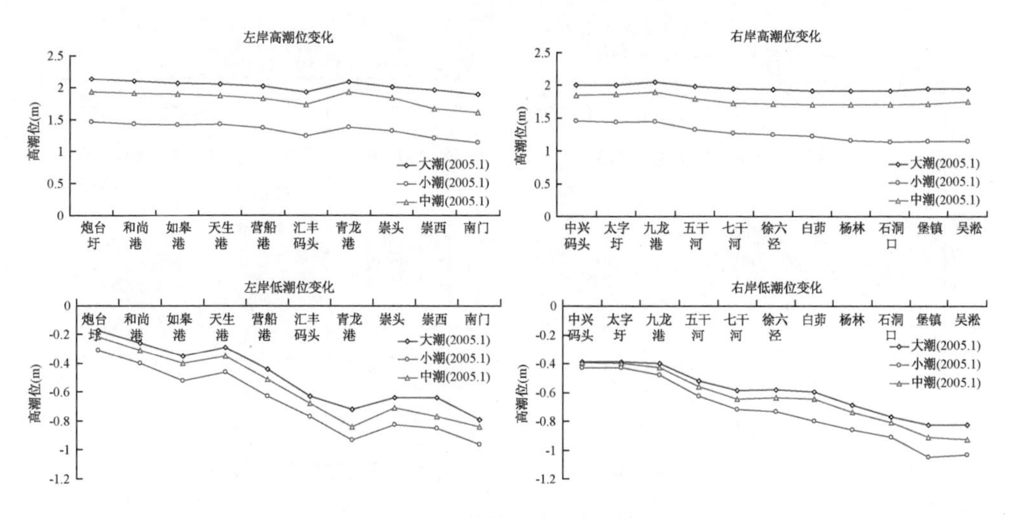

图 3.1-3 枯季高、低潮位沿程变化

从洪枯季潮位沿程潮位变化可以看出，洪季条件下自下而上高、低潮位沿程逐渐增加；枯季条件下，自下而上低潮位沿程逐渐增加，高潮位变化较小。

3.1.1.2 长江江苏段沿程潮波传播

河口段潮波属浅水长波性质，潮波的传播速度 $c=\sqrt{g(H+h)}\pm u$，式中：c 为传播速度；H 为低潮位下的水深；h 为低潮位以上的潮波高度；u 为水流流速，涨潮时用“－”，落潮时用“＋”。

由上式可知，理论上三沙河段潮波的传播波速 c 与重力加速度 g、水深以及涨落潮流速有关。长江江苏段沿程水深变化大，受地形变化、沿程阻力以及上游径流的影响，沿程潮波发生变形。为此，潮波的传播速度的计算中应考虑河道断面形态、沿程阻力等多因素的影响。

长江口潮波上溯传播过程中，前进波性质逐渐加强，因此，高潮位流速最小，低潮位流速最大，三沙河段的潮波是前进波为主的混合波。从图 3.1-4 至 3.1-7 可以看出，洪季条件下沿程高低潮位的变化幅度相对较大，枯季条件下沿程高低潮位的变化幅度相对较小。洪季（大通站流量 37 500 m^3/s）条件下，自肖山—吴淞口这一段潮波传播的平均波速约 11.0 m/s；枯季（大通站流量 10 500 m^3/s）条件下，沿程水深相对洪季略有减小，肖山—吴淞口这一段沿程潮波传播速度约 9.12 m/s。

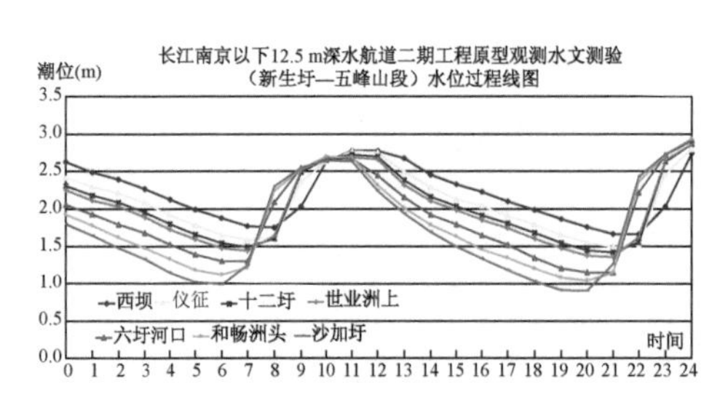

图 3.1-4　洪季沿程潮位过程（2015.9）

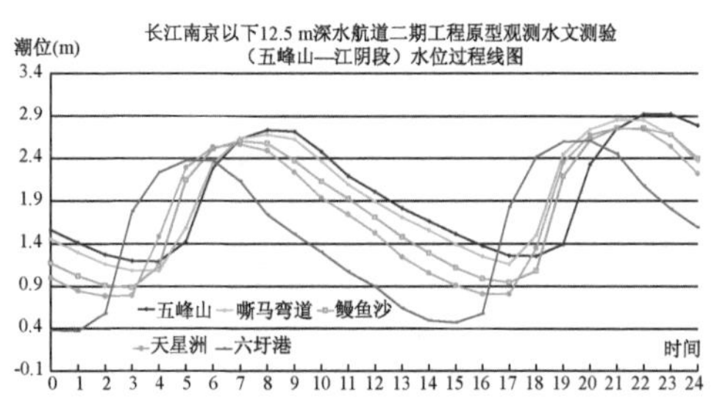

图 3.1-5　洪季沿程潮位过程（2015.9）

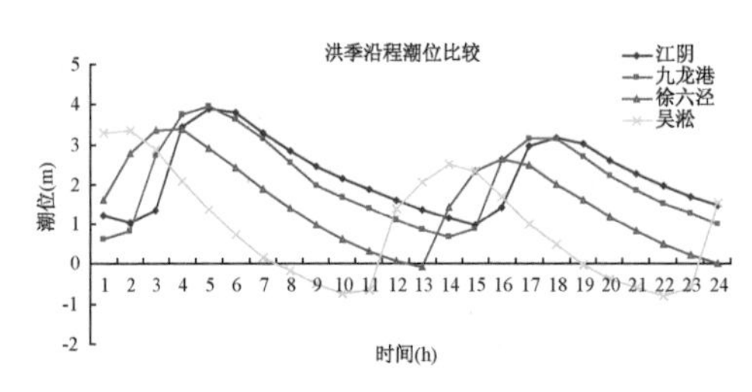

图 3.1-6　洪季沿程潮位过程（2004.8）

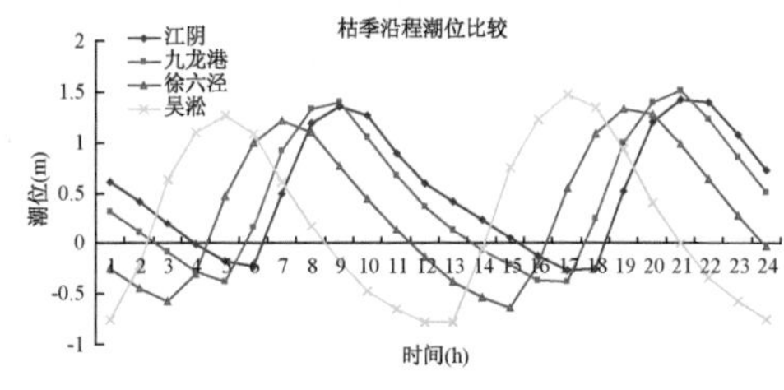

图 3.1-7　枯季沿程潮位过程（2005.1）

3.1.1.3　长江江苏段沿程潮差及历时

（1）涨落潮历时

新生圩—五峰山段（图 3.1-8），平均涨潮历时为 3:20 左右，而平均落潮历时约为 9:00 左右。从上游向下游涨潮历时沿程略有增多，落潮历时沿程略有减少趋势。

五峰山—江阴段（图 3.1-9），平均涨潮历时为 3:32 左右，而平均落潮历时约为 8:51 左右，各站之间涨落潮历时差异并不明显。

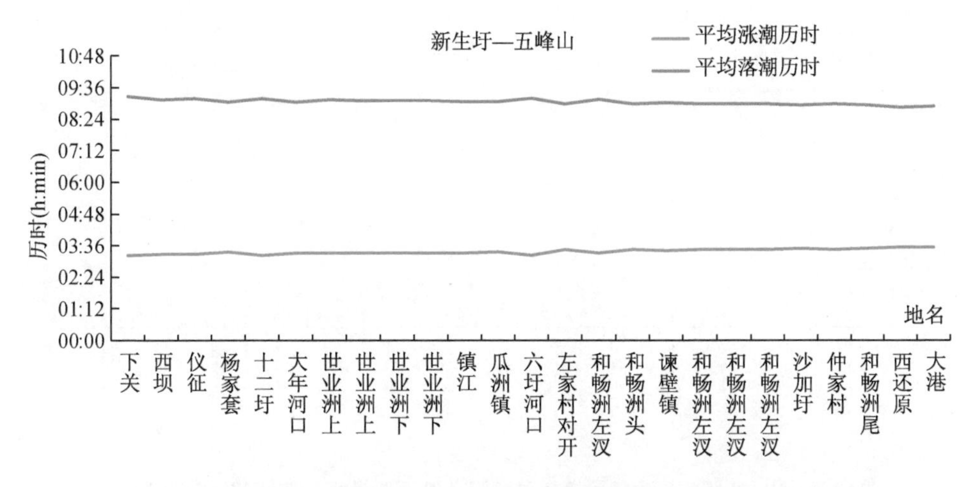

图 3.1-8　新生圩—五峰山各潮位站涨落潮历时沿程分布图(2015 年 9 月)

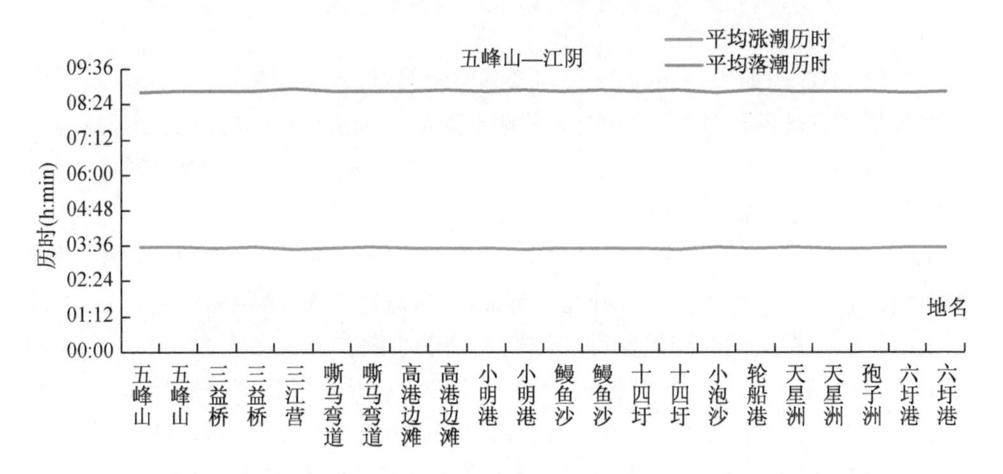

图 3.1-9　五峰山—江阴各潮位站涨落潮历时沿程分布图(2015 年 9 月)

江阴—天生港段(图 3.1-10),平均涨落潮历时沿程变化较为明显,总体趋势为沿江向下涨潮时间增加、落潮时间减小。姚港、五干河站涨潮历时最长,为4:15,三益桥落潮历时最长,为 8:55。各测站的落涨历时差介于 3:54～5:26,涨落潮历时之差愈向上游愈明显,说明潮波在传播过程中,由于受地形和上游来水等因素的影响潮波变形加剧。

落潮历时大于涨潮历时,落潮历时自上而下沿程略有减少,涨潮历时沿程略有增加;多年统计表明:江阴落潮历时 8.9 h,涨潮历时 3.5 h;天生港落潮历时 8.26 h,涨潮历时 4.15 h;徐六泾落潮历时 8.08 h,涨潮历时 4.17 h;杨林落潮历时 8.10 h,涨潮历时 4.16 h。

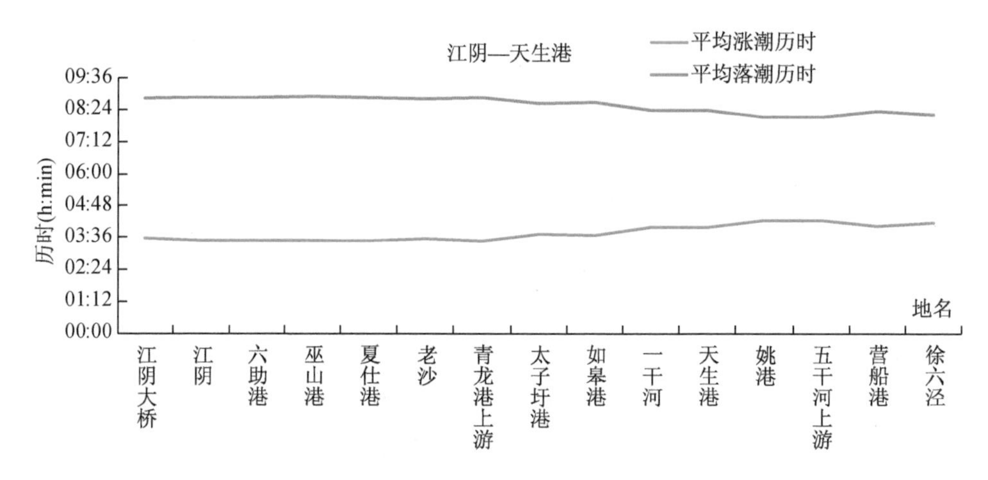

图 3.1-10 江阴—天生港段各潮位站涨落潮历时沿程分布图(2015 年 9 月)

(2) 沿程潮差变化

在一个潮汐周期内,相邻高潮位与低潮位间的差值,又称潮差。潮差大小受引潮力、地形和其他条件的影响,随时间及地点而不同。长江江阴段以下受径流与河床边界条件阻滞的影响,潮波变形明显,潮差整体呈现自上而下沿程递增的趋势,落潮最大潮差大于涨潮最大潮差,且自上而下潮差有所增加。

口外潮波在河口段上溯传播过程中,沿程潮差变化主要受口外潮汐大小、河道边界条件、径流顶托等影响。口外潮汐越强,潮流流速越大,摩阻能耗越大,潮差沿程变化越明显,即大潮时潮差沿程递减速度快于小潮。河口河宽、水深、边界走向等边界条件对沿程潮差变化有影响,如河宽水深沿程减小导致潮波能量集中,潮差增大,另外在河道走向变化较大拐弯处,潮波形成反射,导致局部潮差增大。受径流顶托作用,潮差变化与径流量也有关系,洪水期潮差沿程变化一般快于枯水期,且越往上游,径流对潮差变化影响越明显。

① 新生圩—五峰山段(图 3.1-11),据 2015 年 9 月大潮实测资料表明,平均潮差在 0.67~1.38 m,左右岸潮差变化较小,最上游下关站平均潮差最小为 0.67 m,下游大港站平均潮差最大为 1.38 m。其间最大涨潮潮差也为大港站1.88 m,最大落潮潮差为大港站 1.88 m。最小涨潮潮差为下关站 0.28 m,最小落潮潮差也为下关站 0.34 m。

② 五峰山—江阴段(图 3.1-12),平均潮差在 1.40~1.89 m,左右岸潮差变化较小,上游三江营站平均潮差最小为 1.40 m,下游六圩港站平均潮差最大为 1.89 m。全潮测验期间最大涨潮潮差为江阴天生港站 2.67 m,最大落潮潮差为六圩港站 2.66 m。最小涨潮潮差为三益桥和丰乐桥站 0.38 m。

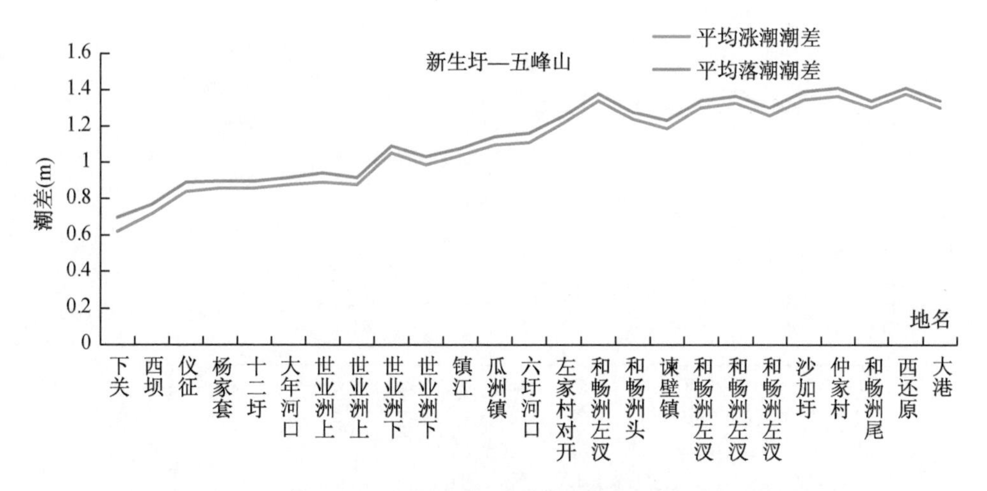

图 3.1-11 新生圩—五峰山各潮位站同步潮差沿程对比图(2015 年 9 月)

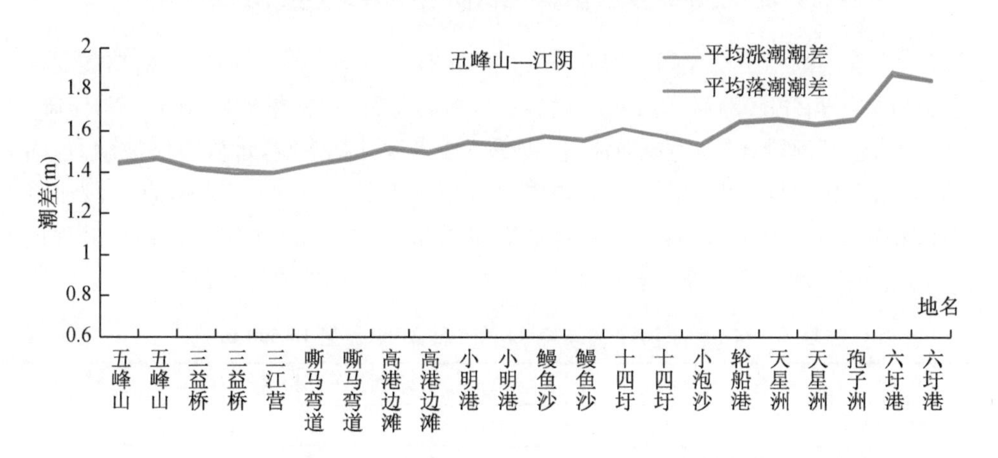

图 3.1-12 五峰山—江阴各潮位站同步潮差沿程对比图(2015 年 9 月)

③ 江阴—徐六泾段(图 3.1-13),平均潮差在 2.05～2.44 m。涨潮平均潮差、落潮平均潮差最大均为徐六泾站,涨潮平均潮差为 2.43 m,落潮平均潮差为 2.44 m。徐六泾站最大涨潮潮差为 3.46 m,最大落潮潮差为 3.49 m。

3.1.1.4 长江江苏段沿程纵横比降

比降与来流大小有关,上游来流在 4 万 m^3/s 左右时南京河段比降一般在 0.2‰～0.3‰;上游来流在 1 万～2 万 m^3/s 时比降一般在 0.1‰左右。南京新生圩至镇江五峰山河段大通站流量 290 00 m^3/s 时,落潮最大比降一般在 0.1‰～0.2‰。

南京河段、镇扬河段一般无明显涨潮流,枯季大潮条件下,个别支汊有涨潮流,但涨潮流时间很短,即涨潮流时段出现比降难测定。南京河段、镇扬河段主要为落潮流,在落潮中后期约 3～4 h 时段内,其比降较稳定,变化不大,取落潮稳定时段

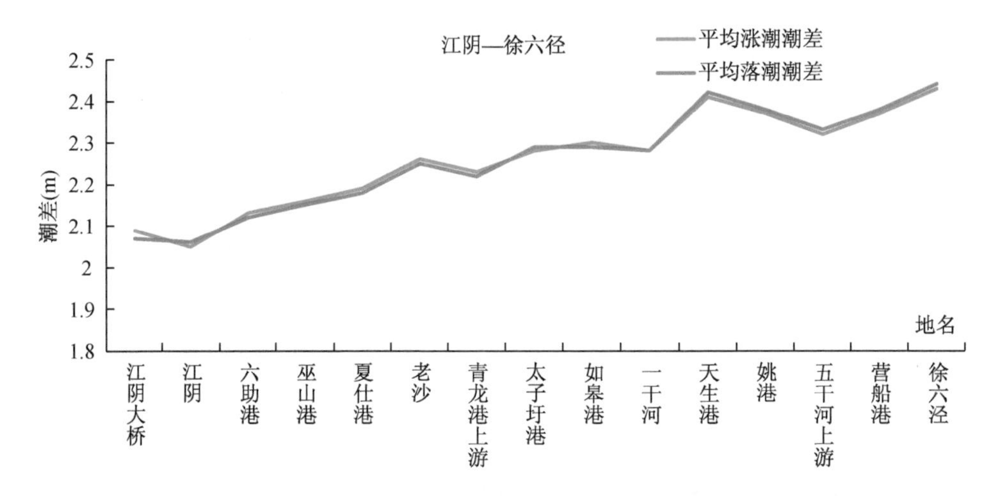

图 3.1-13　江阴—徐六泾各潮位站同步潮差沿程对比图(2015 年 9 月)

比降。洪季落潮稳定期比降一般在 0.1‱～0.3‱,平均在 0.2‱左右,枯季落潮稳定期比降一般在 0.05‱～0.1‱,平均在 0.08‱左右,即枯季比降小于洪季比降。本河段为感潮河段,洪季为单向流,但仍受下游潮汐顶托影响,水位有所波动,水面比降有所变化。据 2017 年 7 月实测资料分析,流量 64 000 m^3/s,南京河段比降(落潮稳定期)一般在 0.2‱～0.3‱,平均在 0.23‱左右,2017 年 1 月枯季沿程比降测量表明南京河段比降一般在 0.1‱左右。详见表 3.1-4 至表 3.1-6。

表 3.1-4　南京河段 2006 年 11 月 9 日 2:00(流量 16 500 m^3/s)

范围	距离(m)	水位上(m)	水位下(m)	比降(‱)
大胜关—梅子洲右汊西钢闸	5 700	2.311	2.266	0.079
西钢闸—梅子洲右汊出口	9 000	2.266	2.18	0.096
梅子洲右汊出口—南京水位站	2 500	2.18	2.158	0.088
南京水位站—防汛码头(下关)	1 300	2.158	2.138	0.154
防汛码头—燕子矶	9 500	2.138	2.050	0.093
西江口—桥位左汊(浦口)	13 000	2.315	2.198	0.090
桥位左汊—浦口港务公司	3 900	2.198	2.145	0.136
浦口港务公司—永利宁厂	16 000	2.145	2.06	0.053
永利宁厂—西坝	16 000	2.06	1.971	0.056
大胜关—枫林村	6 300	2.311	2.246	0.103
枫林村—潜洲中汊	7 200	2.246	2.171	0.104
西江口—大胜关(横比降)	1 500	2.315	2.311	0.027
港务公司—防汛码头(横比降)	1 300	2.145	2.138	0.054

表 3.1-5 2015 年 9 月 3—5 日新生圩—五峰山沿程纵比降表(大通站流量 29 000 m³/s)

位置	河段	间距(km)	落潮期间最大纵比降(×10⁻⁴)	涨潮期间最大纵比降(×10⁻⁴)
左岸	西坝—仪征	21.5	0.14	0.02
	仪征—十二圩	12.6	0.12	−0.02
	世业洲上—世业洲下	9.1	0.20	−0.03
	瓜洲镇—六圩河口	8.4	0.13	0.02
	左家村对开—和畅洲左汊	6.8	0.48	0.03
	和畅洲尾—西还原	3.4	0.34	−0.32
右岸	杨家套—大年河口	9.7	0.14	0.02
	世业洲上—世业洲下	10.8	0.17	−0.06
	谏壁镇—仲家村	3.3	0.20	−0.03
	仲家村—大港	4.1	0.18	−0.08

表 3.1-6 2015 年 9 月 3—5 日新生圩—五峰山沿程横比降表(大通站流量 29 000 m³/s)

位置	河段	间距(km)	落潮期间最大横比降(×10⁻⁴)	涨潮期间最大横比降(×10⁻⁴)
左岸—右岸	西坝—杨家套	20.3	−0.15	−0.40
	十二圩—大年河口	1.9	−0.05	−0.31
	西还原—大港	1.7	0.58	−0.45

五峰山至江阴河段大潮，大通站流量在 30 500 m^3/s 时沿程都有涨潮流，涨潮最大比降与落潮最大比降总体相差不大，涨潮最大比降出现时间短，而落潮最大比降出现在落潮稳定时段，而在这时段内比降相差不大，其时间一般有 3～6 h，而涨潮最大比降出现在涨急时段，时间一般在 1 h 左右，时间短。扬中河段、澄通河段水面比降有大、中、小潮变化及涨落潮流变化，洪季大、小潮落潮稳定期的比降总体变化不大，但具体各河段大、中潮比降存在差异，洪季大潮落潮稳定期比降一般在 0.1‰～0.3‰，平均在 0.2‰左右。涨潮比降与落潮相反，扬中河段涨潮比降与落潮比降总体相差不大，一般在 0.2‰左右，但澄通河段、长江南北支涨潮比降大于落潮比降，即涨潮遇到阻力更大。洪季落潮比降一般在 0.1‰～0.4‰，平均在 0.25‰，而涨潮比降在 0.1‰～0.6‰，平均在 0.3‰左右。枯季大潮落潮比降一般在 0.1‰～0.3‰，平均在 0.18‰左右，涨潮比降一般在 0.1‰～0.5‰，平均在 0.26‰左右。可见涨潮比降大于落潮比降，且枯季澄通河段、长江南北支大潮比降大于上游南京河段、镇扬河段大潮比降。详见表 3.1-7 和表 3.1-8。

表 3.1-7　2015 年 9 月 13—14 日大潮五峰山—江阴沿程纵比降表（大通站流量 30 500 m^3/s）

位置	河段	间距(km)	落潮期间最大纵比降(×10^{-4})	涨潮期间最大纵比降(×10^{-4})
左岸	五峰山—三益桥	4.6	0.25	−0.07
	嘶马弯道—高港边滩	17.1	0.17	−0.15
	小明港—鳗鱼沙	6.6	0.16	−0.38
	十四圩—天星洲	10.1	0.18	−0.21
右岸	五峰山—三益桥	4.1	0.22	−0.03
	嘶马弯道—高港边滩	9.6	0.21	−0.18
	小明港—鳗鱼沙	6.3	0.20	−0.27
	十四圩—天星洲	9.5	0.20	−0.20

表 3.1-8　2015 年 9 月 13—14 日大潮五峰山—江阴沿程横比降表（大通站流量 30 500 m^3/s）

位置	河段	间距(km)	落潮期间最大横比降(×10^{-4})	涨潮期间最大横比降(×10^{-4})
左岸—右岸	五峰山左—五峰山右	1.5	0.29	−0.28
	三益桥左—三益桥右	2.6	0.25	−0.23
	嘶马弯道左—嘶马弯道右	3.4	0.19	−0.24
	高港边滩左—高港边滩右	3.1	0.15	−0.19
	小明港左—小明港右	2.8	0.19	−0.30
	鳗鱼沙左—鳗鱼沙右	3	0.20	−0.20
	十四圩左—十四圩右	2.4	0.40	−0.49
	天星洲左—天星洲右	4.1	0.26	−0.07
	六圩港左—六圩港右	2.4	0.47	−0.30

江阴以下河段弯曲多分汊，洲滩、暗沙众多，总体呈现落潮条件下上游水位高于下游水位，纵比降为正值，涨潮条件下上游水位低于下游水位，纵比降为负值，且总体上涨潮纵比降大于落潮纵比降。通过 2004 年 8 月以及 2005 年 1 月三沙河段整体实测水文资料的分析，表明洪季水文条件下（2004 年 8 月，表 3.1-9 至表 3.1-10），落潮期间左岸最大纵比降 $0.10\times10^{-4}\sim0.48\times10^{-4}$，右岸最大纵比降 $0.17\times10^{-4}\sim0.46\times10^{-4}$，左岸总体上大于右岸，这是由于左汊为主汊，落潮动力强于右汊，水面比降相应较大；涨潮期间左岸最大纵比降 $-0.55\times10^{-4}\sim-0.10\times10^{-4}$，右岸最大纵比降 $-0.57\times10^{-4}\sim-0.23\times10^{-4}$，左岸小于右岸。从横比降结果来看，福姜沙河段、通州沙河段沿程均存在一定的横比降，落潮期间左岸水位总体高于右岸，而涨潮期间右岸高于左岸，横比降比值为 $-0.26\times10^{-4}\sim0.17\times10^{-4}$。

枯季水文条件下（2005 年 1 月，表 3.1-11 和表 3.1-12），落潮期间左岸最大纵

比降 $0.10\times10^{-4}\sim0.42\times10^{-4}$，右岸最大纵比降 $0.07\times10^{-4}\sim0.28\times10^{-4}$，左岸总体上大于右岸；涨潮期间左岸最大纵比降 $-0.57\times10^{-4}\sim-0.11\times10^{-4}$，右岸最大纵比降 $-0.53\times10^{-4}\sim-0.12\times10^{-4}$，左岸小于右岸。福姜沙河段、通州沙河段沿程均存在一定的横比降，落潮期间左岸水位总体高于右岸且横比降一般在 $0.08\times10^{-4}\sim0.27\times10^{-4}$，涨潮期间右岸高于左岸，横比降比值 $-0.24\times10^{-4}\sim-0.14\times10^{-4}$。

表 3.1-9　2004 年 8 月三沙河段沿程纵降表

位置	河段	间距(km)	落潮期间最大纵比降(×10⁻⁴)	涨潮期间最大纵比降(×10⁻⁴)
左岸	炮台圩—和尚港	14.6	0.28	−0.42
	和尚港—如皋	14.1	0.22	−0.50
	如皋—天生港	22.9	0.23	−0.14
	天生港—南通港	6.9	0.48	−0.55
	南通港—营船港	8.4	0.44	−0.50
	营船港—汇丰码头	10.7	0.10	−0.10
	汇丰码头—崇西	25.4	0.21	−0.51
	崇西—南门	31.8	0.25	−0.42
右岸	江阴—中兴码头	14.2	0.17	−0.29
	中兴码头—太字圩	14.9	0.19	−0.36
	太字圩—九龙港	10.5	0.17	−0.23
	九龙港—五干河	12.9	0.46	−0.57
	五干河—七干河	13.7	0.23	−0.36
	七干河—徐六泾	15.4	0.18	−0.67
	徐六泾—白茆	10.5	0.36	−0.59
	白茆—杨林	24.5	0.29	−0.46

表 3.1-10　2004 年 8 月三沙河段沿程横降表

位置	河段	间距(km)	落潮期间最大横比降(×10⁻⁴)	涨潮期间最大横比降(×10⁻⁴)
左岸—右岸	炮台圩—黄田港	1.6	−0.15	0.17
	如皋—太字圩	7.4	0.17	0.04
左岸—右岸	南通港—五干河	8.2	0.13	−0.1
	营船港—七干河	11.2	0.15	−0.2
	汇丰码头—徐六泾	6.6	0.12	−0.26

表 3.1-11　2005 年 1 月三沙河段沿程纵比降表

位置	河段	间距(km)	落潮期间最大纵比降(×10⁻⁴)	涨潮期间最大纵比降(×10⁻⁴)
左岸	炮台圩—和尚港	14.6	0.21	−0.43
	和尚港—如皋	14.1	0.18	−0.24
	如皋—天生港	22.9	0.10	−0.35
	天生港—南通港	6.9	0.42	−0.57
	南通港—营船港	8.4	0.11	−0.40
	营船港—汇丰码头	10.7	0.22	−0.11
	汇丰码头—崇西	25.4	0.19	−0.26
	崇西—南门	31.8	0.26	−0.41
右岸	江阴—中兴码头	14.2	0.11	−0.28
	中兴码头—太字圩	14.9	0.10	−0.23
	太字圩—九龙港	10.5	0.09	−0.12
	九龙港—五干河	12.9	0.28	−0.43
	五干河—七干河	13.7	0.15	−0.32
	七干河—徐六泾	15.4	0.07	−0.53
	徐六泾—白茆	10.5	0.20	−0.41
	白茆—杨林	24.5	0.19	−0.29

表 3.1-12　2005 年 1 月三沙河段沿程横比降表

位置	河段	间距(km)	落潮期间最大横比降(×10⁻⁴)	涨潮期间最大横比降(×10⁻⁴)
左岸—右岸	炮台圩—黄田港	1.6	0.27	0.31
	如皋—太字圩	7.4	0.08	0.02
	南通港—五干河	8.2	0.1	−0.16
	营船港—七干河	11.2	0.12	−0.14
	汇丰码头—徐六泾	6.6	0.06	−0.24

3.1.2　沿程涨落潮流速变化特性

3.1.2.1　沿程各断面主槽涨落潮流速周期变化

南京河段受涨落潮变化水位有所波动，洪季为单向流，无涨潮流，一般取落潮稳定时段流速，枯季中小潮无涨潮流，枯季大潮个别支汊有时有短时间的涨潮流，但涨潮流速较小，河床冲淤变化基本无影响，一般取落潮稳定时段流速为代表流速，落潮稳定时段内的流速变化相对较小。

当上游大通站径流为 10 000 m^3/s 左右时，单一河段断面流速，如大胜关、下关、拐头、三江口等河道缩窄段流速在 0.6～0.9 m/s。梅子洲左汊、八卦洲右汊等主汊流速一般在 0.5～0.7 m/s，而支汊如梅子洲右汊、八卦洲左汊流速一般在 0.2～0.5 m/s，即在枯季小流量时，流速一般小于泥沙起动流速。而洪季上游径流达60 000 m^3/s左右，单一河段流速可达 2～3 m/s，如大胜关、下关、拐头、三江口等支汊内流速也可达 1～2 m/s。下游断面流速受潮汐影响，如福姜沙河段、肖山枯季大潮最大流速可达 1～1.8 m/s，左汊内流速最大也可达 0.8～1.5 m/s，右汊内可达 0.7～1.2 m/s，而洪季 60 000 m^3/s 左右，肖山最大流速可达 2～2.5 m/s，可见福姜沙河段枯季大潮动力明显大于上游径流河段，其流速可大于泥沙起动流速。至通州沙、白茆沙河段枯季大中潮涨潮流明显大于上游径流，涨潮流速可达 1 m/s 以上，大于底沙起动流速。北支主要受潮汐影响，其涨潮流速可达 2 m/s 以上，且大中潮涨潮含沙量大于落潮含沙量，含沙量变化主要受海外来沙及来河段河床泥沙起动悬浮的影响。

从主槽江阴、九龙港、徐六泾以及石化下四站流速过程可以看出(图 3.1-14)，沿程自上而下落潮时间略有减少，但变幅不明显。从流态可以看出，总体呈现往复流的态势，但随着上游径流量的增加，径流作用进一步显现，特别是下游小潮条件下，江阴、九龙港等区域仅出现落潮流。一般流速测量落潮稳定时段，即落潮处于中低潮约 2～3 h 附近时段。

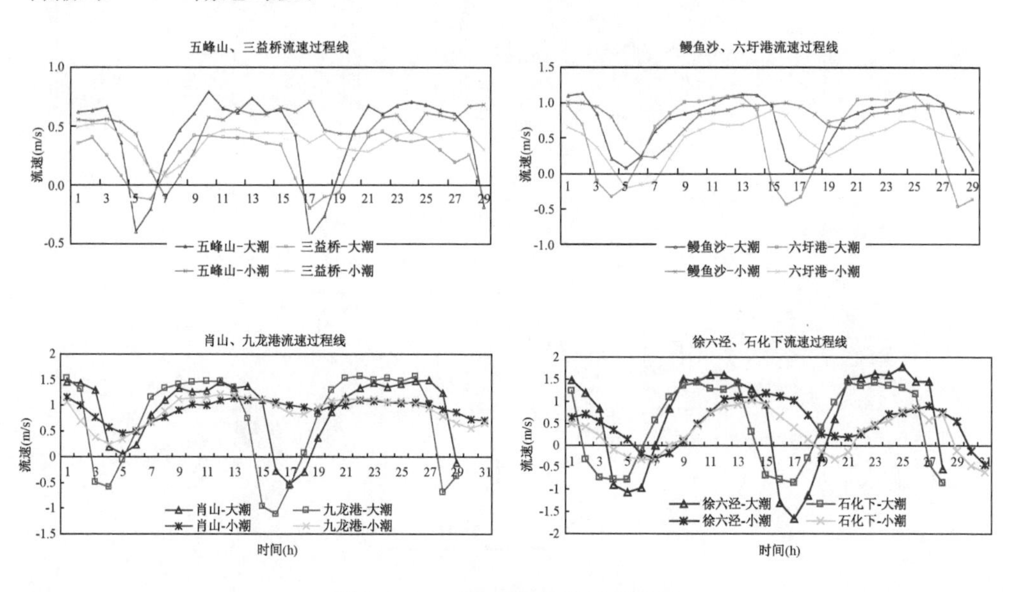

图 3.1-14　洪、枯季流速过程比较

2019 年 6 月大潮实测资料分析表明，洪季北支涨落潮流量相差不大，且涨潮流量大于落潮平均流量，灵甸港落潮平均流量 7 960 m³/s，涨潮 96 600 m³/s，三和港涨潮 12 800 m³/s，落潮平均流量 10 200 m³/s。北支落潮测点最大流速与涨潮最大流速相差不大，落潮灵甸港最大 2.94 m/s，涨潮灵甸港 2.57 m/s，吴沧港测点落潮最大 2.16 m/s，涨潮 2.13 m/s。

南支落潮最大流速明显大于涨潮，落潮南支垂线平均最大流速在 1.8 m/s，涨潮南支垂线平均最大流速在 1.2 m/s，而北支涨落潮流速相差不大，且北支流速大于南支，北支落潮垂线平均最大流速灵甸港 2.67 m/s，涨潮垂线平均最大流速灵甸港 2.31 m/s。落潮平均流量沿程增加，南支白茆沙南北水道 79 900 m³/s，七丫口 88 200 m³/s，浏河口 94 400 m³/s，南北港 108 400 m³/s，相应涨潮平均流量白茆沙南北水道 39 900 m³/s，七丫口 46 400 m³/s，浏河口 56 700 m³/s，南北港 74 300 m³/s。

3.1.2.2 *沿程各河段涨落潮流速分析*

(1) 南京河段流速分布(图 3.1-15)

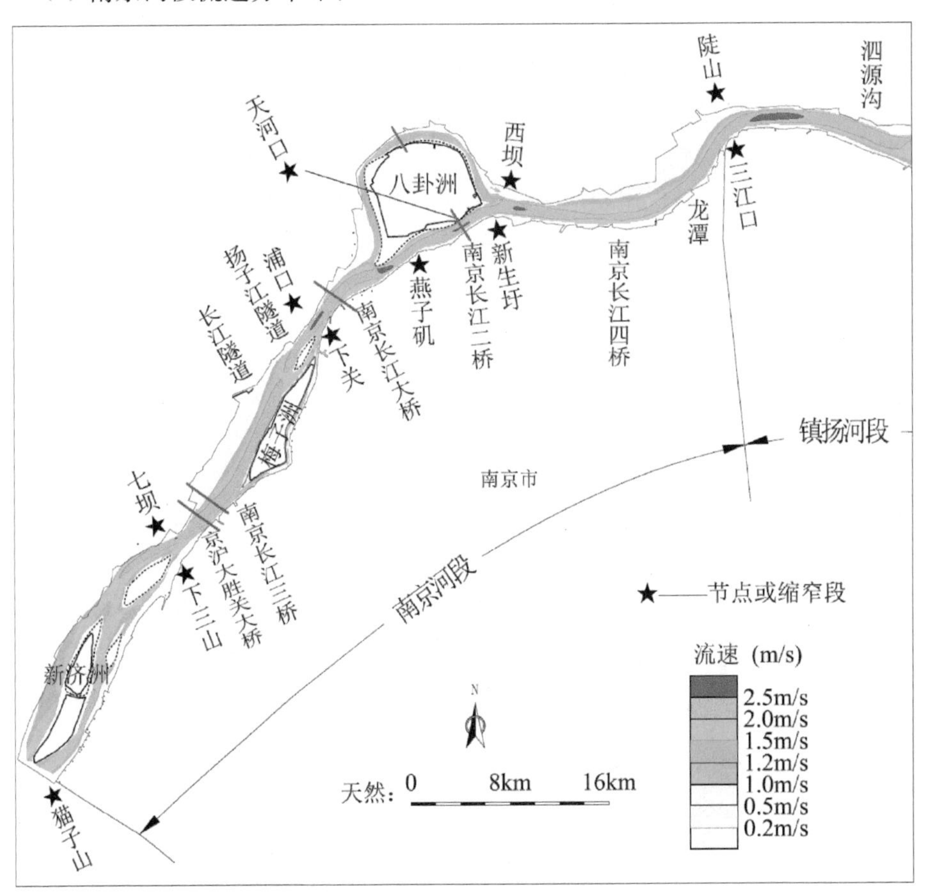

图 3.1-15 1998 年大洪水条件下落潮流速分布图(南京河段)

枯水流量 16 500 m^3/s 条件下，梅子洲左汊流速明显大于右汊，右汊流速一般在 0.2～0.5 m/s，左汊主流下连潜洲左汊，主槽流速一般在 0.5～0.7 m/s，北岸一侧边滩流速在 0.2～0.5 m/s，潜洲左汊出口流速较大在 0.7～1 m/s，潜洲右汊为支汊，流速一般在 0.2～0.5 m/s，主深槽在 0.5～0.7 m/s，潜洲尾至八卦洲尾为单一河段，潜洲出口主流偏浦口一侧，至南京长江大桥主流居中偏北，南京长江大桥下主流南偏，经八卦洲洲头右缘进入八卦洲右汊主流流速在 0.5～0.7 m/s，上元门边滩流速在 0.2～0.5 m/s，进入左汊流速在 0.2～0.5 m/s。八卦洲右汊为主汊，流速一般在 0.5～1 m/s，左汊为支汊，流速一般在 0.1～0.5 m/s，流速相对较小，仅局部凹岸一侧流速在 0.5～1 m/s。八卦洲汇流段至龙潭河口主槽流速一般在 0.5～1 m/s，兴隆洲边滩一侧流速在 0.1～0.5 m/s，枯水流量较小，水流近岸顶冲部位的流速一般在 0.5～0.7 m/s，边滩流速一般在 0.1～0.5 m/s。

1998 年大洪水流量(85 000 m^3/s)条件下，上游新济洲汊道左汊流速小于右汊。右汊为主汊，分流比在 60%左右，流速一般在 1.5～2 m/s，中间缩窄段流速在 2 m/s 以上。左汊为支汊，流速一般在 1.2～1.5 m/s，部分在 1.5～2 m/s。子母洲右汊流速较小，一般在 0.5 m/s 左右，潜洲左汊为主汊，目前分流比占 80%左右，主泓最大流速在 2.5 m/s 以上，一般断面平均流速在 2 m/s 以上。潜洲右汊为支汊，流速一般在 1 m/s 左右，潜洲左汊最大流速靠北岸一侧。大胜关段主流位于靠右岸主槽一侧，最大流速在 2.5 m/s 以上，靠北岸侧浅滩流速在 1 m/s 左右。梅子洲左汊为主汊，分流比在 95%左右，主流贴梅子洲左缘一侧，最大流速在 2.5 m/s 左右，北岸一侧为边滩，流速在 1 m/s 左右。梅子洲右汊为支汊，分流比仅 5%左右，流速在 1 m/s 左右，右汊流速明显小于左汊。梅子洲左汊出口有新潜洲分汊，其中潜洲左汊为主汊，分流比在 85%左右，流速在 2～2.5 m/s，潜洲右汊上段位于左汊内，分梅子洲左汊为潜洲左右汊，其分流比为左汊 85%，右汊 10%，下段为潜洲左汊与梅子洲右汊汇流，分流比约 15%。潜洲右汊最大流速在 1.5 m/s 左右，右汊流速明显小于左汊。下关附近最大流速总体偏北，最大流速在 2.5 m/s，断面流速一般在 2 m/s 以上。南京长江大桥下河道放宽，最大流速位于主深槽内，主流逐渐由偏北向南经八卦洲头部右缘进入八卦洲右汊，八卦洲头部右缘最大流速在 2.5 m/s 以上。右汊内主流由八卦洲头右缘南偏经燕子矶挑流作用主流北偏至北岸天河口南京长江二桥附近又南偏经新生圩港沿岸导流与左汊水流交汇，主流顶冲北岸西坝沿岸，经北岸拐头凸嘴挑流作用主流南偏顶冲七乡河、龙潭沿岸，主流沿龙潭弯道右岸经三江口凸岸挑流至北岸陡山一侧，主流沿北岸一侧而下至泗源沟下进入镇扬河段世业洲分汊段。北岸西坝附近最大流速达 2.5 m/s 以上，龙潭近岸主槽内流速也在 2 m/s 以上，陡山附近近岸最大流速在 2.5 m/s 以上。龙潭弯道北岸兴隆洲、乌鱼洲一侧，位于凸岸边滩流速一般在 1 m/s 左右。

八卦洲左汊为支汊，大洪水条件下分流比在 18%～20%，其深槽内流速一般在 1.2 m/s～1.5 m/s，浅滩流速一般在 0.5～1 m/s，可见八卦洲左汊流速明显小于八卦洲右汊。

(2) 镇扬河段流速分布(图 3.1-16)

1998 年大洪水条件下世业洲汊道分汊前主流偏北，最大流速在 2 m/s 以上，而近南岸侧流速在 1.5 m/s 左右，世业洲左汊为支汊，分流比在 36%左右，但左汊河宽窄，流速大，进口流速左汊明显大于右汊，左汊进口段流速大于 2 m/s，而右汊中上段流速一般在 1.5～2 m/s，右汊中下段主槽流速在 2 m/s 以上，右汊上段流速小于右汊下段。左汊内流速总大于右汊流速，这也是左汊处于发展的原因。

世业洲左右汊汇流后主流顶冲右岸一侧，位于镇江引航道口流速可达 2.5 m/s 以上，然后主流北偏，过渡至六圩弯道凹岸一侧，主槽内流速一般在 2～2.5 m/s，至沙头河口附近主槽内最大流速可达 2.5 m/s 以上。六圩河口对岸为弯道凸岸侧流速在 1.2 m/s 左右，凸岸一侧流速明显小于凹岸一侧，六圩弯道出口主流偏北进入和畅洲左汊，和畅洲左汊为主汊，分流比在 72%左右，而右汊为支汊，分流比仅 28%左右，左汊内主槽流速一般在 2～2.5 m/s，而右汊上段流速较小，一般在 1.5 m/s 左右，下段流速较大，一般在 2 m/s 左右，总的来说左汊流速大于右汊。和畅洲左右汊汇合后主流顶冲大港沿岸，近岸最大流速在 2.5 m/s 以上，至五峰山挑流作用下主流进入太平洲左汊。

(3) 扬中河段流速分布(图 3.1-16)

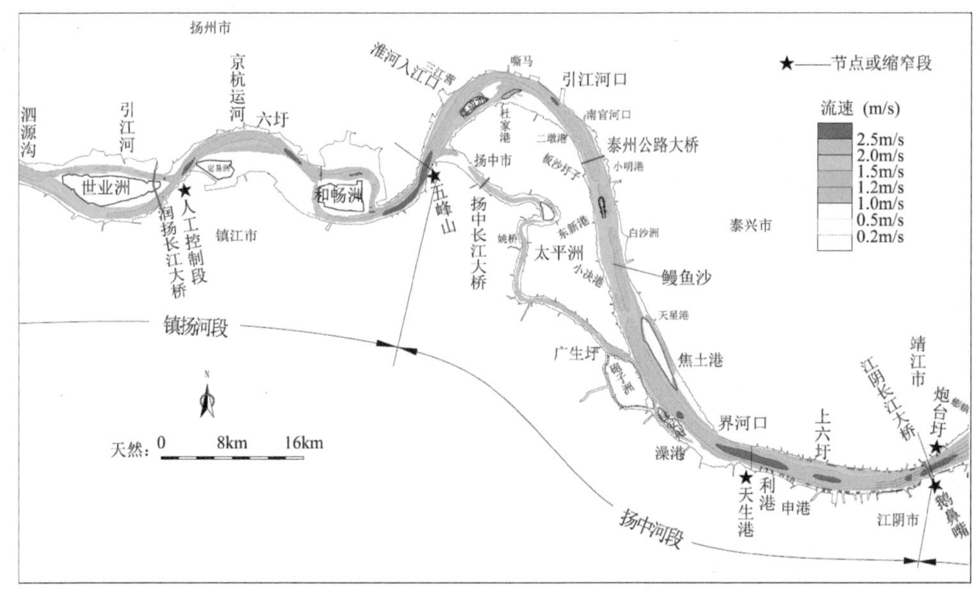

图 3.1-16　1998 年大洪水条件下落潮流速分布图(镇扬河段和扬中河段)

太平洲左汊为主汊，分流比在90%左右，进口主流基本居中经落成洲左汊左缘侧至北岸杜家圩沿嘶马弯道凹岸一侧下行，至扬中高港附近主流南偏，主槽内流速一般在2 m/s以上，局部在2.5 m/s以上。落成洲左汊为支汊，目前分流比在22%左右，右汊流速一般在1.5～2 m/s，小于左汊流速。右汊出口水流分散，流速较小，一般在1.5 m/s左右，高港以上主流南偏至泰州大桥主流基本呈中偏右，往下河道顺直，河宽在2.4 km左右，河中间有水下心滩，深水航道整治工程采用守护江中心滩，心滩头部采用龟背状，下段采用潜堤加齿坝，形成心滩左右槽通航。大洪水条件下心滩左槽流速大于心滩右槽，心滩左槽流速一般在2 m/s以上，心滩右槽一般在1.5～2 m/s。顺直段心滩以下河道放宽左侧出现天星洲，天星洲右汊为主汊，左汊为支汊，天星洲左汊内流速较小，分流比在5%左右，流速一般在1～1.5 m/s。天星洲右汊流速一般在2 m/s以上。

太平洲右汊为支汊，河道窄，一般在300～600 m，上宽下窄，分流比在10%左右，上段流速相对较小，下段流速相对较大，上段流速一般在1 m/s左右，下段流速一般在1.2～1.5 m/s。右汊出口前又有炮子洲分汊，炮子洲右汊为支汊，上接太平洲右汊，下接禄安州右汊，河宽仅200 m左右，分流比不足1%，流速在0.5 m/s左右，太平洲左右汊交汇后主流沿炮子洲、禄安州左缘而下，禄安州右汊为支汊，河宽较窄，一般仅300～500 m，分流比在10%左右，但近年河道冲刷较深，−10 m槽贯通，局部河床底高程在−15 m以下。主流经禄安州右缘挑流有所北偏，下至界河口、天生港缩窄段，主流居中南偏进入江阴水道，天生港附近主槽最大流速达2.5 m/s以上。江阴水道主流沿南岸主槽而下，北岸为微弯河道的凸岸，流速相对较小，近岸流速一般在1.5～2 m/s。至鹅鼻嘴缩窄段最大流速达2.5 m/s以上，鹅鼻嘴以下主流沿肖山、长山一侧逐渐北偏进入福姜沙左汊。

(4) 澄通河段流速分布(图3.1-17)

上游大通流量约16 300 m^3/s、下游吴淞口涨潮最大潮差约2.80 m的枯季大潮(2005.1)水文条件下长江江苏段整体呈现往复流。肖山断面主槽落潮最大流速一般在0.8 m/s，涨潮最大流速约0.6 m/s；和尚港断面主槽落潮最大流速一般在0.8 m/s，涨潮最大流速约0.55 m/s；如皋中汊主槽落潮最大流速约0.82 m/s，涨潮最大流速约0.7 m/s；浏海沙断面主槽落潮最大流速一般在0.85 m/s，涨潮最大流速约0.7 m/s；九龙港断面主槽落潮最大流速约1.15 m/s，涨潮最大流速约1.1 m/s；通州沙东水道进口断面主槽落潮最大流速一般在0.8 m/s，涨潮最大流速约0.75 m/s；狼山沙东水道断面主槽落潮最大流速一般在0.8 m/s，涨潮最大流速约0.75 m/s；狼山沙西水道断面主槽落潮最大流速约0.48 m/s，涨潮流速约0.60 m/s；徐六泾断面主槽落潮最大流速约1.15 m/s，涨潮最大流速约1.10 m/s；白茆沙南水道断面主槽落潮最大流速约1.12 m/s，涨潮最大流速约1.15 m/s。

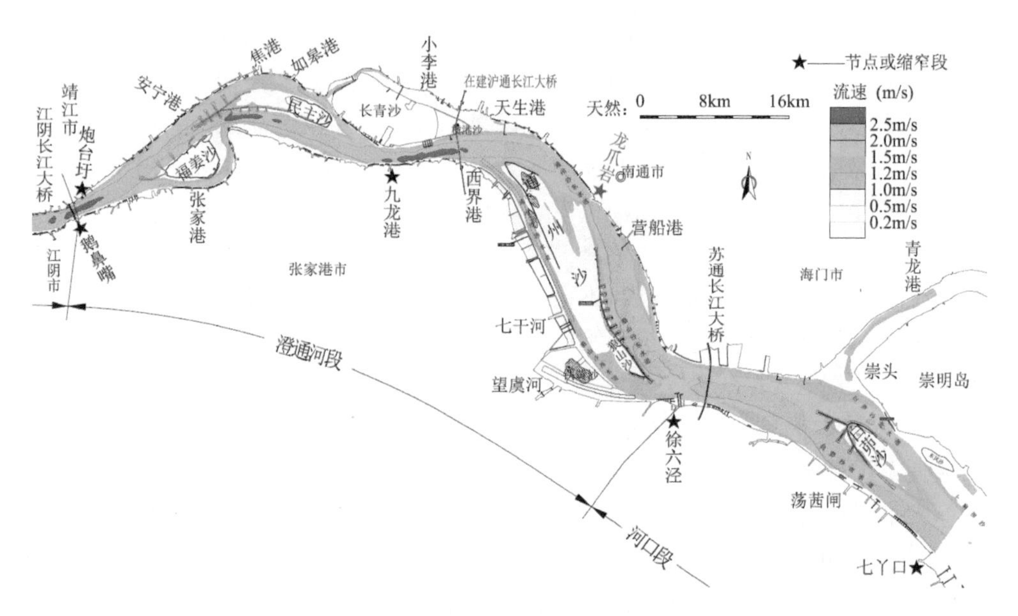

图 3.1-17　1998 年大洪水条件下落潮流速分布图(澄通河段和河口段)

1998 年大洪水条件下，肖山、和尚港、如皋中汊、九龙港、徐六泾附近主槽断面基本无涨潮流；整体呈落潮为主的态势。

研究表明，上游流量约为 10 000 m^3/s、下游为中等偏大潮条件下，江阴以下河段整体流态成往复流，徐六泾以上主槽落潮平均流速均大于涨潮平均流速，而通州沙西水道、浏海沙水道边滩、徐六泾断面左侧边滩等涨潮平均流速均大于落潮平均流速，白茆沙北水道及其石化下断面主槽落潮平均流速小于涨潮平均流速，涨潮动力较强。

当上游径流 60 000 m^3/s 左右时、下游为中等偏大潮条件下，九龙港以上涨潮流较弱，如皋中汊及其以上福北水道内均无涨潮流，浏海沙水道边滩有涨潮流存在，但其强度较弱，江阴以下落潮流占优势。

3.1.3　沿程汊道分流、分沙比

1) 南京河段

南京河段内有新生洲、新济洲汊道，新济洲右汊内有子母洲分汊，新济洲右汊出口段下又有新潜洲汊道、梅子洲分汊，梅子洲左汊出口段又有潜洲分汊，南京长江大桥下约 6 km 又有八卦洲分汊。南京河段沿程汊道分流、分沙比情况如图 3.1-18至图 3.1-22 所示。

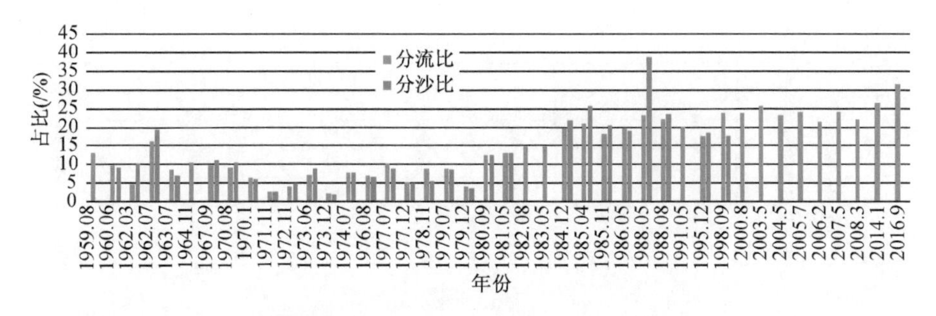

图 3.1-18　小黄洲左汊分流、分沙比变化

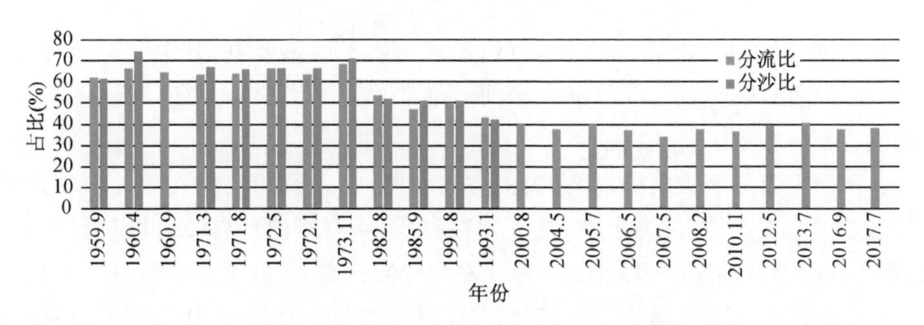

图 3.1-19　新生洲左汊分流、分沙比变化

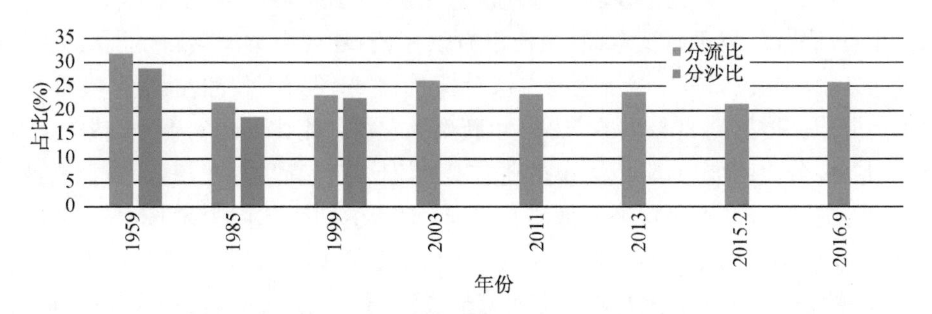

图 3.1-20　新潜洲右汊分流、分沙比变化

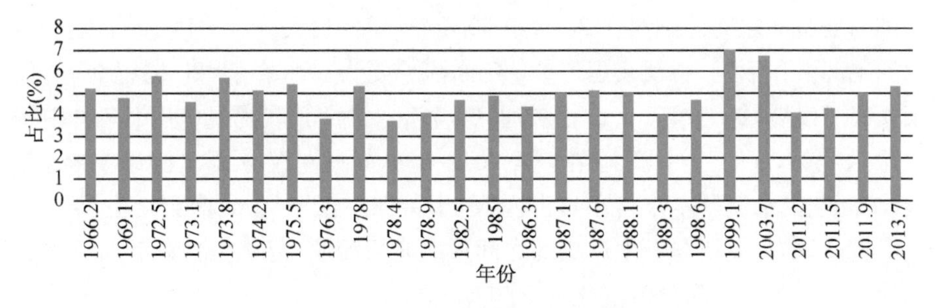

图 3.1-21　梅子洲右汊分流比变化

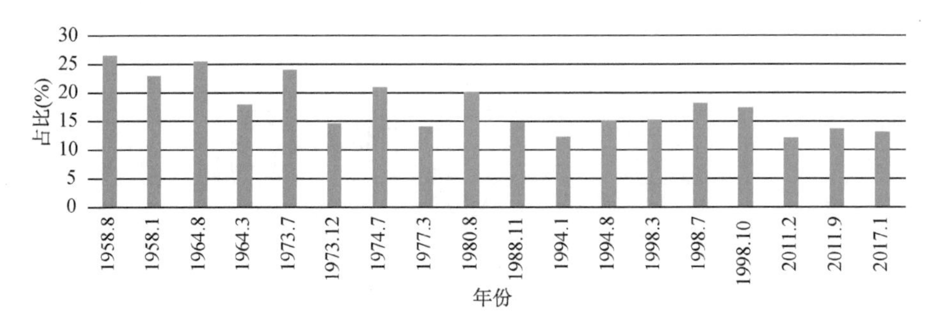

图 3.1-22　八卦洲左汊分流比变化

新生洲、新济洲为顺直分汊段，汊道形成是由于河道展宽，其中北岸抗冲性较差，河道展宽形成新济洲，新济洲上游河道继续展宽又形成新生洲，新生洲与新济洲之间存在一中汊。

新济洲上游原有大黄洲，后大黄洲并入北岸，在大黄洲上游又淤长出小黄洲，小黄洲左汊为支汊，右汊为主汊，支汊顺直，主汊略有弯曲。自 20 世纪初至 20 世纪 80 年代中新济洲左汊为主汊，小黄洲左汊分流比在 20 世纪 80 年代前一般不足 10%。小黄洲左汊下连新生洲、新济洲左汊，但小黄洲左汊分流比增加并没有增加新生洲左汊分流比，而是减少新生洲左汊分流比，主要原因为新生洲左汊水流主要来自小黄洲右汊，由于右汊弯曲，主流出右汊左偏，越过小黄洲与新生洲之间过渡区进入新生洲左汊，1959 年新生洲左汊分流比达 62%。小黄洲左汊经 1983 年大洪水后分流比增加到 20%左右，1985 年新生洲左汊分流比下降到 47%，成为支汊。小黄洲左汊分流比增加，阻止了小黄洲右汊分流比进入新生洲左汊，小黄洲右汊进入左汊分流减少，导致小黄洲尾部淤长下延，而新生洲头部向上淤长，与－5 m 线相连，而相应小黄洲左汊与新生洲左汊－10 m 槽相通，小黄洲右汊与新生洲右汊－10 m 槽相通。小黄洲尾与新生洲头部形成沙梗，由小黄洲右汊进入新生洲左汊分流明显减少。2000 年左右，新生洲左汊分流比在 40%左右，新生洲右汊达 60%。新生洲与新济洲之间的中汊在 20 世纪 50 至 60 年代最大分流比达 10%，随后由于新生洲尾部淤积下延，中汊衰退，1985 年断流。受大洪水影响，20 世纪 90 年代末中汊又有所发展，2001 年－5 m 槽贯通，2007 年－7 m 槽贯通，2008 年 8 月中汊分流比达 3.45%，2014 年中汊封堵。至 2019 年小黄洲左汊分流比已达 30%，新生洲、新济洲左汊水流基本来自小黄洲左汊，小黄洲左汊－10 m 槽与新生洲－10 m 槽上下贯通，小黄洲尾与新生洲头部之间形成淤积沙埂。新生洲、新济洲汊道分流比仍受上游小黄洲汊道分流变化的影响。

河道主流有坐弯的规律，新济洲右汊水流出右汊后，主流左偏进入新潜洲左汊，新潜洲形成同样是河道放宽的结果，主要是左岸大幅度崩退，20 世纪 50 年代

后新济洲右汊主流左摆，潜洲右汊淤浅，下三山深槽淤浅成为边滩，下三山节点失去对主流的控导作用。1959 年潜洲左汊分流比为 68.2%，1985 年后维持在 80%左右。

目前新潜洲汊道分流变化一方面受上游汊道分流变化影响，有新济洲左右汊分流变化及子母洲汊道分流比变化；另一方面受新潜洲左右汊河床冲淤变化、汊道内河床阻力变化等影响。

2) 镇扬河段

镇扬河段内有世业洲分汊及和畅洲分汊。世业洲左汊为支汊，右汊为主汊。自 20 世纪 80 年代后左汊分流比不断增加，由 20%多增加至近 40%（如图 3.1-23 所示），2015 年实施航道整治工程限制左汊发展，工程于 2017 年完工。目前左汊分流比增加已得到遏制。

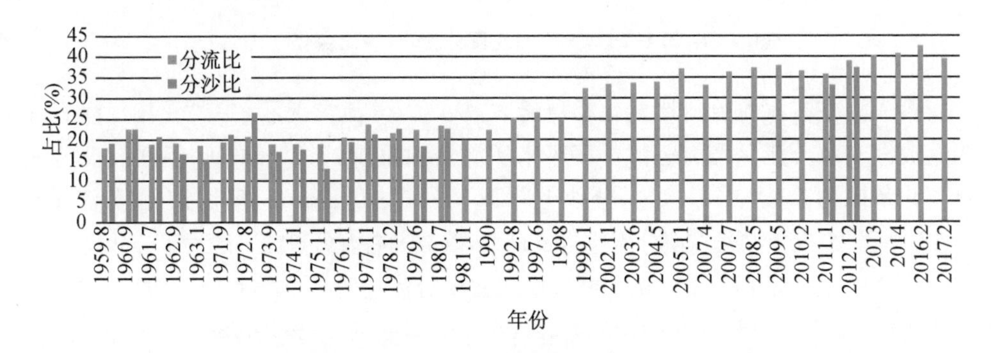

图 3.1-23　世业洲左汊分流、分沙比变化

和畅洲左汊分流比自 20 世纪 70 年代至 2002 年增加明显，导致主支汊易位，左汊成为主汊，分流比达 70%以上（如图 3.1-24 所示）。2003 年实施左汊限流工程，在左汊内建潜坝，遏制左汊发展。2015 年实施航道整治工程，因右汊为深水航道，需进一步限制左汊发展，在左汊内建二道潜坝，2017 年工程完工，左汊分流比有所减小。

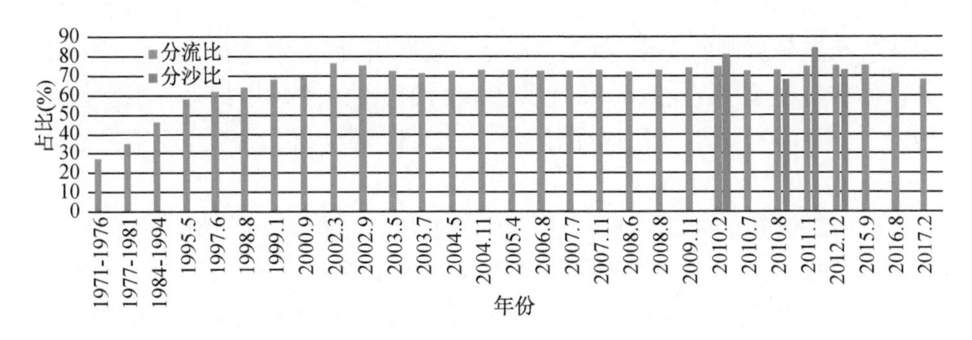

图 3.1-24　和畅洲左汊分流、分沙比变化

3）扬中河段

扬中河段上有太平洲分汊，太平洲左汊（其分流、分沙比如图 3.1-25 所示）上段内又有落成洲分汊，太平洲右汊中段有小炮洲分汊，太平洲左汊出口下又有天星洲分汊，太平洲右汊出口段又有炮子洲分汊，炮子洲下又有录安洲分汊。

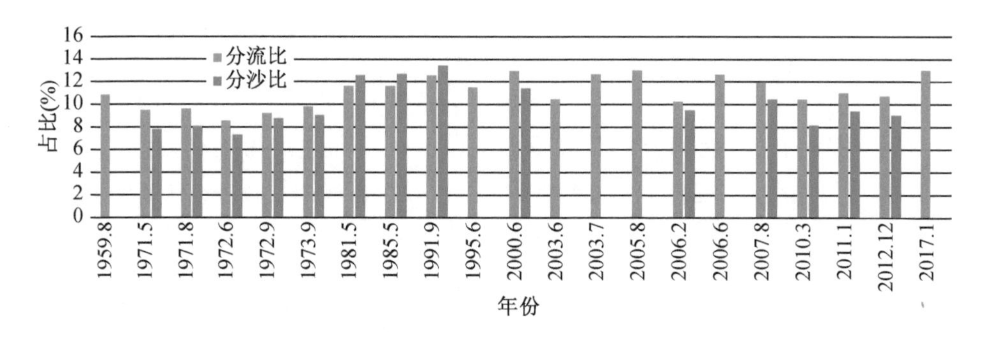

图 3.1-25　太平洲左汊分流、分沙比变化

落成洲左右汊道分流比变化相对略大，从两汊分流情况看，主要变化规律表现为落成洲右汊分流呈增大态势。多年来实测资料反映，1985—1991 年间右汊分流比变化范围为 9.6%～14.1%，分沙比为 11.5%～12.9%；2003 年 6 月右汊分流比已达 18.9%。2015 年 9 月右汊分流比达 23.5%，落成洲右汊分流比一般大于分沙比。

汊道的稳定是相对的，1996 年录安洲右汊分流比为 5%，2003 年 7 月右汊分流比为 10.2%，2005 年 5 月为 10.3%，2006 年 3 月为 11.3%，2009 年 10 月分流比为 11.9%，2015 年 6 月分流比为 10%。至 2018 年录安洲右汊分流比维持在 10%左右。

4）澄通河段

澄通河段上有福姜沙分汊，下有双涧沙分汊、民主沙分汊、长青沙分汊、通州沙分汊、狼山沙分汊。2014 年铁黄沙一期整治工程后，福山水道成盲肠河段，上口已封堵。

从各汊道分流比的变化（图 3.1-26）可以看出，福南水道自 20 世纪 60 年代以来基本维持在 20%左右，80 年代末、90 年代初由于进口木材码头阻水作用较强使得分流比略有减小，但自拆除后分流比又恢复至 20%左右，近年来总体变化较小。

如皋中汊分流比的变化则与如皋中汊的发展息息相关，20 世纪 70 年代，随着双涧沙水道的消亡，如皋中汊迅速发展，分流比迅速增加，至 90 年代初期如皋中汊分流比接近 30%；近期，如皋中汊处于发展后的调整期，分流比基本维持在 30.0%左右。

通州沙东西水道分流比的变化也随着上游如皋沙群的变化而调整，当主流走通州沙东水道、狼山沙东水道后主支汊的分流比也逐渐稳定。

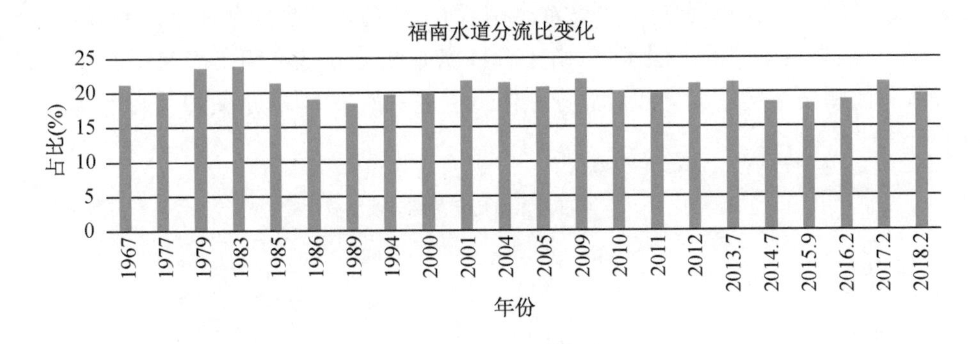

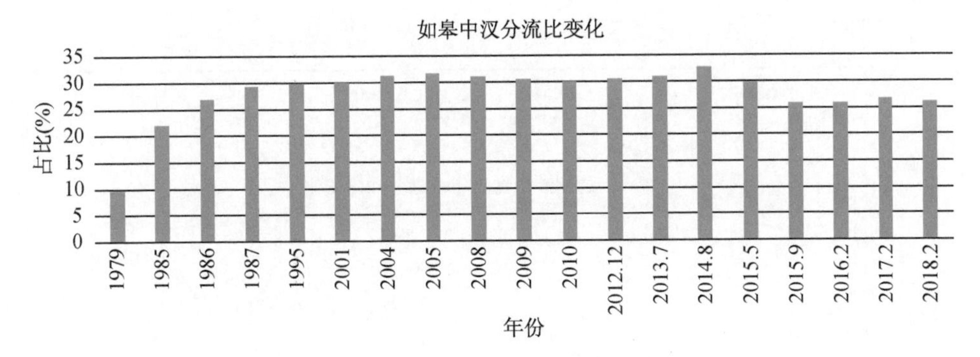

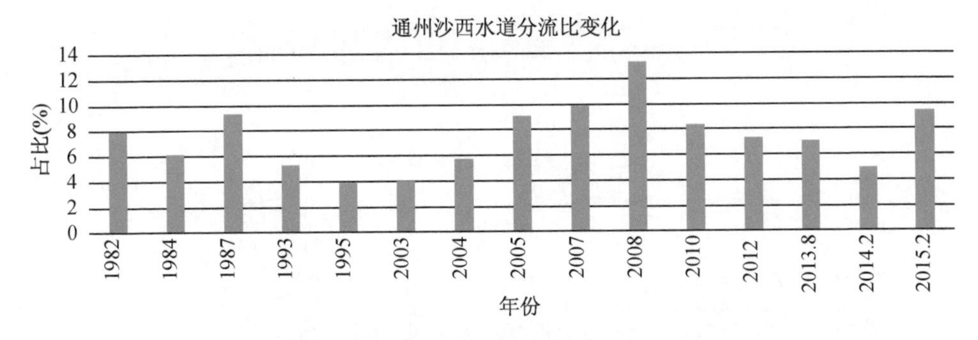

图 3.1-26　澄通河段沿程各汊道分流比变化

通州沙西水道也呈现分沙比大于分流比的态势(图 3.1-27)。其原因除了泥沙粒径等因素以外，与西水道下段涨潮动力相对较强的水动力特性也存在一定的关系。由于西水道中段水深相对较浅，涨潮动力较强，泥沙启动、悬扬相对较易，含沙量也相对较大。

福姜沙右汊分沙比小于分流比，这也是福南水道作为支汊能够较为稳定的维持的一个重要因素。

如皋中汊分沙比大于其分流比，其原因除了泥沙粒径等因素以外，与双涧沙上越滩流也存在一定的联系。由于越滩流存在，使得从福北水道进入如皋中汊的一部分水沙经过双涧沙滩面进入浏海沙水道，而主槽与滩地高程存在较大差异，经过滩面的一般为主槽中的上层水体，由于含沙量垂线分布基本满足表层小底层大的特性，为此剩余底层较大含沙量部分水体下泄进入如皋中汊，也使得其含沙量大于浏海沙水道含沙量。

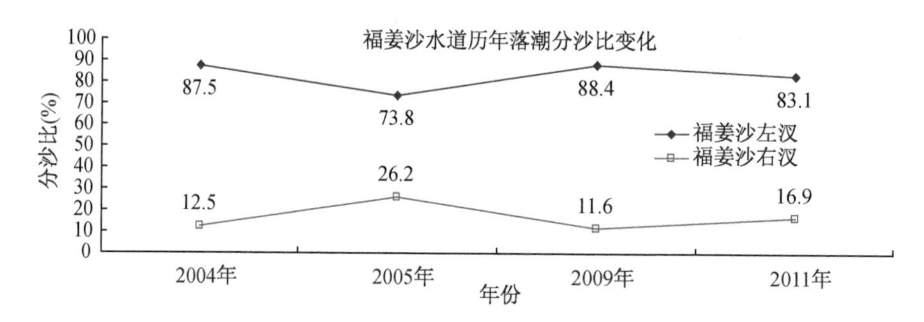

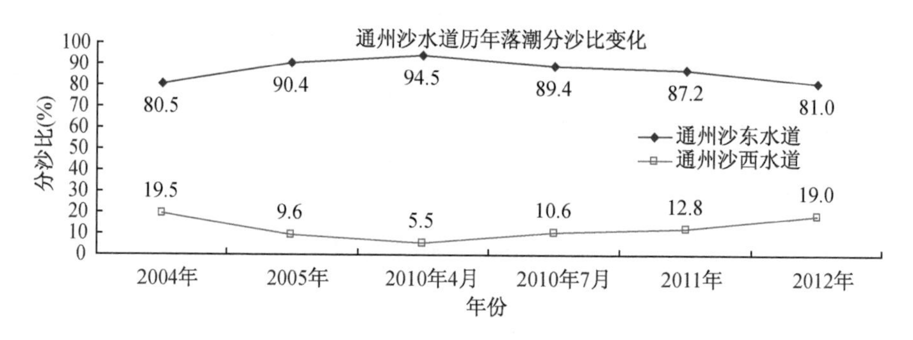

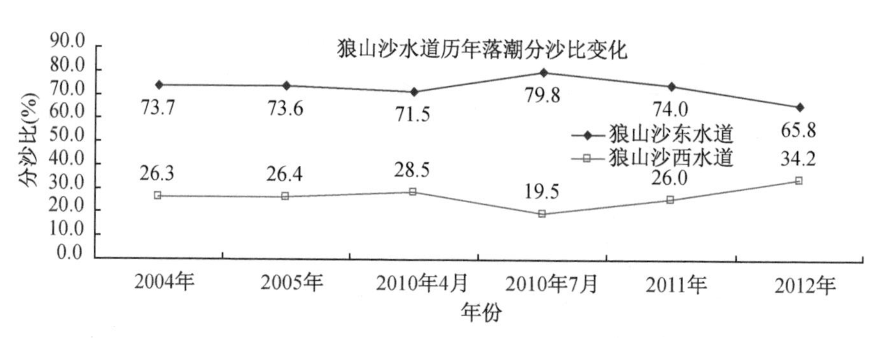

图 3.1-27　澄通河段沿程各汊道分沙比变化

5）长江口河段

徐六泾河段下形成三级分汊，四口入海，由崇明岛分长江南北支，南支进口由白茆沙分白茆沙南水道、白茆沙北水道，南支浏河口下又有中央沙等分南港、北港，

南港下又分南槽、北槽。

(1) 南北支分流分沙变化

由于圩角沙的围垦,导致北支涨落潮分流比、分沙比出现了明显的减小,北支涨潮分流比远高于落潮分流比,涨潮分沙比一直维持较高水平(图 3.1-28),每年均有大量泥沙从北支涌出,堆积在北支口门附近。南北支分流比的变化并不受上游来水、来沙的影响。

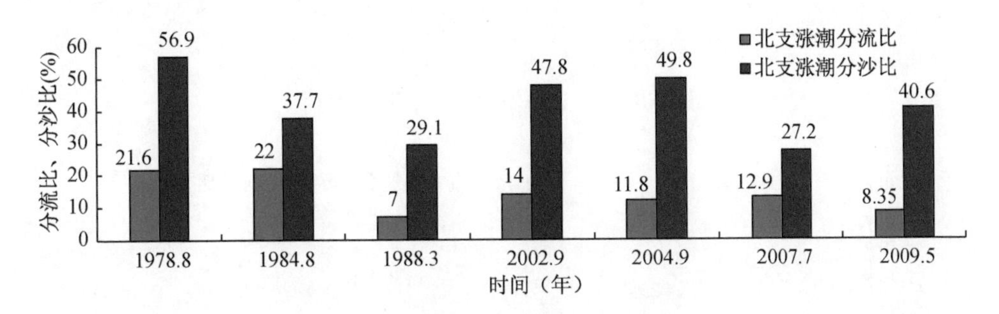

图 3.1-28 北支近年涨潮分流比、分沙比

2019 年 6 月实测资料分析,洪季北支涨落潮流量相差不大,且涨潮流量大于落潮平均流量,灵甸港落潮平均流量 7 960 m^3/s,涨潮 96 600 m^3/s,三和港涨潮 12 800 m^3/s,落潮平均流量 10 200 m^3/s。净泄量分流比北支仅 2.5%左右,南支占 97.5%,落潮分流比北支进口在 5%左右。涨潮流量分流比北支进口在 20%左右,北支涨潮分流比明显大于落潮分流比。白茆沙水道落潮流量分流比为 74.3%,涨潮潮量分流比为 62.6%,南港落潮潮量分流比为 47%,涨潮潮量分流比为 58.4%。

北支灵甸港涨潮输沙量已大于白茆沙南北水道涨潮输沙量,也大于七丫口涨潮输沙量和浏河口涨潮输沙量,北支潮量虽远小于南支,但输沙量可能大于南支。白茆沙南水道落潮分流比为 32.1%,涨潮分沙比为 41.8%,南港落潮分沙比为 39.9%,涨潮分沙比为 59.1%。

(2) 白茆沙南北水道分流分沙变化

白茆沙南北水道分流比的变化也随着南北水道的演变而发生调整,近年来白茆沙北水道分流比有逐渐减小的趋势,持续维持南强北弱的态势(图 3.1-29)。

以往研究表明,分汊河道的分沙比主要与分流比、泥沙粒径(悬浮指标 z)、分流口附近河道形态、主支汊夹角等有关,但在三沙河段实际各汊道的分沙比分析中可以看到(图 3.1-30),分沙比也与所处河段的涨落潮动力以及周边的影响等息息相关。

白茆沙北水道支汊的分沙比也比其分流比大,而近期白茆沙北水道有所淤积,南水道有所发展,南强北弱的趋势进一步加大。而白茆沙北水道分沙比相对分流比较大,与北支部分高含沙量水体进入白茆沙北水道是密不可分的。

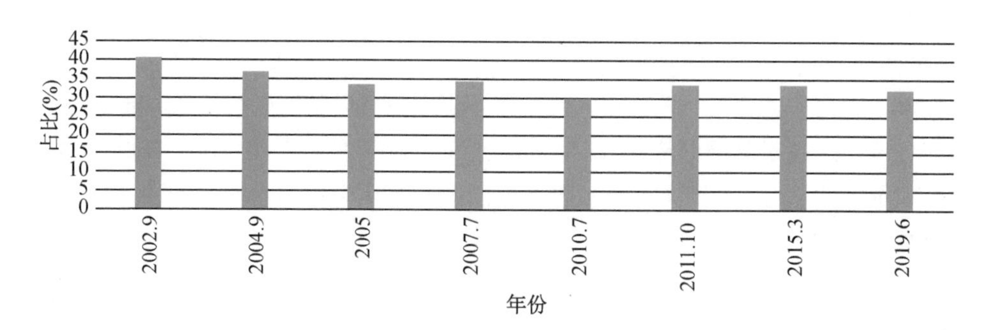

图 3.1-29　白茆沙北水道分流比变化

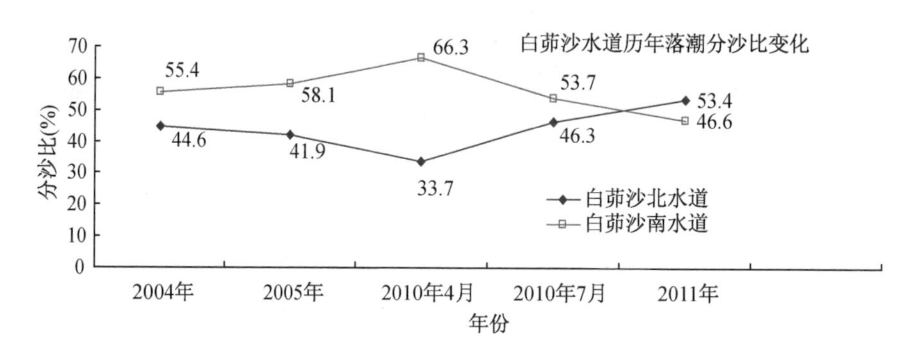

图 3.1-30　三沙河段沿程主要汊道近期分沙比变化

(3) 南北港分流分沙变化

近年来南港涨潮分流比有略微增大的趋势，南港涨潮分沙比明显强于分流比，如图 3.1-31 所示。

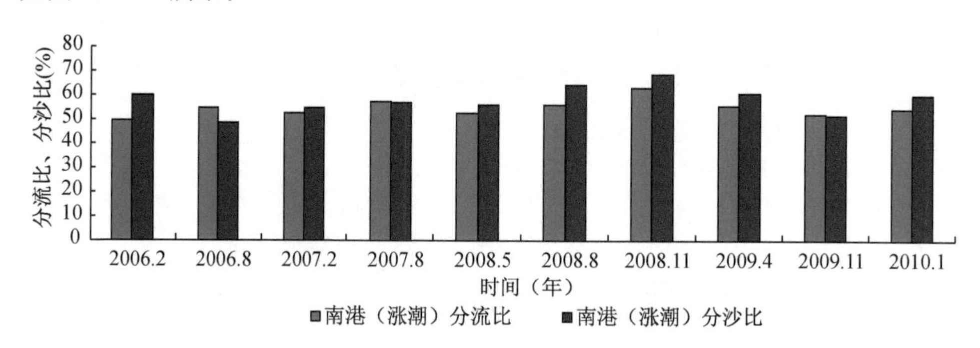

图 3.1-31　南港涨潮分流、分沙变化

南港落潮分流分沙比的变化总体上可以分为三个阶段(如图 3.1-32)：

① 1998 年 2 月—2003 年 8 月，南港落潮分流比和分沙比总体上均呈上升趋

势，平均分别为 49.9%、48.4%。其中，2000 年 9 月—2001 年 8 月，南港分沙比与分流比大致相等；2002 年 2 月落潮分流比明显大于前后时段，而悬沙分沙比明显偏低。从 2002 年 8 月至 2003 年 8 月，分沙比略高于分流比。2003 年 8 月，南港的落潮分流比和分沙比达到 1998 年以来的最高值。

② 2003 年—2008 年 5 月，南港分流比和分沙比略呈下降趋势，平均分别为 50.2%、52.0%。2004 年 2 月以来，南港落潮分流比基本在 50%以下，分沙比大致为 50%，分流比略高于分沙比。

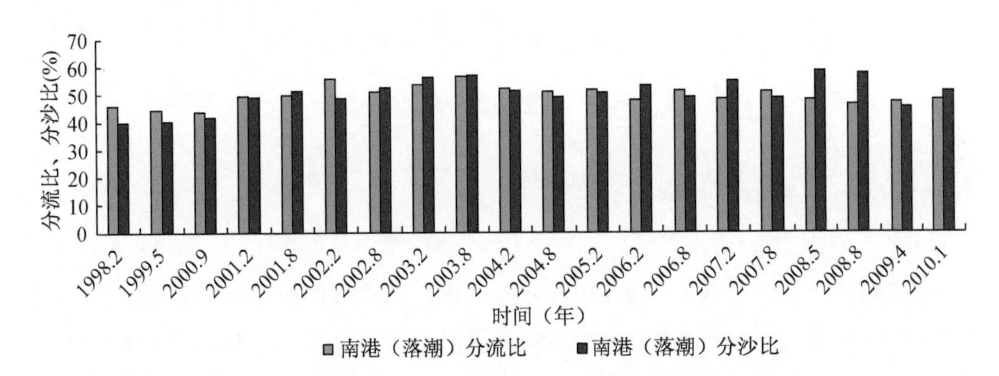

图 3.1-32 南港落潮分流、分沙变化

③ 2008 年 8 月至现在，南港分流比和分沙比缓慢下降的趋势有所变缓，目前南港落潮分流比小于 50%，平均分别为 47.1%、51.2%。

综上所述，与 1998 年相比，南港落潮分流比呈现先上升后下降的变化，总体上增加了 2～3 个百分点，而分沙比增加约 10 个百分点，分沙比、分流比明显上升。南、北港落潮分流比基本在 50%上下波动(北港涨落潮分流、分沙变化如图 3.1-33 和 3.1-34 所示)，目前南港落潮分流比处于减小的趋势中。南北港分流的总体状况基本稳定，南港落潮分沙比有增大的趋势。

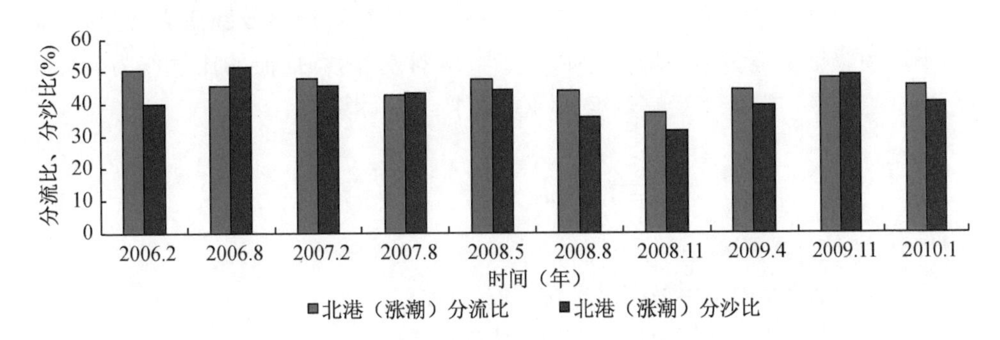

图 3.1-33 北港涨潮分流、分沙变化

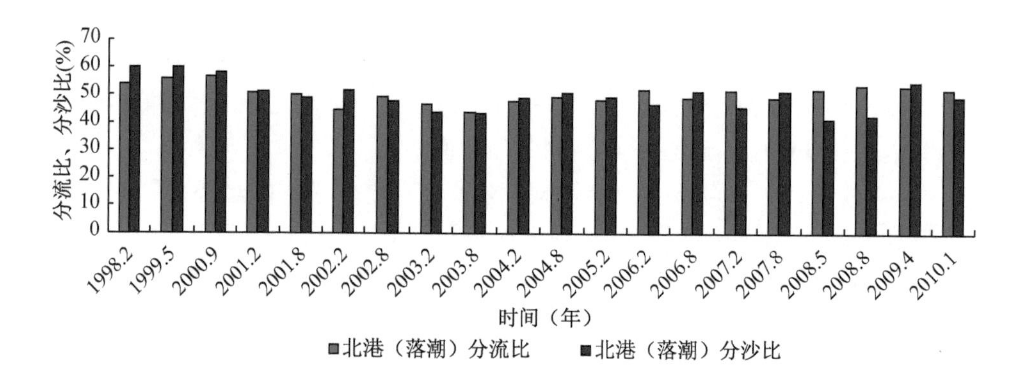

图 3.1-34　北港落潮分流、分沙变化

3.1.4　长江江苏段沿程分段特性

3.1.4.1　分段方法说明

感潮河段受径流、潮流双重影响，河段内水流出现双向流动及(或)水位产生周期性波动，在潮波上溯过程中，沿程不同区段河道所受的径流和口外潮汐影响有所不同。潮区界、潮流界则是反映径流、潮流两大动力系统相互作用的重要特征指标，也是感潮河段区段划分的关键界面。对于长江而言，具有大径流、中等潮差的特点，枯季潮流界可上溯到镇江附近，遭遇特大洪水时，潮流界可下移至徐六泾附近，可见潮流变动的范围较大。随着上游径流和外海潮汐的不同，潮流变动段内对应出现单向流和往复流的不同流态，水沙动力十分复杂，河床冲淤频繁多变。如仅按前述的潮区界、潮流界，或是河口外海滨段、河口潮流段、河口河流段等笼统的概念进行区分，仍有较大的不确定性。因而有必要依据相关的径潮特征，针对感潮河段进行进一步区段划分，给出具体的依据指标。

(1) 潮位特征值指标

根据《港口与航道水文规范》(JTS 145—2015)及其相关专题研究成果，可将“月平均潮位年变幅多年平均值”和“多年平均潮差”两特征值的比值作为分界指标。其中“月平均潮位年变幅多年平均值”可按下式计算：

$$\Delta Z_i = \frac{1}{n}\sum_{i=1}^{n}(Z_{i_1} - Z_{i_2})$$

式中：n——统计年数；

Z_{i_1}——统计年内某年最高月平均潮位(m)；

Z_{i_2}——统计年内某年最低月平均潮位(m)。

《内河航道与港口水文规范》(JTJ 214-2000)的条文说明中对4.2.2条有:“多年月平均潮位年变幅小于或等于多年平均潮差的河段,为潮汐影响明显河段;反之,为潮汐影响不明显河段。”以“多年月平均水位年变幅(ΔZ_1)”和“多年平均潮差(ΔZ_2)”这两个特征值来反映径流和潮汐对水位的影响作用,其中前者反映了径流对水位的影响程度,主要由具有周期变化的径流所决定,年变幅的大小说明了径流对水位的影响程度;后者反映了潮汐对水位的影响,其量值大小说明了潮汐对水位变化的控制程度。常年潮流段是指$\Delta Z_1/\Delta Z_2<1$,即潮汐影响明显河段;季节性潮流段是指$\Delta Z_1/\Delta Z_2=1\sim5$;常年径流段是指$\Delta Z_1/\Delta Z_2>5$,即潮汐影响不明显河段。

该指标具有一定的合理性,并且有数学表达式,在资料具备的情况下也易于统计计算。目前,该指标已列入《内河通航标准》(GB50139—2014)和《港口与航道水文规范》(JTS 145—2015)中,主要是用于感潮河段设计通航水位的确定,以及水流泥沙分析方法的选取,从近几年执行情况看,并未产生较大的异议。但由于采用了水位特征值为指标,属于间接反映径流和潮汐对河段水流动力和河床冲淤的影响作用,同时在具体数值上也有较大的弹性范围,因而在理论上不够严谨,略有欠缺,必须将其联系水流动力因素,给出确切的数值范围。

(2) 涨落潮流特征值指标

从感潮河段双向水流这一基本特征出发,可将径流流量与落潮流量或是涨潮流量与落潮流量之间的比值关系作为分界指标,其中前者反映了径流在落潮流中所占的比例,说明了径流对落潮流的影响程度;后者则反映涨潮流量与落潮流量的比例,也就是所谓的“山潮比”,直接反映了径流和潮汐对河段水流动力和河床冲淤的影响作用。

依据有关专题研究,学者们提出各处断面“月平均涨潮流量与落潮流量比值”或“月平均径流量与月平均落潮流量比值”可反映径潮影响程度的指标,当$\frac{\text{径流量}}{\text{落潮量}}>0.5$时,河道水流动力和河床冲淤主要受上游径流影响;当$\frac{\text{径流量}}{\text{落潮量}}<0.5$时,河道水流动力和河床冲淤受径潮共同影响,且洪季径流影响较强,枯季潮汐影响较强;当$\frac{\text{径流量}}{\text{落潮量}}<0.3$时,河道水流动力和河床冲淤则主要受潮汐影响。

该指标采用流量特征值为依据,属于直接反映径流和潮汐对河段水流动力和河床冲淤的影响作用,具有较强的合理性。

(3) 河床冲淤特征指标

河床冲淤变化主要受径流影响,水位主要受径流影响,洪枯季变化较大,河床断面形态塑造也受洪枯季径流量变化影响。洪季无涨潮流,枯季有涨潮流,即季节性潮流段，其边滩及支汊受涨潮流影响较大，水位变化受径潮流共同作用，主汊及主槽主要受径流影响。

从河床冲淤动力条件及河型特征角度出发，结合水流动力条件，作为区段划分的指标，由感潮河段河床演变基本特征可知，枯水潮流界以上，河道内无涨潮流，河宽相对不大，洪漫滩发育高大，河型基本以单一或简单分汊为主；枯水潮流界至洪水潮流界之间，即所谓的潮流变动区段，河道内枯季有涨潮流，但涨潮流速较小，基本小于床沙起动流速，洪季涨潮流甚微，甚至无涨潮流，河宽相对较大，大部分洪漫滩发育不完善，已间隔出现水下心滩或边滩，河型以多汊或多级分汊为主；洪枯水潮流界以下，河道枯季涨潮流较大，涨潮流流速有可能大于床沙起动流速，洪季也存在涨潮流，河宽急剧放大，河型基本以水下沙洲形态为主，洪漫滩发育不明显，水下存在大片沙洲或心滩、边滩。该指标采用河床冲淤动力条件及河型特征为依据，同样属于间接反映径流和潮汐对河段水流动力和河床冲淤的影响作用，具有一定的合理性。但问题是其无量化指标，随意性较大，因而理论上不严谨，实际应用较难，只能是针对具体问题分析进而确定是否选用。

3.1.4.2 沿程分段特性

长江南京以下为感潮河段，因受径流和潮汐影响程度的差异，不同区段的潮流特征是不同的，并且变化过程是十分复杂的。本次研究按照潮汐特性、沿程高潮位影响因素以及沿程水动力特性进行划分。

(1) 按潮汐特性分段

本次研究利用《港口与航道水文规范》(JTS145—2015)中的划分指标和方法来进行划分。利用2003—2016年的资料对其进行分析，各值见表3.1-13，其中Z_{max}为多年最大潮差，Z_{min}为多年最小潮差，C_{Wmax}为多年最高月平均潮位，C_{Wmin}为多年最低月平均潮位，ΔZ_1为多年月平均水位年变幅，ΔZ_2为多年平均潮差。从表3.1-13可以看出，江阴站多年月平均潮位年变幅与多年平均潮差的比值小于1，表明江阴及其以下是受潮汐影响强的河段，为常年潮流段；南京段及南京段以上为常年径流段；南京—江阴河段为季节性潮流段。

表3.1-13　沿程各站参数比较(2003—2016年资料)

站名	Z_{max}	Z_{min}	ΔZ_2	C_{Wmax}	C_{Wmin}	ΔZ_1	$\Delta Z_1/\Delta Z_2$
芜湖	1.11	0.00	0.29	9.11	3.71	5.40	19.0
马鞍山	1.37	0.00	0.43	8.19	3.46	4.73	11.10
南京	1.49	0.01	0.57	7.27	3.21	4.06	7.20
镇江	1.90	0.01	0.91	6.04	3.02	3.02	3.30
江阴	3.08	0.03	1.72	4.04	2.46	1.58	0.90

(2) 按高潮位影响因素分段

长江江苏段沿程高潮位影响因素众多,且沿程主要影响因素各有不同;但沿程最高潮位出现的时段一般都是上游大径流、下游天文大潮、风暴潮等"两碰头"或者"三碰头"时段。从表 3.1-14 也可以看出,南京及其以上河段主要是上游大径流的影响,其最高潮位出现在 1954 年 8 月 1 日,上游流量为 92 600 m^3/s;江阴及其以下河段主要受天文大潮、风暴潮的影响,其最高潮位出现在 1997 年 8 月 19 日,上游流量仅为 45 500 m^3/s;南京至江阴过渡潮流段,其最高潮位出现在 1996 年 8 月 1 日,上游流量为 74 500 m^3/s,表明其受径流以及天文潮的共同作用,表 3.1-14 为各年份大通流量以及对应的沿程水位统计表。

表 3.1-14 大通以下各站出现最高潮位的时间及上下游对应的条件

年份		大通流量(m^3/s)	各站潮(水)位(m)								
			大通	芜湖	马鞍山	南京	镇江	三江营	江阴	天生港	吴淞
历史最高		92 600 1954. 8.1	16.64 1954. 8.1	12.87 1954. 8.25	11.41 1954. 8.23	10.22 1954. 8.17	8.59 1996. 8.1	8.03 1996. 8.1	7.22 1997. 8.19	7.08 1997. 8.19	6.26 1997. 8.19
洪涝典型年	1954	92 600	16.64	12.87	11.41	10.22	8.38	7.61	6.66	6.13	5.25
	1969	67 700	14.94	11.47	10.2	9.2	7.63	7.12	6.24	5.77	5.09
	1995	75 500	15.76	12.12	10.97	9.66	8.02	7.22	6.1	5.64	4.95
	1996	74 500	15.55	—	—	9.89	8.59	8.03	7.18	6.71	5.47
	1997	45 500	12.25	—	—	8.75	8.15	—	7.22	7.08	6.26
	1998	82 300	16.38	—	—	10.14	8.37	—	6.43	6.01	—

从表 3.1-14 可以看出,南京段及其南京段以上各站最高潮位出现在 1954 年,其中 1954 年大通最大流量约 92 600 m^3/s;镇江、三江营站的最高潮位出现在 1996 年,其对应的大通最大流量约 74 500 m^3/s,外海为天文大潮;江阴及其江阴以下各站最高潮位则出现在 1997 年,其对应的上游流量约 45 500 m^3/s,外海为天文大潮、"9711 风暴潮"叠加的时段。为此,南京段及南京段以上高潮位主要受径流影响;南京—江阴段受径流和潮汐共同作用;江阴段以下主要受潮汐影响。

(3) 按水动力特性分段

依据"月平均径流量与月平均落潮流量比值",本次研究对长江江苏段江阴以下主要断面进行了分析,其值见表 3.1-15 和表 3.1-16。

从表中可以看出,不论平常年还是丰水年,江阴及九龙港断面径流量与落潮量的比值一般均大于 0.5;徐六泾断面各月径流量与落潮量的比值一般均小于 0.5,且平常年份枯季多数时段比值小于 0.3;吴淞口断面各月径流量与落潮量的比值一般均小于 0.3(除个别洪季,且均小于 0.5)。

表 3.1-15　2012 年各典型断面潮汐特性(丰水年)

月份	上游大通径流月平均流(m^3/s)	肖山		九龙港		徐六泾		杨林	
		落潮月平均流量(m^3/s)	径流量与落潮量比值	落潮月平均流量(m^3/s)	径流量与落潮量比值	落潮月平均流量(m^3/s)	径流量与落潮量比值	落潮月平均流量(m^3/s)	径流量与落潮量比值
1	13 600	29 284.16	0.46	32 568.82	0.42	65 257.98	0.21	89 289.88	0.15
2	15 600	32 468.27	0.48	35 538.57	0.44	68 187.31	0.23	90 949.41	0.17
3	25 500	41 297.87	0.62	43 198.87	0.59	76 286.10	0.33	99 875.92	0.26
4	23 300	38 673.95	0.60	41 340.78	0.56	78 789.93	0.30	10 0152	0.23
5	42 500	50 067.72	0.85	53 721.61	0.79	95 770.27	0.44	118 450.03	0.36
6	48 500	52 531.61	0.92	60 297.14	0.80	104 678.60	0.46	123 493.69	0.39
7	50 800	52 602.26	0.97	60 142.34	0.84	106 204.72	0.48	128 793.14	0.39
8	52 700	53 600.54	0.98	614 11.09	0.86	108 168.65	0.49	125 677.65	0.42
9	38 200	48 753.51	0.78	52 894.24	0.72	96 058.56	0.40	120 529.62	0.32
10	27 500	41 226.96	0.67	45 028.76	0.61	85 224.39	0.32	92 424.07	0.30
11	21 900	38 683.06	0.57	40 661.33	0.54	81 601.58	0.27	92 620.93	0.24
12	19 300	37 102.33	0.52	39 219.98	0.49	70 383	0.27	96 767.79	0.20

表 3.1-16　2008 年各典型断面潮汐特性(平常年)

月份	上游大通径流月平均流(m^3/s)	肖山		九龙港		徐六泾		杨林	
		落潮月平均流量(m^3/s)	径流量与落潮量比值	落潮月平均流量(m^3/s)	径流量与落潮量比值	落潮月平均流量(m^3/s)	径流量与落潮量比值	落潮月平均流量(m^3/s)	径流量与落潮量比值
1	11 000	30 411.21	0.36	32 035.49	0.34	62 426.18	0.18	85 183.79	0.13
2	12 200	30 845.24	0.40	32 992.62	0.37	63 560.15	0.19	85 862.62	0.14
3	13 000	31 164.05	0.42	32 993.32	0.39	64 261.18	0.20	88 754.15	0.15
4	23 900	38 970.34	0.61	42 456.71	0.56	74 434.54	0.32	99 023.23	0.24
5	25 000	39 002.70	0.64	43 055.59	0.58	76 884	0.33	102 666.86	0.24
6	33 600	40 497.81	0.83	49 094.08	0.68	85 371.97	0.39	112 182.52	0.30
7	37 000	41 148.63	0.90	51 073.80	0.72	88 450.63	0.42	115 650.66	0.32
8	40 100	41 646.26	0.96	52 198.86	0.77	89 034.53	0.45	116 113.27	0.35
9	44 500	44 656.92	1	56 667.78	0.79	93 749.99	0.47	120 195.29	0.37
10	27 300	41 178.89	0.66	45 014.23	0.61	78 645.46	0.35	98 792.29	0.28
11	29 900	45 115.81	0.66	46 525.72	0.64	83 137.52	0.36	105 087.06	0.28
12	17 100	35 891.25	0.48	36 741.91	0.47	70 469.22	0.24	90 939.05	0.19

综上所述，按照沿程潮汐特性分段，长江江苏段南京以上为常年径流段，南京段—江阴段为季节性潮流段，江阴以下为常年潮流段。从造床动力来看，九龙港以上径流是造床的主要动力，枯季时段涨潮也参与造床；九龙港以下河段径流和潮汐均参与造床。

当落潮流量远大于径流时，潮动力对河床造床作用相对较大，肖山、九龙港枯季落潮流量明显大于径流量，而洪季落潮流量与径流量相差不大，九龙港下洪枯季落潮流量已明显大于上游径流量，其河宽已明显大于上游。潮位变化主要受潮汐影响，河床冲淤变化受涨落潮流共同作用，来水来沙条件不同于上游径流河段。其涨潮来水来沙影响到汊道分流、分汊及河床冲淤变化。

3.1.5 造床流量沿程变化特征

上游大通水文站流量与南京水文站流量多年变化相比较，南京段径流量约为大通站的 1.022 倍，大通站至南京站区间来流年平均约占 2.2%。

南京段以下为感潮河段，水位一天两涨两落，随着潮位的涨落，河床断面流量也在不断改变，南京河段主槽主汊基本无涨潮流，局部支汊枯季大潮有涨潮流，但流量很小。镇扬河段枯季大潮有涨潮流但主槽或主汊的涨潮流一般较小，对造床作用不明显，洪季一般无涨潮流。扬中河段枯季大潮局部边滩倒套内及支汊内涨潮流速可能较大，对河床冲淤产生一定影响，如江阴水道北岸边滩次深槽内、天星洲夹槽内等。实测资料表明，南京至五峰山段落潮稳定期沿程各断面流量相差不大，南京至五峰山主要是落潮流起造床作用，且主要表现为落潮稳定期流量。河床比降随涨落潮变化而变化，但在落潮稳定期比降总体变化不大，也维持一个较稳定的过程。

河床演变不仅决定于来水来沙的绝对数量，还与其过程有关，造床流量是指这一流量造床作用和多年流量过程的综合造床作用相等，这一流量造床作用最强，所起作用最大，具有代表性。

由于长江江苏段下游受潮汐作用明显，因而，上游与下游的造床流量会存在差异。

造床流量确定方法有多种，有输沙率频率法；苏联马卡维耶夫采用 $Q \sim QmJP$ 关系曲线法；平滩流量法，即采用水位与河漫滩相平时的流量，平滩流量作为造床流量，由于天然河道河漫滩高低不平，两岸高低不一，平滩水位有时不易确定；利用某一频率的流量来代替造床流量，方法较为简单，但有时难以确定造床流量的频率应是多少。

(1) 长江江苏段造床流量——马卡维耶夫方法

长江江苏段河床断面流量变化受上游径流变化影响，也受下游潮汐影响。

对河床冲淤的影响枯季主要是在涨落急时段，洪季主要发生在落潮中后期。涨落潮潮量对河床冲淤产生一定的影响，但造床流量仍是河床造床作用影响最大的流量，其出现在涨落潮的某个时段。涨落潮流量在不断变化，水面比降也在不断变化，但河床造床作用与流量及河床水面比降直接相关，即河床造床作用同样可反映在 $QmJP$ 关系上。由于潮汐河段流量、比降日变化大，为此应采用逐时流量与水面比降计算。同时当涨潮流量较大时，对河床同样起到造床作用，为此在潮汐河段造床流量计算应包含涨潮流量。长江南京以下河段受径流、潮汐共同作用，且沿程受潮汐影响程度不同，当上游径流相同条件下，沿程涨落潮流量往下游总体沿程增加，河宽过水面积往下游沿程也总体有所增加，因此长江南京以下河段沿程造床流量沿程也存在差异，总体是上游小、下游大。本次造床流量确定的基本步骤为：

① 计算沿程各断面逐时涨落潮流量，仅徐六泾站有多年逐时流量资料，其他断面逐时潮量资料通过一维数学模型插补延伸。

② 分析潮位传播特性，计算涨落潮水面比降。

③ 求出涨落潮流量与水面比降关系。

④ 将涨落潮流量进行分级，求出各级流量出现的时间值及流量对应的比降值。

⑤ 利用 B. M. 马卡维尔夫的计算公示，求 $Q \sim QmJP$ 关系。首先对各断面涨落潮流量分级排序，每级 1 000～2 000 m^3/s。涨落潮一并考虑，即同一级流量既有涨潮流量也有落潮流量，不考虑方向。其次，计算每级流量出现的频率。然后，计算断面附近河床不同流量下的比降 J，比降计算主要采用近年洪枯季实测资料，建立比降与流量 Q 关系，一般采用涨落潮稳定期时段的资料。长江中下游计算造床流量取 $m=2$。最后，计算 Q^2PJ，给出 Q-Q^2PJ 曲线，求出 Q^2PJ 极大值条件下的 Q 值，确定造床流量，结果如图 3.1-35 所示。

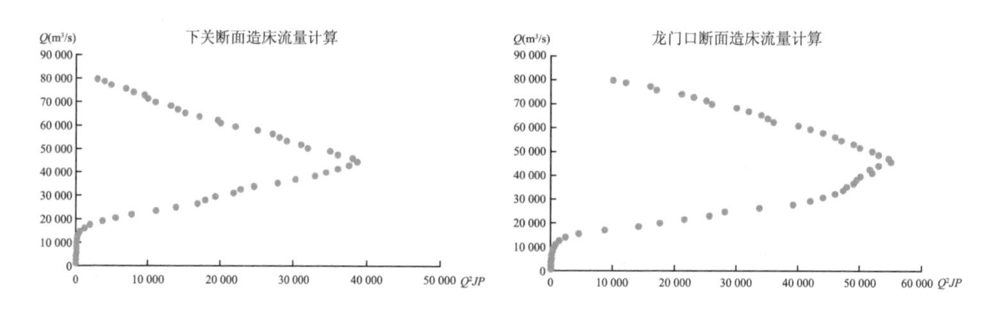

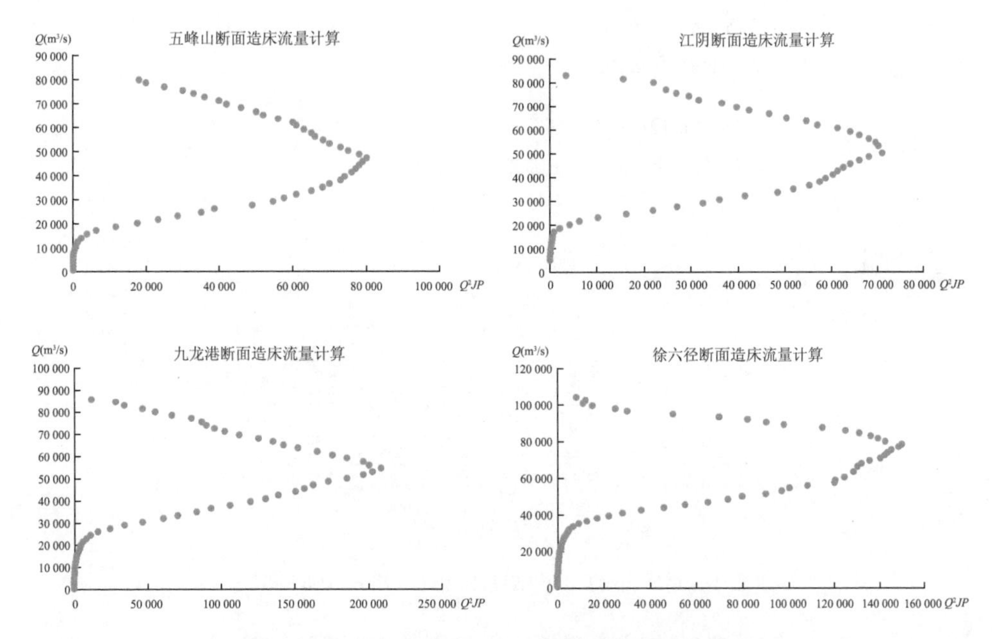

图 3.1-35 长江南京以下河段典型断面造床流量

由南京段至五峰山段造床流量计算可知，造床流量沿程略有增加，但总体变化不大。五峰山段至江阴段落潮平均流量沿程变化不大，洪枯季涨潮流量都较小，造床作用不明显，落潮流作为造床动力，最大落潮流量沿程增加。五峰山段至江阴段造床流量沿程增加，但变化不大。江阴段至吴淞口洪枯季都有涨潮流，涨落潮流量沿程增加明显，据实测资料分析，徐六泾站最大涨潮流大于最大落潮流，即江阴段以下涨落潮流都起造床作用，江阴肖山段至吴淞口过流面积增加约 3 倍，河宽增加约 5 倍，落潮流量增加约 3 倍，由造床流量计算可见肖山段造床流量约 50 000 m^3/s，浏河口造床流量达 98 000 m^3/s，可见沿程造床流量增加明显。接近河口段，潮汐对造床影响较大。

五峰山段以上，造床流量基本处于同一量级，大致在 44 000～47 000 m^3/s，主要取决于上游径流；五峰山段至九龙港，造床流量平缓增加至 55 000 m^3/s 左右，上游径流和下游潮流均有影响；九龙港以下，造床流量迅速增加，至徐六泾已达 74 000 m^3/s 左右，说明潮流影响很明显。

(2) 大通水文站造床流量——输沙率频率法

造床流量确定：取各级流量下的泥沙运动的强度反映造床强度。

绘制各级流量的输沙率曲线 A 及流量频率曲线 B，以及输沙率和频率乘积曲线 C，取曲线 C 的峰值相应的流量作为造床流量。

依据图 3.1-36，将大通十年逐日流量(1970—1987 年)分级，每级间隔 2 000 m^3/s，

计算每级流量出现的频率 P，根据逐日含沙量，计算每级流量的平均输沙率 W_s，再计算每级流量的输沙率和频率的乘积 $P \cdot W_s$。

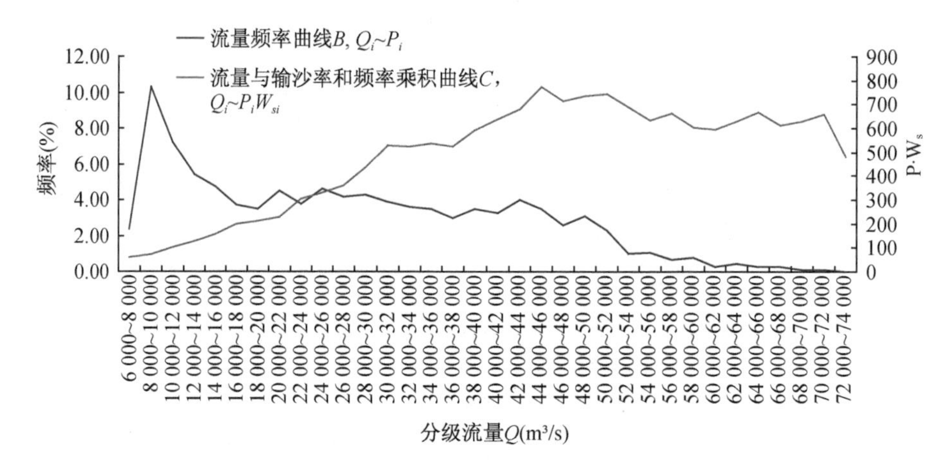

图 3.1-36　长江大通站造床流量(1970—1987 年)

由大通站 1970—1987 年水沙资料求大通站造床流量，从流量频率曲线可见，流量在 8 000～10 000 m^3/s 出现的概率最大，出现 15 000～50 000 m^3/s 各级流量的概率在 3%～4%，大于 50 000 m^3/s 流量出现的概率明显减小。

由 $Q_i \sim P_iW_{si}$ 曲线可见，其峰值流量在 44 000～46 000 m^3/s，即造床流量区间为 44 000～46 000 m^3/s。但流量在 46 000 m^3/s 至 700 00 m^3/s 之间，$Q_i \sim P_iW_{si}$ 值变化不大。

由大通站 1998—2004 年水沙资料求大通站造床流量(如图 3.1-37 所示)，从流量频率曲线可见，10 000～20 000 m^3/s 流量出现频率最大，流量大于 48 000 m^3/s 出现的频率明显减小，在 1998—2004 年间的流量相对偏大，其中 1998 年、1999 年为大洪水年。

由 $Q_i \sim P_iW_{si}$ 曲线可见，流量在 52 000～54 000 m^3/s 出现峰值，即造床流量级为 52 000～54 000 m^3/s。但流量大于 54 000 m^3/s 后 P_iW_{si} 值与流量在 52 000～54 000 m^3/s P_iW_{si} 值相差并不大。这时的流量频率在 1.5%左右。

由大通站 2006—2015 年水沙资料求大通站造床流量(如图 3.1-38 所示)，大通流量在 12 000～14 000 m^3/s 之间流量出现频率最大，在流量为 42 000～44 000 m^3/s时又出现一个频率峰值。其 $Q_i \sim P_iW_{si}$ 曲线无明显的单峰型，在流量 42 000～44 000 m^3/s 时出现峰值。

可见大通站 1970—1987 年造床流量为 45 000 m^3/s，流量频率约 3%，1998—2004 年造床流量为 53 000 m^3/s，出现频率为 1.5%。2006—2015 年造床流量为

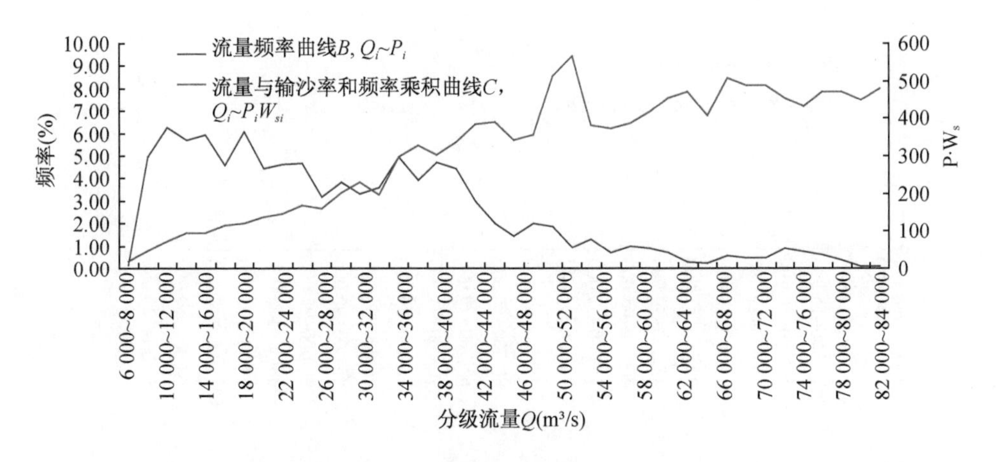

图 3.1-37 长江大通站造床流量(1998—2004 年)

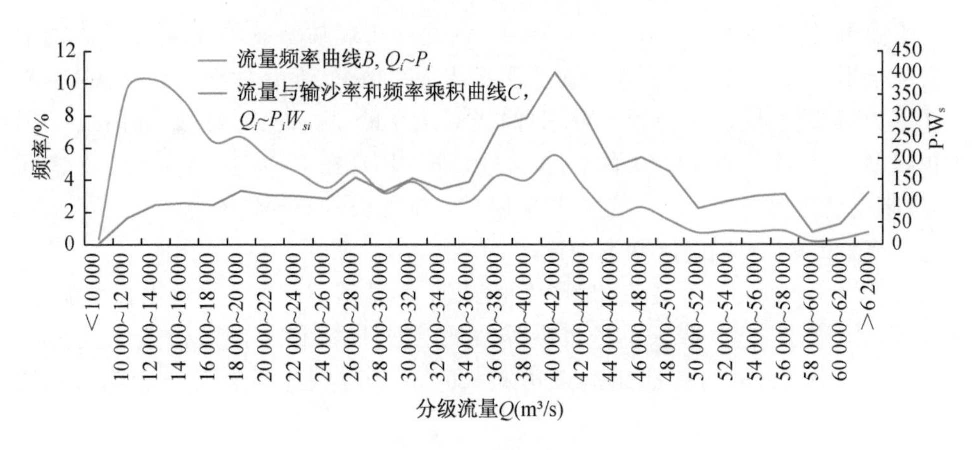

图 3.1-38 长江大通站造床流量计算(2006—2015 年)

43 000 m³/s,出现频率约 5%,三峡水库蓄水后,造床流量有所减小,采用输沙率频率法,只有一级造床流量,应略大于平滩流量,大洪水造床流量也大,2006—2015 年无 65 000 m³/s 以上大流量出现,且在流量为 43 000 m³/s 附近出现第二峰值。

前文长江江苏段造床流量用苏联马卡维耶夫 $G \sim Q^2 J$ 关系曲线,计算其造床流量在43 000 m³/s 左右,两者的计算结果基本一致。

(3) 徐六泾水文站造床流量——输沙率频率法

徐六泾断面采用 2009—2011 年逐时流量及逐时输沙率资料,取落潮时段,将 3 年流量分级,每级流量间隔 5 000 m³/s,计算每级流量的频率及计算每级流量的输沙率和频率的乘积,如图 3.1-39 所示。

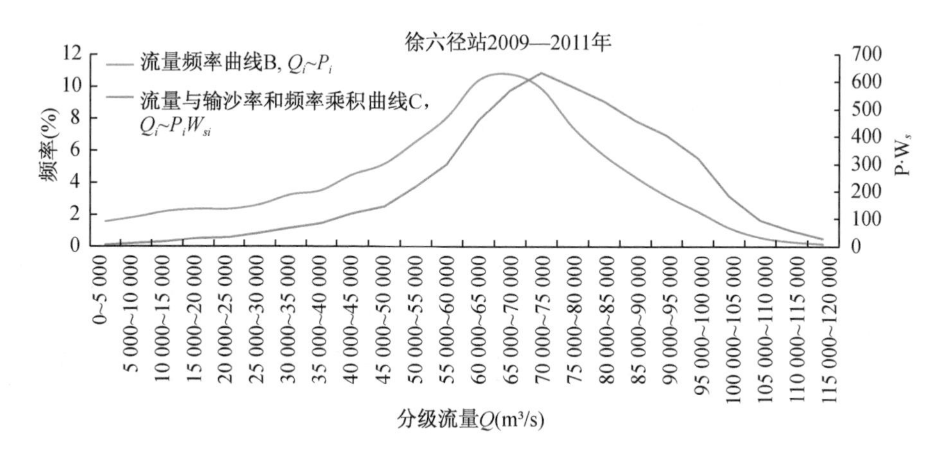

图 3.1-39　长江徐六泾站造床流量计算(2009—2011 年)

由图可见,流量在 65 000～70 000 m^3/s 之间出现频率最大,这与上游大通站径流完全不一致,上游大通站流量最大频率出现在枯季,流量 12 000 m^3/s 左右,流量频率为双峰型,输沙率与频率乘积,曲线 C 为单峰型。而徐六泾断面曲线 C 仍为单峰型,流量频率曲线也为单峰型,其最大频率出现在 70 000～75 000 m^3/s 区间内,造床流量在 72 500 m^3/s 左右,与采用马卡维耶夫的 $G\sim Q^2J$ 方法得出的徐六泾造床流量为 74 000 m^3/s 基本一致。

对于河床演变主要受径流和潮汐影响的河口,涨落潮流量往下游沿程增加,河道沿程总体逐步放宽,造床流量也沿程增加。据计算,徐六泾河段造床流量在 72 500 m^3/s 左右,浏河口造床流量达 98 000 m^3/s 左右,明显大于上游徐六泾河段。

3.2　泥沙输移时空分布特性

3.2.1　含沙量时空分布

3.2.1.1　含沙量潮周期性变化

潮汐河段与径流河段其流速变化和垂线分布不同,含沙量在涨落潮过程中有所变化,涨落潮过程中水流往复变动,垂线分布也与径流河段有一定差别,涨落潮含沙量也有所变化。

一个全潮过程潮位对应为两涨两落,流速一个全潮过程对应为两个涨潮峰和两个落潮峰,而含沙量峰值变化并非与之相对应,一般流速大含沙量高,但含沙量的变化滞后于流速变化。大流速是泥沙由沉降再悬浮,出现新的峰值,而涨憩、落

憩阶段由于水流紊动作用，具明显的三维特性。在一个全潮过程中，由于流速变化、水流紊动作用及泥沙沉降、悬浮及含沙量变化较流速变化的滞后性的原因，含沙量可能出现多次峰谷变化，见图 3.2-1。

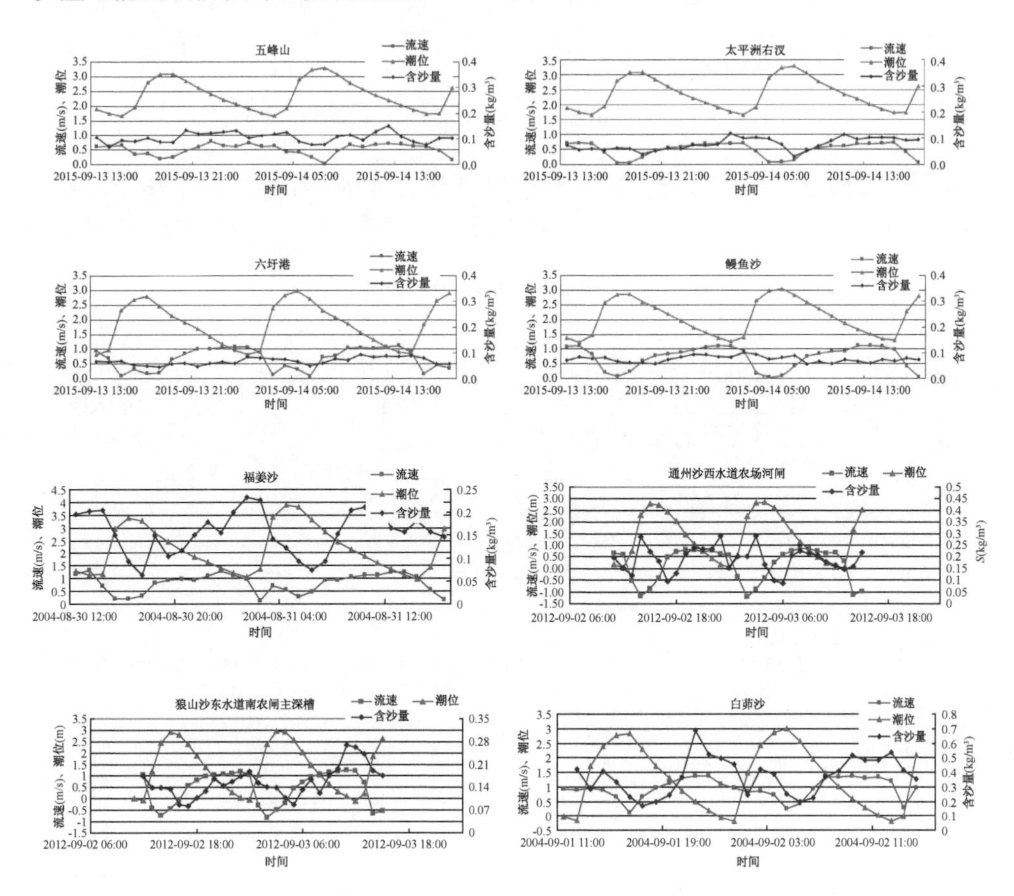

图 3.2-1　涨落潮含沙量过程曲线

由 2015 年 9 月五峰山—江阴段大小潮含沙量变化过程线可见(图 3.2-2)，大潮含沙量明显大于小潮，大潮含沙量变化幅度较大，小潮含沙量变化幅度小。在相同上游径流条件下，大潮涨落潮动力明显大于小潮，从而使得大潮含沙量总体大于小潮含沙量。

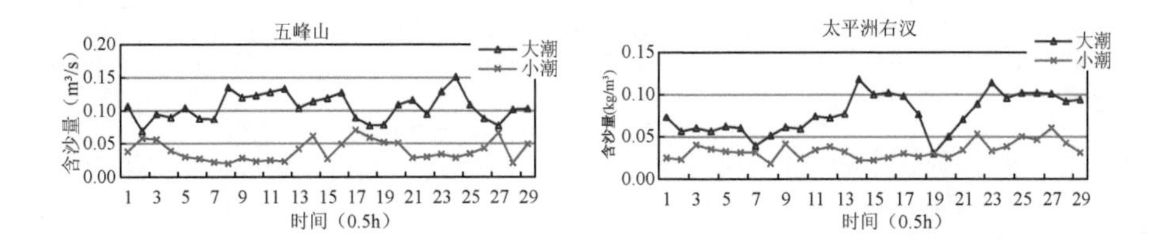

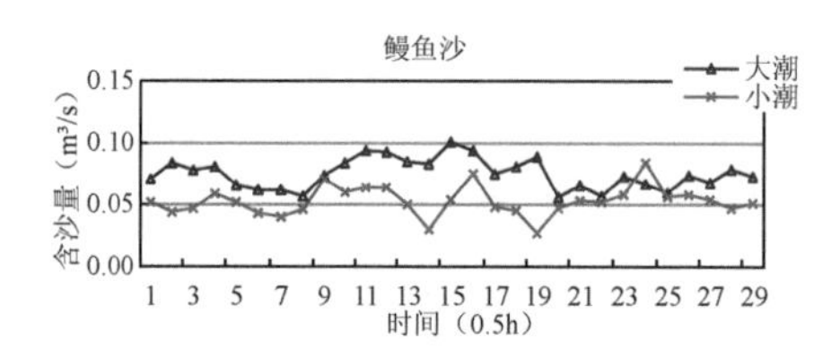

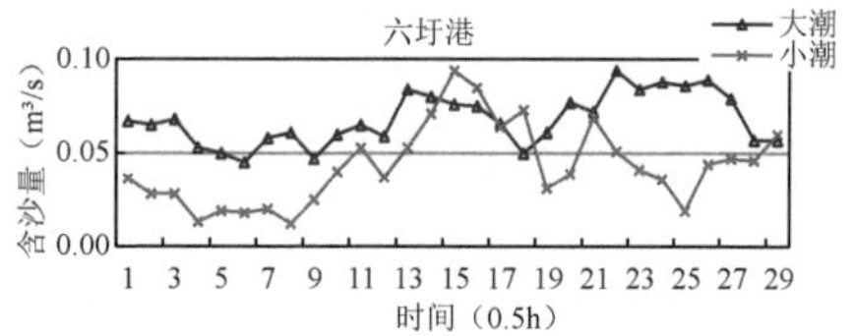

图 3.2-2　2015 年 9 月五峰山—江阴段大小潮含沙量变化

图 3.2-3 为垂线测点分层含沙量过程，表层含沙量一个潮周期过程变化幅度较小，且含沙量较小，底层含沙量相对较大，且在一个潮周期内变化幅度也较大。

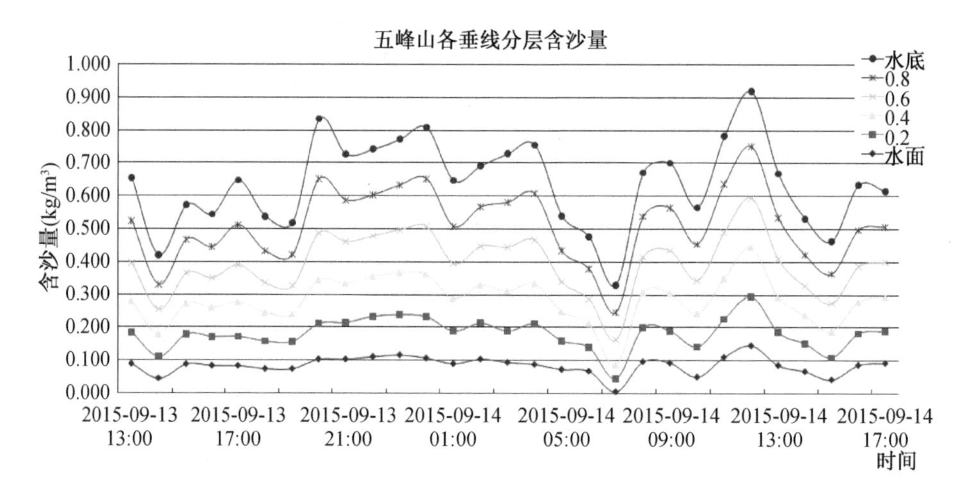

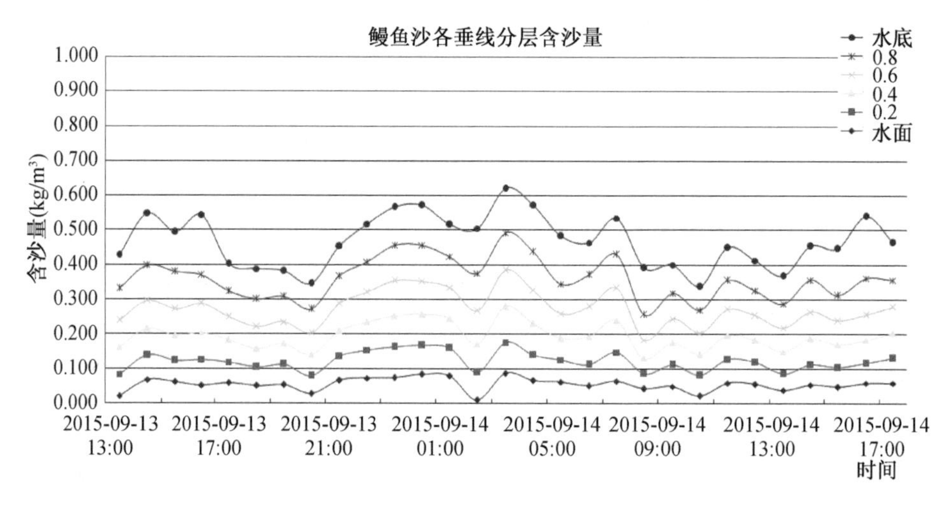

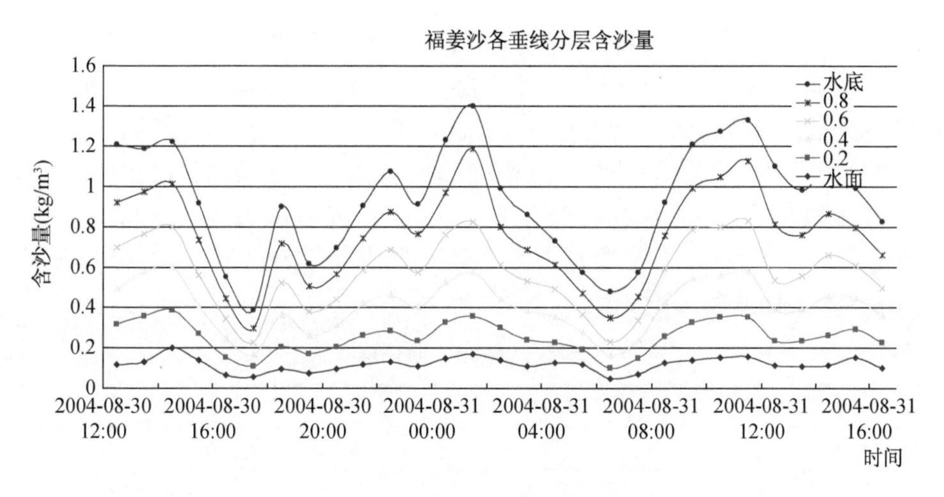

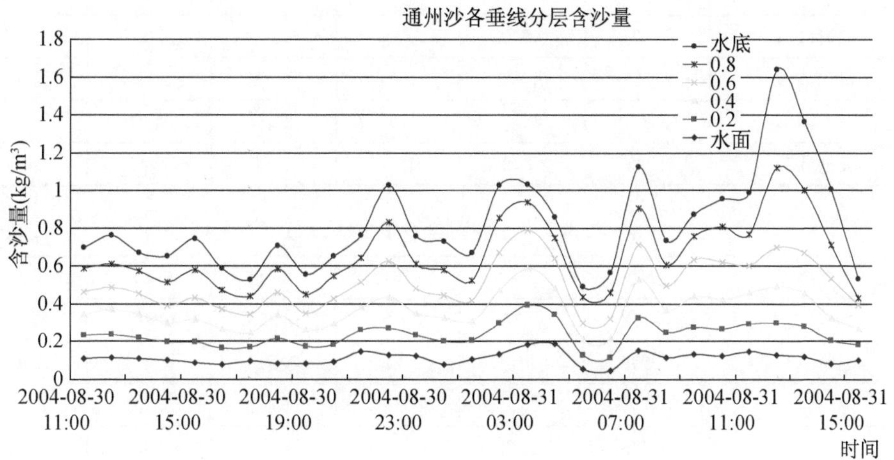

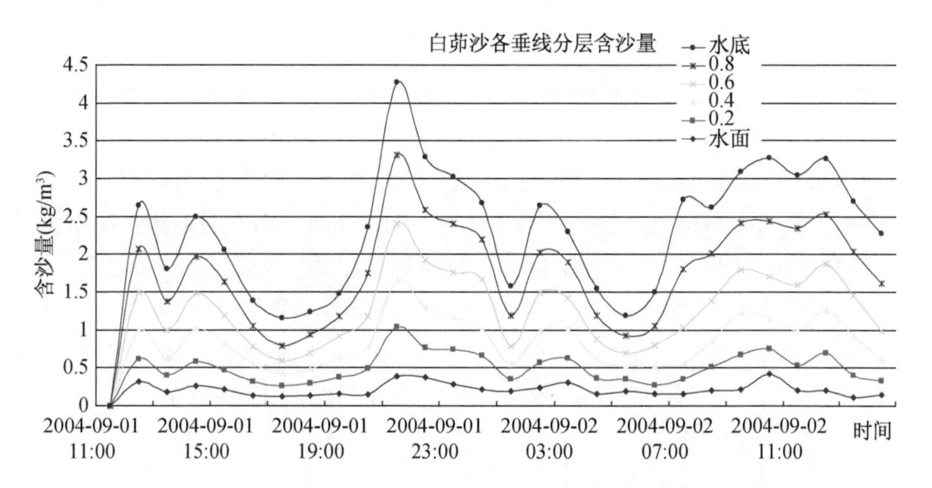

图 3.2-3 一个潮周期内长江三沙河段各垂线分层含沙量变化过程

据2019年6月实测资料分析，南支含沙量明显小于北支。南支沿程含沙量变化不大，平均在0.1～0.15 kg/m³，涨潮含沙量沿程有所增加，白茆沙南北水道在0.075 kg/m³左右，浏河口附近在0.1 kg/m³左右，南北港在0.15 kg/m³左右。北支各垂线平均含沙量沿程增加，涨潮含沙量略大于落潮，北支进口段在0.6 kg/m³左右，中上段在1 kg/m³左右，中下段在1.5 kg/m³左右，下段在2.5 kg/m³左右，含沙量上层小于底层，吴沧港底层测点最大含沙量落潮达20.6 kg/m³，涨潮达26.5 kg/m³。详见表3.2-1，表3.2-2。

表3.2-1　涨潮含沙量垂线分布　　单位：kg/m³

测点位置	表面	0.2H	0.4H	0.6H	0.8H	底层
白茆沙南B	0.049	0.096	0.09	0.019	0.016	0.236
七丫口C	0.157	0.233	0.775	0.363	0.385	0.536
浏河口A	0.124	0.124	0.173	0.273	0.307	0.807
灵甸港B	0.322	0.836	1.01	1.34	2.51	2.55
三和港B	0.837	0.987	1.79	2.1	3.94	4.92
吴沧港D	1.05	1.49	2.37	4.51	7.47	26.5

表3.2-2　落潮含沙量垂线分布　　单位：kg/m³

测点位置	表面	0.2H	0.4H	0.6H	0.8H	底层
白茆沙南B	0.102	0.16	0.209	0.359	0.483	0.815
七丫口C	0.099	0.163	0.256	0.295	0.421	0.405
浏河口A	0.153	0.153	0.184	0.183	0.392	0.617
灵甸港B	0.726	1.2	1.46	1.71	2.65	2.07
三和港B	0.415	1.1	0.863	1.83	3.18	6.41
吴沧港D	0.235	3.36	0.365	4.45	12.7	9.85

3.2.1.2　*含沙量洪枯季变化*

南京至江阴段洪、枯季含沙量变化见表3.2-3(南京至江阴河段以2012年12月为枯季资料，以2013年7月为洪季资料)。据三峡水库蓄水后近年洪枯季测量资料分析，南京河段枯季含沙量一般不足0.1 kg/m³，洪季一般在0.1～0.2 kg/m³，当上游来沙量较大时，含沙量可达0.3 kg/m³，洪季含沙量明显大于枯季。镇杨河段以及扬中河段洪季含沙量一般在0.1～0.2 kg/m³，枯季含沙量一般在0.1～0.2 kg/m³，洪季含沙量总体大于枯季含沙量，洪枯季的比值一般在2.5～3.5。

表 3.2-3 南京至江阴段洪、枯季大潮断面上垂线潮段平均含沙量平均值比较表

单位:kg/m³

断面位置	2012 年 12 月枯季	2013 年 7 月洪季	洪季/枯季
西坝	0.05	0.158	3.16
七乡河	0.046	0.168	3.65
三江口	0.058	0.181	3.12
大年河口	0.06	0.158	2.63
世业洲右汊	0.063	0.175	2.78
世业洲左汊	0.061	0.156	2.56
瓜洲渡口	0.061	0.146	2.39
六圩河口	0.052	0.158	3.04
沙头河口	0.062	0.171	2.76
和畅洲右汊	0.041	0.178	4.34
和畅洲左汊	0.064	0.170	2.66
五峰山	0.060	0.170	2.83

根据多年实测资料分析，南京至江阴段含沙量与大通站相差不大，洪枯季基本一致，五峰山以下扬中河段、澄通河段含沙量的变化受潮汐影响，有大中小潮的变化。五峰山以上含沙量的变化受潮汐影响较小。

江阴以下河段含沙量(表 3.2-4，以 2004 年 9 月为洪季资料，2005 年 1 月为枯季资料)与上游流域来沙以及外海来沙相关。三峡水库蓄水后上游来沙含沙量明显减小，下游含沙量也相应减小。总体上，洪季含沙量大于枯季含沙量，这与洪季上游来沙量一般较大，且洪季水动力大于枯季有关。洪季含沙量一般为枯季的 2～3 倍，落潮条件下洪枯季比值较涨潮条件下比值略大。洪季大潮涨落潮 0.2～0.3 kg/m³。北支口洪季涨潮测点最大含沙量可达 3 kg/m³，落潮条件下北支口最大含沙量达 2 kg/m³。

表 3.2-4 江阴以下河段洪、枯季大潮断面上垂线潮段平均含沙量平均值比较表

单位:kg/m³

断面名称	涨潮		洪/枯	落潮		洪/枯
	洪季	枯季		洪季	枯季	
肖山	0.106	0.037	2.8	0.155	0.042	3.7
福姜沙左汊	0.119	0.036	3.3	0.144	0.034	4.2
福姜沙右汊	0.081	0.033	2.5	0.087	0.039	2.2
如皋中汊	0.262	0.061	4.3	0.204	0.061	3.3

续表

断面名称	涨潮		洪/枯	落潮		洪/枯
	洪季	枯季		洪季	枯季	
浏海沙水道	0.112	0.042	2.7	0.129	0.044	2.9
九龙港	0.187	0.065	2.9	0.230	0.055	4.2
通州沙东水道	0.157	0.042	3.7	0.145	0.035	4.1
通州沙西水道	0.329	0.065	5.1	0.204	0.044	4.7
狼山沙	0.182	0.058	3.2	0.175	0.054	3.2
徐六泾	0.237	0.113	2.1	0.223	0.076	2.9
金泾塘	0.189	0.108	1.8	0.161	0.094	1.7
北支口	2.385	0.744	3.2	1.020	0.194	5.3
白茆沙北水道	0.462	0.232	2.0	0.381	0.176	2.2
白茆沙南水道	0.290	0.169	1.7	0.291	0.135	2.2
杨林口	0.334	0.175	1.9	0.359	0.172	2.1

长江北支含沙量除受洪枯季来沙影响外，更多受潮汐影响，大潮涨潮含沙量最大可达几十 kg/m^3。南支南北港下含沙量变化更多受潮汐影响，大潮及风暴潮条件下，含沙量增加明显。

3.2.1.3 长江江苏段沿程含沙量平面分布

本节主要分析三峡水库蓄水后新水沙条件下长江江苏段含沙量平面分布。含沙量分布主要与动力条件有关，其包括涨潮动力与落潮动力，另外与河道河型条件、河道水深、进出口主支汊水深条件有关；而长江江苏段受径流、潮汐的共同作用，沿程影响程度不一。

(1) 南京—江阴段实测含沙量平面分布

图 3.2-4 为长江南京龙潭至镇江五峰山含沙量平面分布图，其中龙潭河段、仪征水道、和畅洲左汊含沙量较大，洪季含沙量一般在 0.1～0.2 kg/m^3。

图 3.2-5 为 2015 年 9 月实测大潮含沙量分布图，可见洪季含沙量 0.1 kg/m^3 左右，主槽含沙量一般大于边滩，主汊含沙量一般大于支汊，自五峰山段到江阴鹅鼻嘴段含沙量沿程变化不大，含沙量一般在 0.05～0.1 kg/m^3，沿程分布为上游小于下游，其中太平洲汊道进口落成洲左汊及太平洲左汊鳗鱼洲心滩含沙量相对较大，主汊含沙量大于支汊，主槽大于边滩含沙量。

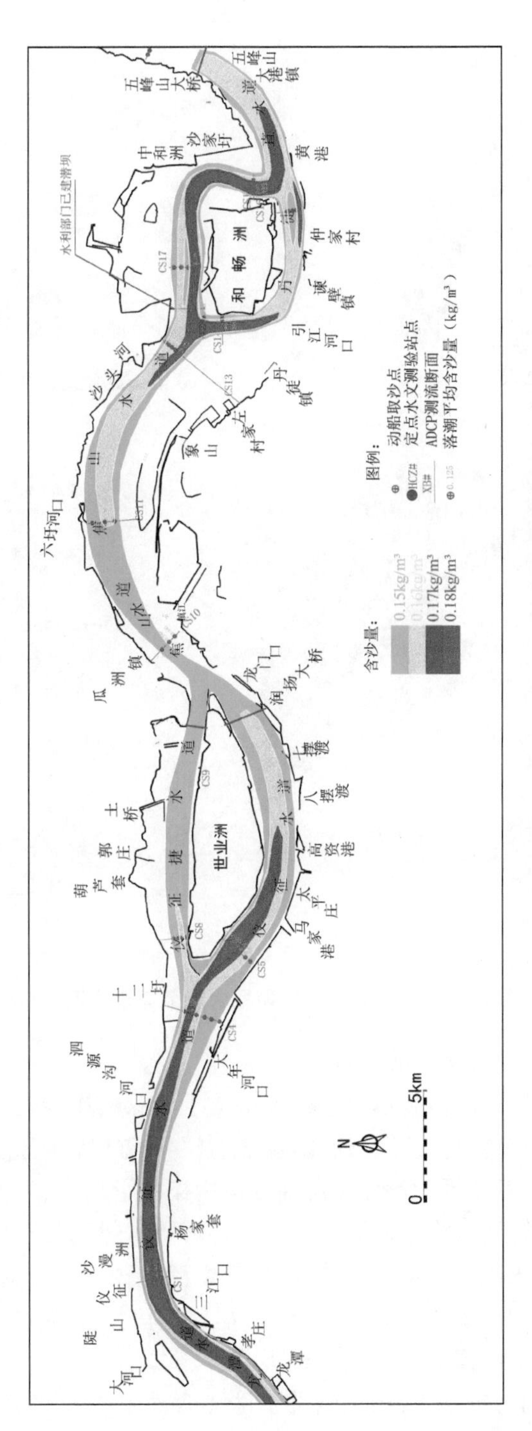

图 3.2-4 2013 年南京龙潭-镇江五峰山洪季稳定期测点含沙量分布图

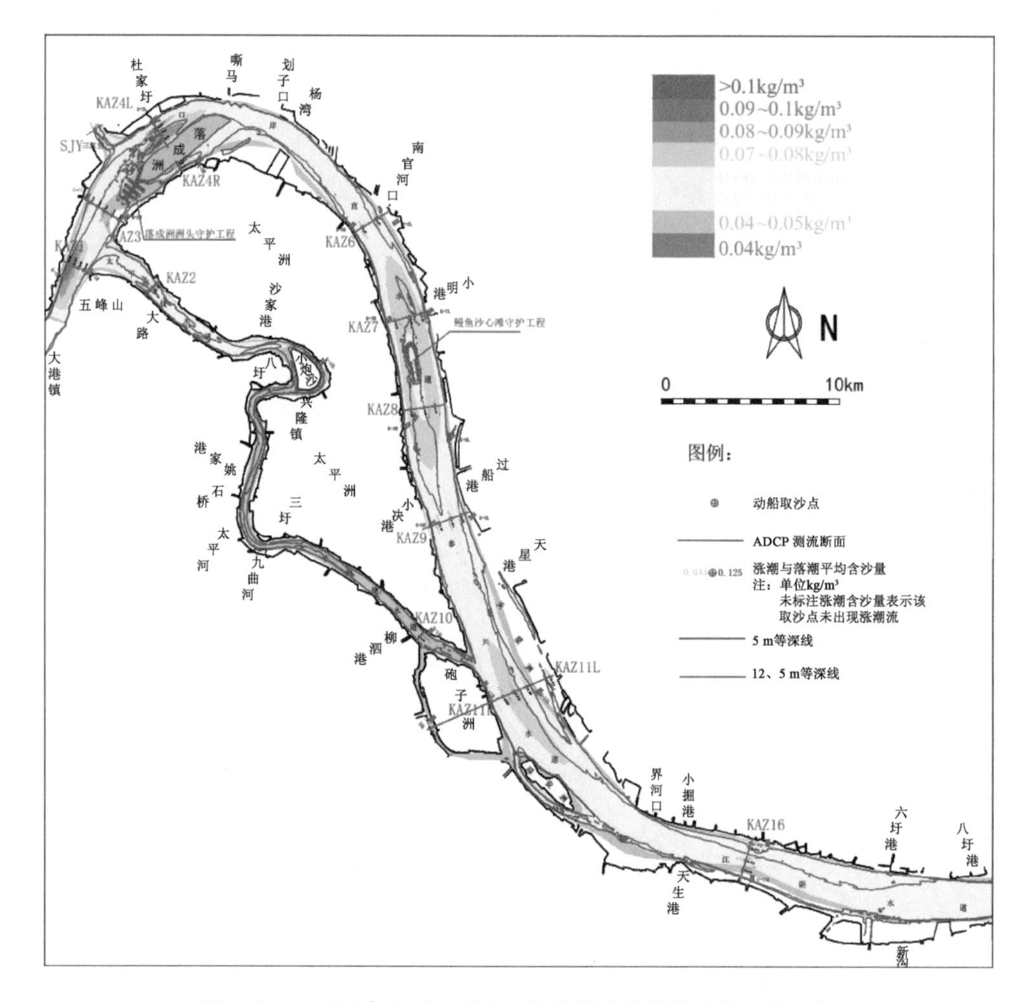

图 3.2-5　2015 年 9 月五峰山—江阴段大潮落潮含沙量分布图

(2) 江阴以下河段实测含沙量平面分布

福姜沙汊道左汊动力强于右汊，且左汊深槽与上游深槽连接较顺，左汊进口水深大于右汊，所以，左汊分沙比大于分流比，反之右汊分流比大于分沙比。

如皋中汊分沙比的变化受双涧沙头部前水动力条件影响，当主流偏北时，上游来沙主要通过福北水道下泄，由于双涧沙较高，表面低含沙水流经双涧沙进入浏海沙水道，进入如皋中汊水流含沙量相对较高，如皋中汊含沙量大于浏海沙水道。当双涧沙头部前主流偏南时，福中进口水深增加，福北进口淤浅，泥沙更多由福中水道进入浏海沙水道，如皋中汊分沙比相应有所减小。

天生港水道涨潮动力较强，大中潮情况下涨潮含沙量大于落潮含沙量。通州沙西水道大潮涨潮含沙量一般大于落潮含沙量，涨潮时河底部泥沙更易起动，而落

潮时进口段水浅，浏海沙水道表面水流进入通州沙西水道，含沙量相对较小。即西水道进口水深明显小于南通水道进口水深。福山水道含沙量一般小于狼山沙东西水道，新开沙夹槽受涨潮泥沙上溯的影响，涨潮含沙量一般大于狼山沙东水道主槽。徐六泾断面落潮时含沙量滩槽变化不大，涨潮时新通海沙一侧含沙量一般大于主槽。南支含沙量一般小于北支，南支白茆沙北水道含沙量大于南水道。长江江苏段洪季落潮平均含沙量平面分布见图 3.2-6，长江江苏段枯季平均涨落潮含沙量见图 3.2-7、图 3.2-8。落潮主槽或主泓含沙量较大，涨潮时边滩或支汊可能含沙量较大。落潮时主槽及主汊深泓流速较大，而边滩及支汊流速较小。而涨潮时，洲滩流速相对较大，且洲滩水深较浅，涨潮流速变化幅度较大，洲滩泥沙易起动。

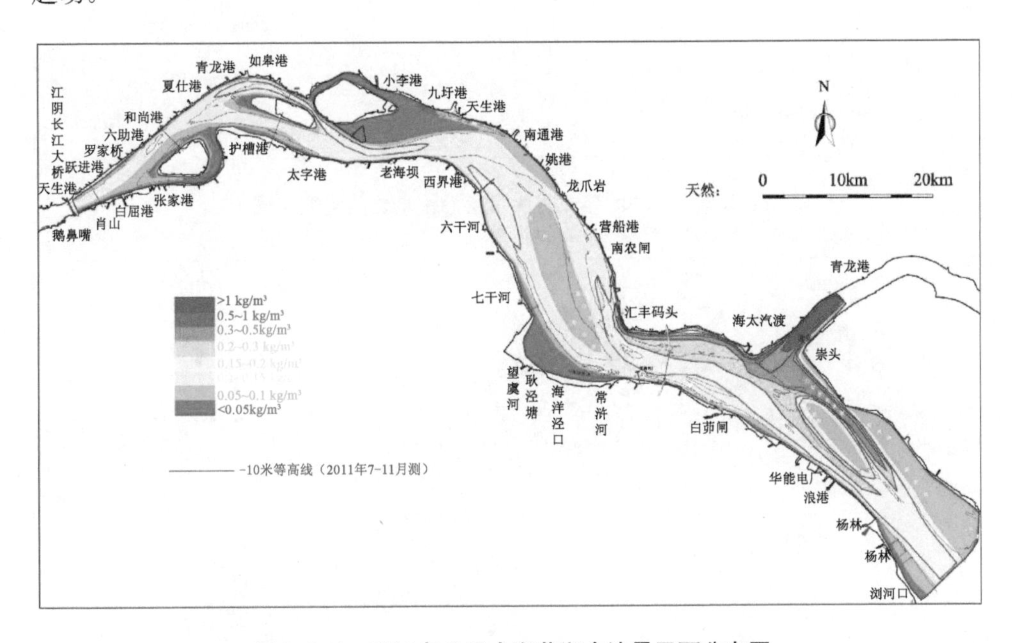

图 3.2-6　2004 年 9 月大潮落潮含沙量平面分布图

江阴以下河口含沙量与上游流域来沙以及外海来沙相关。三峡水库蓄水后上游来沙含沙量明显减小，下游含沙量也相应减小。总体上，洪季含沙量大于枯季含沙量，这与洪季上游来沙量一般较大，且洪季水动力大于枯季有关。洪季含沙量一般为枯季的 2～3 倍，落潮条件下洪枯季比值较涨潮条件下比值略大。洪季大潮涨落潮含沙量达 0.2～0.3 kg/m³。北支口洪季涨潮测点最大含沙量可达 3 kg/m³，落潮条件下北支口最大含沙量达 2 kg/m³。

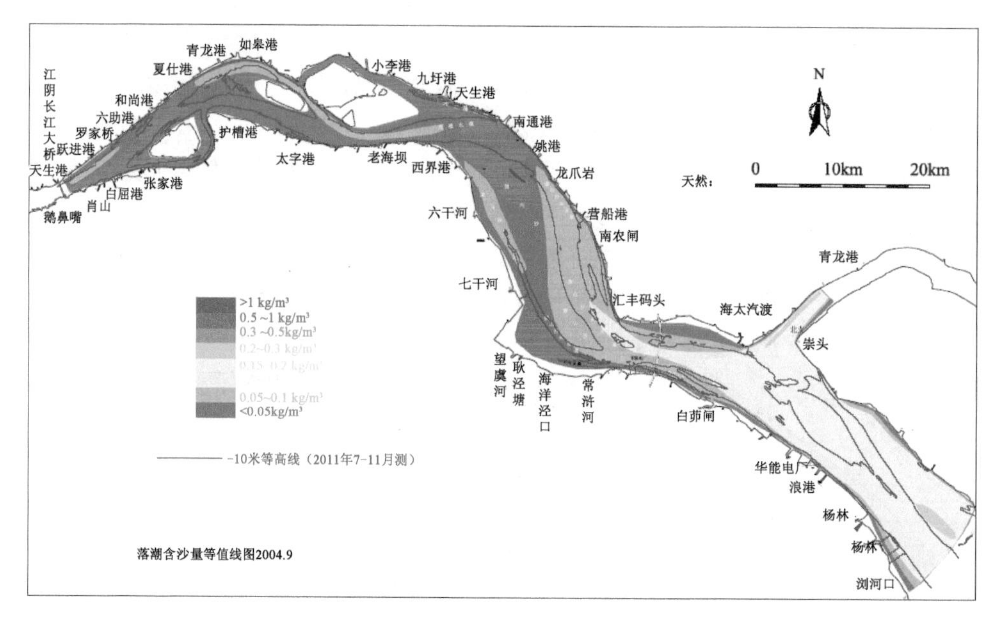

图 3.2-7　2005 年 1 月大槽落潮平均含沙量变化图

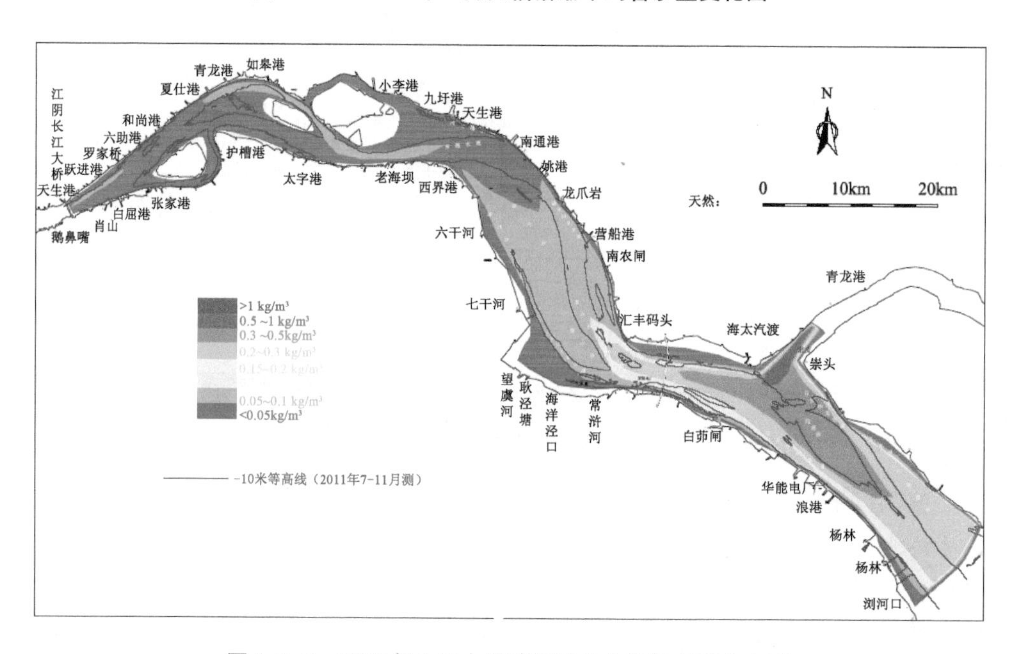

图 3.2-8　2005 年 1 月大潮涨潮平均含沙量沿程分布图

综上所述，涨落潮含沙量与上游流域来沙以及外海来沙有关；同时含沙量大小与潮流动力也有关，含沙量大潮一般大于小潮；各汊道涨落潮含沙量与各汊道的潮动力特性有关，天生港水道、福山水道等以涨潮流为主的通道，涨潮含沙量大于落

潮含沙量。落潮通州沙东水道含沙量一般略大于西水道。新开沙夹槽含沙量与狼山沙东水道含沙量相差不大。福山水道含沙量小于狼山沙东西水道。北支含沙量大于南支,白茆沙北水道含沙量大于白茆沙南水道,最大含沙量一般出现在北支。底层含沙量大于表层,大潮底层含沙量一般是表层含沙量的2～3倍,小潮分层含沙量,底层一般是表层的1.5～2倍。由于流速变化、水流紊动作用及泥沙沉降、悬浮及含沙量变化较流速变化的滞后性的原因,在一个全潮过程中,含沙量可能出现多次峰谷变化。

3.2.1.4　含沙量年内沿程变化特性

长江流域径流量存在明显的年内季节性差异,每年11月到次年4月为该流域的枯季,在此时期内,水域径流量明显减少,水体含沙量随之减少。每年的5月到10月为该流域的洪季,降水导致长江流域径流量明显增大,含沙量也随之增加。选取2016年的枯季(图3.2-9)和2005年的涝季(图3.2-10)数据作为示例对区域内含沙量年内变化趋势进行分析。发现2016年枯季较洪季河道水体含沙量整体上有很大程度的降低。枯季镇江段下游水体含沙量较马鞍山至南京段和南京至镇江段都大,是由于镇江段下游处于整个研究区的下游,上游的泥沙会在此处呈现堆积,且此段支流汇入较多,随之支流中的泥沙也会在该处累积。通过多年的枯季和洪季时间内水体表层泥沙浓度的对比,发现枯季的水体表层泥沙浓度整体比洪季

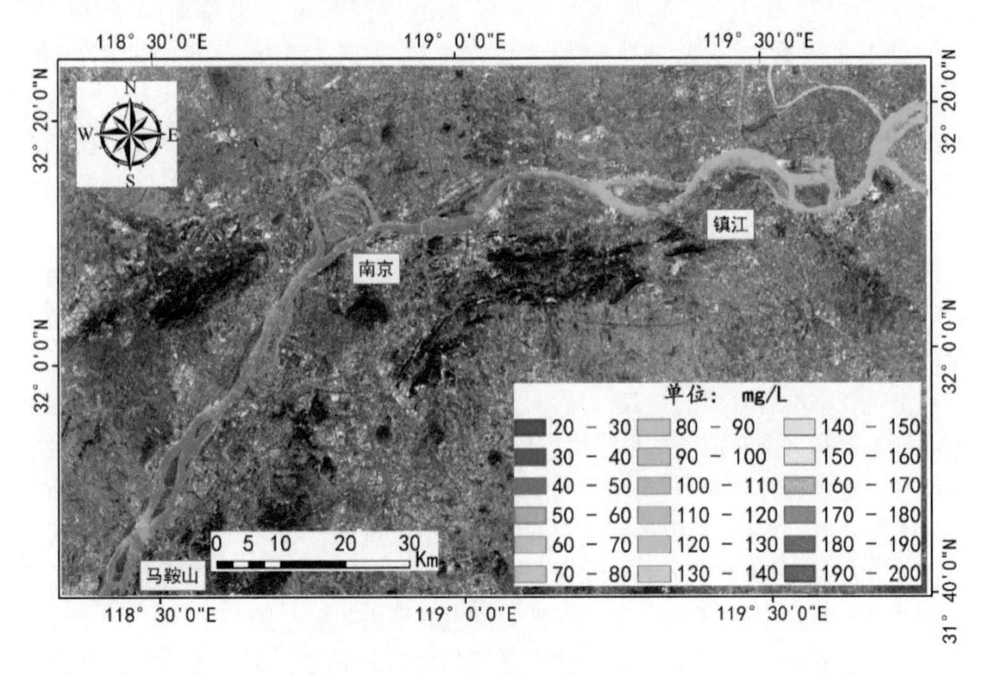

图3.2-9　2016年枯季是沙浓度分布图

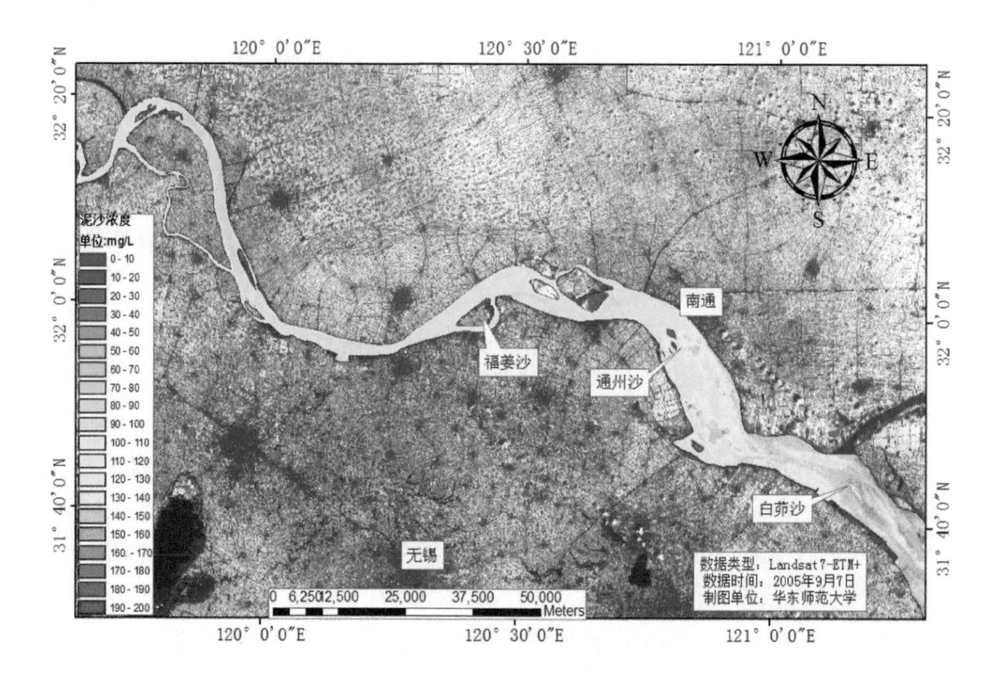

图 3.2-10 2005 年洪季悬沙浓度分布图

的水体表层泥沙浓度小。造成这种年内差异的原因是由于洪季期间长江流域气候处于多雨季节，大量的降水加大长江支流与干流径流量，水流冲刷河岸，大量的径流带动河床沉积泥沙上浮，造成洪季内表层泥沙浓度增大。且洪季期间，大量的降水和较大的地表径流量，对地表产生了较大冲刷作用，为长江流域带来了大量的泥沙等悬浮颗粒物，造成洪涝季节研究区域水体表层泥沙浓度大于枯季。

在洪季时福姜沙左汊水道高浓度泥沙的水域面积较枯季要增大许多。福南水道的泥沙浓度也相应有所升高，其原因与径流量密切相关。洪季期间，长江上游大量的径流下泄，携带大量泥沙，增大的水动力条件扰动河床底部泥沙，造成表层泥沙在洪季较枯季有较大的提高。通州沙水道与福姜沙水道表现出类似现象，河道内泥沙浓度在洪季时期较枯季时期有较大的提高。通州沙水道沙体附近水域的泥沙浓度一直保持较高水平，在枯季与洪季都未有太大变化。在高潮位时期，通州沙沙体大部分沉入水底，一定程度上对周围泥沙浓度造成影响。白茆沙水道（即长江口南支）位于长江流域的入海口水域，作为主要水沙通道，由于长江在枯季与洪季的输沙量差异巨大，白茆沙水道的泥沙浓度也表现出明显差异。

总体上看，洪季时期的河道水体整体泥沙浓度较枯季的河道水表泥沙浓度有明显的升高，主要是由于径流量的不同造成，径流量越大河道的泥沙浓度越大；径

流量越小河道泥沙浓度越小。

3.2.2 悬沙粒径时空分布特性

3.2.2.1 悬沙粒径沿程变化

（1）南京河段与镇扬河段悬沙粒径相差不大，且与上游大通站相差也不大，受水动力条件变化影响，洪枯季有所差异，一般来说洪季悬沙粒径大于枯季。一般主支汊无明显变化，但受河床冲淤变化影响，有时存在一定差异，近年实测资料表明，枯季悬沙中值粒径在0.06～0.01 mm，洪季一般在0.008～0.015 mm，如表3.2-5所示。

表3.2-5 2008年8月1日—3日南京河段沿程悬沙粒径

断面	悬沙 d_{50}(mm)	含沙量(kg/m³)	备注
CS1	0.006	0.184	东西梁山断面
CS2	0.006	0.153	马鞍山江心洲左汊大桥
CS3	0.006	0.220	小黄洲左汊中
CS4	0.006	0.230	小黄洲右汊中
CS5	0.006	0.240	马和渡口
CS6	0.004	0.241	新生洲左汊
CS7	0.006	0.243	新生洲右汊
CS8	0.006	0.206	新济洲中汊
CS9	0.006	0.208	新潜洲左汊
CS10	0.006	0.200	新潜洲右汊
CS11	0.005	0.212	大胜关
CS12	0.005	0.231	梅子洲左汊
CS13	0.005	0.191	梅子洲右汊

悬沙粒径变化方面，南京河段（上元门）悬沙粒径洪枯季有所变化，洪季粒径大于枯季，据1998年实测资料分析，枯季枯水流量在20 000 m³/s左右，悬沙中值粒径平均在0.008 6 mm，洪季大水流量在70 000 m³/s左右，悬沙中值粒径为0.012 4 mm，中水流量在30 000 m³/s左右，悬沙中值粒径为0.001 04 mm，底层悬沙粒径大于上层。如表3.2-6所示。

表 3.2-6　1998 年南京河段枯、中、洪季悬沙粒径　　单位：mm

	枯水	中水	洪水
表层 d_{50}	0.007	0.008	0.009
中层 d_{50}	0.009	0.011	0.012
底层 d_{50}	0.013	0.014	0.016

（2）扬中河段悬沙中值粒径还受潮汐影响，悬沙粒径总体和南京河段、镇扬河段相差不大，南京段至江阴段悬沙主要受上游来沙影响。

（3）澄通河段洪季悬沙粒径主要受上游来沙影响，洪季悬沙中值粒径总体与上游南京河段、扬中河段相差不大，枯季悬沙粒径既受上游来沙影响，也受下游潮汐影响，涨潮流可导致河床泥沙起动，枯季澄通河段泥沙中值粒径不同于南京至江阴河段，其粒径一般大于上游河段且枯季粒径有时大于洪季悬沙中值粒径。详见图 3.2-11 和表 3.2-7。

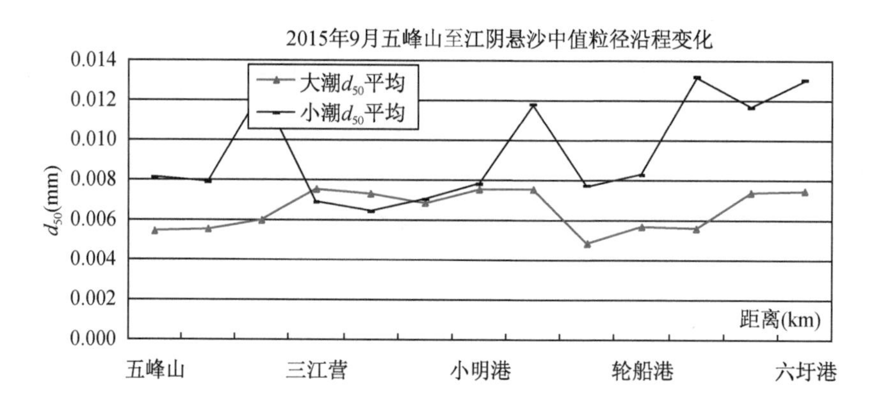

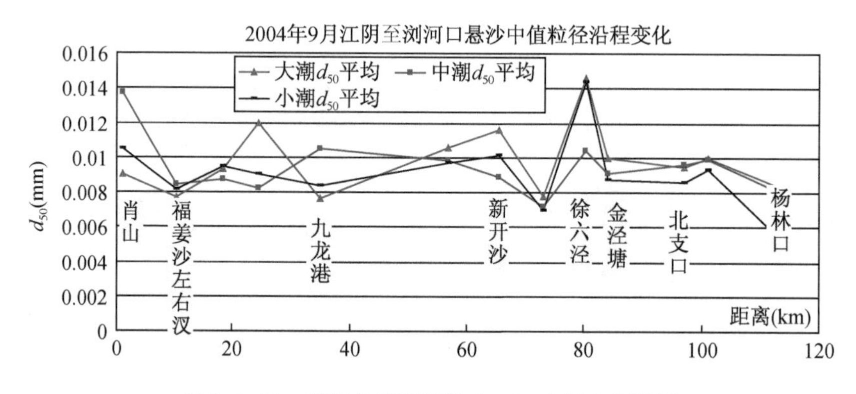

图 3.2-11　沿程各断面悬沙大、中、小潮中值粒径

表 3.2-7 北支悬沙中值粒径(2019.6) 单位:mm

断面	测点	涨潮	落潮
灵甸港	A	0.017	0.028
	B	0.014	0.013
三和港	A	0.01	0.013
	B	0.011	0.011
	C	0.012	0.010
吴沧港	A	0.007	0.008
	B	0.008	0.007
	C	0.008	0.008
	D	0.008	0.007

3.2.2.2 *悬沙级配*

南京河段悬沙粒径一般洪季大于枯季,三峡水库蓄水后南京河段悬沙粒径有变细的趋势,据实测资料分析(如图 3.2-12 所示),枯季悬沙中值粒径仅 0.006 mm 左右,洪季悬沙中值粒径在 0.008 mm 左右,且悬沙中值粒径大于 0.006 3 mm 的泥沙基本没有。

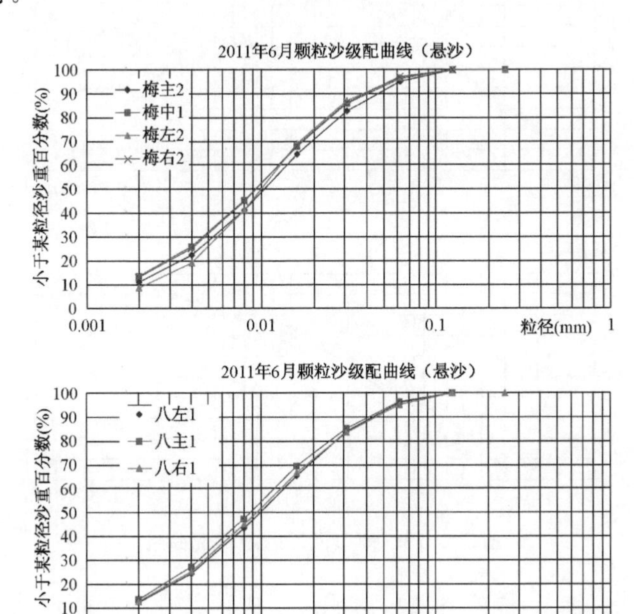

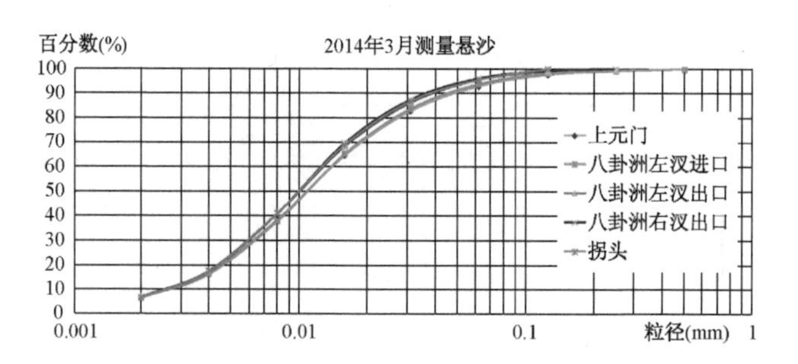

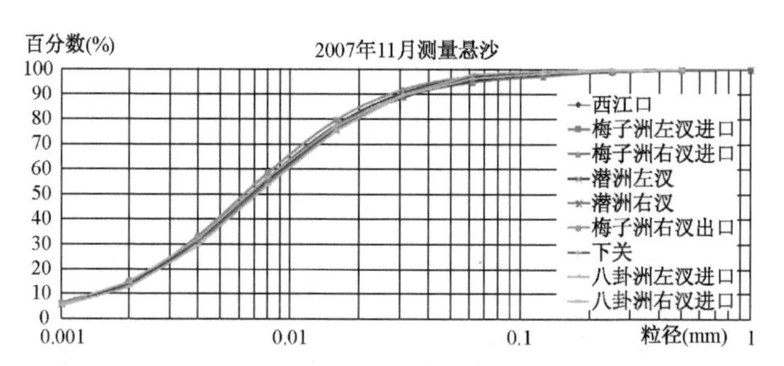

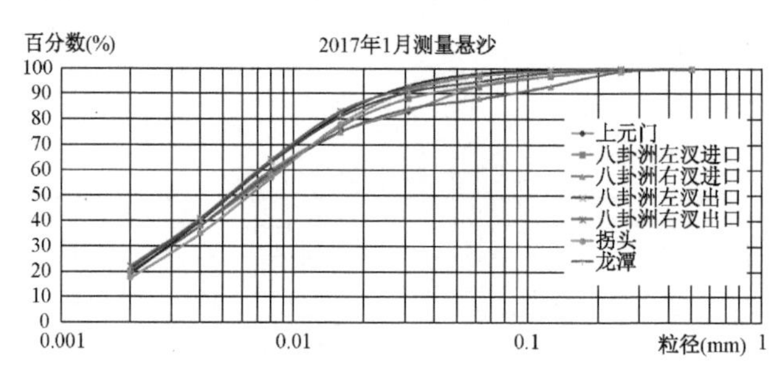

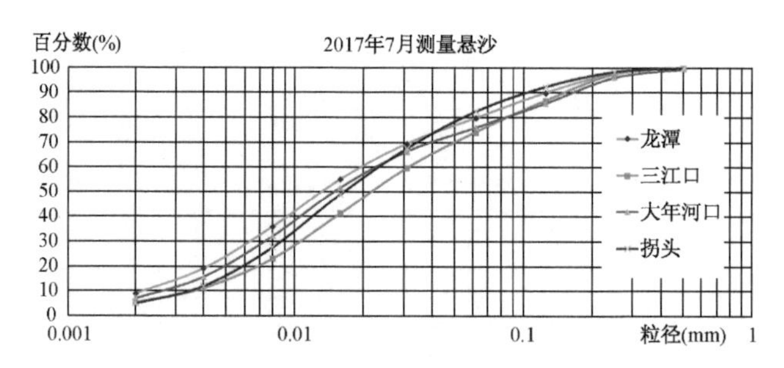

图 3.2-12　南京河段悬沙级配曲线

江阴以下测点涨急、涨憩、落急、落憩悬沙中值粒径级配曲线见图 3.2-13，落憩时最大，其主要是泥沙悬浮、落淤迟于水动力变化。

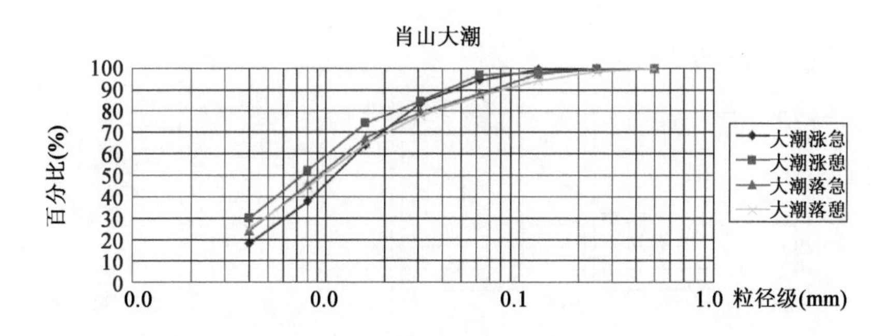
肖山大潮
百分比(%)
100
90
80
70
60
50
40
30
20
10
0
0.0
0.0
0.1
1.0
粒径级(mm)
大潮涨急
大潮涨憩
大潮落急
大潮落憩

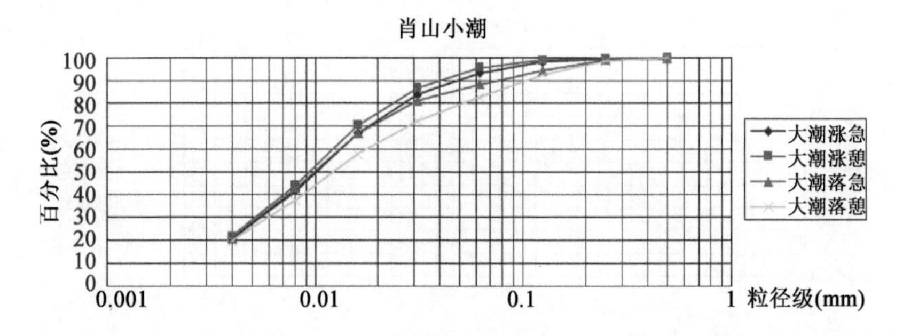
肖山小潮
百分比(%)
100
90
80
70
60
50
40
30
20
10
0
0.001
0.01
0.1
1
粒径级(mm)
大潮涨急
大潮涨憩
大潮落急
大潮落憩

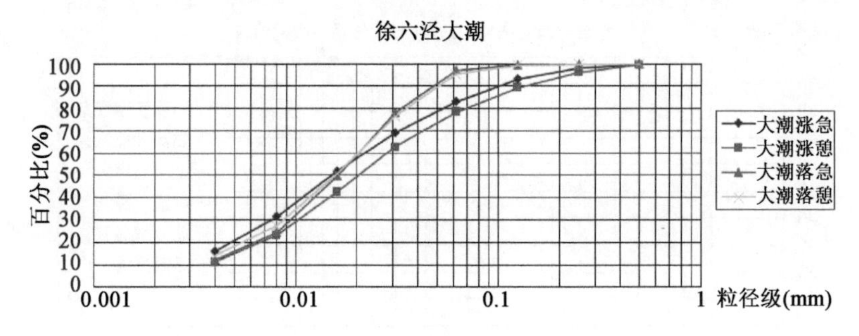
徐六泾大潮
百分比(%)
100
90
80
70
60
50
40
30
20
10
0
0.001
0.01
0.1
1
粒径级(mm)
大潮涨急
大潮涨憩
大潮落急
大潮落憩

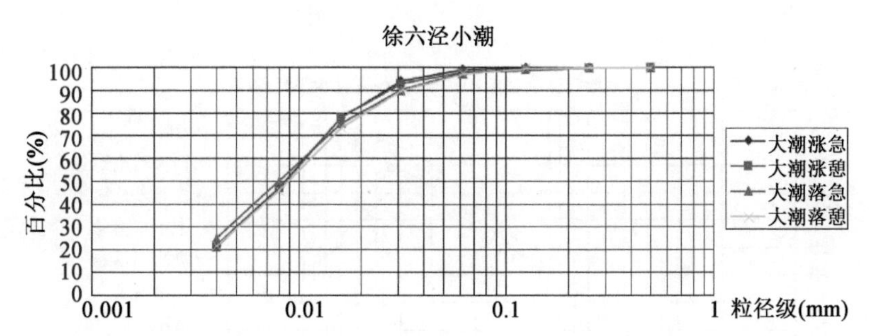
徐六泾小潮
百分比(%)
100
90
80
70
60
50
40
30
20
10
0
0.001
0.01
0.1
1
粒径级(mm)
大潮涨急
大潮涨憩
大潮落急
大潮落憩

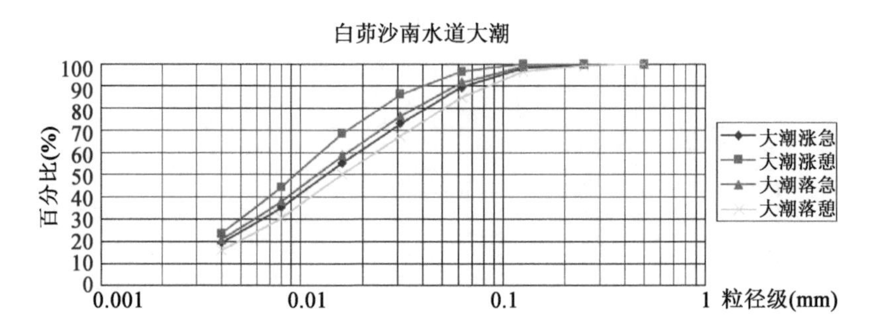
白茆沙南水道大潮
百分比(%)
粒径级(mm)
大潮涨急
大潮涨憩
大潮落急
大潮落憩

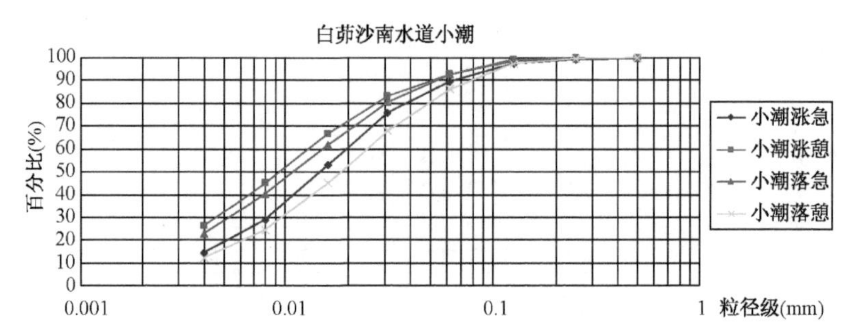
白茆沙南水道小潮
百分比(%)
粒径级(mm)
小潮涨急
小潮涨憩
小潮落急
小潮落憩

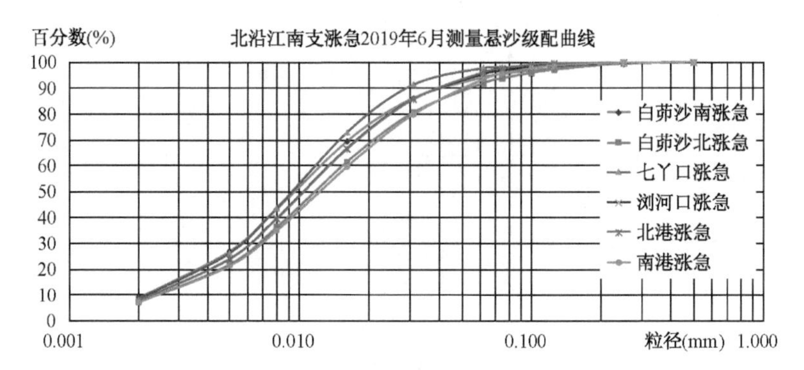
百分数(%)
北沿江南支涨急2019年6月测量悬沙级配曲线
粒径(mm)
白茆沙南涨急
白茆沙北涨急
七丫口涨急
浏河口涨急
北港涨急
南港涨急

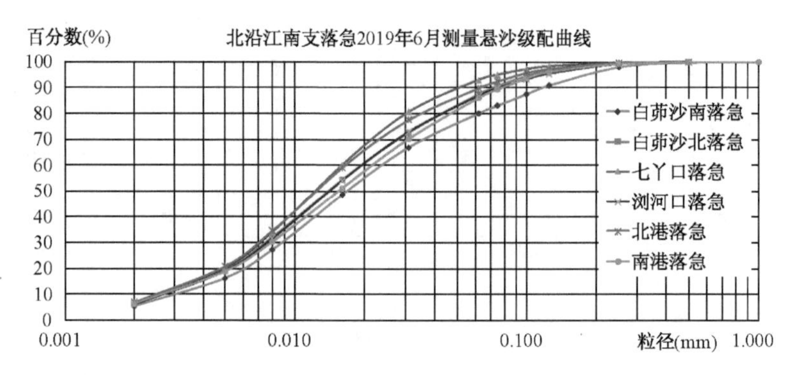
百分数(%)
北沿江南支落急2019年6月测量悬沙级配曲线
粒径(mm)
白茆沙南落急
白茆沙北落急
七丫口落急
浏河口落急
北港落急
南港落急

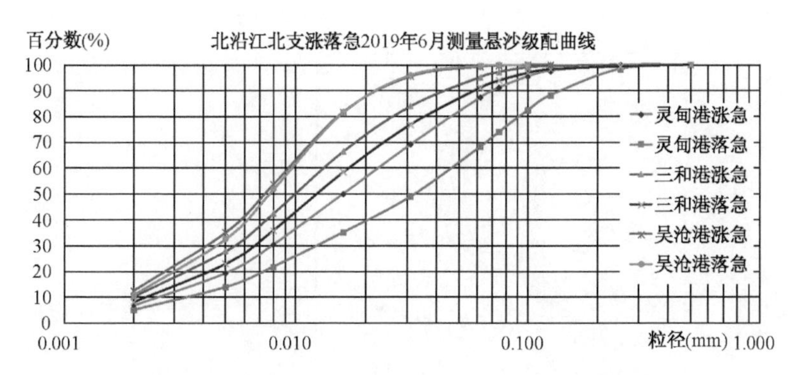

图 3.2-13 测点涨落潮悬沙中值粒径级配曲线

3.2.2.3 *悬沙中值粒径平面分布*

悬沙中值粒径南京至五峰山段沿程变化较小,枯季基本在 0.005～0.006 mm,汊道之间变化也较小。洪季南京至五峰山段悬沙中值粒径一般在 0.005～0.009 mm,洪季总体大于枯季,和畅洲汊道段大于上游河段。详见图3.2-14、图3.2-15。

五峰山—江阴:大潮悬沙中值粒径一般在 0.005～0.015 mm,太平洲左汊进口悬沙粒径较大,在 0.01～0.015 mm,太平洲左右汊下段至江阴水道悬沙较大,在0.1～0.15,其中落急落憩期间悬沙粒径一般大于涨急,涨憩时段个别点涨落急时段悬沙粒径较大,d_{50}在 0.02 mm 左右,其应与河床局部冲刷有关。详见图3.2-16。

五峰山—江阴段中潮:中潮悬沙粒径总体略小于大潮,一般在 0.005～0.015 mm,其涨落潮过程总体变化不大,在六圩港附近局部测点 d_{50} 近 0.025 mm,明显大于周边 d_{50}(在 0.012 左右),说明此测点悬沙粒径与河床冲刷底沙悬浮有关。

五峰山—江阴段小潮:小潮悬沙粒径总体小于大中潮,五峰山段至太平洲尾悬沙中值粒径一般在 0.006～0.01 mm,太平洲尾至江阴水道悬沙粒径相对较大,d_{50}一般在 0.01～0.015 mm。

江阴—天生港悬沙中值粒径:2015 年洪季大潮,从江阴段至天生港悬沙粒径总体有变细的趋势,总体范围在 0.006～0.015 mm,在肖山附近 d_{50}一般在 0.12 左右,福姜沙段平均在 0.01 mm 左右,民主沙段、长青沙段 d_{50}在 0.008 mm 左右。涨落潮过程总体变化不大。详见图 3.2-17。

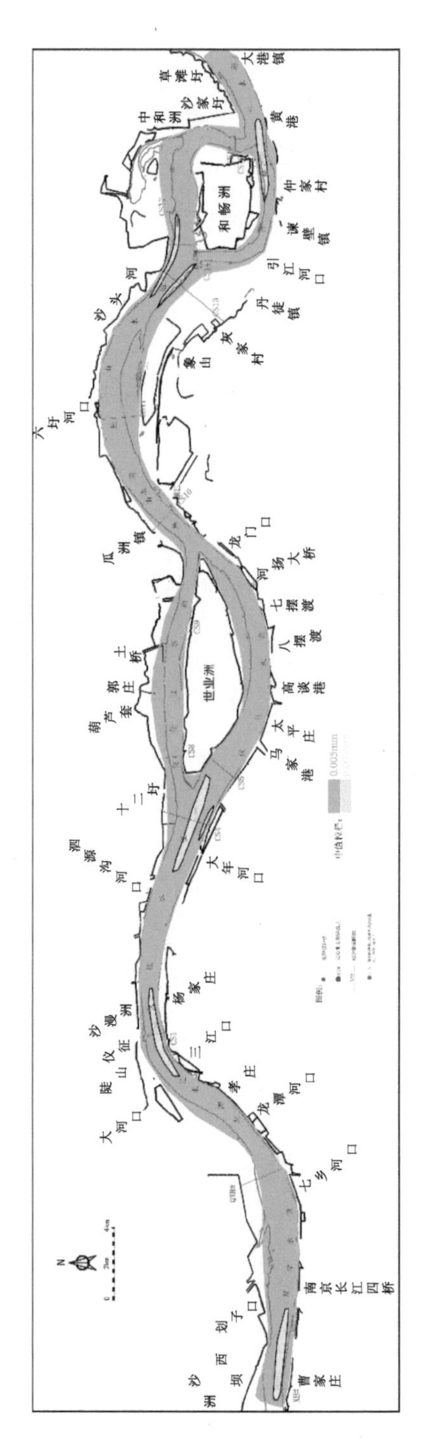

图 3.2-14　2012 年枯季稳定期测点悬沙中值粒径

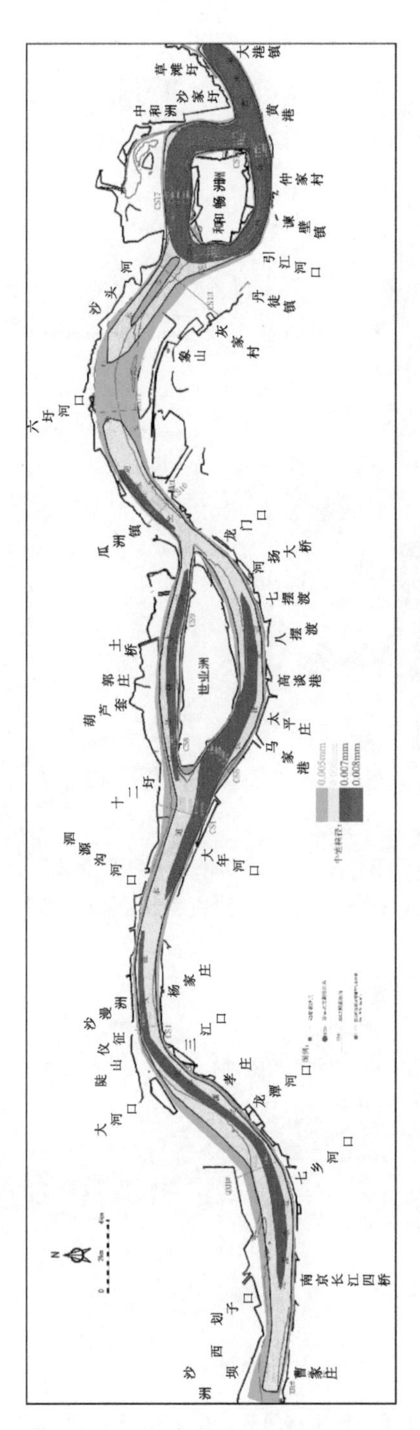

图 3.2-15 2013 年洪季稳定期测点悬沙中值粒径

图 3.2-16　2015 年 9 月五峰山—江阴段悬沙中值粒径等值线图(大潮)

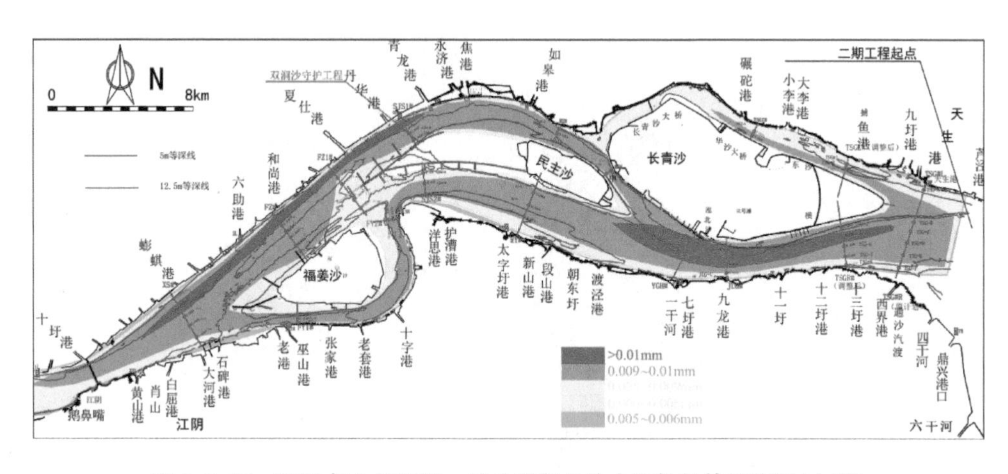

图 3.2-17　2015 年 9 月江阴—天生港段悬沙中值粒径等值线图(大潮)

江阴—天生港悬沙粒径中潮：中潮粒径与大潮总体相差不大，且沿程总体变化不大，民主沙长青沙段中潮悬沙粒径总体略大于大潮，悬沙平均粒径在 0.01 mm 左右。江阴—天生港小潮悬沙粒径沿程变化不大，总体略小于大中潮，但落急落憩时段粒径总体大于涨急、涨憩时段。小潮平均中值粒径在 0.009 mm 左右。

图 3.2-18 为五峰山至江阴鹅鼻嘴 2015 年 9 月大潮悬沙中值粒径分布图，中值粒径范围在 0.005～0.01 mm，悬沙中值粒径主汊大于支汊，其中嘶马弯道段相对较大，江阴水道靠北岸侧相对南岸大。

图 3.2-18　2015 年 9 月五峰山—江阴段悬沙中值粒径等值线图(大潮)

图 3.2-19 为江阴鹅鼻嘴至南通天生港 2015 年 9 月实测悬沙中值粒径分布，中值粒径一般在 0.008～0.015 mm，中值粒径较上游扬中河段大。福姜沙左汊螃蜞港至福北水道青龙港沿岸悬沙颗粒相对较粗，这与上游主要沿靖江一侧下泄及底沙相应沿靖江一侧下泄有一定关系。

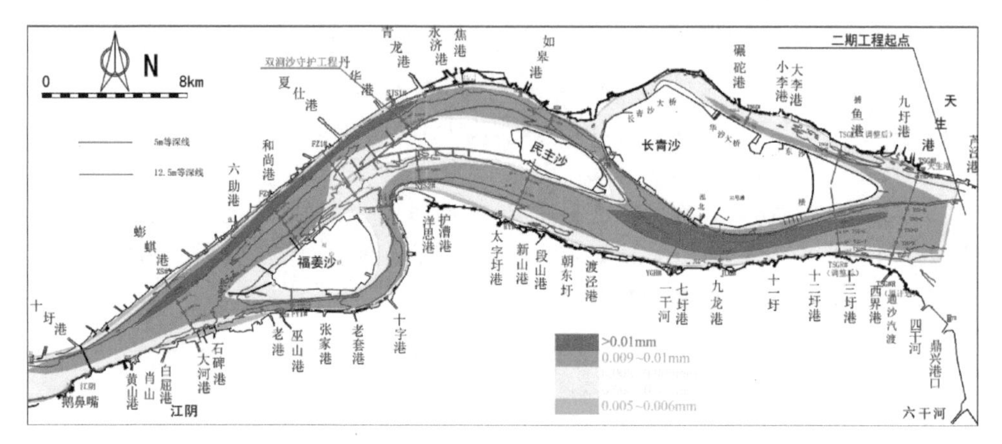

图 3.2-19 2015 年 9 月江阴—天生港段悬沙中值粒径等值线图(大潮)

洪季(2004 年 9 月,图 3.2-20)以及枯季(2005 年 1 月,图 3.2-21)长江江阴以下河段悬沙中值粒径总体为上游小于下游,即福姜沙河段小于下游通州沙、白茆沙河段。天生港水道悬沙中值粒径小于浏海沙水道,西水道下段、福山水道小于通州沙东水道。枯季大潮浏海沙水道悬沙中值粒径大于天生港水道,通州沙西水道、福山水道悬沙中值粒径小于通州沙东水道及狼山沙东水道,徐六泾河段由于涨落潮流速都较大,悬沙中值粒径大于上下游。洪季小潮悬沙中值粒径通州沙、白茆沙河段小于大潮,福姜沙河段小潮略大于大潮悬沙中值粒径。小潮长江江苏段悬沙中

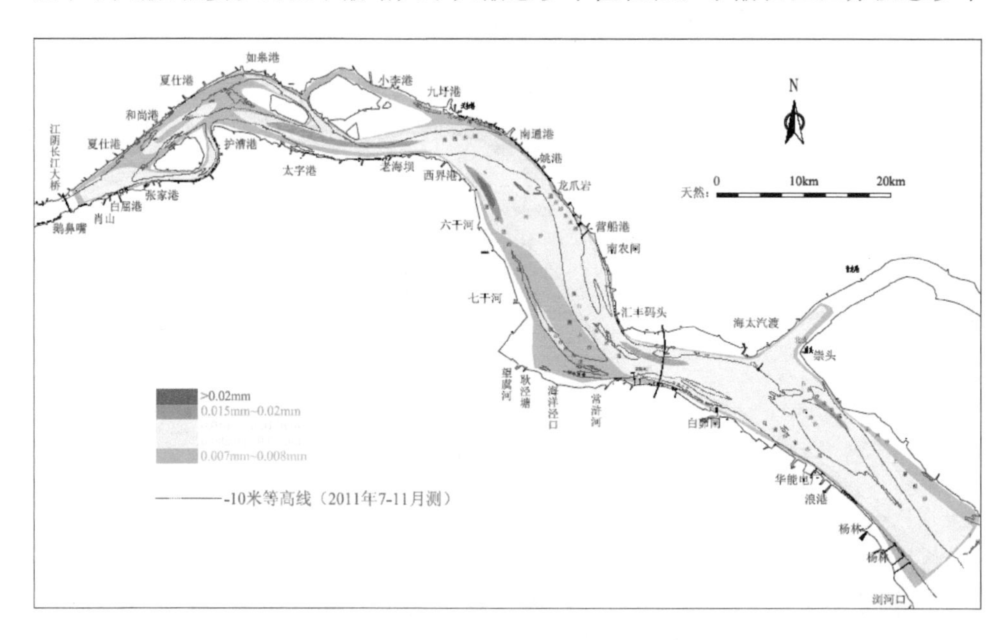

图 3.2-20 2004 年 9 月悬沙中值粒径等值线图(大潮)

值粒径上下游相差不明显，即福姜沙河段与通州沙、白茆沙河段主槽或主汊悬沙中值粒径无明显差异。其中福南水道、通州沙西水道、白茆沙南水道相对较小。枯季小潮悬沙中值粒径福姜沙河段略小于通州沙、白茆沙河段。

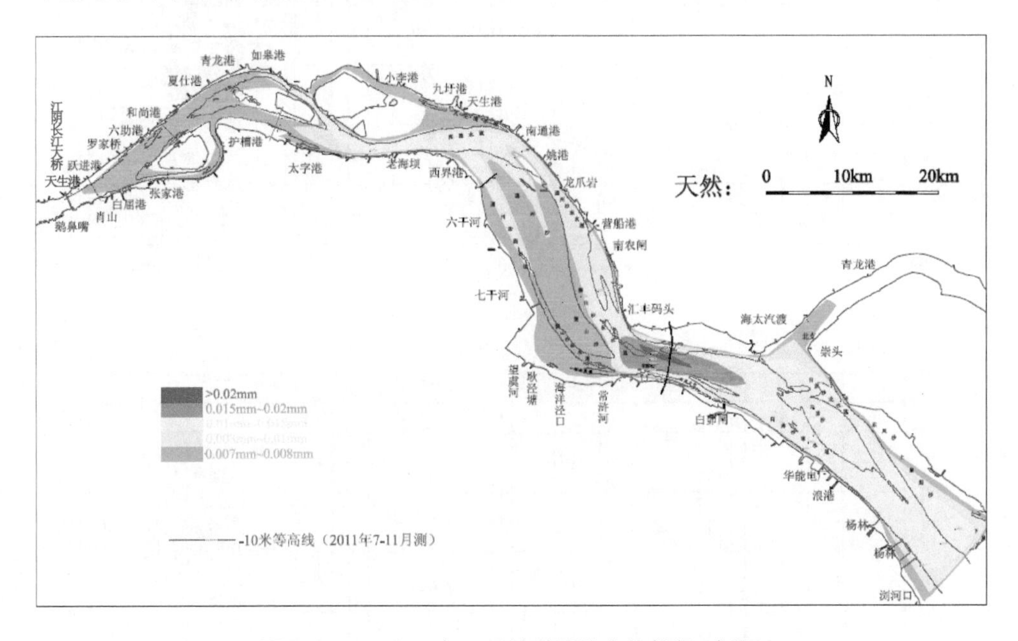

图 3.2-21　2005 年 1 月枯季悬沙中值粒径(大潮)

3.2.3 底沙粒径时空分布特性

3.2.3.1 底沙级配

(1) 南京河段

主槽底沙主要为细沙，$d>0.03$ mm 一般在 95%以上(图 3.2-22)，基本不含黏土，近岸边滩及洲滩等底沙为粉沙，中值粒径在 0.02～0.1 mm，粉沙含沙量一般在 50%以上，黏土质粉沙中值粒径一般在 0.02 mm 以下，黏土含量在 20%左右，粉沙含量在 70%左右，细沙含量一般不足 10%，床沙总体变化为上游较下游为粗，下游较细。

(2) 镇扬河段

本河段泥沙主要由上游径流挟带而来，年内含沙量的变化总体趋势与上游大通站基本一致，汛期大枯期小，年内变化较为明显。

根据近期仪征水道水流泥沙原型观测结果，河床组成大多为细沙或粉沙，深槽部位也有中粗沙和砾石，床沙平均中值粒径约为 0.18 mm。仪征水道泥沙级配曲线见图 3.2-23。

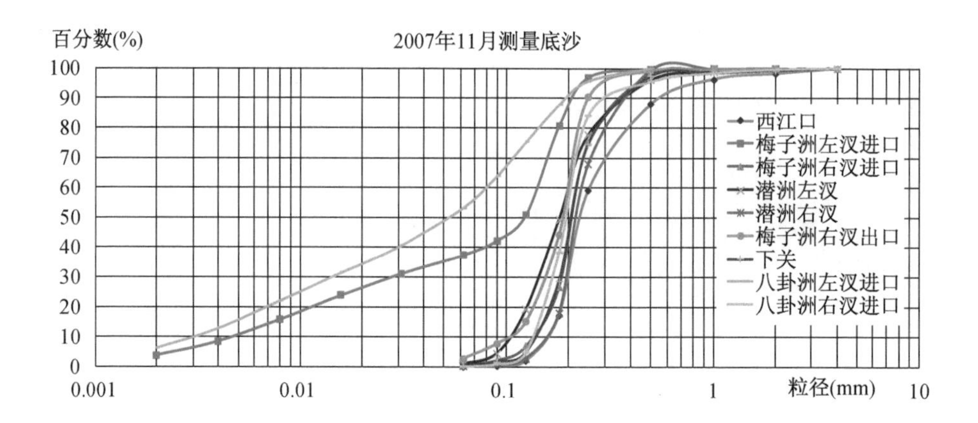

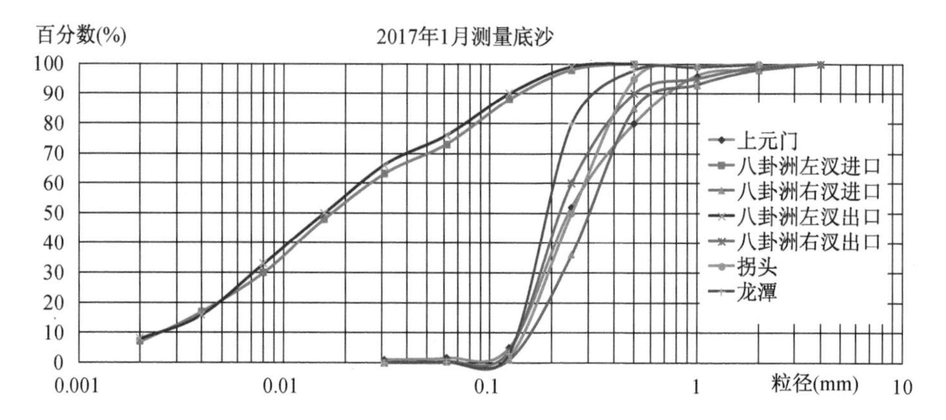

图 3.2-22　南京河段粒径级配曲线(底沙)

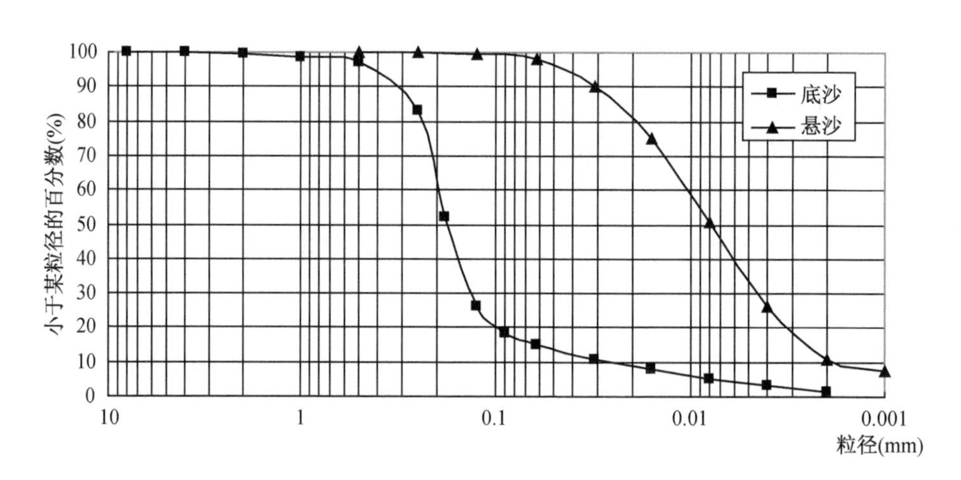

图 3.2-23　镇扬河段仪征水道床沙级配曲线

根据以往资料，和畅洲左、右汊实测河床表面泥沙中值粒径有所不同，六圩至和畅洲左汊床沙中值粒径为 0.155～0.18 mm，右汊相对稍细。2001 年镇江工程勘测设计研究院对和畅洲左汊口门潜坝工程区附近进行详细的勘测，其中 7、8、9 层床沙自表层向下逐渐变粗，中值粒径 0.12～0.19 mm。

根据近期和畅洲水道水文测验成果，从世业洲尾—大港河段悬移质平均中值粒径为 0.006～0.009 mm，床沙平均中值粒径为 0.064～0.204 mm。

综合实测资料，和畅洲水道的河床泥沙按中值粒径 0.17 mm 考虑，悬移质中值粒径按 0.007 mm 考虑。和畅洲水道泥沙级配曲线见图 3.2-24。

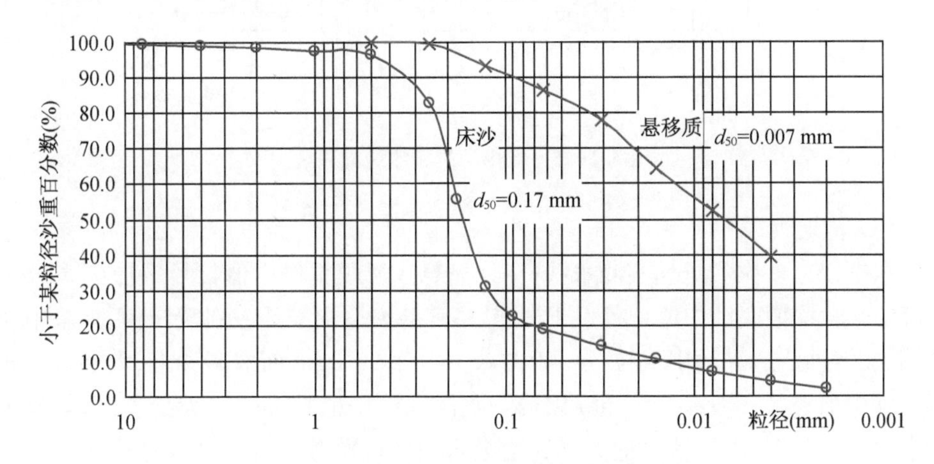

图 3.2-24　和畅洲水道悬移质及床沙级配曲线

(3) 扬中河段

据 2006—2012 年期间的多次实测资料，扬中河段枯水期含沙量在 0.005～0.20 kg/m³，中水期含沙量在 0.01～0.60 kg/m³，洪水期含沙量在 0.05～1.0 kg/m³，河床质多为中细沙，组成相对较为均匀，主槽粒径较粗，滩面粒径较细，最大粒径为 6.7 mm，最小粒径为 0.004 mm；中值粒径为 0.017～0.241 mm。口岸直水道泥沙级配曲线见图 3.2-25。

据扬中河段河床质取样分析，除进口段南岸五峰山边滩存在粒径 1 cm 左右的小砾石外，其余段内河床质均为中细沙，其颗粒最小粒径 d_{min}＝0.007 mm，最大粒径 d_{max}＝1.0 mm，中值粒径 d_{50}＝0.15～0.23 mm，粒径小于 0.04 mm 的颗粒占 10%，粒径大于 2.0 mm 的颗粒占 10%，表明河床质组成较为均匀。相对而言，河床主槽内粒径较粗，河床滩面粒径较细。

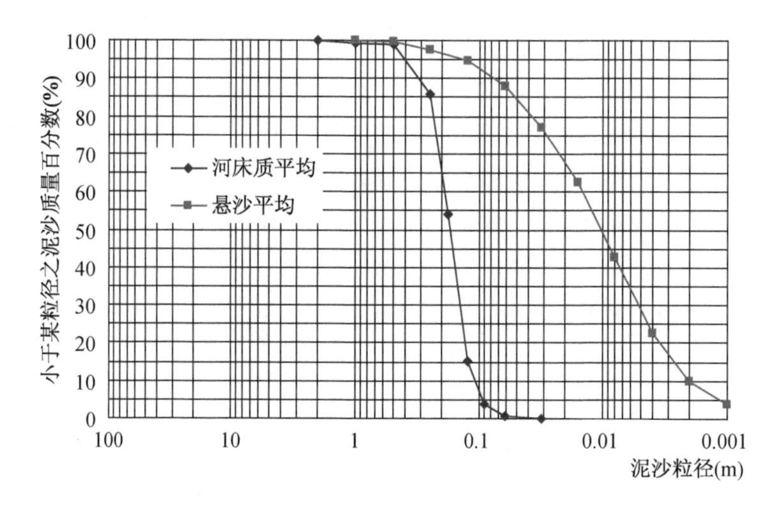

图 3.2-25 扬中河段床沙级配曲线

（4）澄通河段

根据以往多次和近期实测水沙资料，福姜沙河段主槽中值粒径平均在 0.15～0.25 mm。深槽底沙中值粒径大于洲滩，福姜沙河段福姜沙左右汊深槽、如皋中汊深槽、浏海沙水道深槽中值粒径一般在 0.15～0.25 mm，而双涧沙上、太字圩边滩等底沙中值粒径一般在 0.1 mm 以内。主汊底沙中值粒径一般大于支汊，如福姜沙左汊大于右汊，浏海沙水道大于天生港水道。以落潮流为主的汊道底质粒径一般大于以涨落潮为主的汊道，如天生港水道底质较细。洪枯季、大小潮河床底质中值粒径的不一致，主要是洪枯季及大小潮河床冲淤部位不一致，造成河床底质局部粒径相差较大。福姜沙水道泥沙级配曲线见图 3.2-26。

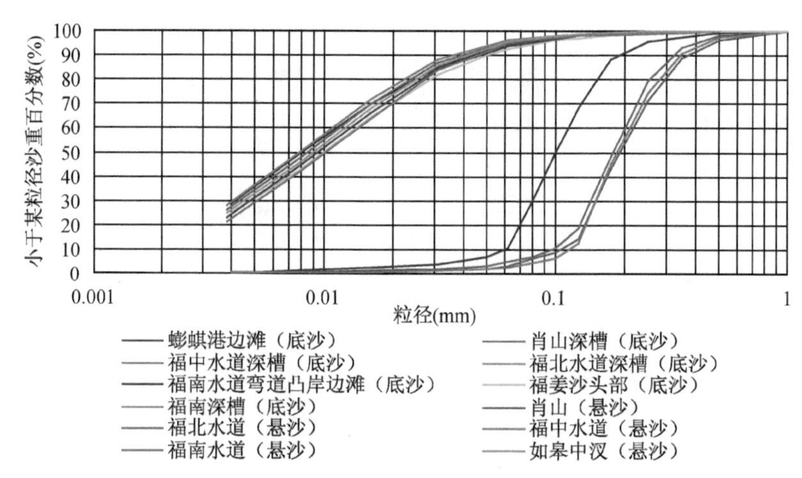

图 3.2-26 福姜沙水道悬移质及床沙级配曲线

(5) 长江河口段

根据以往实测资料分析，工程河段悬沙中值粒径范围为 0.001～0.025 mm。本河段底沙主要是粉细沙，床沙粒径分布为主槽床沙较粗，中值粒径 d_{50} 的范围为 0.13～0.25 mm，江心沙滩上底沙较细，d_{50} 一般在 0.1 mm 左右。南支悬沙中值粒径沿程总体变化不大，涨落潮相差不大，d_{50} 在 0.013 mm 左右(图 3.2-27)。北支悬沙粒径总体小于南支，且沿程有减小趋势，上段粒径涨落潮 d_{50} 在 0.012 mm 左右，中段在 0.01 mm 左右，下段在 0.08 mm 左右(表 3.2-8 和图 3.2-28)。底沙：南支底沙有粉沙、细沙、粉质黏土，以细沙为主，一般位于主槽主汊中，d_{50} 在 0.1～0.27 mm(图 3.2-27)。边滩、洲滩有粉质黏土，d_{50} 一般在 0.01～0.06 mm，北支底沙粒径总体较南支细。

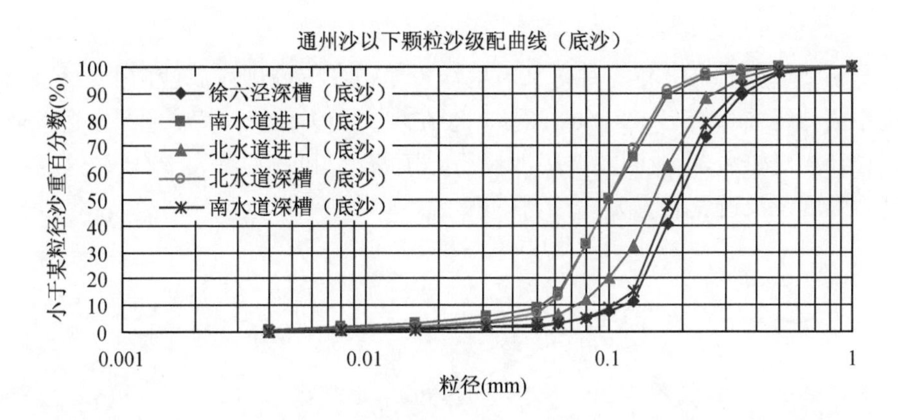

图 3.2-27　长江南支河段颗粒级配曲线(底沙)

表 3.2-8　北支底沙中值粒径(2019.6)　单位：mm

断面	测点	中值粒径
灵甸港	A	0.138
	B	0.119
吴沧港	A	0.016
	B	0.132
	C	0.015
	D	0.012

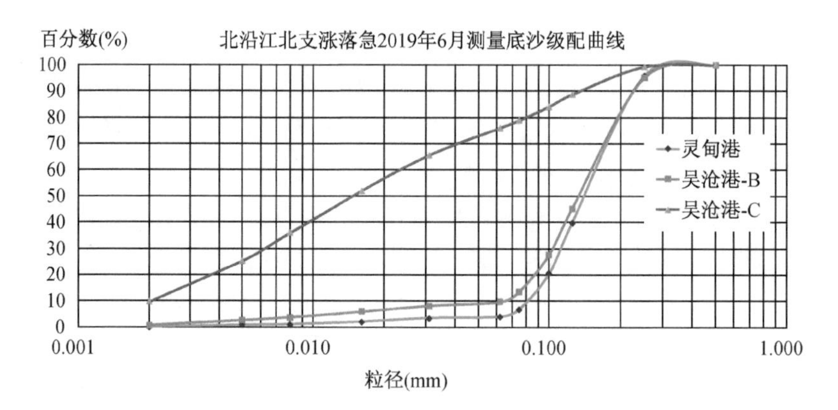

图 3.2-28 北支涨落急颗粒级配曲线(底沙)

3.2.3.2 底沙粒径平面分布

图 3.2-29 为 2013 年 7 月南京新生圩段至镇江五峰山段底沙中值粒径分布，主槽中值粒径在 0.15～0.3 mm，滩地一般在 0.01～0.1 mm，其中龙潭水道世业洲左汊粒径相对较大，世业洲左汊底沙粒径大于右汊，和畅左汊大于右汊，这与汊道水动力强度及汊道发展有关。

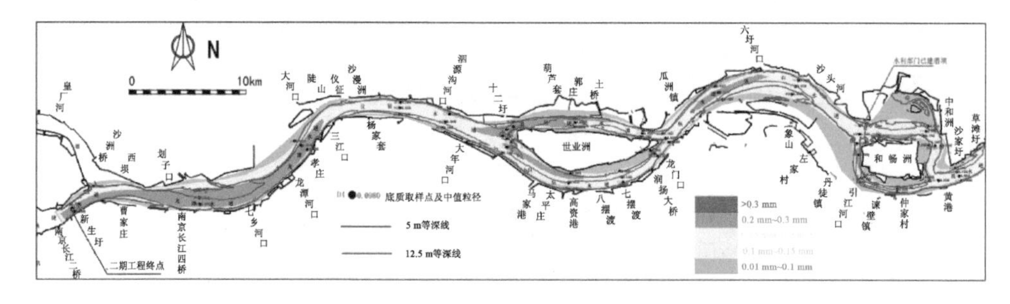

图 3.2-29 2013 年 7 月新生圩—五峰山段底质中值粒径等值线图(小潮)

图 3.2-30 为五峰山至江阴鹅鼻嘴段 2013 年 7 月实测底沙中值粒径分布图，口岸直水道至江阴水道中值粒径一般在 0.15～0.3 mm，主汊中值粒径大于支汊底沙中值粒径，其中泰兴水道天星洲下至江阴水道主槽中值粒径相对较大。

图 3.2-31 为江阴鹅鼻嘴至南通天生港 2013 年 7 月实测底沙中值粒径分布，福姜沙汊道进口段及福姜沙左汊主槽福南水道中上段主槽底沙中值粒径在 0.2～0.3 mm，浏海沙水道主深槽底沙中值粒径在 0.2～0.3 mm，福姜沙左汊至福北水道近岸底沙中值粒径一般在 0.1～0.15 mm，如皋中汊底沙中值粒径一般在0.01～0.1 mm。护槽港边滩、双涧沙浅滩、天生港水道、横港沙底沙中值粒径较小，一般在 0.01～0.1 mm。

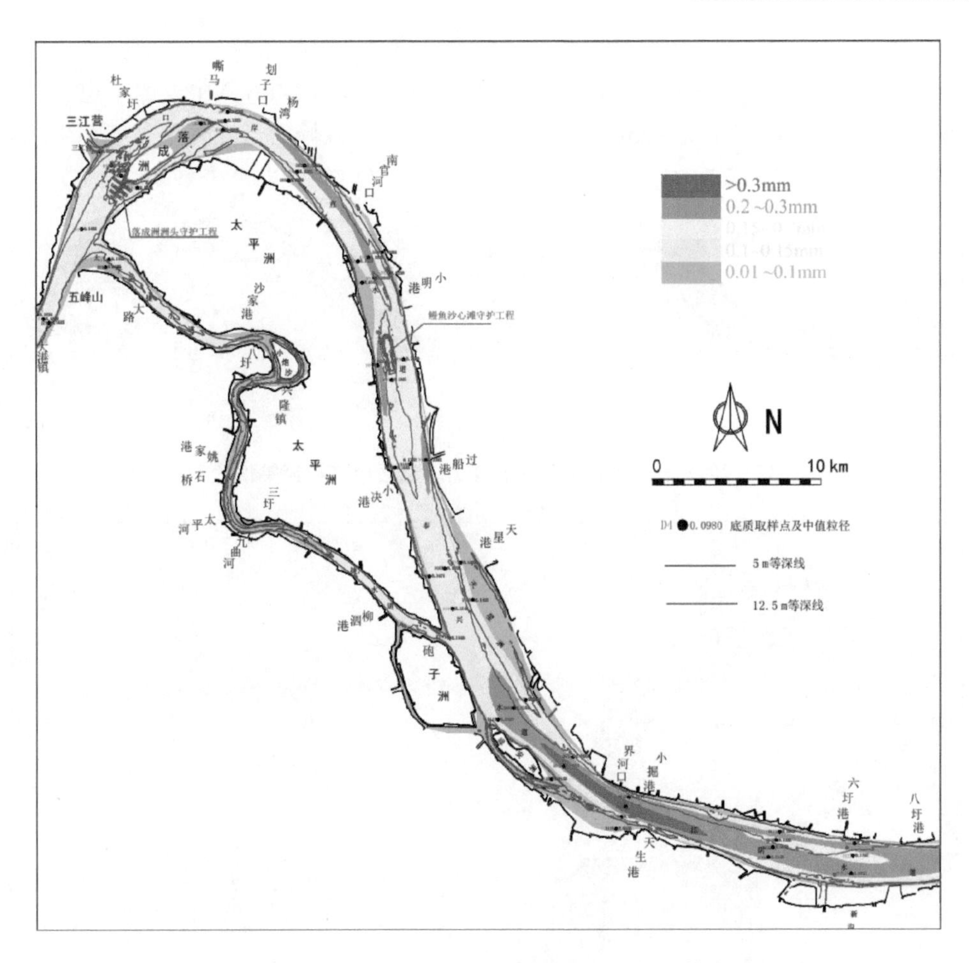

图 3.2-30　2013 年 7 月五峰山—江阴段底质中值粒径等值线图(小潮)

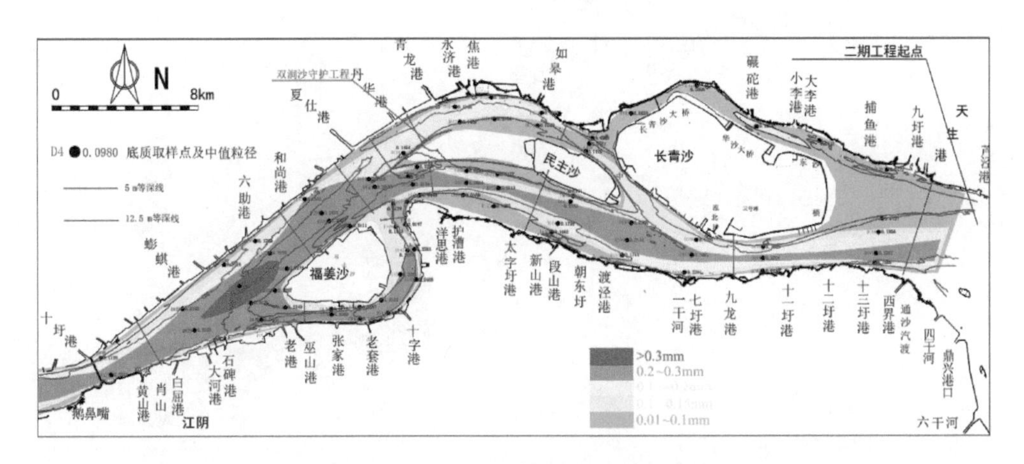

图 3.2-31　2013 年 7 月江阴—天生港段底质中值粒径等值线图(小潮)

图 3.2-32 为 2015 年 9 月南京新生圩至镇江五峰山小潮底沙中值粒径分布，主槽中值粒径在 0.15～0.3 mm，滩地一般在 0.01～0.1 mm，其中龙潭水道、世业洲左汊以及和畅洲左汊粒径相对较大。图 3.2-33 为五峰山至江阴鹅鼻嘴 2015 年

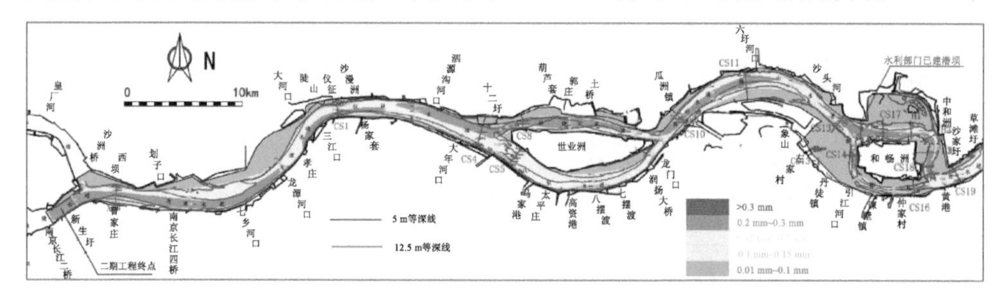

图 3.2-32 2015 年 9 月新生圩—五峰山段底质中值粒径等值线图(小潮)

图 3.2-33 2015 年 9 月五峰山—江阴段底质中值粒径等值线图(小潮)

9 月小潮实测底沙中值粒径分布图，口岸直水道至江阴水道中值粒径一般在 0.15～0.32 mm，主汊中值粒径大于支汊底沙中值粒径。图 3.2-34 为江阴鹅鼻嘴至南通天生港 2015 年 9 月小潮实测底沙中值粒径分布，福姜沙左汊主槽底沙中值粒径一般在 0.2～0.3 mm，福北水道夏仕港-青龙港一线近岸底沙中值粒径一般在 0.1～0.15 mm，如皋中汊底沙中值粒径一般在 0.01～0.1 mm。图 3.2-35—图 3.2-37 为南京—天生港河段 2015 年 9 月实测小潮底沙中值粒径分布图，从图可以看出大小潮底沙中值粒径分布规律基本一致，局部区域略有调整。

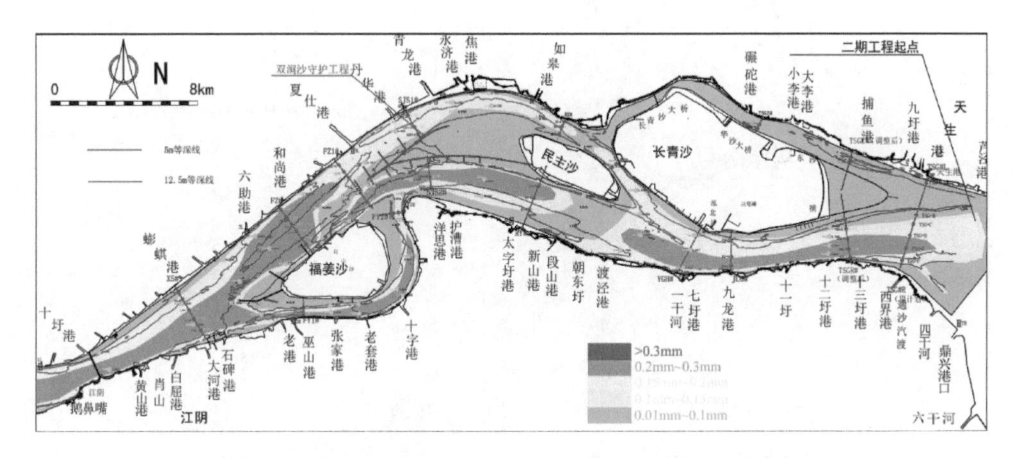

图 3.2-34　2015 年 9 月江阴—天生港段底质中值粒径等值线图(小潮)

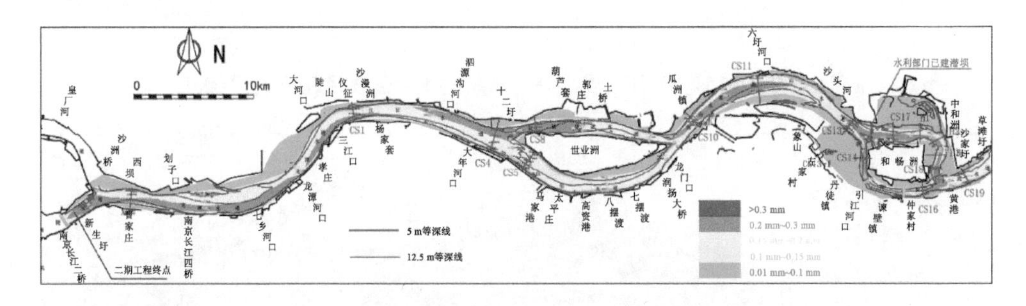

图 3.2-35　2015 年 9 月新生圩—五峰山段底质中值粒径等值线图(大潮)

图 3.2-36　2015 年 9 月五峰山—江阴段底质中值粒径等值线图(大潮)

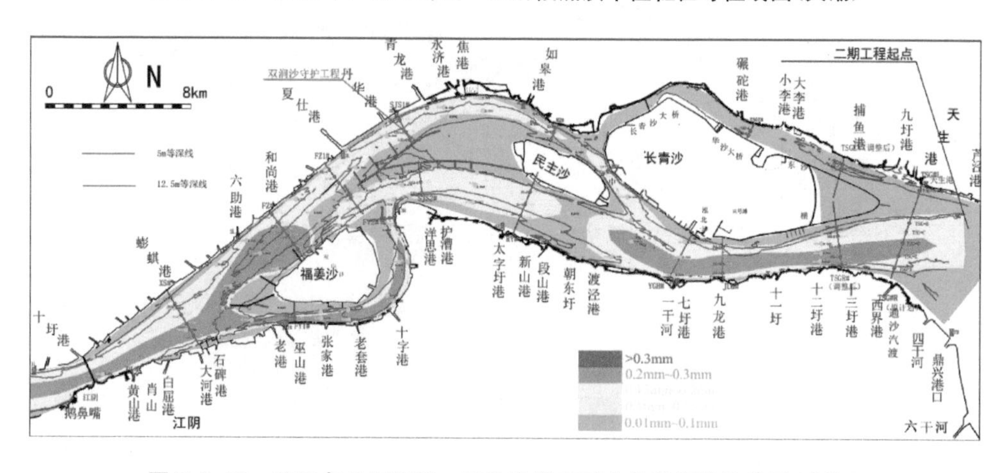

图 3.2-37　2015 年 9 月江阴—天生港段底质中值粒径等值线图(大潮)

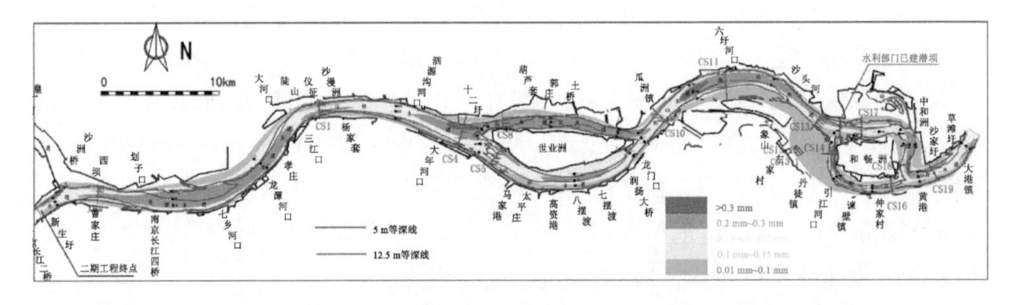

图 3.2-38　2015 年 11 月新生圩—五峰山段稳定流及散点底质分布图

由于河床沿程水动力条件差异，汊道之间、滩槽之间水动力条件差异，河床冲淤变化悬沙底沙泥沙交换等，各汊道河床泥沙粒径存在差异，滩槽之间底沙粗细不同，上下游各河段之间底沙存在差异，不同时段底沙粒径有所不同。

据多年实测资料分析表明，沿程河段底沙粒径沿程分布、滩槽分布及主支汊分布规律，多年来变化不大，底沙中值粒径沿程总体分布如下。

福姜沙河段鼻嘴至福姜沙分汊前主槽中值粒径在 0.2～0.25 mm，靠左岸边滩底沙中值粒径在 0.1～0.15 mm。福姜沙左汊、主槽及左岸水流顶冲冲刷部位底沙中值粒径在 0.2 mm 左右，最大可达 0.25 mm。六助港至和尚港沿岸中值粒径在 0.1～0.15 mm。福南水道靠右岸深槽底沙中值粒径在 0.2 mm 左右，靠左岸边滩底质中值粒径在 0.01～0.1 mm。其弯道凸岸边滩中值粒径一般在 0.1 mm 以下。位于福北水道泥沙中值粒径在 0.15～0.25 mm，双涧沙头部及窜沟底沙相对较粗，高滩较细。焦港以下如皋中汊底沙一般在 0.1～0.2 mm。

浏海沙水道民主沙左侧及太字圩下深槽中值粒径在 0.2 mm 左右，太字圩凸岸边滩底沙中值粒径一般在 0.03～0.1 mm。渡泾港夹槽及夹槽外沙埂一般在 0.05～0.1 mm，老海坝以下至南通水道姚港下主槽中值粒径一般在 0.2 mm 左右，靠泓北沙、横港沙一侧中值粒径一般在 0.01～0.1 mm。天生港水道底质中值粒径一般在 0.01～0.1 mm，仅出口段局部在 0.1 mm 以上，横港沙浅滩中值粒径一般在 0.01～0.05 mm。新开沙夹槽内一般 d_{50}=0.1～0.15 mm，新开沙浅滩底沙中值粒径一般在 0.02～0.05 mm，狼山沙东水道深槽内一般在 0.1～0.2 mm，东水道内心滩底沙中值粒径一般在 0.1 mm 以下。

通州沙上窜沟内 d_{50}=0.1～0.2 mm，通州沙—狼山沙浅滩 d_{50}一般在 0.02～0.05 mm。西水道进口至五干河附近深槽内 d_{50}一般在 0.15～0.2 mm，六干河浅区在 0.02 mm 左右，农场水闸附近深槽 d_{50}在 0.1 mm 左右。七干河附近在 0.1～0.2 mm。福山水道常浒河深槽中值粒径在 0.15 mm 左右，福山水道海洋泾附近底沙中值粒径在 0.01～0.03 mm。

徐六泾河段新通海沙－10 m 前沿中值粒径在 0.2 mm 左右，而南岸侧白茆小沙及其夹槽内一般在 0.02～0.1 mm。南水道进口 d_{50} 在 0.1～0.2 mm，北水道进口 d_{50} 在 0.02～0.05 mm，白茆沙上 d_{50} 一般在 0.01～0.1 mm，窜沟内局部在 0.15 mm 左右，白茆沙尾部 d_{50} 在 0.1～0.2 mm。南水道深槽一般在 0.1～0.15 mm，北水道深槽一般在 0.1 mm 左右。由于河床冲淤变化，白茆沙南北水道主槽底沙经常出现中值粒径小于 0.05 mm 的情况，2004 年洪季底沙中值粒径平面分布见图 3.2-39，2011 年洪季底沙中值粒径平面分布见图 3.2-40。

底沙总体变化特性：南京至江阴段底沙粒径总体变化不大，澄通河段九龙港以上底沙粒径和上游总体变化不大。一般主槽平均中值粒径在 0.2 mm 左右。九龙港下底沙粒径逐渐偏细，通州沙河段略大于白茆沙河段，白茆沙河段又大于下游刘海水道，南北港与南支大于北支，北支来沙主要受涨潮流影响，底沙粒径较细。

一般情况下，大、中、小潮河床底质中值粒径值差别不大，个别点可能由于河床短期内冲淤变化导致泥沙的冲刷和淤积的变化，底沙粒径相差较大。

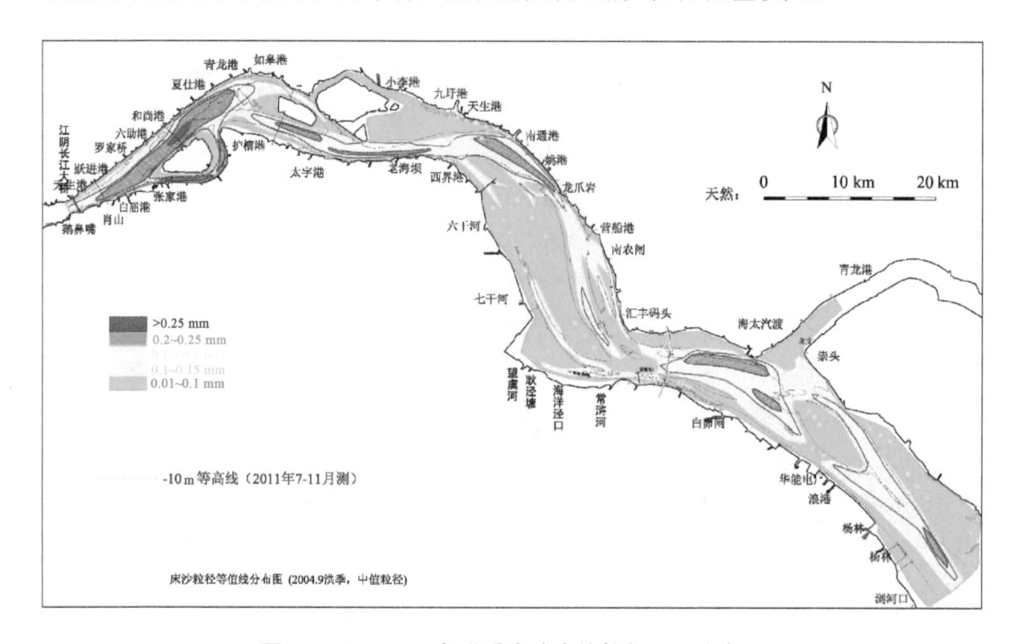

图 3.2-39　2004 年洪季底沙中值粒径平面分布图

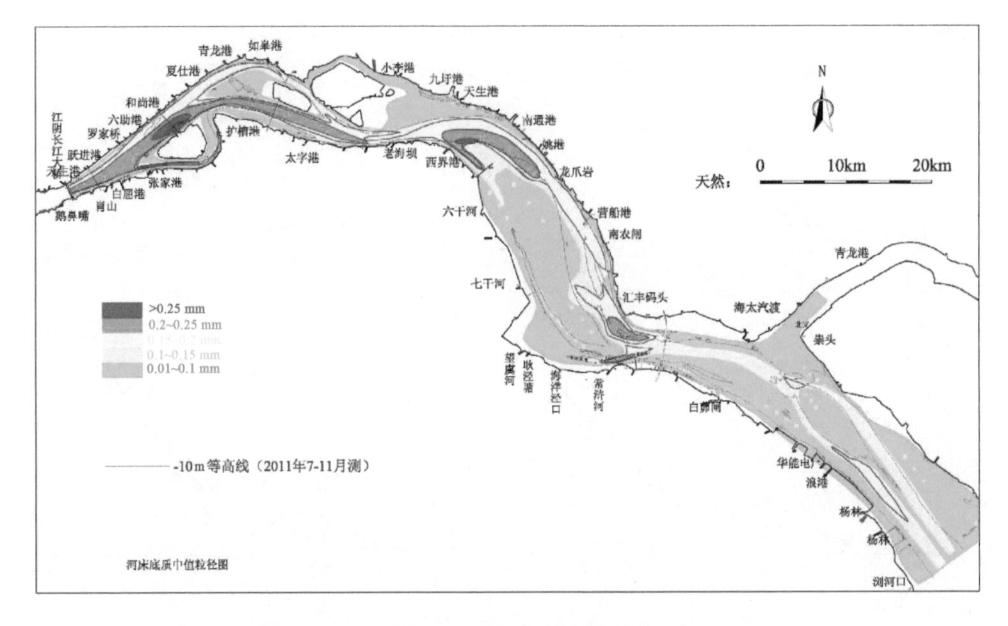

图 3.2-40 2011 年洪季底沙中值粒径平面分布图

3.3 流量输沙率关系

(1) 断面流量与输沙率

图 3.3-1 为涨落潮流量与输沙率关系，由图可将断面流量与输沙率总体呈三次方曲线变化，福姜沙河段相关性相对较好，点子较集中于曲线附近；九龙港以下断面点子相对较散乱，由图 3.3-1 可看出江阴肖山断面当流量在 3 万 m^3/s 以下时输沙率较小，九龙港断面流量在 4 万 m^3/s 以下时输沙率较小，4 万 m^3/s 以上含沙量增加明显，徐六泾断面在 6 万 m^3/s 以下时输沙率较小，6 万 m^3/s 以上输沙率增加较明显。其中红色点为涨潮流量及输沙量，由图可见涨潮流量与输沙率规律与落潮规律基本一致。就整个三沙河段来说，涨落潮平均输沙率与涨落潮平均潮量的关系总体也呈三次方曲线变化。

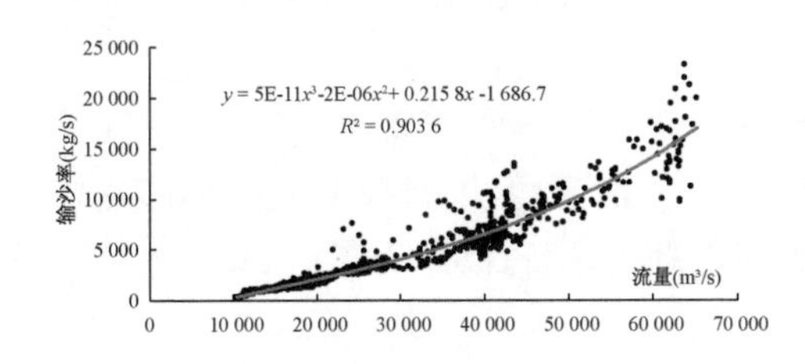

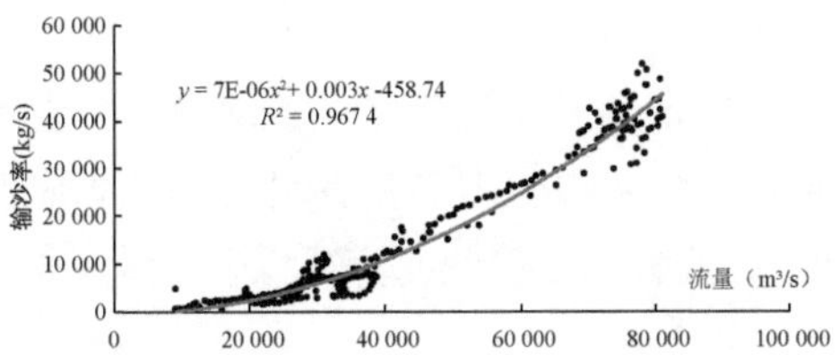

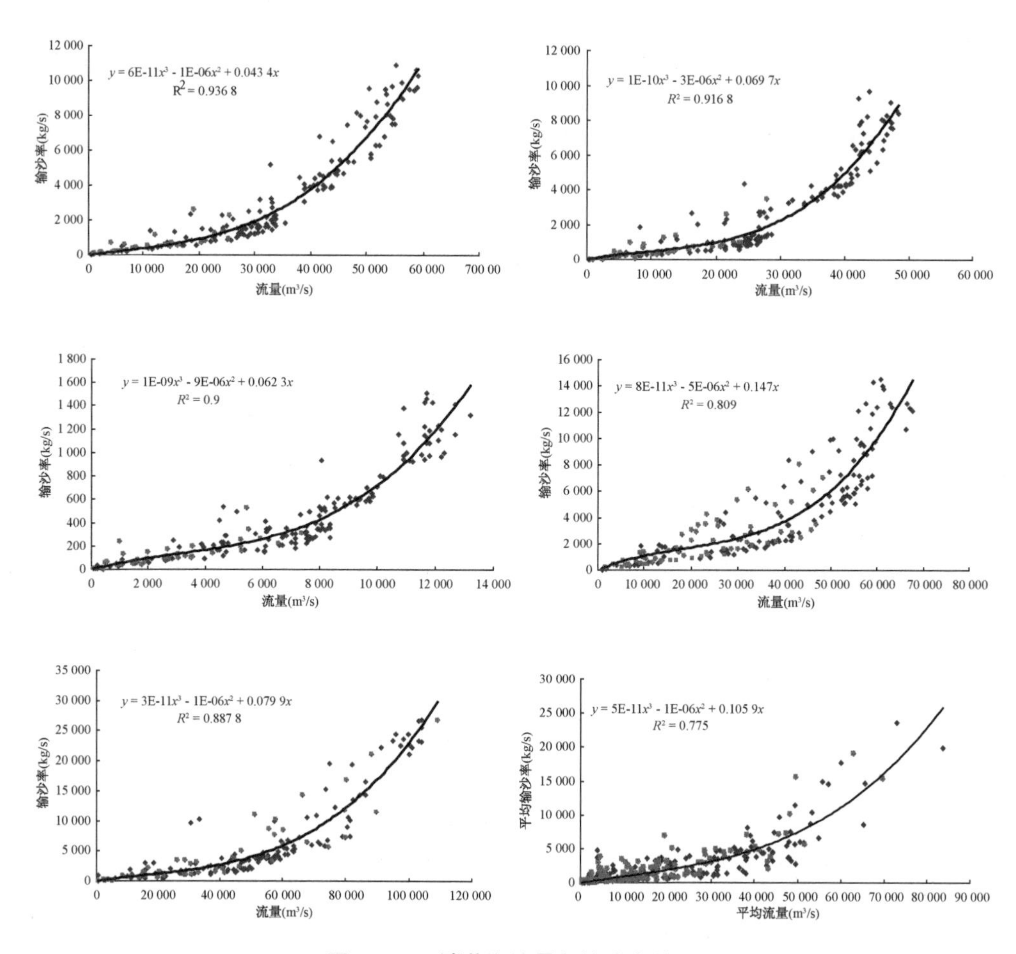

图 3.3-1　涨落潮流量与输沙率关系

(2) 涨落潮输沙率沿程变化

落潮流量沿程总体有所增加，而输沙率受河床冲淤变化影响无趋势性增加的变化，相反西坝至五峰山段输沙率较大，而五峰山至南通天生港段相对较小，如表3.3-1所示。

长江江阴以下沿程输沙量洪季明显大于枯季，且洪季落潮输沙量明显大于涨潮输沙量，枯季大潮涨落潮输沙量相差不大，洪枯季九龙港以下输沙量沿程明显增加。

河床各断面近年来实测大潮输沙量见图3.3-2和图3.3-3及表3.3-2。工程河段泥沙来源除上游来沙外，还有海域来沙，北支倒灌泥沙，近年北支洪枯多次出现水沙倒灌。三沙河段落潮输沙量一般大于涨潮输沙量，洪季大于枯季。

表 3.3-1 涨落潮流量与输沙率关系

断面名称	大潮落潮平均流量 (m^3/s)	落潮全潮平均输沙率 (kg/s)	断面名称	大潮落潮平均流量 (m^3/s)	落潮全潮平均输沙率 (kg/s)
西坝 XB	40 300	6 318	五峰山 KAZ1	46 700	5 357
七乡河 QXH	40 400	6 698	太平洲汊道进口	46 650	4 751
仪征 CS1	40 100	7 320	太平洲汊道中	47 550	5 721
大年河口 CS4	42 900	6 860	太平洲汊道出口	47 500	5 121
世业洲汊道 CS5	42 800	7 170	六圩港 KAZ16	44 712	4 950
瓜洲镇 CS10	42 900	6 253	八圩港 BWG#	45 124	5 450
六圩河口 CS11	42 400	6 650	肖山 XS#	44 900	4 300
左家村 CS13	45 100	7 631	福姜沙汊道进口	45 870	5 672
和畅洲汊道 CS14	44 800	7 992	福姜沙汊道出口	46 150	5 497
东还原 CS19	44 500		民主沙左右汊	49 900	5 640
大通流量	38 000～39 000 m^3/s		天生港 TSG#	52 500	5 300

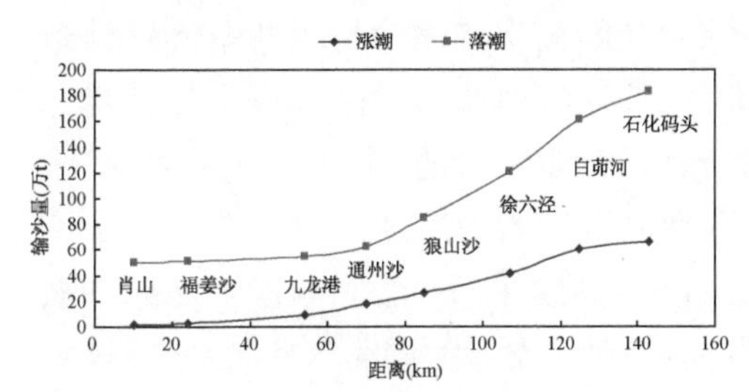

图 3.3-2 断面涨落潮输沙量(2004 年 9 月)

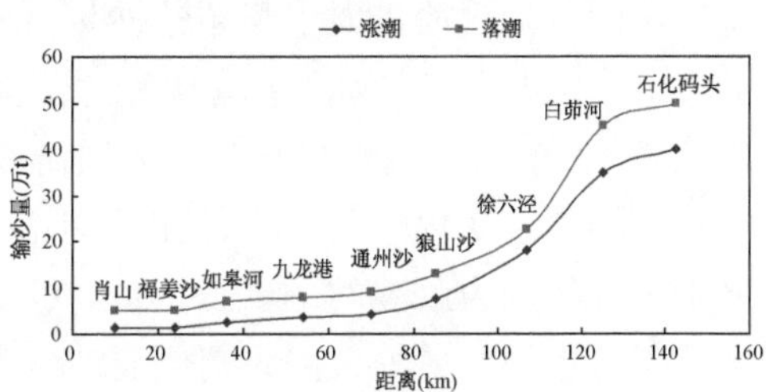

图 3.3-3 断面涨落潮输沙量(2005 年 1 月)

表 3.3-2 各断面近年来大潮输沙量 单位:万 t

断面	2004 年 9 月			2005 年 1 月			2007 年 7 月			2010 年 7 月		
	涨潮	落潮	净	涨潮	落潮	净	涨潮	落潮	净	涨潮	落潮	净
新开沙夹槽	3.2	9.3	6.1	0.55	0.89	0.35	1.78	4.85	3.08	0.6	5.6	5
狼山沙东水道	15.1	55.5	40.4	5.06	8.3	3.24	12.2	81.1	6.9	6.6	109	102.4
狼山沙西水道	8.4	23.1	14.6	2.05	3.3	1.25	5.71	23.1	17.1	4.8	27.1	22.3
徐六泾	37.8	121	83.2	18.8	20.5	1.7	20.2	101	80.8			
白茆河							27.9	154	126.1			
北支口	65.7	28.1	−37.6	9.1	1.6	−7.5	13.9	14.9	1	13.5	23	9.5
白茆沙北水道	24.1	71.7	47.6	14.3	19.6	5.3	9.7	74.7	65.1	2.1	95.8	93.7
白茆沙南水道	42.1	89	46.9	21.7	27.2	5.5	27.7	120	92.3	13.2	83.6	70.4

同一断面涨潮输沙量一般小于落潮输沙量，但不同断面涨潮输沙量可能大于落潮输沙量，据 2005 年 1 月实测资料，九龙港大潮落潮输沙量为 8.1 万 t，而北支涨潮输沙量就达 9.08 万 t，石化码头断面达 38.8 万 t，远大于九龙港落潮输沙量。

洪季涨潮输沙量较小，枯季大、中潮涨潮输沙量一般可达落潮输沙量的 20%～80%。据 2011 年 10 月测量资料分析，通州沙水道西界港附近涨潮输沙量为落潮输沙量的 30%～50%。徐六泾附近涨潮输沙量为落潮输沙量的 50%～60%。杨林附近涨潮输沙量为落潮输沙量的 60%～70%。由于涨落潮断面含沙量分布不一致，支汊及洲滩涨潮输沙量可能大于落潮输沙量，如北支、福山水道等。为此对于涉及支汊演变及影响或某些洲滩的变化需考虑涨潮来沙因素等。

枯季大潮通州沙自上而下涨潮输沙量约为落潮输沙量的 30%～50%，而洪季大潮涨潮输沙量仅为落潮输沙量的 5%～20%，洪季小潮基本无涨潮输沙。

2005 年 1 月枯季大潮徐六泾涨潮输沙约为落潮的 90%，北支水沙倒灌涨潮是落潮的 790%，白茆沙沙中断面涨潮约为落潮的 77%，石化码头下(杨林口)扁担沙涨潮输沙量大于落潮输沙量，南支主槽涨潮输沙量小于落潮输沙量。

大中潮北支口涨潮输沙量大于落潮输沙量，扁担沙涨潮输沙量大于落潮输沙量。小潮落潮输沙量大于涨潮输沙量，但徐六泾断面涨潮输沙量仍达落潮输沙量的 36.7%，北支口小潮涨潮输沙量达落潮的 90.7%，白茆沙中断面涨潮输沙量达落潮输沙量的 44%，石化码头下涨潮输沙量达落潮输沙量的 51.7%，由此可见，大中小潮输沙量变化较大，徐六泾以下小潮涨潮输沙量约为落潮的 30%左右。大潮涨潮输沙量约为落潮的 70%～90%，可见枯季大潮条件下，涨潮输沙对河床冲淤影响不可忽视。另外大潮北支倒灌沙量也较大，对北支口附近河床冲淤带来影响。

(3) 北支泥沙倒灌分析

历史上，北支水沙倒灌南支，影响到南支河床冲淤变化，如 1977 年在北支口处形成舌状沙嘴，北水道进口被堵，直接影响到北水道航道水深条件。自 1992 年以来，北水道进口总体处于淤积态势，2011 年 10 月北支口门崇头附近形成淤积区，靠崇头附近形成涨潮窜沟，河床底高程在－3 m 左右，而靠右岸深槽 2004—2006 年－5 m 槽贯通，2011 年已淤浅，河床底高程在－2.5 m 左右，进口中央－2 m 以上沙包长约 3.3 km，最大宽达 1.3 km。

一个全潮过程，大中潮北支一般涨潮量大于落潮量，涨潮流量大于落潮流量，且涨潮流速大于落潮流速；北支进口最大涨潮流速可达 2 m/s。北支涨潮含沙量大于落潮含沙量，且北支含沙量明显大于南支，大中潮一般涨潮输沙量大于落潮输沙量。

北支涨潮泥沙大部分沿新通海沙围垦前沿上溯进入狼山沙东水道及新开沙夹槽，一部分随南支落潮流经北水道下泄，因此北水道含沙量一般大于南水道。

北支落潮分流比一般在 3%～5%，但涨潮分流比在 10%左右，北支落潮分沙

比一般在5%～10%，但涨潮分沙比可达20%～30%。

北支泥沙倒灌洪枯季都存在，其中洪季倒灌沙量有时较大，如2004年9月，北支一个大潮全潮涨潮沙量达66万t，而落潮仅28万t，倒灌达38万t；北支涨潮分流比仅占10%左右，而分沙比达49.8%。

白茆沙南北水道涨落潮分沙比受北支沙量倒灌影响变化较大。北水道落潮分流比为35.77%，而分沙比达44.5%；北水道涨潮分流比为27.32%，而分沙比达36.4%。即北水道涨落潮分沙比明显大于分流比，而洪季中小潮基本无水沙倒灌现象。

枯季北支大、中潮都可能出现水沙倒灌现象。2005年1月大潮北支一个全潮涨潮沙量为9.08万t，而落潮仅为1.55万t。徐六泾断面涨潮来沙18.8万t，落潮为20.5万t，涨落潮接近。中潮北支一个全潮涨潮沙量为4.5万t，落潮0.7万t，虽出现沙量倒灌南支，但总量明显小于大潮。

2011年10月，北支大潮又出现水沙倒灌现象，一个全潮涨潮沙量达18.5万t，而落潮仅为4.9万t，北支落潮分沙比仅为10.8%，而涨潮分沙比达50.3%。而中小潮沙量明显减小，且无北支泥沙倒灌南支现象。

风暴潮、台风对北支水沙倒灌影响较大，“97”风暴潮北支口涨潮含沙量达10 kg/m^{3}以上，在海太汽渡附近达5 kg/m^{3}以上，在新开沙夹槽出口处达3 km/ m^3。

据多年实测资料分析，北支涨潮含沙量大于落潮含沙量，在中枯季大潮情况下一般出现涨潮输沙量大于落潮输沙量。北支涨潮泥沙向上主要影响到新通海沙前沿及新开沙夹槽即狼山沙东水道，向下主要影响到白茆沙北水道，即白茆沙北水道涨落潮含沙量大于南水道，新通海沙前沿及新开沙附近涨潮含沙量一般大于落潮含沙量。

随着上游来沙量的减小，及北支围垦、河道缩窄、北支水沙倒灌的强度将有所减弱，如2007年、2010年洪季大潮北支未出现泥沙倒灌现象，北支对南支河床演变的影响将有所减弱。在中枯季大潮情况下一般出现涨潮输沙量大于落潮输沙量。2019年6月实测资料分析，表明北支下段吴沧港北支涨潮含沙量最大约20 km/m^3，三和港附近最大含沙量约5.0 km/m^3，灵甸港附近最大含沙量约2.5 km/m^3，如表3.3-3和表3.3-4所示。

表3.3-3　北支取沙点单宽潮平均含沙量(2019年6月)　　单位:kg/m^3

断面	测点	涨潮	落潮
灵甸港	A	0.928	0.714
	B	0.73	0.878

续表

断面	测点	涨潮	落潮
三和港	A	1.37	0.966
	B	1.20	1.05
	C	1.24	1.07
吴沧港	A	2.34	2.03
	B	1.52	1.60
	C	3.06	2.31
	D	2.72	2.15

表 3.3-4　测点最大含沙量(2019 年 6 月)　　单位:kg/m³

断面	测点	涨潮	落潮
灵甸港	A	1.66	2.01
	B	2.55	2.65
三和港	A	4.66	5.07
	B	4.92	6.41
	C	4.11	3.87
吴沧港	A	16.6	9.13
	B	7.75	9.93
	C	21.3	20.6
	D	26.5	12.7

3.4　泥沙输移特性

3.4.1　造床泥沙分界粒径

河道中悬沙细颗粒泥沙大都随水流而下,不与河床底沙发生交换,不参与造床作用,其不参与造床作用的泥沙为冲泻质,而沿程悬沙和底沙不断发生交换,参与造床部分的悬沙为床沙质。悬沙中冲泻质与床沙质的分界粒径同一河段沿程不同,各汊道存在差异,洪枯季存在不同。

(1) 常见的几种分界粒径计算方法

① 固定百分比法:以床沙级配中最细的 5%的粒径 D5(也有依经验取 10%)作为划分床沙质和冲泻质的临界粒径。

② 拐点法:如果在床沙级配曲线右端 10%的范围内,出现了比较明显的拐点,

就以拐点处的粒径作为临界粒径。无明显拐点可采用固定百分比法，即取曲线上纵坐标 5%（或 10%）相应的粒径作为临界粒径 d_{c0}，见图 3.4-1，此方法不是很严格。

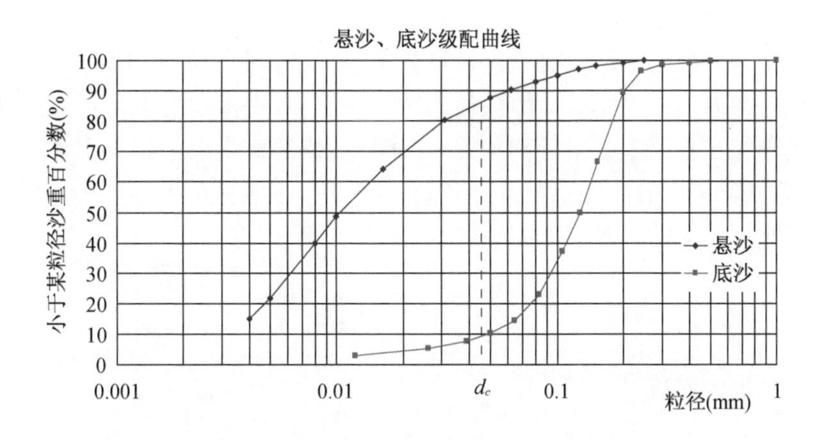

图 3.4-1　悬沙中冲泻质与床沙质分界粒径

③ 公切线法：把床沙和悬移质级配曲线上下叠绘在一起，通过这两条曲线的相邻部分大体上画一条公切线，这条线与横坐标的交点处的粒径即可作为临界粒径。

④ 最大曲率点法（拐点法）：所谓的拐点，实际上是指床沙级配曲线下端的最大曲率点。先找出表征床沙级配曲线的函数关系式，再用数学方法计算最大曲率最大点。

⑤ 按泥沙起动、止动水流条件的划分：当床沙不能起动且运动中的泥沙又不能止动时，对应的那一部分粒径的泥沙即为冲泻质，否则为床沙质。用起动摩阻流速和止动摩阻流速表示对应的水流条件，再根据泥沙起动摩阻流速公式和止动摩阻流速公式就可反算分界粒径。

⑥ 基于"自动悬浮"理论的方法：基于能量的角度考虑，当水流中存在悬移质的时候，一方面增加了水流的势能，另一方面把泥沙从河底带起，使之悬浮在一定高度，又需要从紊动中提供一定的动能。这种理论模式过于简单，在实践中与部分实验结果有出入。

⑦ 基于分形理论的划分：运用分形理论，对沉积物粒度分布的分形特征进行分析，用粒度分布无标度区分区临界粒径作为分界粒径。

⑧ 基于水流结构分析的划分：局部各向同行涡体决定分界粒径的大小，沉速小于或等于各向同性涡体运转速度的泥沙属于冲泻质，否则为床沙质。

在生产实践中还是以拐点法与固定百分比法相结合的居多，因为该方法简单、合理。但是缺点也很明显,就是主观因素的影响过大,而且受床沙取样点的影响十分大,有时候并非能取到可以反映河段床沙特性的样本。其他有些方法计算结果与实际情况有出入,有些过于复杂,不宜在工程实践中运用,还有的基础还不完善。

(2) 分界粒径计算

悬沙中冲泻质与河床质的分界粒径基于水流结构分析的方法计算,该方法认为充分跟随各向同性涡团运动的颗粒为冲泻质颗粒,理由是能够为各向同性涡团所挟带的颗粒在垂线上分布特别均匀,与床沙交换的概率很小。本次采用运动学条件作为两者分界条件,得到:

对于水深不大的一般河流:

$$d_c = 1.276\frac{v^{\frac{5}{8}}}{\sqrt{g}}\left(\frac{u_*^3}{kh}\right)^{\frac{1}{8}}$$

水深较大的河流:

$$d_c = 3.3\frac{v^{\frac{5}{8}}}{\sqrt{g}}\left(\frac{u_*^3}{kh}\right)^{\frac{1}{8}}$$

其中:$u_* = \frac{n\sqrt{g}V}{h^{\frac{1}{6}}}$;$h$ 为断面平均水深;k 为卡门常数,取 0.4;v 为运动黏度,取水温为 15 ℃时的运动黏度。此处对于水深条件的判断是指水流是否趋于各向同性状态(表现为流速梯度很小),根据断面流速沿垂线的分布情况,计算河段都可作为深水来处理。各位置 2017 年洪、枯季分界粒径计算如表 3.4-1、表 3.4-2 所示。

表 3.4-1　分界粒径计算(2017 年 7 月洪季)

位置	水深(m)	流速(m/s)	u_*(m/s)	d_c(mm)	悬沙中床沙所含百分数
划子口	45	2.43	0.093	0.054	25%
划子口	18.7	1.45	0.064	0.052	25%
龙潭河口	43.6	2.36	0.091	0.053	26%
龙潭河口	25.9	1.6	0.067	0.051	25%
三江口	44.7	2.42	0.097	0.054	25%
三江口	16.5	2.03	0.096	0.061	23%
大年河口	31.4	2.28	0.088	0.055	26%
大年河口	15.8	1.49	0.065	0.053	27%

表 3.4-2 分界粒径计算(2017 年 1 月枯季)

位置	水深(m)	流速(m/s)	u_*(m/s)	d_c(mm)	悬沙中床沙所含百分数
上元门	29.3	0.69	0.025	0.034	15%
上元门	18.6	0.63	0.024	0.036	12%
八卦洲左汊进口	7.1	0.37	0.013	0.032	12%
八卦洲左汊进口	22.3	0.45	0.013	0.028	15%
八卦洲右汊进口	18.7	0.55	0.02	0.034	13%
八卦洲右汊进口	32.1	0.45	0.015	0.028	17%
八卦洲左汊出口	8.4	0.43	0.014	0.033	7%
八卦洲左汊出口	12.7	0.45	0.014	0.031	7%
八卦洲右汊出口	27	0.63	0.022	0.033	8%
八卦洲右汊出口	20	0.74	0.027	0.037	7%
划子口	42.8	0.75	0.026	0.034	8%
划子口	17.7	0.7	0.029	0.039	7%
龙潭河口	20.4	0.64	0.024	0.036	8%
龙潭河口	39.2	0.9	0.031	0.036	8%

如图 3.4-2 至图 3.4-5 所示,2017 年 11 月资料悬沙中床沙质分界粒径在 0.09 mm左右,2017 年 7 月资料悬沙中床沙质分界粒径在 0.062 mm 左右,2014 年 3 月资料悬沙中床沙质分界粒径在 0.062 mm 左右,2017 年 1 月资料悬沙中床沙质分界粒径在 0.07 mm 左右。在主槽中,依据实测资料分析悬沙中床沙质分界粒径,洪枯季一般在 0.06~0.09 mm,而依据公式计算枯季分界粒径明显较小,在 0.03 mm 左右,而洪季在 0.05 mm 左右。

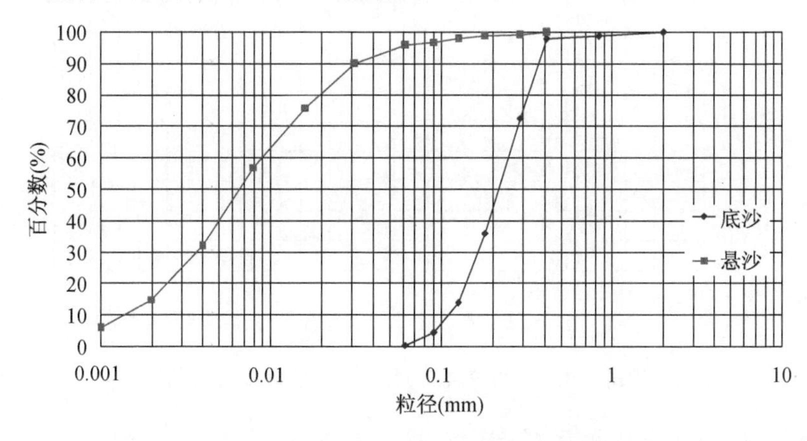

图 3.4-2 2017 年 11 月悬沙、底沙级配曲线

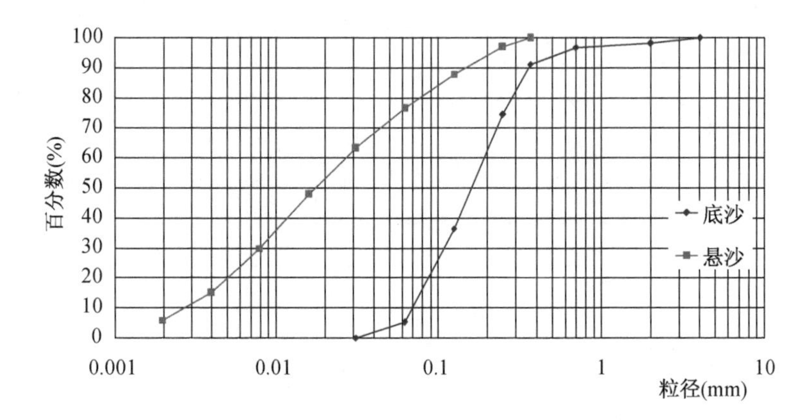

图 3.4-3　2017 年 7 月悬沙、底沙级配曲线

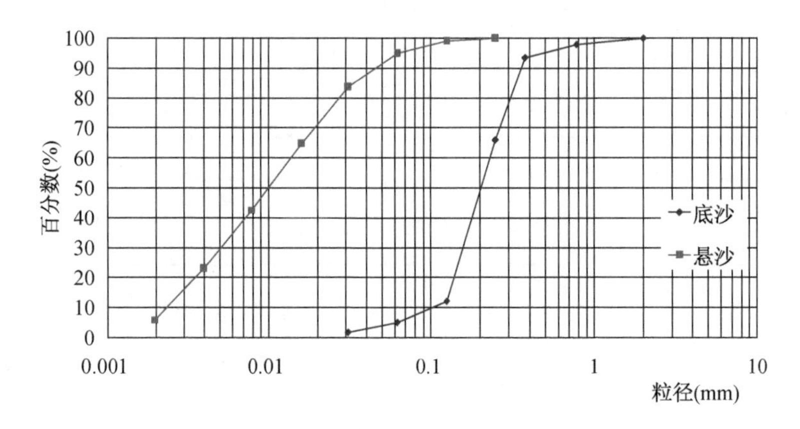

图 3.4-4　2014 年 3 月悬沙、底沙级配曲线

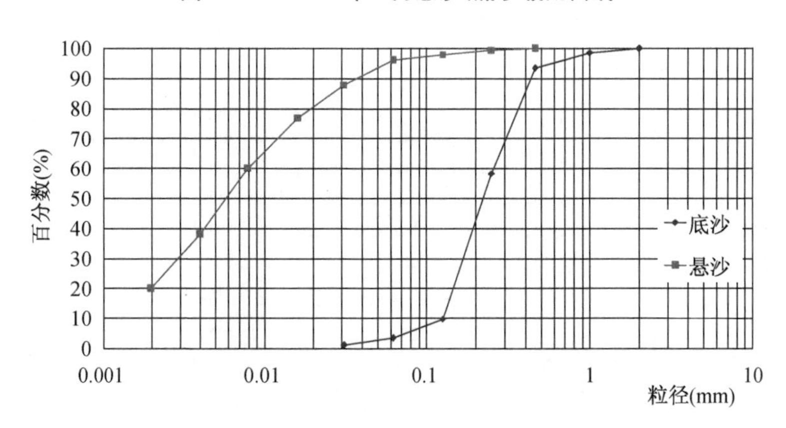

图 3.4-5　2017 年 1 月悬沙、底沙级配曲线

据以上计算悬沙中冲泻质与床沙质的分界粒径一般在 0.02～0.04 mm。

3.4.2 泥沙悬浮特性

枯季南京河段单一河段或主汊的流速一般在 0.5～0.8 m/s，一般深槽底沙粒径小于 0.06 mm 的基本没有，中值粒径在 0.2 mm 左右，即枯季深槽悬沙和底沙很少有水沙交换。边滩局部泥沙较细，中值粒径在 0.1 mm 以下，粒径小于 0.06 mm 的占 30%左右。

大洪水条件下，南京河段单一河段或主汊的流速可达 1.5～2.5 m/s。底沙粒径洪枯季总体变化不大，但局部测点洪枯季变化较大，而大洪水条件下悬沙中值粒径明显大于枯季，枯季中值粒径 0.006～0.008 mm。粒径大于 0.06 mm 泥沙极少，而洪季悬沙中值粒径 0.01～0.02 mm，大于 0.06 mm 泥沙在 10%～25%左右，同时底沙中值粒径小于 0.06 mm 的泥沙很少，其床沙质分界粒径应在 0.06～0.08 mm。

枯季八卦洲左汊流速一般在 0.3～0.5 m/s，当水深 8～10 m 左右时细颗粒泥沙在水流作用下仍处于悬浮状态，主要表现在粒径在 0.002～0.015 mm，而粒径大于 0.06 mm 泥沙基本位于河床底部附近，枯季悬沙中 75%的泥沙粒径小于 0.015 mm，而八卦洲左汊底沙粒径较细中值粒径在 0.03 mm 左右，粒径小于 0.015 mm 的底沙所占比重在 40%左右，所以八卦洲左汊枯季河床仍有冲淤变化。

梅子洲右汊为支汊，枯季流速一般在 0.3～0.5 m/s，但梅子洲右汊床沙泥沙粒径大于八卦洲左汊，中值粒径在 0.2 mm，底沙中基本没有粒径小于 0.06 mm 的泥沙，而悬沙中粒径小于 0.06 mm 的泥沙达到 95%，可见悬沙中参与造床泥沙很少，而枯季由于流速小，底部泥沙很少在水流作用下处于悬浮状态。主槽及流速较大区域底沙中值粒径一般在 0.1～0.15 mm，边滩、洲滩等存在粉质黏土 d_{50} 在 0.01～0.02 mm。

含沙量垂线分布 $\dfrac{\overline{S}}{\overline{S_a}} = \left(\dfrac{\frac{h}{y}-1}{\frac{h}{a}-1}\right)^{\frac{\omega}{nu_*}}$，$\overline{S_a}$ 代表 $y=a$ 处时的含沙量，取 $a=0.05\ h$。

悬浮指标 $Z=\dfrac{\omega}{nu_*}$，Z 越小垂线含沙量分布越不均匀，Z 越大，底层含沙量越大，垂线分布越不均匀。当 $Z>5$ 时，进入悬浮状态泥沙很少。

$$u_* = \sqrt{ghJ}\ ,U = C\sqrt{hJ}\ ,C = \frac{h^{\frac{1}{6}}}{n}\ ,u_* = \frac{n\sqrt{g}U}{h^{\frac{1}{6}}}$$

各水深及流速条件下的泥沙悬浮指标如图 3.4-6—图 3.4—15 所示。

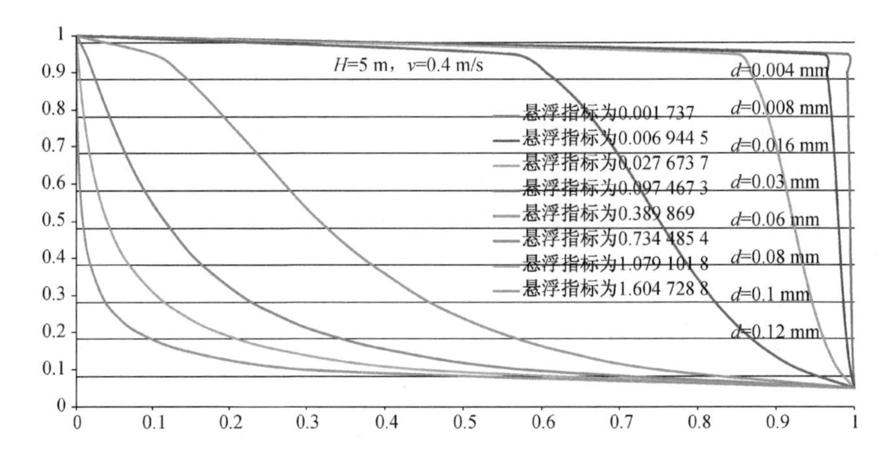

图 3.4-6　泥沙悬浮指标(水深为 5 m,流速为 0.4 m/s)

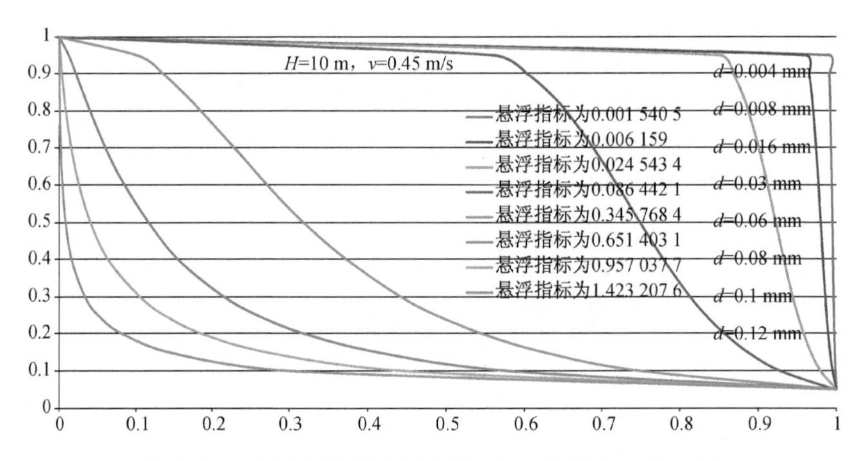

图 3.4-7　泥沙悬浮指标(水深为 10 m,流速为 0.45 m/s)

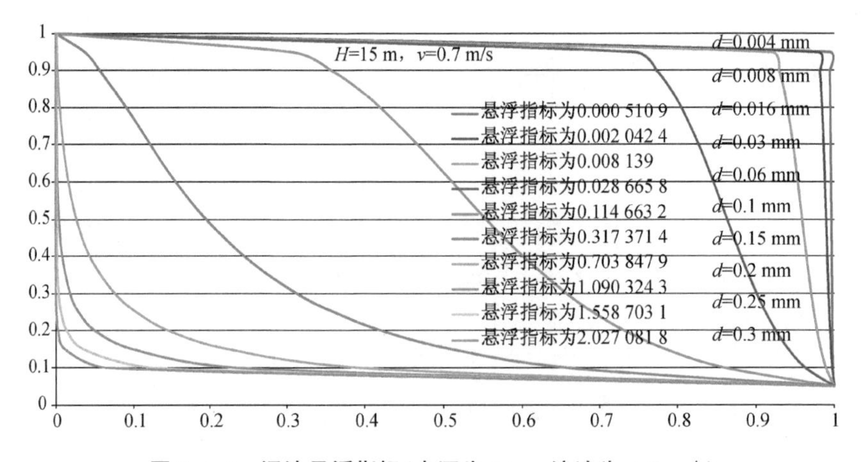

图 3.4-8　泥沙悬浮指标(水深为 15 m,流速为 0.7 m/s)

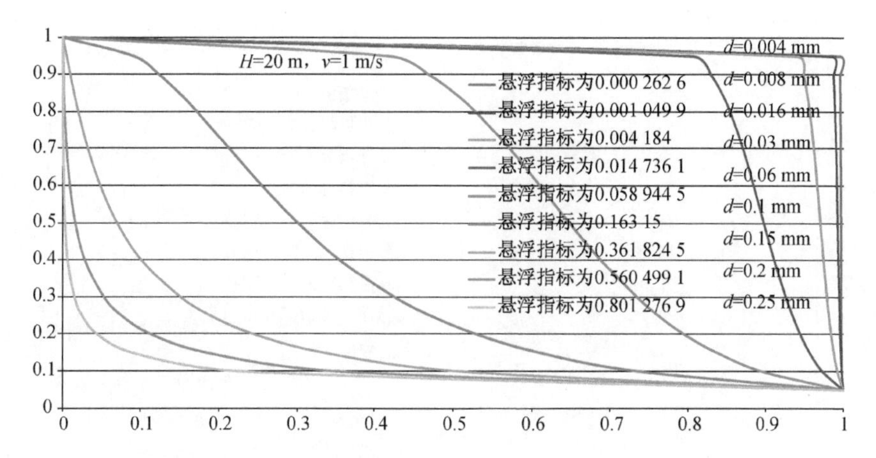

图 3.4-9　泥沙悬浮指标(水深为 20 m,流速为 1 m/s)

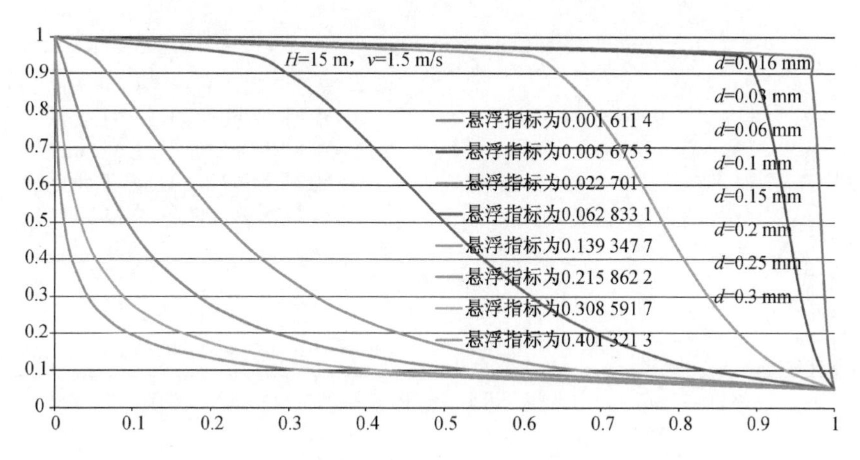

图 3.4-10　泥沙悬浮指标(水深为 15 m,流速为 1.5 m/s)

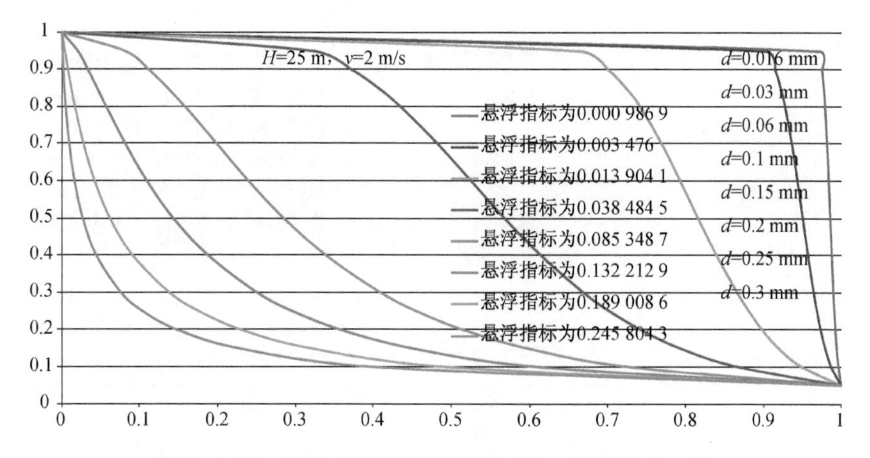

图 3.4-11　泥沙悬浮指标(水深为 25 m,流速为 2 m/s)

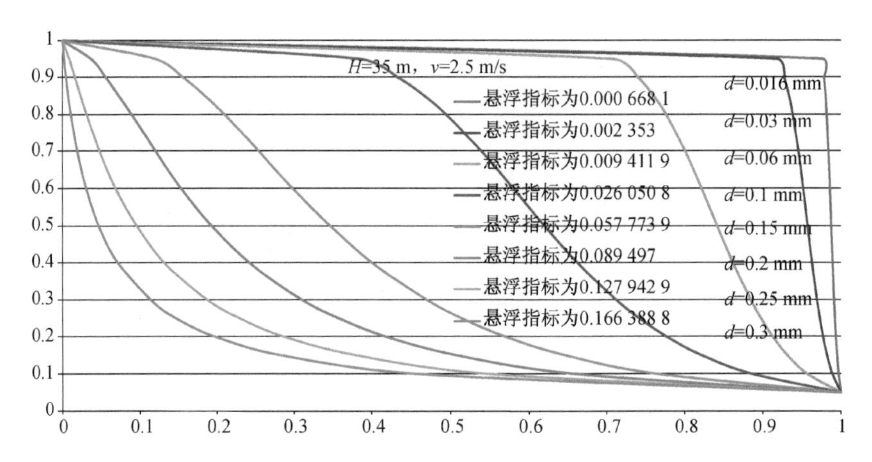

图 3.4-12　泥沙悬浮指标(水深为 35 m,流速为 2.5 m/s)

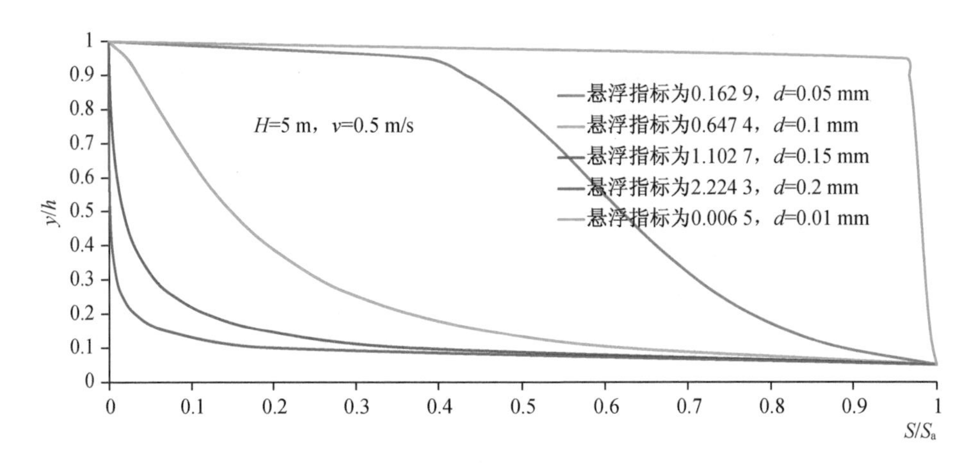

图 3.4-13　泥沙悬浮指标(水深为 5 m,流速为 0.5 m/s)

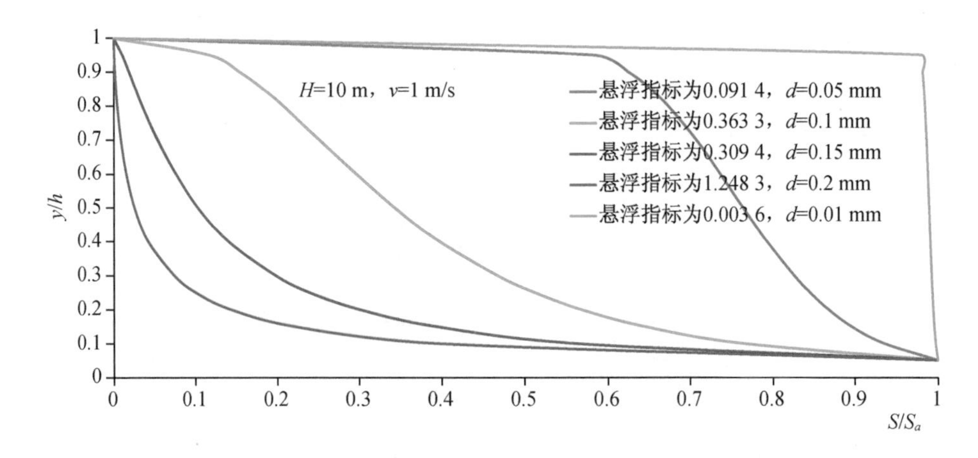

图 3.4-14　泥沙悬浮指标(水深为 10 m,流速为 1 m/s)

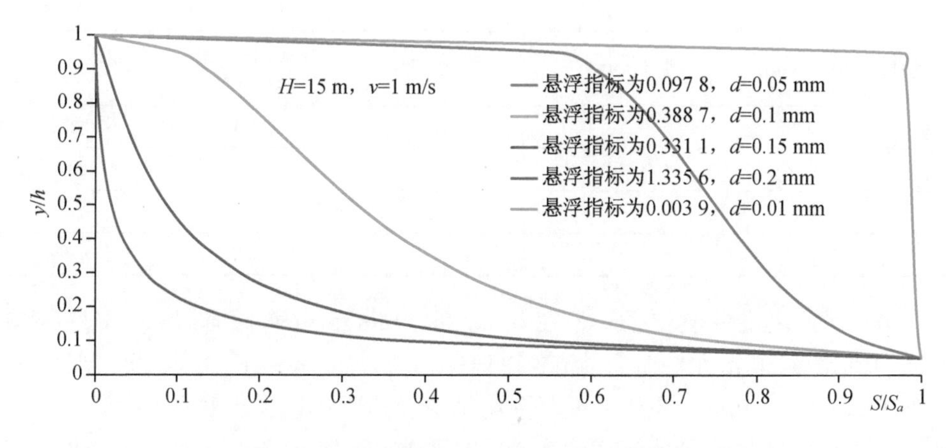

图 3.4-15　泥沙悬浮指标(水深为 15 m,流速为 1 m/s)

靖江段沿岸泥沙中值粒径在 0.15 mm 左右，泥沙的起动流速在 0.5 m/s 左右，当流速为 0.5～1.0 m/s 时，泥沙基本位于河床底部推移，当流速在 1～2 m/s 时，底沙在河床底部基本以悬浮状态输移，当流速大于 2 m/s 时，泥沙基本以悬浮状态运动。涨潮流与悬浮有关，涨潮流更有利于泥沙的悬浮，从含沙量与涨落潮过程关系看，涨潮期间可能出现较高的含沙量，泥沙悬浮后再输移。

3.4.3　泥沙起动流速

泥沙起动流速的计算方法主要有：

(1) 张瑞瑾：$Uc=\left(\frac{h}{d}\right)^{0.14}\left(17.6\frac{\gamma_s-\gamma}{\gamma}d0.000\,000\,605\frac{10+h}{d^{0.72}}\right)^{\frac{1}{2}}$。

(2) 窦国仁：$Uc=0.32\left(\ln\frac{h}{k_s}\right)\left(\frac{\gamma_s-\gamma}{\gamma}gd+0.19\frac{gh8+\varepsilon_k}{d}\right)^{\frac{1}{2}}$。

(3) 沙玉清：$Uc=\left[0.43d^{\frac{3}{4}}+1.1\frac{(0.7-\varepsilon)^4}{d}\right]^{\frac{1}{2}}h^{\frac{1}{5}}$。

表 3.4-3　不同水深及中值粒径条件下底沙起动流速变化

序号	粒径(mm)	水深(m)	张瑞瑾公式 U_c(m/s)	窦国仁公式 U_c(m/s)	沙玉清公式 U_c(m/s)
1	0.1	5	0.45	0.46	0.56
2	0.15	5	0.42	0.39	0.56
3	0.2	5	0.41	0.35	0.57
4	0.1	10	0.55	0.61	0.64
5	0.15	10	0.5	0.51	0.64

续表

序号	粒径(mm)	水深(m)	张瑞瑾公式 U_c(m/s)	窦国仁公式 U_c(m/s)	沙玉清公式 U_c(m/s)
6	0.2	10	0.48	0.45	0.66
7	0.1	15	0.64	0.72	0.70
8	0.15	15	0.57	0.60	0.69
9	0.2	15	0.54	0.53	0.72

靖江段河床质中值粒径一般在 0.1～0.2 mm，5 m 水深时起动流速一般在 0.4～0.5 m/s，10 m 水深时启动流速一般在 0.5～0.6 m/s，15 m 水深时起动流速一般在 0.6～0.7 m/s。一般来说落潮洪枯季流速都可以大于底沙起动流速。但洪季涨潮流速较小，一般小于底沙流速。但洪季涨潮流速较小，一般小于底沙起动流速，枯季大中潮主槽内的流速一般小于起动流速，但边滩浅滩上的涨潮流速一般大于底沙起动流速。

3.5 长江江苏段南京以下水沙特性小结

(1) 长江南京以下为感潮河段，上游径流一年内有洪枯季变化，枯季平均在 16 500 m^3/s 左右，洪季平均流量在 40 000 m^3/s 左右，年平均流量在 28 300 m^3/s 左右。下游潮汐每日两涨两落，一个月内有大中小潮变化，受河床边界条件阻滞及径流作用，沿程潮差有所不同，越往下游潮差越大。涨潮时间小于落潮时间，涨潮约 3～4 h，落潮约 8～9 h，涨潮时间自上游至河口逐渐增加。

(2) 南京河段洪季无涨潮流，枯季主槽与主汊也无涨潮流，枯季大潮局部支汊及边滩有较小涨潮流，河床演变受径流影响；镇扬河段洪季无涨潮流，枯季主槽与主汊内基本无涨潮流，枯季大潮有时有较小涨潮流，河床演变主要受径流影响；福姜沙河段洪季大潮主槽及主汊内基本无涨潮流，支汊及边滩有时有涨潮流，但流速一般较小，在 0.5 m/s 以内，枯季有涨潮流，但主槽内流速一般较小，边滩浅滩涨潮流相对较大，河床演变主要受落潮流影响。

通州沙河段洪枯季都有涨潮流，主槽或主汊内落潮流一般大于涨潮流，支汊及洲滩有时涨潮流大于落潮流，某些支汊及洲滩受涨潮的影响较大，河床演变受径潮流共同作用。

长江南支河段为常年潮流段，涨落潮流都较大，涨落潮流量一般大于上游径流量，河床演变受涨落潮流共同作用，河床演变受潮汐影响较大。

北支河段主要受潮汐作用，涨潮流一般大于落潮流，涨潮分流大于落潮分流，常出现水沙倒灌南支。

（3）水位变化受径潮流共同影响，上游径流影响的程度大，下游潮汐影响程度大。南京河段水位变化主要受径流影响，洪枯季最大月平均水位差 5 m 左右，潮差平均一般在 0.6 m 左右，最大潮差约 1.5 m。镇扬河段洪枯季月平均最大水位差一般达 4 m，平均潮差在 1 m 左右，扬中河段洪枯季月平均最大水位差一般在 3 m 左右，年平均潮差一般在 1.5 m 左右，澄通河段洪枯季月最大变幅一般在 1 m 以内，而平均潮差在 2 m 左右，最大潮差约 4 m。南支河段洪枯季月最大变幅一般在 0.5 m 左右，而平均潮差达 2 m 以上，最大潮差达 4 m 以上，常年潮流段水位变化主要表现在潮汐周期性变化。

（4）沿程含沙量变化基本与上游大通站变化一致，多年来总体呈减小趋势，枯季小于洪季，但江阴段以下含沙量与大中小潮有关，大潮含沙量大于小潮含沙量。通州沙河段以下含沙量变化受下游涨潮来沙影响，北支倒灌影响到南支及通州沙东水道含沙量。受涨潮来沙影响，汊道及滩槽含沙量不一致。

（5）悬沙粒径：中值粒径范围一般在 0.005～0.015 mm，在径流河段及季节性潮流段，洪季悬沙粒径一般大于枯季，沿程变化一般较小，平面分布一般变化不大，在常年潮流段受涨潮流影响，有时枯季大于洪季，下游大于上游。悬沙参与造床的泥沙分界粒径一般在 0.03～0.06 之间，洪季一般大于枯季，上游一般大于下游，悬沙中造床泥沙含量一般在 5%～15%之间，受涨潮流影响，下游含量一般大于上游。有时大中小潮及涨急落急，涨憩落憩过程中悬沙粒径也有所变化，一般大潮大于小潮。

（6）底沙粒径：底沙粒径多年来总体变化不大，河道主深槽中值粒径一般在 0.1～0.25 mm，浅滩边滩一般在 0.01～0.1 mm，由于河道自上而下逐渐放宽，下游洲滩较多，河道总的来说上游底沙粒径大于下游，径流河段略大于季节性潮流段，季节性潮流段大于常年潮流段。洪枯季底沙粒径总体变化不大，一般支汊小于主汊，如果是发展中的支汊，有可能大于主汊，如果是衰退中的支汊一般小于主汊。一般主槽中的泥沙较均匀，其不均匀系数一般在 2 左右，边滩洲滩泥沙粒径分布较宽，不均匀系数一般在 5 以上。

（7）河床演变的动力条件：径流河段河床演变主要受洪水影响，洪季河床冲淤变化大，其造床流量相当于平滩流量，江阴段以上造床流量变化不大，江阴段以上河床演变主要受径流影响，江阴段以下造床流量沿程变化较大，江阴段在 50 000 m^3/s左右，徐六泾段则在 72 000 m^3/s 左右，浏河口段在 98 000 m^3/s 左右，江阴段造床流量洪季落急时段平均流量，徐六泾段造床流量相当于大潮落急时段平均流量，浏河口段造床流量相当于大潮落急时段平均流量。

4 长江江苏段河床演变规律

4.1 河道形态及类型划分

长江江苏段(南京至徐六泾段)为宽窄相间、江心洲发育、汊道众多的藕节状多分汊河段。南京河段主要受径流作用;镇江—徐六泾河段受径潮流共同作用,以径流作用为主。潮流影响的范围及强弱主要受上游来流大小和下游潮汐强弱的影响。长江河口段(徐六泾以下):徐六泾以下的河口段长 181.8 km,进口徐六泾河宽仅 4.7 km,出口口门宽约 90 km。长江河口为陆海双相河口,在径流和潮流双重作用下,形成了目前三级分汊,四口入海的形势。

4.1.1 徐六泾以上分汊河道

长江南京以下至徐六泾段以分汊河型为主,多年来演变特征为河洲合并、多分汊向少分汊方向发展,在自然演变及人为干预下河道缩窄。分成分汊的河道一般都有较长的历史,有的长达几百年,汊道变化总体变缓,由于河道护岸工程加强,河道平面形态变化受到限制,但分汊河道各汊道并非一成不变,只是各汊道变化程度不一致,有的不明显,有的明显。影响汊道的稳定有许多因素,因为汊道的动力条件不一致,有的汊道动力较强,有的较弱。

表 4.1-1 为长江江苏段不同类型河流、汊道的几何形态参数。比较弯曲系数 K_a 和河型分区判数的汊道类型分析结果,划分是一致的。

表 4.1-1 长江江苏段河道、汊道的几何形态

汊道	洲滩名称	汊道长度 L(km)		弯曲系数 K_a		按弯曲系数 K_a 分	河道宽长比 (B/L)	河型分区判数	按河型分区判数分
		左汊	右汊	左汊	右汊				
新济洲汊道段	新生洲、新济洲	14.5	14.7	1.02	1.04	顺直分汊型	0.34	0.03	顺直分汊型
	新潜洲	10.5	10.0	1.08	1.02	顺直分汊型	0.32	0.07	顺直分汊型
梅子洲汊道段	梅子洲	12.5	13.5	1.02	1.10	顺直分汊型	0.48	0.08	顺直分汊型
	潜洲	6.4	6.3	1.06	1.04	顺直分汊型	0.42	0.16	顺直分汊型
八卦洲汊道段	八卦洲	23.5	11.3	2.09	1.01	鹅头分汊型	0.87	0.78	鹅头分汊型

续表

汊道	洲滩名称	汊道长度 L(km)		弯曲系数 K_a		按弯曲系数 K_a 分	河道宽长比 (B/L)	河型分区判数	按河型分区判数分
		左汊	右汊	左汊	右汊				
世业洲汊道段	世业洲	14.0	16.8	1.04	1.25	弯曲分汊型	0.47	0.45	弯曲分汊型
和畅洲汊道段	和畅洲	10.6	9.5	1.50	1.36	鹅头分汊型	1.17	0.78	鹅头分汊型
扬中河段	太平洲	48.7	43.9	1.53	1.37	鹅头分汊型	0.39	0.88	鹅头分汊型
	录安洲	5.9	6.5	1.03	1.12	顺直分汊型	0.78	0.14	顺直分汊型
福姜沙河段	福姜沙	11.7	16.1	1.03	1.41	弯曲分汊型	0.74	0.22	弯曲分汊型
	民主沙（含双涧沙）	22.2	17.9	1.28	1.03	弯曲分汊型	0.39	0.30	弯曲分汊型
	长青沙（含横港沙等）	26.0	25.7	1.10	1.09	顺直分汊型	0.41	0.17	顺直分汊型
通州沙河段	通州沙、狼山沙	34.0	31.7	1.14	1.06	顺直分汊型	0.33	0.01	顺直分汊型
南支	白茆沙河段	17.5	16.8	1.09	1.05	顺直分汊型	0.56	0.12	顺直分汊型

说明：① 顺直分汊型：K_a 在 1.0～1.2 间，分区判数小于等于 0.21
② 微弯分汊型：至少一汊 K_a 在 1.2～1.5 间，分区判数在 0.21～0.54 间
③ 鹅头分汊型：至少一汊 K_a 大于 1.5，分区判数大于 0.54

由表可见，顺直分汊型河道有：新济洲汊道段的新生洲、新济洲汊道和新潜洲汊道，梅子洲汊道段的梅子洲汊道和潜洲汊道，扬中河段的录安洲汊道，福姜沙河段的长青沙左右汊，通州沙河段通州沙和狼山沙左右汊以及白茆沙河段。弯曲分汊型有：世业洲汊道段、福姜沙左右汊、民主沙（含双涧沙）汊道。鹅头分汊型有：南京河段的八卦洲汊道段，和畅洲汊道段，扬中河段的太平洲左右汊。

江阴段以下水位主要受潮汐影响，形成分汊的沙洲，高潮位淹没于水下，低潮位部分露出水面，如通州沙、白茆沙、狼山沙、新开沙、铁黄沙等。河道展宽与动力条件有关，动力越强，塑造的河道越宽，由于涨落潮同时造床作用，且涨落潮动力轴线一般不一致，造成河床形态复杂，水沙运动复杂。某些汊道以落潮动力为主，某些汊道以涨潮动力为主。

4.1.2 徐六泾以下长江河口段

根据前文所述的河口分类法对长江口进行分类。

平面形态分类法：长江口属于三角洲河口。这一分类法，仅考虑河口的平面形态，而没有将之与水动力、泥沙等条件结合起来，从发生学进行分类。但此分类法基本概括了河口平面形态的两个基本类型。

潮差分类法：按平均潮差（ΔH）的大小，将河口分为三类：弱潮河口，$\Delta H<2$ m；中潮河口，2 m$<\Delta H<$4 m；强潮河口 $\Delta H>$4 m。长江口属于中潮河口。

水动力和地质地貌条件分类法：按此方法分类，长江口属于陆海双相缓混合型河口。

4.2 河道边界条件

长江中下游的主要地质构造单元为扬子准地台，江苏段扬子准地台位于淮扬地盾与江南古陆之间的狭长地带，构造运动方向受制于两侧的地盾与古陆，发生强烈的断裂和褶皱运动，形成二级或三级的单元，成为隆起区或凹陷区，在长江下游形成由一系列断裂组成的破碎带。长江中下游构造方向在九江以西以近东西向为主，九江至南京为北东向，过南京后转为近东西向，长江河谷基本沿各构造单元的分界线及主要构造线方向发育，长江河道的发展演变受各地段条件的制约。

长江中下游位于长江流域自西向东地势第三级阶梯，地貌形态为堆积平原、低山丘陵、河流阶地和河床洲滩。城陵矶至长江南京段右岸多狭窄的冲洪积平原，镇江以下为河口三角洲平原。湖口以下沿江南岸山丘断续分布。河道两岸有反映其演变过程的多级阶地，其级数越向下游越少，城陵矶以下沿江丘陵有三级阶地发育。长江中下游洲滩较多，两岸滩地一般在长江高水位以下，易发生冲淤变化，江心洲多发育于上下节点间的河道宽阔段。

长江南京段位于扬子准地台南京凹陷中部。下三山—梅子洲位于次级构造单元马鞍山隆起。梅子洲—三江口位于宁镇弧形褶皱带的北部与六合隆起相邻。印支运动产生的一系列断裂，组成了长江下游挤压破碎带。南京地区除了上述纵向大断裂外，还有横向断裂与长江下游破碎带交汇，横向断裂在下三山、下关、八卦洲右汊及栖霞山等地均有发现。地质资料分析说明，长江南京段的走向与长江下游挤压破碎带一致；大地构造线在南京以西呈 NE 向，南京以东转 EW 向，因此，长江南京段位于一级河曲上，弯顶在八卦洲，长江水流在此改变走向，是水流受大地构造控制的反映；八卦洲、兴隆洲位于纵横断裂交汇处。

镇扬河段所在的位置，在地质构造上属扬子准地台，河道走向呈西东向，与其构造线方向基本一致。河道右岸靠宁镇山脉北麓，阶地较多，沿岸有金山、焦山、象山、五峰山等山矶，其中以中部焦山与尾部五峰山的节点控制作用最强，江岸滩地狭窄，除龙门口一带为冲积层外，其余为下蜀黄土阶地，岸线较稳定。左岸上端靠近蜀港山脉，由斗山节点控制，中、下段为广阔的河漫滩。抗冲性弱。自上而下，世业洲汊道段土质较好，瓜洲至六圩弯道次之，和畅洲汊道的江心洲及左岸的土质最差，易受水流冲刷。

扬中河段位于扬子准地台范围，大地构造属于长江下游挤压破碎带。河道走向与构造线方向吻合。新构造运动以来，长江下游左岸相对下沉，右岸相对上升，因此分汊段一般向左岸发展。两岸河床边界结构对水流抗冲能力相差悬殊，下段右岸江阴一带大都为黏土和砂质黏土，土质坚硬，水流难以冲蚀。左岸和太平洲体及右岸河

床边界为全新世晚期以来，在三角洲发育过程中，随河床摆动、沙洲并岸而成的泥沙沉积物。河床边界为现代长江冲积形成的岸滩，河床土质主要是由灰色粉砂、极细砂和粗砂组成。由于沉积年代新，含水量高，凝聚力低，结构松散，抗冲性较差。

扬中河道右岸分别有五峰山、黄山、鹅鼻嘴等基岩山体濒临江边，自上而下有低山和孤丘分布。低山和孤丘周围分布着更新世纪地层组成的阶地。江岸至山麓或孤山的河漫滩一般宽 1～4 km，河漫滩组成物表层为厚 5～10 m 的沙质黏土，相当于下蜀土。左岸及太平洲洲体为第四纪全新统沉积物，厚达 40 m。从左岸嘶马、口岸、天星港附近的钻孔资料可见，嘶马、口岸表层 3 m，天星港表层 12 m 为壤土，其余皆为细沙、粉沙、极细泥沙淤积层，土质组成松散，抗冲性较弱，只有在50～60 m 以下含有砾石、卵石的土层。从河床地形资料分析及现场摸探，现引河口及高港灯段附近前沿有礁板沙平台，对水流抗冲性较好。

澄通河段位于长江三角洲新构造沉降区内，河床及岸坡多为第四纪疏松沉积物，上游除黄山、肖山、长山、龙爪岩等处基岩临江外，其他基岩一般在 200～400 m 以下，陆域地貌属长江冲积平原区的新三角洲，地势低平，地形自西向东略有倾斜。进口部位有江阴鹅鼻嘴段天然节点和炮台圩节点锁江卡口，南岸有肖山、长山把长江主流导向福姜沙左汊，控制着福姜沙汊道。右汊的张家港港区到老沙码头段，经 1971—1985 年连续多年实施护岸工程，弯道发展基本得到控制，使福姜沙水道渐趋稳定。历史上如皋沙群水道沙洲多变，主流反复裁弯取直，南北摆动。

通州沙头的青天礁、通州沙东水道左岸的龙爪岩以及任港以下的码头群成为河床的稳定边界，同时也为下游河段起着导流作用，近期实施完成的通州沙西水道河道整治工程，通过边滩圈围，按照二级堤防标准建设完成新临江堤防（围堤），使通州沙西水道右岸的边界得以稳定。徐六泾节点的护岸工程为稳定其节点功能提供了强有力的保证，为下游南支河段河势稳定提供了良好的进口条件。

长江河口段处于苏北凹陷的边缘部分，由淤泥及淤泥质土、砂质粉土和黏质粉土、粉砂及含黏性土粉砂组成的第四纪疏松沉积物，构成了现代长江口河床的直接边界，抗冲性差，河床冲淤多变。

长江河口两岸为冲积平原，地势平坦，无山体和丘陵。近百年来，为防御水害，在两岸陆续修筑海塘保滩护岸工程，以及因发展经济的需要实施的边滩圈围工程、码头工程等，形成了总体较为稳定的岸线，在一定程度上起到稳定河势的作用。

在分汊型河道中，河岸的抗冲性愈差，水流愈易坐弯，分汊系数、汊道的弯曲系数和放宽率也愈大，因此河道河岸边界条件的稳定是总体河势稳定的重要基础。长江河口段主要由淤泥及淤泥质土、砂质粉土和黏质粉土、粉沙及含黏性土粉沙组成的第四纪疏松沉积物构成了河床边界，见图 4.2-1。总的来说，长江河口段南岸边界抗冲稳定性好于北岸边界，见图 4.2-2。

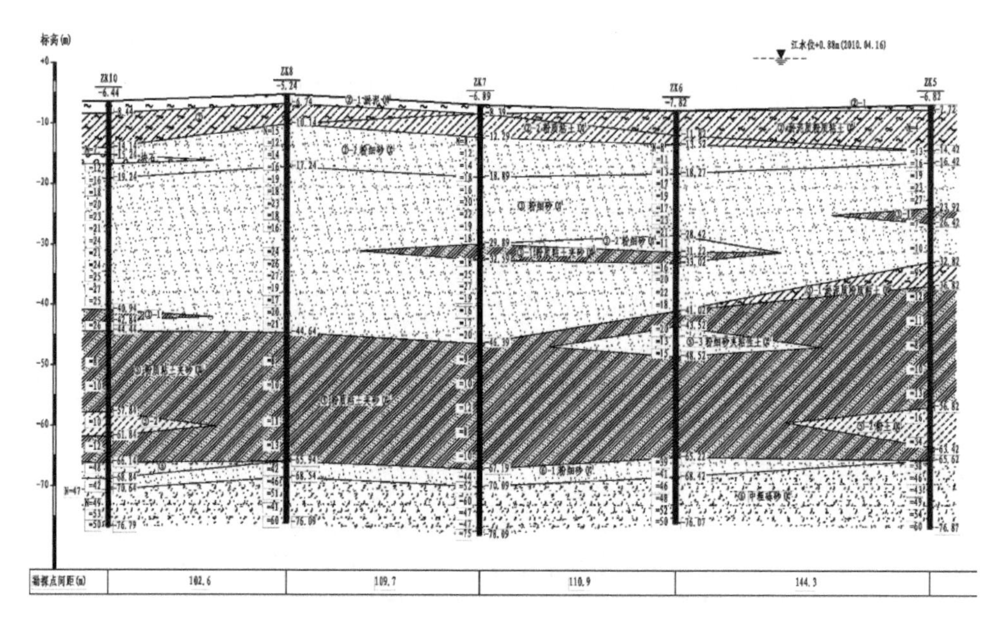

图 4.2-1　河道地质剖面图

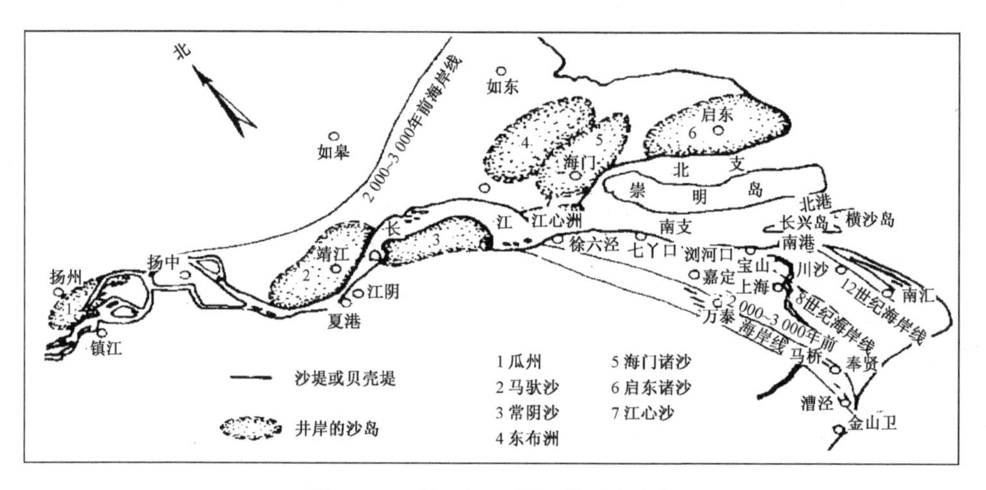

图 4.2-2　长江河口段河道边界演变

4.3　河道冲淤特征分析

4.3.1　南京河段

根据 1999 年和 2014 年地形测图比较，南京河段河道 0 m 线以下河槽冲刷泥沙 1.8 亿 m^3，河床平均刷深 1.0 m，如表 4.3-1 所示。

表 4.3-1　南京河段河床冲淤量统计表

水道		淤积量（万 m^3）	淤积面积（万 m^2）	冲刷量（万 m^3）	冲刷面积（万 m^2）	净冲刷量（万 m^3）	河床平均刷深(m)
新济洲汊道	右汊	904.58	448.87	−112.97	1 439.47	791.61	0.42
	左汊	3 665.87	796.31	−5 892.71	1 047.37	−2 226.84	−1.21
	七坝、潜洲段	3 071.54	853.55	−7 723.6	1 546.34	−4 652.06	−1.94
梅子洲汊道	大胜关段	1 452.52	531	−1 843.64	498.59	−391.12	−0.38
	梅子洲左汊	1 984.98	1 138.15	−3 761.45	1 498.53	−1 776.47	−0.67
	下关段	1 752.97	711.75	−1 472.02	696.73	280.95	0.2
八卦洲汊道	右汊	1 007.11	340.08	−3 926.65	965.02	−2 919.54	−2.24
	左汊	1 647.29	824.98	−3 467.57	983.43	−1 820.28	−1.01
栖龙弯道	西坝段	1 480.18	506.4	−4 029.31	1 160	−2 549.13	−1.53
	栖霞段	1 247.22	386.72	−2 601.03	607.06	−1 353.81	−1.36
	龙潭段	1 508.21	474.16	−2 719.41	640.92	−1 211.2	−1.09
合计		19 722.47	7 011.97	−37 550.36	11 083.46	−17 827.89	−0.99

备注:“−”值表示河道冲刷,“+”值表示河道淤积。

南京河段各水道特征高程间河槽冲刷量及最深深槽统计见表 4.3-2。计算结果表明,冲刷较为明显的区域有:新济洲两汊,七坝段−5 m 以上及−20 m 以下深槽区,梅子洲汊道、八卦洲右汊、栖龙弯道−20 m 以下深槽区。

表 4.3-2　南京河段特征高程河槽冲刷量统计表

水道		0～−5 m（亿 m^3）	−5～−10 m（亿 m^3）	−10～−15 m（亿 m^3）	−15～−20 m（亿 m^3）	−20 m 以下（亿 m^3）	最深槽(m)
新济洲汊道	右汊	0.1	0.09	0.05	0.07	0.06	−35
	左汊	0.06	0.09	0.03	0	0.01	−30
	七坝、潜洲段	0.16	0.08	0.06	0.03	0.1	−35
梅子洲汊道	大胜关段	0	−0.01	−0.01	0	0.14	−45
	梅子洲左汊	0.02	0.03	0.03	0.07	0.12	−40
	下关段	0	0.01	0.03	0	0.01	−40
八卦洲汊道	右汊	0.01	0.03	0.06	0.06	0.17	−45
	左汊	0.04	0.05	0.02	0.01	0	−45
栖龙弯道	西坝段	0.03	0.01	0.02	0.05	0.17	−50
	栖霞段	−0.27	0.4	−0.01	0	0.03	−45
	龙潭段	−0.02	−0.01	0.02	0.03	0.19	−50
合计		0.13	0.77	0.3	0.32	1	

备注:“+”值表示河道冲刷,河床刷深,“−”值表示河道淤积,河床抬高。

4.3.2 镇扬河段

根据1999年和2014年地形测图比较，镇扬河段0 m线以下河槽冲刷泥沙2.2亿m^3，河床平均刷深1.8 m，多处洲滩、岸线出现了一定程度的崩岸现象，见表4.3-3。

表4.3-3 镇扬河段河床冲淤量统计

水道		淤积量（万m^3）	淤积面积（万m^2）	冲刷量（万m^3）	冲刷面积（万m^2）	净冲刷量（万m^3）	河床平均刷深(m)
仪征水道		967.32	451.31	−6 653	1 717.41	−5 685.68	−2.62
世业洲汊道	左汊	112.25	49.51	−6 514.59	1 145.79	−6 402.34	−5.36
	右汊	2 959.13	970.43	−3 320.02	1 101.87	−360.89	−0.17
	汇流段	432.79	98.16	−304.9	84.8	127.89	0.70
六圩弯道		4 302.65	1 241.06	−6 938.15	1 629.59	−2 635.50	−0.92
和畅洲汊道	左汊	2 243.62	458.54	−4 360.9	871.13	−2 117.28	−1.59
	右汊	1 792.94	628.88	−1 721.85	664.16	71.09	0.05
	扇子圩倒套	63.16	13.58	−2 909.06	541.13	−2 845.90	−5.13
大港水道		527.69	184.63	−2 934.28	649.47	−2 406.59	−2.89
合计		13 401.55	4 096.1	−35 656.75	8 405.35	−22 255.20	−1.78

备注："−"值表示河道冲刷，"+"值表示河道淤积。

镇扬河段各水道特征高程间河槽冲刷量及最深深槽统计见表4.3-4。计算结果表明，冲刷较为明显的区域有：仪征水道−10 m以下区域，世业洲左汊−5～−10 m区域，世业洲右汊−10 m以上区域，六圩弯道、和畅洲左汊及大港水道−20 m以下深槽区。

表4.3-4 镇扬河段特征高程河槽冲刷量统计表

水道		0～−5 m（亿m^3）	−5～−10 m（亿m^3）	−10～−15 m（亿m^3）	−15～−20 m（亿m^3）	−20 m以下（亿m^3）	最深槽(m)
仪征水道		0.04	0.04	0.13	0.17	0.24	−55
世业洲汊道	左汊	0.1	0.27	0.24	0.06	0.03	−30
	右汊	0.21	0.17	0.03	−0.06	−0.02	−40
	汇流段	0	0	0	0.01	−0.01	−45
六圩弯道		0.04	0.05	0.03	0.05	0.34	−50
和畅洲汊道	左汊	0.02	0.07	0.04	0.02	0.13	−55
	右汊	0	0.01	0	0.01	0	−50
	扇子圩倒套	0.16	0.06	0.01	0	0	−10
大港水道		0.02	0.02	0.03	0.03	0.16	−55

续表

水道	0～－5 m（亿 m³）	－5～－10 m（亿 m³）	－10～－15 m（亿 m³）	－15～－20 m（亿 m³）	－20 m 以下（亿 m³）	最深槽（m）
合计	0.59	0.69	0.51	0.29	0.87	

备注："＋"值表示河道冲刷，河床刷深，"－"值表示河道淤积，河床抬高。

4.3.3 扬中河段

根据1999年和2014年地形测图比较，扬中河段0 m线以下河槽冲刷泥沙5.23亿 m³，河床平均刷深2.32 m，见表4.3-5。扬中河段各水道特征高程间河槽冲刷量及最深深槽统计见表4.3-6。计算结果表明，冲刷较为明显的区域有：太平洲右汊－15 m以上区域，嘶马弯道－20 m以上区域，顺直过渡段，汇流段－10～－15 m区域，落成洲右汊，录安洲右汊，江阴水道－15 m以下深槽区。

表4.3-5 扬中河段河床冲淤量统计表

水道		淤积量（万 m³）	淤积面积（万 m²）	冲刷量（万 m³）	冲刷面积（万 m²）	净冲刷量（万 m³）	河床平均刷深（m）
太平洲右汊		630.38	363.5	－7 887.97	1 940.5	－7 257.59	－3.15
太平洲左汊	进口段	100.8	46	－929.33	220	－828.53	－3.11
	嘶马弯道	2 896.76	853.25	－10 557.02	2 033.25	－7 660.26	－2.65
	顺直过渡段	4 146.23	2 152	－27 577.56	7 044.75	－23 431.33	－2.55
	汇流段	464.51	380.25	－2 757.27	1 262	－2 292.76	－1.40
	落成洲右汊	25.96	18	－2 135.77	356	－2 109.81	－5.64
	录安洲右汊	62.88	26.25	－1 576.78	237.5	－1 513.90	－5.74
江阴水道		4 620.81	1 893.75	－11 870.88	3 734.75	－7 250.07	－1.29
合计		12 948.33	5 733	－65 292.58	16 828.75	－52 344.25	－2.32

备注："－"值表示河道冲刷，"＋"值表示河道淤积。

表4.3-6 扬中河段特征高程河槽冲刷量统计表

水道		0～－5 m（亿 m³）	－5～－10 m（亿 m³）	－10～－15 m（亿 m³）	－15～－20 m（亿 m³）	－20 m 以下（亿 m³）	最深槽（m）
太平洲右汊		0.12	0.27	0.17	0.07	0.02	－30
太平洲左汊	进口段	0	0	0	0.01	0.06	－45
	嘶马弯道	0.11	0.22	0.24	0.12	0.03	－55
	顺直过渡段	0.16	0.31	0.71	0.52	0.41	－50
	汇流段	0.01	0.07	0.41	－0.32	0.04	－30
	落成洲右汊	0.04	0.09	0.05	0.02		－25
	录安洲右汊	0.01	0.05	0.04	0.03		－20

续表

水道	0～－5 m（亿 m^3）	－5～－10 m（亿 m^3）	－10～－15 m（亿 m^3）	－15～－20 m（亿 m^3）	－20 m以下（亿 m^3）	最深槽(m)
江阴水道	0	－0.08	0.07	0.34	0.28	－65
合计	0.45	0.93	1.69	0.79	0.84	

备注:“＋”值表示河道冲刷,“－”值表示河道淤积。

4.3.4　澄通河段

(1) 福姜沙和如皋沙群汊道

福姜沙河段 1977 年至 2015 年分时段河床冲淤计算见表 4.3-7 至表 4.3-9。1977 至 1993 年河床淤积 2 480 万 m^3,1993 年至 2004 年冲刷了 8 520 万 m^3,三峡枢纽运行后,2004 年至 2015 年冲刷了 15 230 万 m^3,累计河床冲刷了 21 270 万 m^3，－5 m～0 m 滩地有所淤积,－5 m 以下均处于受冲态势。福姜沙河段河床冲淤变化与上游来水来沙条件有一定关系,20 世纪 70 年代中期至 80 年代中期,长江上游来沙量较大,相同时期内,河段河床总体呈淤积状态。20 世纪 90 年代以后,长江上游来沙量逐年减少,2000 年以后,上游来沙量下降速度加快,这一阶段河段河床变化总体呈冲刷状态;三峡水库建成蓄水以后,水库的拦沙作用使得长江上游来沙量进一步减少,相应河床冲刷量也有所加大。

表 4.3-7　河床冲淤量计算成果统计(1977—1993 年)

河段分区	冲淤量(×10^6 m^3)					
	0 m以下	0～－5 m	－5～－10 m	－10～－15 m	－15～－20 m	－20 m以下
福姜沙进口段（鹅鼻嘴—旺桥港）	36.8	1.9	9.4	22.2	3.4	0.1
福北水道（旺桥港—新世纪船厂）	－12.1	－1.1	－8.8	－3.9	0.4	1.3
福南水道（江南船厂—老沙标）	14.2	6.1	3.9	4.2	2.0	－2.0
双涧沙段（北岸自新世纪船厂—四号港,南岸自老沙标下游约 1 km 至护漕港）	13.0	17.4	6.4	－5.3	－0.3	－5.2
如皋中汊（四号港—如皋中汊）	－66.5	－7.7	－17.5	－18.2	－12.3	－10.7
浏海沙水道（护漕港下 1.7 km—四干河）	35.3	16.6	4.9	－4.0	－2.7	20.5
天生港水道（天生港水道进口—通吕运河河口）	4.0	2.9	0.4	0.5	0.5	－0.2
总计	24.8	36.0	－1.4	－4.6	－9.0	3.8

表 4.3-8　河床冲淤量计算成果统计(1993—2004 年)

河段分区	冲淤量(×10⁶ m³)					
	0 m 以下	0～−5 m	−5～−10 m	−10～−15 m	−15～−20 m	−20 m 以下
福姜沙进口段(鹅鼻嘴—旺桥港)	−31.9	5.3	5.4	−14.8	−13.4	−14.4
福北水道(旺桥港—新世纪船厂)	7.4	2.5	22.5	−3.1	−12.8	−1.8
福南水道(江南船厂—老沙标)	−0.8	1.0	−1.0	1.8	−2.1	−0.6
双涧沙段(北岸自新世纪船厂—四号港,南岸自老沙标下游约 1 km 至护漕港)	−16.6	6.0	4.4	−7.4	−9.0	−10.6
如皋中汊(四号港—如皋中汊)	−13.8	−5.5	−7.1	−2.0	−2.6	3.3
浏海沙水道(护漕港下 1.7 km—四干河)	−21.4	−8.5	−0.5	−5.9	−6.0	−0.5
天生港水道(天生港水道进口—通吕运河河口)	−8.1	−1.9	−1.8	−1.3	−2.2	−0.8
总计	−85.2	−1.0	22.1	−32.7	−48.1	−25.3

表 4.3-9　河床冲淤量计算成果统计(2004—2015 年)

	冲淤量(×10⁶ m³)					
	0 m 以下	0～−5 m	−5～−10 m	−10～−15 m	−15～−20 m	−20 m 以下
福姜沙进口段(鹅鼻嘴—旺桥港)	−12.3	1.1	−0.3	−3.0	−2.2	−7.9
福北水道(旺桥港—新世纪船厂)	−46.4	−2.9	−25.9	−19.5	1.2	0.8
福南水道(江南船厂—老沙标)	16.0	0.3	8.3	3.7	0.8	2.9
双涧沙段(北岸自新世纪船厂—四号港,南岸自老沙标下游约 1 km 至护漕港)	−4.2	4.6	−2.8	4.2	−0.1	−10.2
如皋中汊(四号港—如皋中汊)	−22.0	−2.2	−2.0	−7.0	−6.0	−4.9
浏海沙水道(护漕港下 1.7 km—四干河)	−75.4	7.9	−10.6	−19.4	−12.5	−40.8
天生港水道(天生港水道进口—通吕运河河口)	−8.1	−4.4	−2.3	−1.2	−0.6	0.4
总计	−152.3	4.3	−35.6	−42.2	−19.3	−59.6

(2) 通州沙汊道

通州沙河段1977年至2013年分时段河床冲淤计算见表4.3-10至表4.3-12。1977至1993年河床淤积1 370万 m^3,1993年至2004年冲刷了1 410万 m^3,2004年至2013年冲刷了14 990万 m^3,累计河床冲刷了15 030万 m^3,−5～0 m滩地有所淤积,−5 m以下均处于受冲态势。通州沙河段河床冲淤变化同样与上游来水来沙条件有关联。通州沙河段为分汊河段,从河床冲淤变化平面分布上看,主汊河床冲淤变化对上游来水来沙条件变化的响应相对较强,比如狼山沙东水道,而支汊河床的冲淤变化则受自身动力条件及周边河段的影响作用较大,对长江上游来水来沙条件变化的敏感性相对较弱。河床冲淤变化除受上游来水来沙条件的影响外,还和河段内自身冲淤变化规律及所处发展阶段有很大关系。

表4.3-10　通州沙河段河床冲淤量计算成果统计(1977—1993年)

通州沙河段分区	冲淤量(×10^6 m^3)					
	0 m以下	0～−5 m	−5～−10 m	−10～−15 m	−15～−20 m	−20 m以下
通州沙东水道(通吕运河—南农闸)	−53.3	−12.0	31.1	−16.2	−18.1	−38.1
通州沙西水道(四干河—南农闸)	53.6	15.5	22.3	10.8	4.6	0.4
狼山沙东水道(南农闸—新通常汽渡上游约900 m)	16.9	39.6	11.3	−7.5	−10.6	−15.9
狼山沙西水道(南农闸对岸—常浒河口)	34.3	3.3	5.0	1.4	9.1	15.4
新开沙夹槽(南农闸—新通常汽渡上游约900 m)	−2.1	−5.8	−5.8	1.0	4.9	3.6
福山水道(望虞河口—常浒河口)	2.8	−0.3	0.7	0.9	1.5	−0.1
徐六泾节点段(浒河口—徐六泾)	−38.4	−14.5	−35.6	−25.0	−4.0	40.7
总计	13.7	25.8	29.2	−34.6	−12.7	6.0

表4.3-11　通州沙河段河床冲淤量计算成果统计(1993—2004年)

通州沙河段分区	冲淤量(×10^6 m^3)					
	0 m以下	0～−5 m	−5～−10 m	−10～−15 m	−15～−20 m	−20 m以下
通州沙东水道(通吕运河—南农闸)	−11.1	−0.8	−11.0	2.4	5.4	−7.0
通州沙西水道(四干河—南农闸)	−12.8	−6.0	−5.1	−1.6	−0.1	—

续表

通州沙河段分区	冲淤量(×10⁶ m³)					
	0 m以下	0～−5 m	−5～−10 m	−10～−15 m	−15～−20 m	−20 m以下
狼山沙东水道（南农闸—新通常汽渡上游约900 m）	−37.4	−15.7	−17.0	−7.8	6.6	−3.4
狼山沙西水道（南农闸对岸—常浒河口）	6.3	0.3	2.8	3.6	0.0	−0.4
新开沙夹槽（南农闸—新通常汽渡上游约900 m）	12.8	2.4	6.1	3.5	0.9	0.0
福山水道（望虞河口—常浒河口）	13.2	5.1	3.4	2.1	2.2	0.4
徐六泾节点段（浒河口—徐六泾）	14.8	3.5	17.5	19.0	7.5	−32.7
总计	−14.1	−11.2	−3.4	21.3	22.4	−43.1

表4.3-12 通州沙河段河床冲淤量计算成果统计(2004—2013年)

通州沙河段分区	冲淤量(×10⁶ m³)					
	0 m以下	0～−5 m	−5～−10 m	−10～−15 m	−15～−20 m	−20 m以下
通州沙东水道（通吕运河—南农闸）	−70.8	−5.3	−3.6	−47.3	−22.1	7.4
通州沙西水道（四干河—南农闸）	−32.6	−16.2	−13.0	−3.0	−0.4	—
狼山沙东水道（南农闸—新通常汽渡上游约900 m）	−13.2	−12.0	−15.1	−3.3	2.1	15.1
狼山沙西水道（南农闸对岸—常浒河口）	−1.3	1.9	−1.4	1.7	−0.3	−3.2
新开沙夹槽（南农闸—新通常汽渡上游约900 m）	−17.0	−0.8	−5.0	−7.2	−3.9	−0.1
福山水道（望虞河口—常浒河口）	−0.3	1.2	−1.6	−0.9	0.3	0.6
徐六泾节点段（浒河口—徐六泾）	−14.7	2.4	−6.5	−10.0	−7.3	6.7
总计	−149.9	−28.8	−46.2	−69.9	−31.6	26.6

4.3.5 徐六泾以下河口段

长江徐六泾以下河口段1978—2011年河床冲淤见表4.3-13至表4.3-15，30多年来南支河段河床总体呈冲刷状态，累计净冲刷量为6.19亿 m^3 左右，冲刷主要出现在−10 m以下深度区域，其净冲刷量接近5.58亿m^3，−10～−5 m深度区间净冲刷量相对较小；而−5～0 m深度区间则以淤积为主，累计净淤积量约为3 300万m^3左右。南支河段30多年来的河床冲淤变化有这样一些特点：

① 总体上看，南支河段河床冲淤变化与上游来水来沙条件之间有一定关系，但和自身动力环境及河道发展演变进程的关系更密切一些。20世纪70年代中期至80年代中期，上游来沙量较大，在与其相近的1978—1992年，南支河段总体仍呈强冲刷状态，全河段累计净冲刷量达2.23亿m^3左右，这主要是由于当时出徐六泾节点主流逐渐指向白茆沙北水道，导致北水道快速发展，引起河床冲刷量激增，仅北水道累计净冲刷量就达2.0亿m^3左右，占全河段冲刷量近90%。

② 南支河段河床冲淤变化以冲刷为主，且冲刷主要集中在−10 m以下的深水区域，表明南支河段主泓水流动力总体上是增强的。

③ 2003年以后，随着上游来沙量进一步持续减少，南支河段的冲刷量及冲刷强度进一步加强，表明南支河段河床冲淤变化与上游来水来沙条件有关。

1999—2014年北支0 m线以下河槽冲刷泥沙1.5亿m^3，河床平均刷深1.3 m。

表4.3-13 河床冲淤计算成果统计表(1978—1992年)

分区	冲淤量($\times10^6$ m^3)					
	0 m以下	0～−5 m	−5～−10 m	−10～−15 m	−15～−20 m	−20 m以下
徐六泾节点下段(徐六泾—白茆河口)	−3.4	15.0	28.4	−5.9	−19.6	−21.3
白茆沙北水道(立新河口—崇明岛庙港下游约3 km)	−200.5	5.8	−21.0	−134.9	−41.5	−9.0
白茆沙南水道(白茆河口—七丫口)	−1.2	19.5	52.1	14.7	−15.0	−72.7
南支主槽(七丫口—浏河口)	−17.7	−2.9	42.5	22.5	0.1	−79.9
总计	−222.9	37.5	102.0	−103.6	−75.9	−182.9

表4.3-14 河床冲淤计算成果统计表(1992—2002年)

分区	冲淤量($\times10^6$ m^3)					
	0 m以下	0～−5 m	−5～−10 m	−10～−15 m	−15～−20 m	−20 m以下
徐六泾节点下段(徐六泾—白茆河口)	−8.9	−5.5	−8.1	−10.2	2.8	12.2

续表

分区	冲淤量(×10⁶ m³)					
	0 m以下	0～−5 m	−5～−10 m	−10～−15 m	−15～−20 m	−20 m以下
白茆沙北水道(立新河口—崇明岛庙港下游约3 km)	95.9	13.4	10.1	56.9	19.6	−4.1
白茆沙南水道(白茆河口—七丫口)	−75.9	4.4	−40.7	−53.2	−9.2	22.7
南支主槽(七丫口—浏河口)	−91.1	−24.5	−79.0	−46.6	−7.7	66.7
总计	−80.1	−12.3	−117.7	−53.1	5.6	97.5

表 4.3-15 河床冲淤计算成果统计表(2002—2011 年)

分区	冲淤量(×10⁶ m³)					
	0 m以下	0～−5 m	−5～−10 m	−10～−15 m	−15～−20 m	−20 m以下
徐六泾节点下段(徐六泾—白茆河口)	−90.1	−11.1	−37.5	−14.0	1.9	−29.4
白茆沙北水道(立新河口—崇明岛庙港下游约3 km)	18.3	9.2	2.9	8.2	3.7	−5.7
白茆沙南水道(白茆河口—七丫口)	−156.8	−0.4	−27.5	−42.4	−21.0	−65.5
南支主槽(七丫口—浏河口)	−87.5	10.1	−16.5	−40.6	−43.8	3.3
总计	−316.0	7.8	−78.6	−88.8	−59.2	−97.2

4.4 河道稳定性分析

河道的稳定,包括纵向上河道沿程的稳定和横向上河道断面的稳定。由于长江江苏段河道上沿程水动力条件差异明显,因此河道稳定性特征分析将长江江苏段分为分汊河段(徐六泾以上)和河口段(徐六泾以下)两段。

(1) 纵向稳定性

① 对于一个处在准平衡状态的河流来说,河槽的挟沙能力就等于长期内流域所产生的床沙质的数量,而决定河槽挟沙能力的水力指标,又是流域加之于河槽的水量以及河槽的边界条件所决定的。因此,用表示河槽挟沙能力的指标,来说明冲

积河流的相对稳定性。

影响水流挟沙力的水力指标自然很多，下式应用较多：

$$\psi_* = \frac{\gamma_s - \gamma}{\gamma}\frac{D}{hJ}$$

式中：ψ_* 为河床稳定性指标，γ_s 和 γ 分别为泥沙和水的容重，D 为泥沙的代表粒径，h 为水深，J 为水面比降。考虑到泥沙的容重变化很小，接近一个常数，因而可取造床流量下的下式作为冲积河流的稳定性指标：

$$K = \frac{D}{hJ}$$

式中：K 值愈小，则河流相对来说愈不稳定。

② 一般说来，河床的冲刷或淤积应从两方面来考虑，从输沙方面及从河床粒径方面。先从河床粒径来考虑，根据本所窦国仁的研究，河床稳定指标为：

$$K_{y*} = \frac{\beta_0^2 V_{2k}^2}{V^2}$$

式中：V_{2k}^2 为河床泥沙的起动流速，按窦国仁公式计算；V 为该处的垂线平均流速。

$$\beta_0 = 1 + \frac{3\theta}{\eta}/1 - \frac{3\theta}{\eta}, \eta = \frac{3\psi}{3\psi + 1}, \psi = 0.25\left(\frac{H}{d}\right)^{1/8}$$

$$\theta \approx \frac{\sqrt{8}}{C}$$

当 $K_{y*} \approx 1$ 时，河床稳定；$K_{y*} < 1$ 时冲刷；$K_{y*} > 1$ 时淤积。

(2) 横向稳定性

断面宽深比：苏联国立水文研究所根据苏联一些平原河流的资料建议采用：

$$\frac{\sqrt{B}}{h} = \xi$$

式中：ξ 为河相关系数，B、H 同前。砾石河床 ξ 取 1.4，一般沙质河床取 2.75，极易冲刷的细沙河床取 5.5。ξ 值与河型有关，弯曲河流较小，游荡性河流较大。

4.4.1 徐六泾段以上分汊河道

(1) 长江江苏段纵向稳定性计算

分别计算枯季和洪季河床稳定性指标 K 和 K_{y*}，计算断面位置见图 4.4-1，结果见表 4.4-1、表 4.4-2 和图 4.4-2。

枯季大通流量 15 000 m^3/s，沿程坡降在 0.12‱左右，断面平均流速一般在 0.3～0.6 m/s，而泥沙起动流速也大概在 0.3～0.6 m/s，由 $K=\frac{D}{hJ}$ 计算得 K 值一般在 0.5～4，变化范围较大，K 值大表示河床变化小，K 值小表示河床变化不稳定，由表可见，新济洲右汊、七坝、大胜关、梅子洲左汊、浦口、八卦洲右汊、拐头、录安洲右汊等 K 值较小，在 0.5～1，说明枯季仍有可能发生冲刷变化，而由 $K_{y*}=\frac{\beta V_*^2}{V^2}$ 计算得枯季 $K_{y*}>1$，范围一般在 $K_{y*}=1\sim2.5$，可见枯季河床活动性较弱。

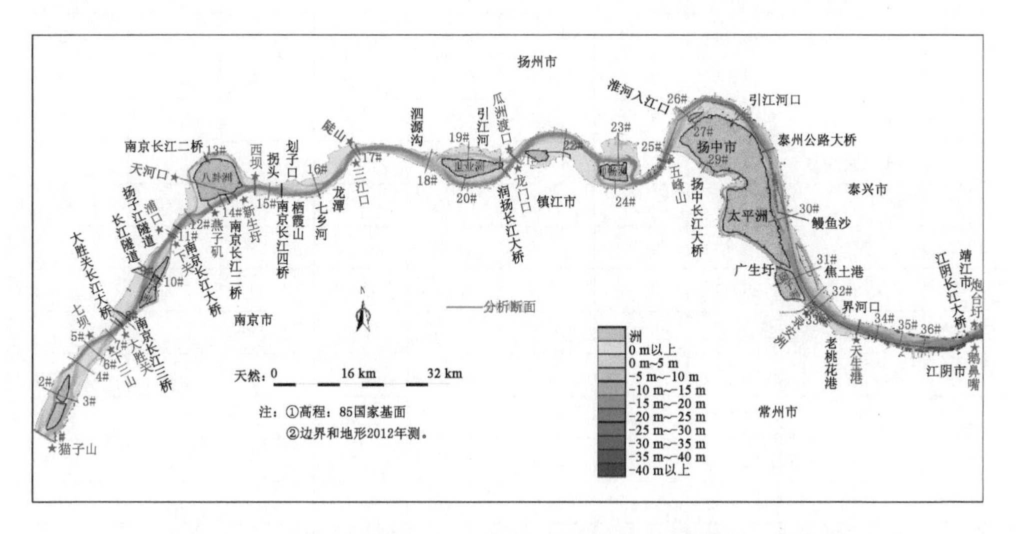

图 4.4-1 长江江苏段节点位置及河床稳定性分析断面布置示意图

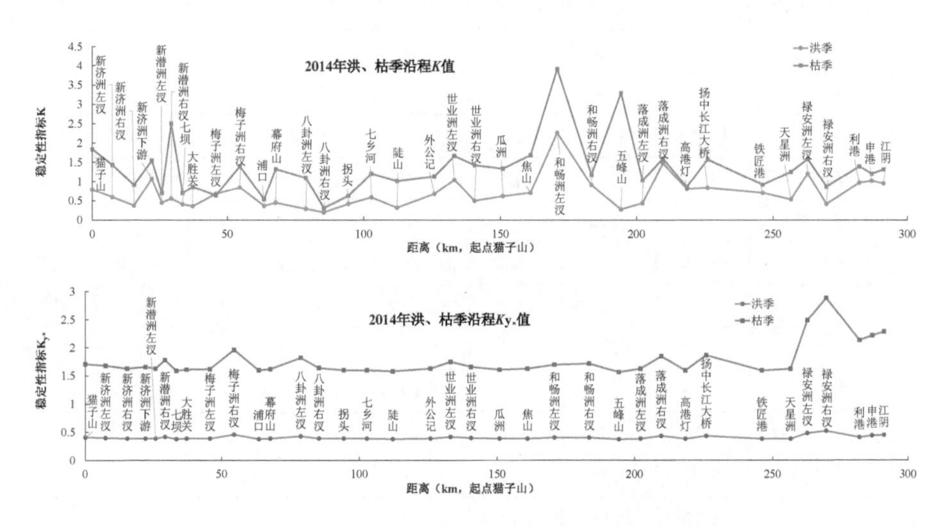

图 4.4-2 2014 年洪枯季稳定性指标 K 及 K_{y*} 计算图

表 4.4-1　长江南京至江阴段河床纵向稳定性计算(大通流量 Q=15 000 m^3/s)

断面	位置	流量 Q (m^3/s)	比降 J (‰)	水深 h (m)	粒径 D (mm)	流速 V (m/s)	起动流速 U_c(m/s)	稳定性指标 K	稳定性指标 K_{y*}
1#	猫子山	15 430	0.10	11.9	0.22	0.51	0.66	1.85	2.50
2#	新济洲左汊	5 087	0.11	12.6	0.20	0.31	0.26	1.44	1.68
3#	新济洲右汊	10 304	0.12	18.1	0.20	0.48	0.40	0.92	1.63
4#	新济洲下游	15 364	0.14	9.7	0.21	0.53	0.44	1.55	1.66
5#	新潜洲左汊	12 169	0.16	17.8	0.20	0.59	0.50	0.70	1.63
6#	新潜洲右汊	3 186	0.08	10.0	0.20	0.46	0.38	2.51	1.78
7#	七坝	15 346	0.13	23.0	0.21	0.51	0.43	0.70	1.59
8#	大胜关	15 339	0.14	18.1	0.22	0.56	0.47	0.87	1.61
9#	梅子洲左汊	14 703	0.16	17.6	0.18	0.56	0.43	0.64	1.62
10#	梅子洲右汊	619	0.15	7.6	0.16	0.37	0.31	1.40	1.96
11#	浦口	15 305	0.17	22.0	0.20	0.56	0.47	0.54	1.60
12#	幕府山	15 300	0.10	15.1	0.20	0.48	0.41	1.33	1.62
13#	八卦洲左汊	1 363	0.10	7.3	0.08	0.21	0.18	1.10	1.82
14#	八卦洲右汊	13 925	0.17	17.1	0.09	0.66	0.56	0.31	1.64
15#	拐头	15 276	0.14	22.6	0.20	0.58	0.49	0.63	1.60
16#	七乡河	15 266	0.11	17.4	0.21	0.48	0.41	1.21	1.60
17#	陡山	15 259	0.06	24.5	0.15	0.47	0.40	1.02	1.58
18#	外公记	15 249	0.13	13.5	0.20	0.53	0.45	1.14	1.63
19#	世业洲左汊	6 096	0.17	7.0	0.20	0.43	0.36	1.67	1.75
20#	世业洲右汊	9 146	0.08	13.1	0.15	0.44	0.37	1.43	1.66
21#	瓜洲	15 236	0.08	17.7	0.19	0.53	0.45	1.34	1.61
22#	焦山	15 229	0.08	12.6	0.17	0.45	0.38	1.69	1.63
23#	和畅洲左汊	13 068	0.10	7.7	0.30	0.56	0.47	3.92	1.70
24#	和畅洲右汊	2 155	0.13	11.7	0.18	0.18	0.15	1.18	1.72
25#	五峰山	15 217	0.12	27.3	0.18	0.46	0.39	0.55	1.57
26#	落成洲左汊	10 488	0.10	14.5	0.15	0.36	0.30	1.03	1.63
27#	落成洲右汊	3 208	0.15	7.5	0.18	0.69	0.58	1.60	1.85
28#	高港灯	13 690	0.12	18.5	0.19	0.43	0.36	0.86	1.60
29#	扬中长江大桥	1517	0.11	5.7	0.10	0.3	0.25	1.58	1.87
30#	铁匠港	13 671	0.12	15.4	0.17	0.38	0.32	0.92	1.60
31#	天星洲	15 178	0.08	10.9	0.11	0.37	0.31	1.26	1.63

续表

断面	位置	流量 Q (m^3/s)	比降 J (‱)	水深 h (m)	粒径 D (mm)	流速 V (m/s)	起动流速 U_c(m/s)	稳定性指标 K	稳定性指标 K_{y*}
32#	录安洲左汊	13 665	0.12	12.6	0.24	0.43	0.36	1.59	2.49
33#	录安洲右汊	1 509	0.07	8.2	0.05	0.37	0.31	0.87	2.89
34#	利港	15 167	0.11	14.9	0.23	0.5	0.42	1.40	2.14
35#	申港	15 162	0.14	12.4	0.21	0.49	0.41	1.21	2.22
36#	江阴	15 159	0.12	12.6	0.20	0.47	0.40	1.32	2.29

表 4.4-2 长江南京至江阴段河床纵向稳定性计算(大通流量 Q=42 000 m^3/s)

断面	位置	流量 Q (m^3/s)	比降 J (‱)	水深 h (m)	粒径 D (mm)	流速 V (m/s)	起动流速 U_c(m/s)	稳定性指标 K	稳定性指标 K_{y*}
1#	猫子山	42 369	0.22	12.5	0.22	1.31	0.54	0.80	0.41
2#	新济洲左汊	16 415	0.23	14.5	0.20	0.75	0.31	0.60	0.40
3#	新济洲右汊	25 931	0.26	20.3	0.20	0.97	0.40	0.38	0.39
4#	新济洲下游	42 326	0.15	12.9	0.21	1.04	0.43	1.08	0.39
5#	新潜洲左汊	32 394	0.22	20.1	0.20	1.29	0.53	0.45	0.39
6#	新潜洲右汊	9 924	0.30	11.9	0.20	1.01	0.42	0.56	0.42
7#	七坝	42 310	0.20	25.5	0.21	1.22	0.50	0.41	0.38
8#	大胜关	42 305	0.30	20.4	0.22	1.28	0.53	0.36	0.39
9#	梅子洲左汊	39 588	0.19	13.9	0.18	1.23	0.51	0.68	0.39
10#	梅子洲右汊	2 701	0.19	9.9	0.16	1.08	0.44	0.85	0.46
11#	浦口	42 268	0.22	24.3	0.20	1.35	0.56	0.37	0.38
12#	幕府山	42 260	0.25	17.9	0.20	1.10	0.45	0.45	0.39
13#	八卦洲左汊	5 284	0.28	9.9	0.08	0.57	0.23	0.29	0.43
14#	八卦洲右汊	36 955	0.25	18.4	0.18	1.48	0.61	0.40	0.39
15#	拐头	42 213	0.22	21.8	0.20	1.42	0.59	0.42	0.39
16#	七乡河	42 185	0.24	14.7	0.21	1.13	0.47	0.59	0.39
17#	陡山	42 153	0.21	22.0	0.15	1.17	0.48	0.32	0.38
18#	外公记	42 116	0.19	15.6	0.20	1.24	0.51	0.68	0.39
19#	世业洲左汊	17 715	0.23	8.3	0.20	0.92	0.38	1.05	0.42
20#	世业洲右汊	24 369	0.20	14.9	0.15	0.99	0.41	0.50	0.40
21#	瓜洲	42 039	0.17	18.1	0.19	1.30	0.54	0.62	0.39
22#	焦山	41 991	0.17	14.1	0.17	1.08	0.45	0.71	0.39
23#	和畅洲左汊	33 775	0.15	8.8	0.30	1.14	0.47	2.27	0.41

续表

断面	位置	流量 Q (m^3/s)	比降 J (‱)	水深 h (m)	粒径 D (mm)	流速 V (m/s)	起动流速 U_c(m/s)	稳定性指标 K	稳定性指标 K_{y*}
24#	和畅洲右汊	8 160	0.16	12.3	0.18	0.60	0.25	0.91	0.41
25#	五峰山	41 904	0.23	28.3	0.18	1.20	0.50	0.28	0.38
26#	落成洲左汊	27 992	0.22	15.6	0.15	0.87	0.36	0.44	0.39
27#	落成洲右汊	8 821	0.17	7.2	0.18	1.54	0.64	1.48	0.44
28#	高港灯	36 798	0.12	19.5	0.19	1.08	0.45	0.81	0.39
29#	扬中长江大桥	5 074	0.17	7.0	0.10	0.79	0.33	0.84	0.44
30#	铁匠港	36 813	0.15	15.9	0.17	0.94	0.39	0.71	0.39
31#	天星洲	41 917	0.18	11.3	0.11	0.93	0.38	0.54	0.39
32#	录安洲左汊	37 677	0.16	12.4	0.24	1.09	0.45	1.21	0.49
33#	录安洲右汊	4 268	0.16	7.4	0.05	0.99	0.41	0.42	0.53
34#	利港	41 994	0.16	14.8	0.23	1.25	0.52	0.97	0.42
35#	申港	42 019	0.16	12.9	0.21	1.19	0.49	1.02	0.45
36#	江阴	42 042	0.16	13.2	0.20	1.16	0.48	0.95	0.46

由洪季相当于造床流量 $Q=42\ 000\ m^3/s$，沿程坡降在 0.2‱左右，断面流速一般在 0.6～1.5 m/s，明显大于枯季，由 $K=\dfrac{D}{hJ}$ 计算得 K 值一般都小于 1，说明洪季河床活动性明显大于枯季。而由 $K_{y*}=\dfrac{\beta V_*^2}{V^2}$ 计算枯季 K_{y*} 都小于 1，可见洪季河床发生冲刷，河床活动性较大。以上只是根据公式计算大概判别，由于河床纵向和横向流速分布变化，及河床泥沙粒径在纵向和横向分布不一致等，计算结果与实际会有差距。

(2) 长江江苏段横向稳定性计算

表 4.4-3 为 1998 年实测河床地形计算造床流量下河相关系 ξ($\xi=\sqrt{B}/h$)值，表 4.4-4 为 2014 年实测河床地形计算造床流量下河相关系 ξ 值。由计算可知，缩窄段及主要节点段 ξ 值一般在 2 左右。如七坝断面 $\xi=1.5$，大胜关断面 $\xi=2$，浦口断面 $\xi=1.5$，拐头断面 $\xi=1.7$，陡山断面 $\xi=1.8$，五峰山断面 $\xi=1.2$。局部河床放宽处一般 ξ 值在 3 以内，最大 ξ 值在 4 左右，说明河床在人工控制下总体向窄深发展。

表 4.4-3 1998 年实测河床地形计算造床流量下河相关系

断面号	位置	造床流量 $Q(m^3/s)$	水位 Z (m)	面积 A (m^2)	河宽 B (m)	水深 H (m)	河相关系系数 ξ
1#	猫子山	25 740	5.77	19 361	1 000	16.0	2.0
2#	新济洲左汊	16 653	5.60	16 001	1 241	12.9	2.7
3#	新济洲右汊	25 740	5.58	24 754	1 196	18.0	1.9
4#	新济洲下游	42 373	5.37	33 864	3 229	10.5	5.4
5#	新潜洲左汊	32 089	5.27	23 264	1 300	17.9	2.0
6#	新潜洲右汊	10 275	5.27	10 143	873	11.6	2.6
7#	七坝	42 356	5.16	29 828	1 300	22.9	1.6
8#	大胜关	42 351	5.12	32 677	1 679	19.5	2.1
9#	梅子洲左汊	39 456	4.94	29 876	2 505	11.9	4.2
10#	梅子洲右汊	2 878	4.94	2 494	279	9.0	1.9
11#	浦口	42 316	4.77	28 176	1 256	22.4	1.6
12#	幕府山	42 309	4.75	39 347	2 012	20.0	2.2
13#	八卦洲左汊	5 593	4.60	8 978	962	9.3	3.3
14#	八卦洲右汊	36 697	4.60	22 711	1 415	16.0	2.4
15#	拐头	42 271	4.44	30 769	1 411	21.8	1.7
16#	七乡河	42 252	4.33	42 536	2 217	18.0	2.6
17#	陡山	42 238	4.13	36 525	1 783	20.5	2.1
18#	外公记	42 215	3.93	36 489	2 115	20.0	2.3
19#	世业洲左汊	11 367	3.80	13 578	1 078	12.6	2.6
20#	世业洲右汊	30 830	3.83	22 500	1 673	13.4	3.1
21#	瓜洲	42 169	3.63	30 186	1 223	19.3	1.8
22#	焦山	42 132	3.44	34 872	2 589	13.5	3.8
23#	和畅洲左汊	30 708	3.27	18 026	1 570	15.1	2.6
24#	和畅洲右汊	11 378	3.23	11 422	1 054	10.8	3.0
25#	五峰山	42 051	3.09	33 182	1 225	27.1	1.3
26#	落成洲左汊	31 575	3.06	30 209	2 055	14.7	3.1
27#	落成洲右汊	5143	3.04	6 965	881	7.9	3.8
28#	高港灯	36 678	2.91	34 001	1 672	20.3	2.0
30#	铁匠港	36 641	2.74	39 959	2 298	17.4	2.8

表 4.4-4　2014 年实测河床地形计算造床流量下河相关系

断面号	名称	造床流量 $Q(m^3/s)$	水位 Z (m)	面积 $A(m^2)$	河宽 B(m)	水深 H(m)	河相关系系数 ξ
1#	猫子山	25 931	5.77	43 767	3 546	12.3	4.8
2#	新济洲左汊	16 415	5.60	21 734	1 240	17.5	2.0
3#	新济洲右汊	25 931	5.58	26 658	1 100	24.2	1.4
4#	新济洲下游	42 326	5.37	41 249	3 163	13.0	4.3
5#	新潜洲左汊	32 394	5.27	25 348	1 255	20.2	1.8
6#	新潜洲右汊	9 924	5.27	10 014	831	12.1	2.4
7#	七坝	42 310	5.5	34 796	1 366	25.5	1.5
8#	大胜关	42 305	5.12	33 542	1 642	20.4	2.0
9#	梅子洲左汊	39 588	4.94	31 051	2 268	13.7	3.5
10#	梅子洲右汊	2 701	4.94	2 397	250	9.6	1.6
11#	浦口	42 268	4.77	31 305	1 289	24.3	1.5
12#	幕府山	42 260	4.75	37 997	2 090	18.2	2.5
13#	八卦洲左汊	5 284	4.60	9 190	939	9.8	3.1
14#	八卦洲右汊	36 955	4.60	24 833	1 351	18.4	2.0
15#	拐头	42 213	4.44	29 779	1 365	21.8	1.7
16#	七乡河	42 185	4.33	37 631	2 200	17.1	2.7
17#	陡山	42 153	4.13	35 894	1 628	22.0	1.8
18#	外公记	42 116	3.93	36 974	2 173	17.0	2.7
19#	世业洲左汊	17 715	3.80	15 578	1 078	14.5	2.3
20#	世业洲右汊	24 369	3.83	24 095	1 644	14.7	2.8
21#	瓜洲	42 039	3.63	32 231	1 243	25.9	1.4
22#	焦山	41 991	3.44	38 911	2 747	14.2	3.7
23#	和畅洲左汊	33 775	3.27	19 026	1 573	12.1	3.3
24#	和畅洲右汊	8 160	3.23	13 835	1 114	12.4	2.7
25#	五峰山	41 904	3.09	34 891	1 234	28.3	1.2
26#	落成洲左汊	27 992	3.06	32 909	2 065	15.9	2.9
27#	落成洲右汊	8 821	3.04	6 101	814	7.5	3.8
28#	高港灯	36 798	2.91	33 971	1 742	19.5	2.1
30#	铁匠港	36 813	2.74	39 451	2 290	17.2	2.8

4.4.2　徐六泾以下长江河口段

南支河床演变考虑到径潮流的共同作用，越往下游潮汐对河床演变影响越大。在长江江阴以下，河宽自上而下总体上呈逐渐放宽的态势中（图 4.4-3）。计算表明，福姜沙河段放宽率在 0.000 2 左右，通州沙、白茆沙河段放宽率在 0.014～0.024（表 4.4-5）。鉴于此，长江口南支的治导线布置需考虑一定的沿放宽率。在人类活动影响下，长江口河宽仍处于不断缩窄中，随着河道整治工程和滩槽圈围工程的实施，长江口的纳潮量将相应减小，河道进一步缩窄，河道也将经历一个自我调整过程。长江口的治导线将动态规划，不断调整。

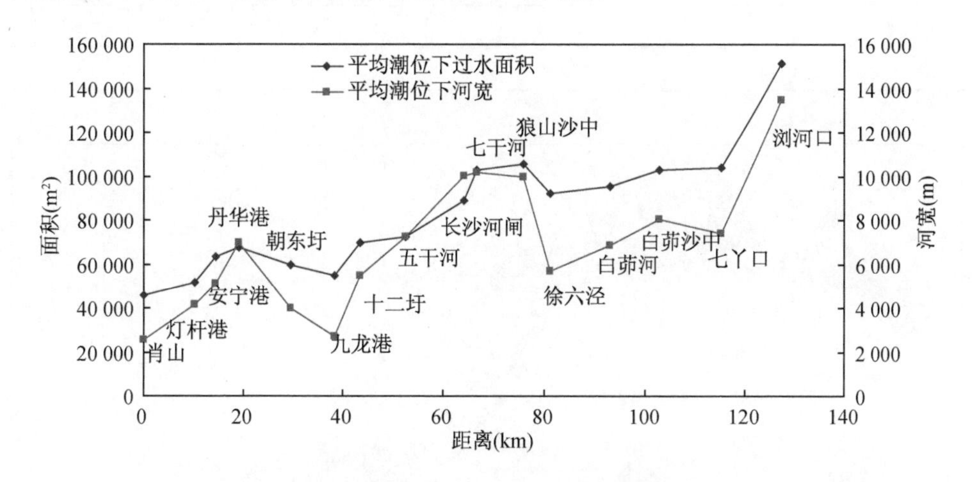

图 4.4-3　三沙河段沿程河宽及断面面积变化

表 4.4-5　长江江阴以下放宽率计算

断面号	流量 Q (m^3/s)	悬沙止动流速 V_{os}(m/s)	底沙止动流速 V_{ob}(m/s)	计算 S (kg/m^3)	计算 H(m)	计算 B(m)	放宽率 $\Delta B/\Delta x$
5	42 093.6	0.081	0.121	0.2	21.7	3 233.5	0.000 2
15	42 129.8	0.081	0.121	0.2	21.7	3 235.1	
25	34 920.3	0.081	0.121	0.2	20.4	2 914.8	0.000 2
35	34 946.7	0.081	0.121	0.2	20.4	2 916.0	
F15	7 254.6	0.081	0.121	0.2	12.1	1 217.5	0.000 2
F27	7 266.0	0.081	0.121	0.2	12.1	1 218.5	
T4	460.8	0.081	0.121	0.2	4.8	263.3	0.007 8
T18	730.3	0.081	0.121	0.2	5.6	340.0	
100	44 318.2	0.081	0.110	0.2	20.8	3 608.2	0.0106

续表

断面号	流量 Q (m^3/s)	悬沙止动流速 V_{os} (m/s)	底沙止动流速 V_{ob} (m/s)	计算 S (kg/m^3)	计算 H(m)	计算 B(m)	放宽率 $\Delta B/\Delta x$
121	46 685.1	0.081	0.110	0.2	21.1	3 714.1	0.013 9
145	52 773.5	0.081	0.110	0.2	22.0	3 975.8	0.015 6
168	57 730.1	0.081	0.103	0.2	21.6	4 453.6	0.053 8
183	62 769.4	0.081	0.103	0.2	22.2	4 665.5	0.023 7
222	71 676.1	0.081	0.103	0.2	23.2	5 022.4	0.017 8
246	76 320.4	0.081	0.103	0.2	23.7	5 200.7	0.009 3
267	86 773.0	0.081	0.103	0.2	24.8	5 585.1	0.022 8

断面位置见图 4.4-4

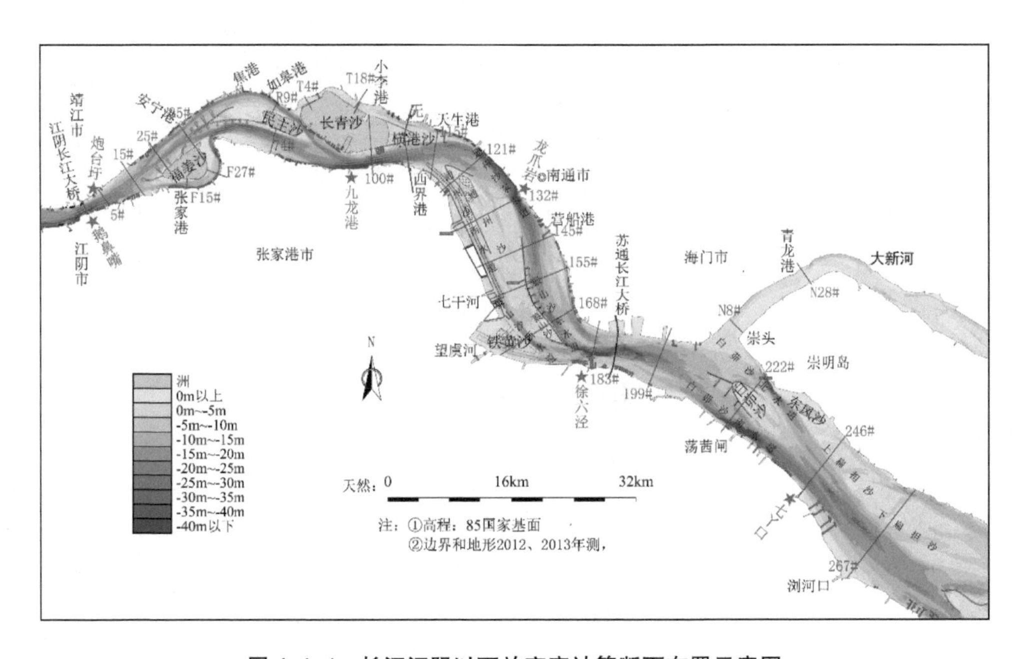

图 4.4-4　长江江阴以下放宽率计算断面布置示意图

北支主要受潮汐影响，涨落潮流沿岸增加明显，北支上段崇头至大新河河道经多次围垦，河道缩窄，由于此段位于南北支汇潮段，河道淤浅，对于北支上段考虑采用疏浚措施改善北支进流条件，适当增加北支落潮分流比。

北支中段大新港至灵甸港归顺北支涨落潮流路，将北支缩窄到合理的宽度，考虑到沿程一定的放宽率，北支下段灵甸港以下，减小河道沿程放宽率，减轻北支水、沙、盐对南支的倒灌，逐步使北支涨落潮流路一致，尽可能减小因涨潮流路分离引

起的河床淤积。连兴港断面河宽由原 12 km 左右缩窄至 6 km 左右。

4.5 河床演变关联性分析

根据平面形态来划分，河流可以概括分为游荡型、分汊型、弯曲型和顺直型。分汊型河流运动特点是各支汊交替发展消长；弯曲型河流运动特点是凹岸冲刷，凸岸淤长；顺直型河流运动特点是犬牙交错的边滩不断向下游移动。

本书上下河段演变关联性主要针对藕节状分汊型河道来说，即上游滩槽变化、汊道动力调整等引起汊道汇流点位置、横断面动力分布、出流方向等变化，进而引起下游分汊河道的相应变化。如果上、下游分汊河道之间存在一稳定过渡控制段，该控制段可控制上游来流方向、动力分布等，上游河床变化对下游演变影响较小，那么说明上下游河段演变关联性较小；反之，说明上下游河段河床演变关联性密切。

为了充分认识相邻水道演变之间的关联性，从而揭示各水道演变的关键因素，需要研究长江江苏段进口马鞍山小黄洲河段与南京河段、南京龙潭水道与世业洲河段、世业洲河段与和畅洲河段、和畅洲河段与扬中河段、江阴水道与福姜沙河段、如皋沙群河段与通州沙河段、通州沙河段与白茆沙河段等演变关联性。

4.5.1 研究方法

河床演变关联性分析主要有以下三种方法：河床演变法、经验正交函数法和汊道分流及滩槽地形变化敏感性分析法。

(1) 河床演变法

该种分析方法主要利用历时和近期实测河床地形进行对比定性分析，研究相邻河段演变联动关系。

(2) 经验正交函数法

河口河床演变是由径流、潮流等动力因子对河床边界共同作用的结果。由于陆域、海域来沙和各种动力因子的复杂性和多变性以及边界条件的非均匀性，导致河床断面的复杂变化。这种复杂变化可以看成是由各种因素引起的许多波动叠加的效果，应用经验正交函数合理地分界和研究它们在时空上的波动特征，以此来讨论断面变化的特征。

采用经验正交函数法(EOF)分析节点断面的变化规律，该研究方法是将断面测量序列数据展开成一系列时间和空间的相互独立的正交函数，从而探讨断面时空变化的某些规律。

断面水下地形变化可以表示为一系列正交函数的和，每一正交函数相当于在平均水深上叠加一个新的增量 ΔH。定义 ΔH 为正表示淤积，ΔH 为负表示冲刷。

$$h(x_i,t_j)=\overline{h}(x_i)+\sum_{k=1}^{N}\alpha_k C_k(t_j)e_k(x_i)\quad(i=1,2,\cdots,n_s,j=1,2,\cdots,n_t)$$

不同的正交函数代表不同的动力作用和地貌过程，一般来说只要取前几个最大特征值对应的正交函数，就可以描述断面的变化特征。

(3) 汊道分流及滩槽地形变化敏感性分析法

以福姜沙河段为例，利用平面二维数模平台计算了江阴鹅鼻嘴节点河段附近不同年份地形下洪枯季涨落潮水动力分布，分析上游江阴水道北侧低边滩持续冲刷引起下游断面流速大小流向变化情况，剖析鹅鼻嘴节点对上游来流变化的调整和控导能力。

4.5.2 主要研究成果

南京河段为分汊河段，自上而下有新生洲、新济洲、新潜洲、梅子洲、八卦洲汊道段，上下汊道之间的单一河道过渡段一般较短。新生洲上游与小黄洲汊道紧密相连，新生洲汊道变化直接受小黄洲汊道变化影响。总的来说，南京河段进口段河床演变仍受上游马鞍山小黄洲河段演变的影响，关联性密切。

龙潭水道 20 世纪 90 年代中期前的河势变化及三江口节点岸线变化，引起世业洲河段左右汊分流比调整，上下游河床演变有较强的关联性；随着龙潭水道河势的稳定以及三江口节点的护岸控制，形成具有一定的控导能力的藕节状分汊河道，上下游关联性逐步减弱。

和畅洲水道的演变受世业洲汊道特别是六圩弯道的演变影响，但在多年一系列的河道治理工程作用下，世业洲汊道、六圩弯道、和畅洲汊道的总体河势逐渐趋于稳定，六圩弯道与世业洲汊道的演变关联性减弱，两段河段的河势演变相对独立。

和畅洲汇流点变化较少，加上大港段特殊的河床地质条件和边界条件，使得其河势稳定，始终保持主流贴靠南岸的微弯河型，并经五峰山挑流进入扬中河段。因此，和畅洲汊道段与口岸直水道演变关联性较弱，以五峰山为节点，上、下两段河段基本按自身的河床演变规律发展。

福姜沙水道上游江阴水道主槽河势多年来总体基本稳定，加之在鹅鼻嘴节点的控导作用下，形成具有一定的控导能力的藕节状分汊河道，上、下游河段演变关联性较弱。在九龙港缩窄段控制作用下，如皋沙群水道与通州沙水道演变关联性较弱。

徐六泾缩窄段形成前，通州沙河段和白茆沙河段关联性密切。1958 年徐六泾

缩窄段逐步形成后，加之 2007 年以来徐六泾两岸围垦工程实施后最小河宽缩窄至 4.5 km，使徐六泾缩窄段控制作用得到进一步加强，进一步减弱了上游河段演变对白茆沙河段的影响。总的来说，通州沙河段和白茆沙河段关联性逐步减弱，徐六泾人工缩窄段控制作用仍不够强，上游对下游仍有一定影响，但其是一个长期的演变过程。

南支主槽是白茆沙南北水道的汇流水道，同时又以扁担沙为北边界，20 世纪 70 年代以来，南支深泓位置基本稳定，一直位于南岸，但白茆沙、扁担沙的规律性演变对南支主槽产生相应影响。总的来说，白茆沙河段与南支下段的河床滩槽演变仍存在一定的关联。

4.6 河床演变基本规律

长江江苏段属于典型的冲积平原感潮河段，一般情况下呈现平原冲积河流的演变特征，表现为水量、沙量较上游径流河道增加，水流泥沙运动变化平缓，河岸土质抗冲性较差，河床冲淤变化频繁而剧烈，河床形态多样。

长江南京以下河段总体上河道平面形态呈藕节状，具体存在顺直微弯、弯曲、分汊等多种河型，其中以分汊河型为主。河道边界主要由抗冲性较强的山体和抗冲性较差的第四纪松散沉积物组成，其中南岸沿江多有山地、丘陵和阶地，临江或直接伸入江中，制约了江岸大幅南移；北岸为宽阔的冲积平原，土质为疏松沉积物组成，抗冲性能较差。沿程河道宽窄相间，束窄段为单一河道，放宽段一般为双分汊河道或多级分汊河道，河床冲淤具有弯道凹冲凸淤、汊道交替发育、沙洲或高滩面越滩流嬗变、心滩和深槽不稳等演变特征，在不同河段呈现年内、年际不同的冲淤特征，并且存在控制河势的节点，节点上下河段河床冲淤变化相互影响相对较小，节点内各河段之间河床冲淤变化存在相互之间的影响，往往因上游岸滩不稳定或滩槽冲淤幅度较大，引起主流持续或反复摆动，造成下游河势产生重大变化。

4.6.1 河道总体河势基本稳定

自 20 世纪 50 年代以来，长江江苏段在天然节点和人工工程控制作用下，河道边界条件逐步受控，沙洲合并成岛或并岸，河道平面形态和主流位置相对稳定，总体河势基本稳定。大水年条件下，主槽水流动力仍摆动变化频繁，出现河岸崩塌、河床横向变形的现象。随着河道整治工程的逐步开展，工程河段崩岸现象将逐步减少，河岸稳定性进一步提高，河道总体河势保持相对稳定。

4.6.2 自然条件下滩槽演变仍呈周期性变化

长江河口段汊道发展消长速度介于瞬息多变的黄河河口汊道与较为稳定的珠江三角洲汊道之间，汊道的发展消长具有明显的周期性。自然条件下长江河口江苏段滩槽演变周期性特点总结如下：

① 历史上节点河段之间汊道兴衰呈上下联动、周期性变化的规律

20 世纪 50 年代以前，由于河段之间缺少节点有效控制作用，相邻河段汊道兴衰关联密切，例如如皋沙群河段汊道交替发育引起下游通州沙东、西水道大摆动三次之多，进而引起下游白茆沙水道南、北(中)汊道变动三次。汊道兴衰呈现如下规律：主流如走如皋沙群段北水道，则下游主流走通州沙西水道和白茆沙南水道；主流如走如皋沙群段南水道，则下游主流走通州沙东水道，相应白茆沙和白茆沙中(北)水道。汊道兴衰交替演变周期约 20～30 年。

② 节点河段内汊道呈周期性交替发育特性

自然条件下弯曲分汊河段洲滩、多级分汊河道兴衰呈周期性演变规律。当分汊河段汊道弯曲率 L_1/L_2 达到 1.6 左右时，汊道进口横向水位差 ΔZ 加大，往往发生主支汊易位现象，导致汊道交替发育，例如历史上如皋沙群河段海北港沙、又来沙南、北水道交替变化，见图 4.6-1。汊道进口水位横比降产生原因主要是上游河势弯曲和两股汊道过流能力不同而造成的，汊道进口横向水位差 ΔZ 计算公式如下：

$$\Delta Z = \frac{u_2^2 - u_1^2}{2g}$$

式中：u_1 、u_2 分别为左、右汊道进口的断面平均流速。

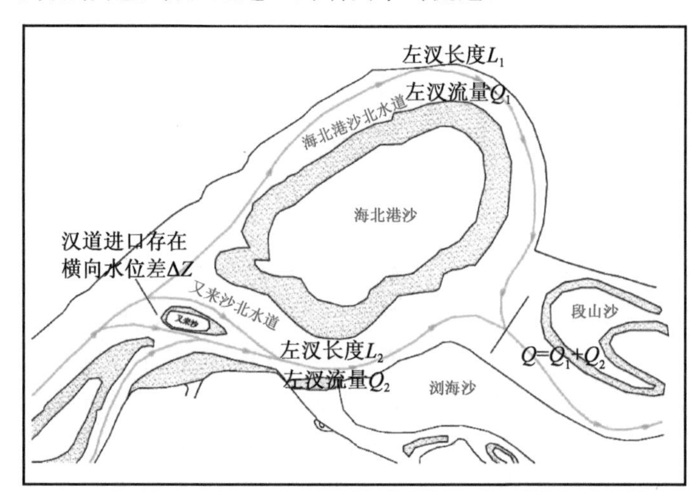

图 4.6-1　分汊河道汊道交替发育动力机理示意

例如，1860年以来福姜沙河段主汊始终遵循着“深泓北移弯曲、北岸受冲后退、深泓南侧沙体淤涨、北水道泄流不畅、分汊口水位壅高形成横比降、沙体切割、主流改走南水道、残余沙体并岸、深泓重新北移弯曲”的演变轮回。19世纪末、20世纪初海北港沙发育、20世纪30年代又来沙发育、20世纪70年代双涧沙发育及相应汊道兴衰更替遵循着以上演变轮回，一个完整演变轮回的周期大致为30年。对于自然演变下的单一河道大致经历以下循环过程：单一河槽、河道坐弯、边滩发育、河道展宽心滩发育、分汊河型、主支汊易位、汊道衰亡、洲滩归并、单一河槽。

③ 洲滩呈周期性演变特性

双涧沙演变传承如皋沙群汊道周期性演变规律，呈现“沙头淤涨、中水道萎缩、漫滩流嬗变、窜沟发育、新中水道发展、分裂沙体并岸”的演变过程，见图4.6-2，越滩流嬗变是双涧沙及周边水道不稳定的关键动力，双涧沙稳定是滩槽格局稳定的前提。19世纪中期江中就有白茆沙沙体，沙体演变主要经历了形成、发展、下移、冲散乃至和北岸或扁担沙归并、再形成的周期性演变过程，见图4.6-3。

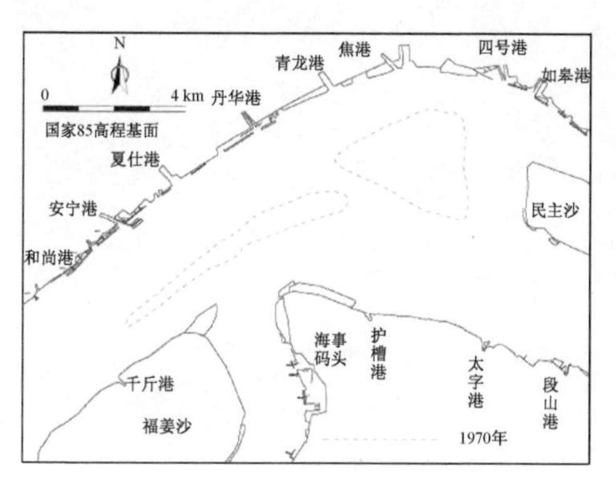

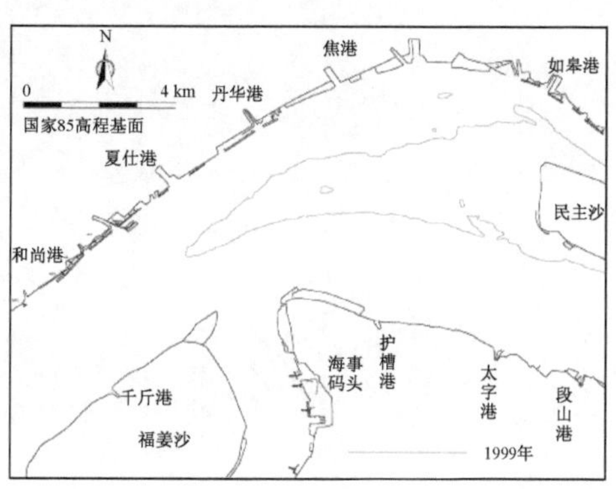

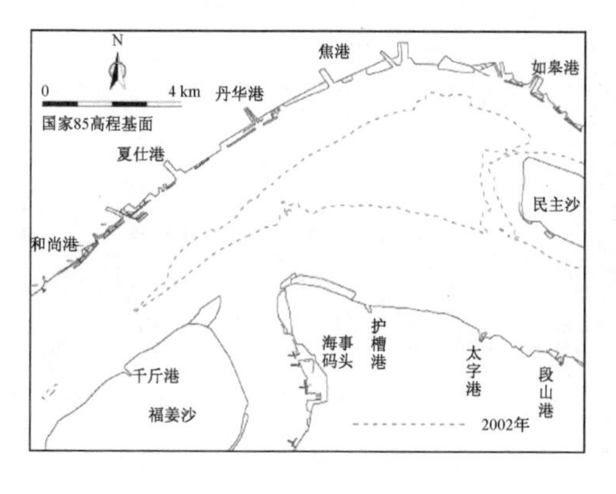

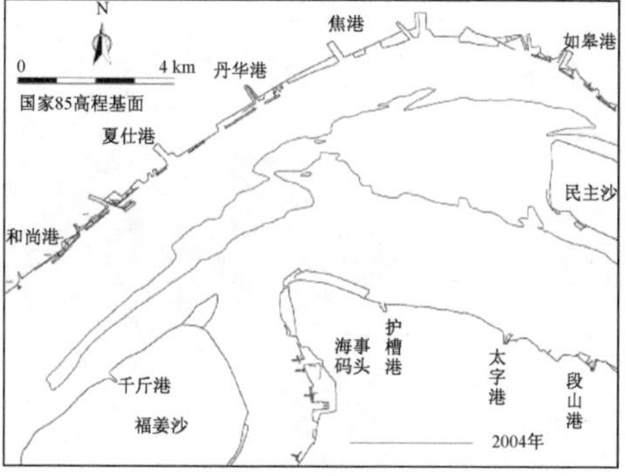

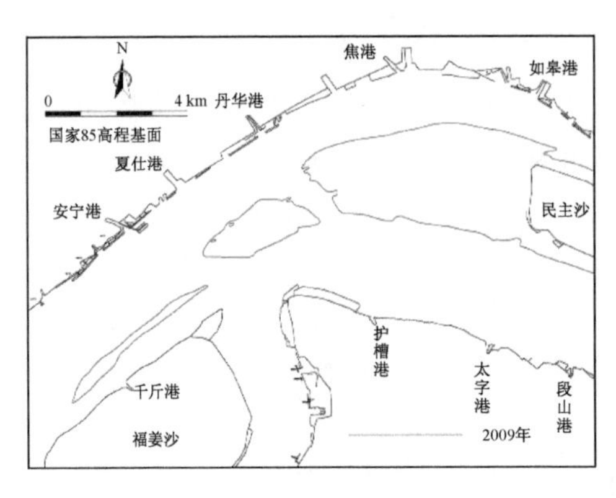

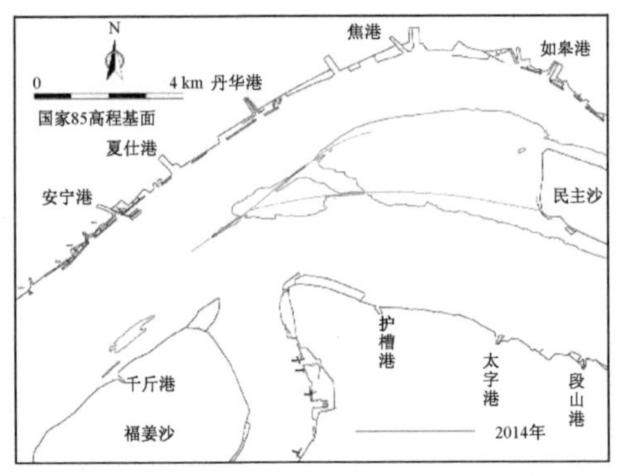

图 4.6-2 双涧沙沙体近期演变

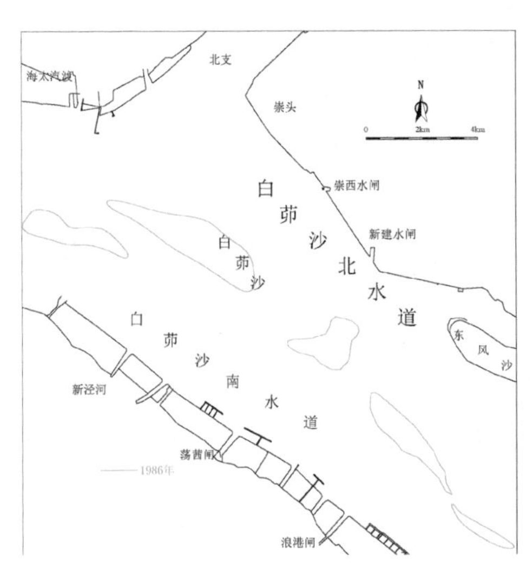

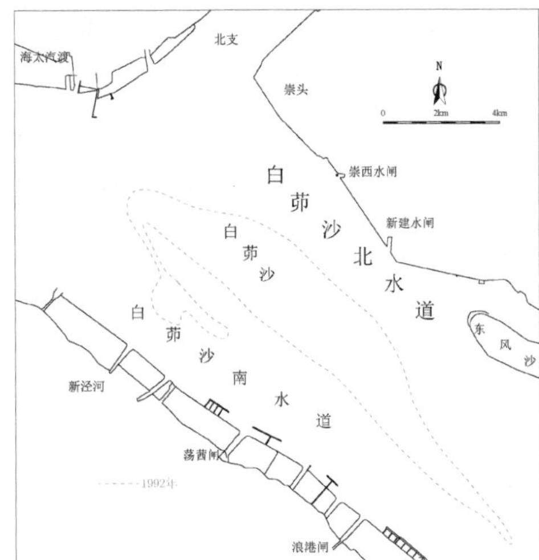

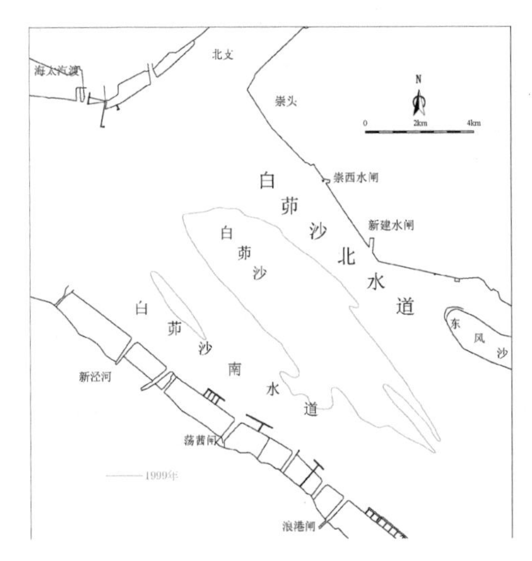

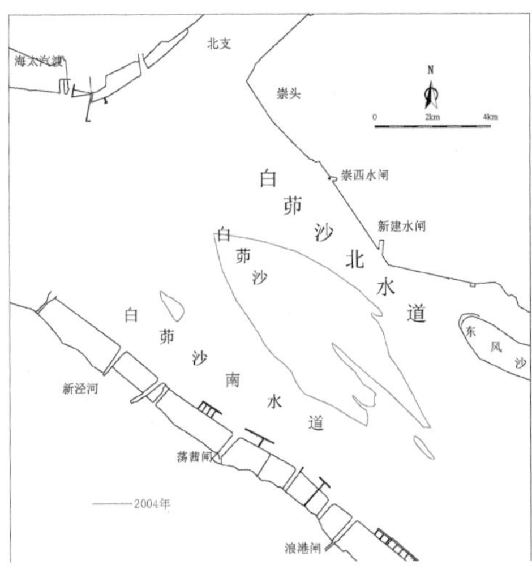

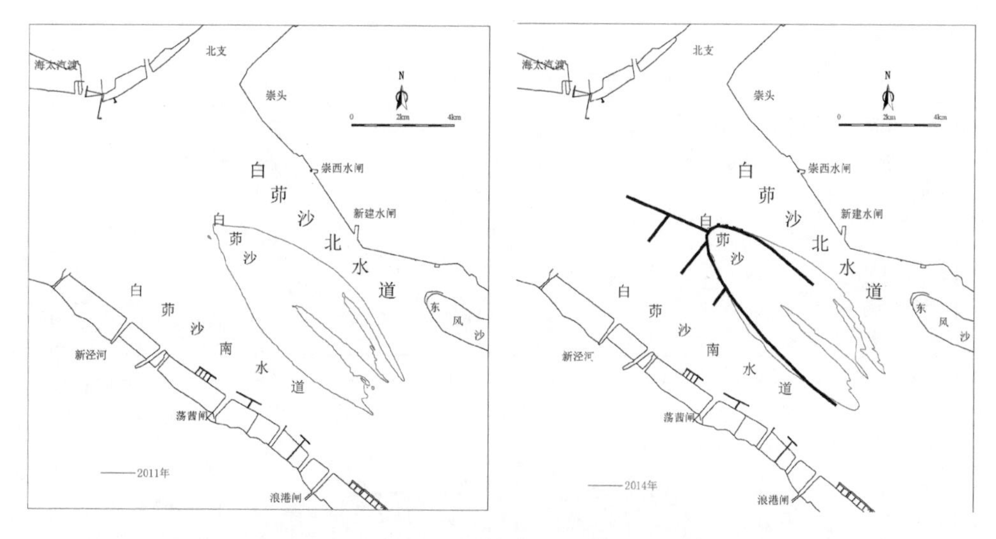

图 4.6-3 白茆沙沙体近期演变

在自然演变条件下洲滩演变呈周期性变化。洲滩呈现形成→发展→衰退(或归并)→再形成的变化过程,如海北港沙→又来沙→双涧沙,白茆沙经历了形成→发展→冲刷→再形成的变化。在人类活动影响下,滩槽变化周期会有所变化,但由于长江江苏段河道宽阔,控制节点之间距离较长,在洲滩未得到控制条件下,长江江苏段内滩槽变化仍遵循河床自然演变的基本规律。

4.6.3 水下低边滩切割形成的成型沙体推移活动,不利于局部河段的河势稳定

长江下游平原冲积河流河床是不平整的,分布着各种不同大小、不同外形的泥沙聚集体,本文称之为水下成型沙体。该成型沙体发展变化与底沙运动息息相关,长江河口段底沙推移运动形态上表现为洲滩的下移和沙嘴的延伸,其移动趋势可以导致分汊河道分流比的调整、下游汊道的兴衰以及航道水深条件的变化。

例如,福姜沙左汊近岸靖江低边滩演化与上游来水来沙条件、江阴水道左侧心滩变化、福姜沙头部左缘变化等因素密切相关。左岸靖江低边滩−10 m沙体易受水流切割,自20世纪70年代以来发生多次切割,特别是近年来边滩切割较为频繁(见图4.6-4),导致福北水道内存在水下活动沙包(成型淤积体),沙包呈现切割下移、进入福北水道、部分归并双涧沙的周期性演变模式,沙包下移速度约1.0～1.8 km/a,洪季速度相对较快。狼山沙形成于20世纪50年代,最初为江中暗沙,受水流冲刷后退,沙体演变主要经历了形成、发展、下移、西偏、归并于通州沙沙体的演变模式。新开沙尾部切割成型沙体,受狼山沙左缘冲刷后退影响,沙体呈现逐步西移的演变特点。

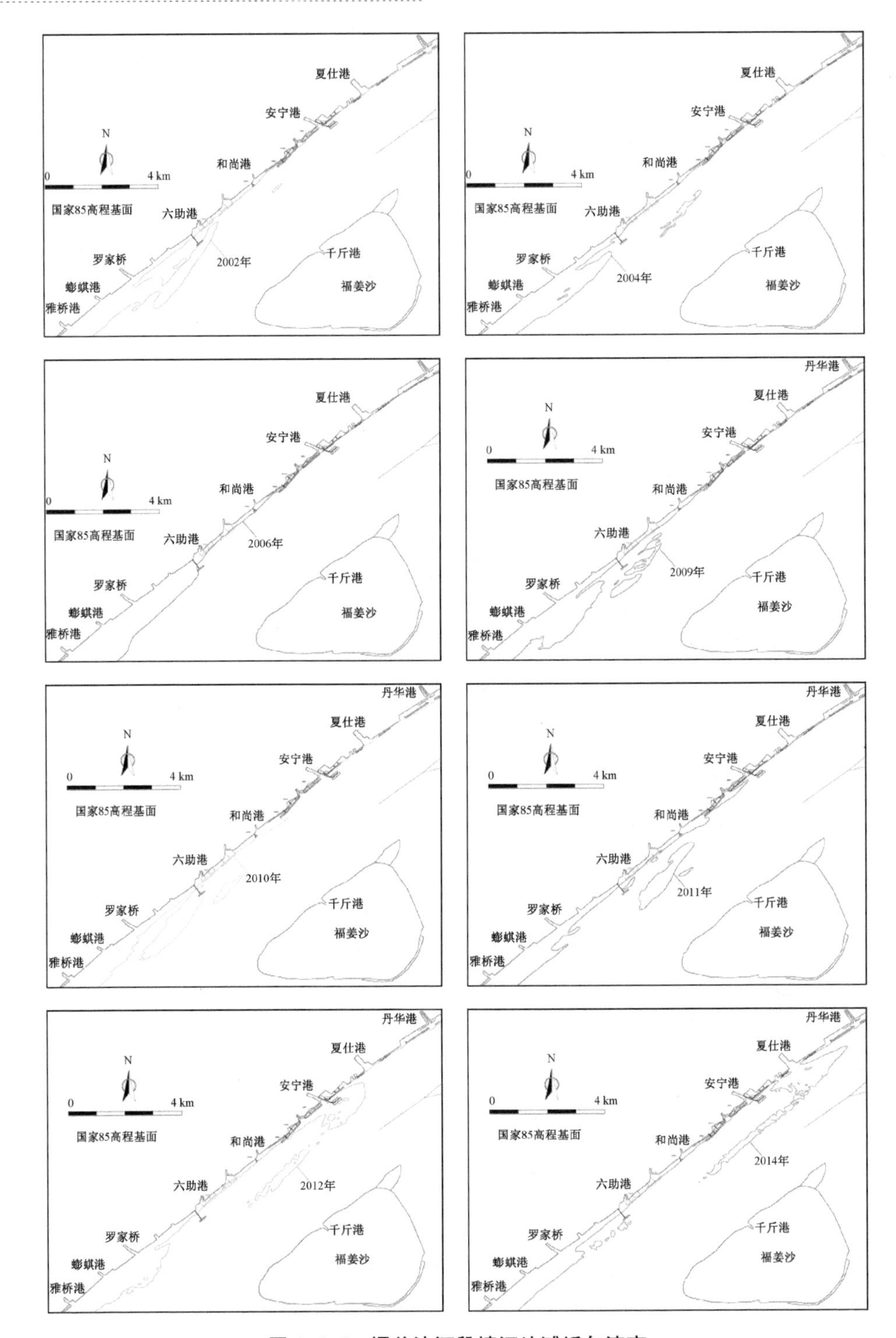

图 4.6-4　福姜沙河段靖江边滩近年演变

4.6.4 经过多年自然演变和人工控制作用，节点控导作用逐步增强，节点河段之间演变关联性逐步减弱

河道节点控制作用主要取决于节点处河床河相关系和节点束窄段长度，节点控制作用强弱直接影响节点河段之间的演变关联性。节点处河床断面河相关系愈小，束窄段愈长，更能较强地调整水流，减弱邻近分汊河道相互之间的演变影响。

长江河口段呈藕节状弯曲分汊河型，各个河段之间通过天然或人工节点相连接。例如，在天然鹅鼻嘴节点段控导作用下，福姜沙水道进口藕节段具有较强的控导能力，江阴水道与福姜沙水道之间演变关联性逐步减弱，主要反映自身汊道和滩槽演变规律，但上游江阴水道心滩冲失下泄泥沙仍会对下游河床变化带来一定的影响。

历史上如皋沙群河段与下游河床变化存在较密切关系，上游汊道兴衰造成通州沙水道主流出现了三次大摆动。但 20 世纪 50 年代主流稳定在浏海沙水道后，通州沙水道不再发生主支汊移位现象，主流一直稳定在东水道。随着 20 世纪 90 年代以来九龙港一带人工控制段的形成，通州沙河段进口河势更趋稳定，加之目前如皋沙群河势已基本稳定，如皋沙群河段与通州沙河段演变关联性很小。

历史上徐六泾缩窄段形成前，通州沙河段和白茆沙河段关联性密切，上游汊道兴衰直接引起下游汊道变动达 3 次之多。20 世纪 50 年代之后徐六泾对岸实施了一系列围垦工程，徐六泾江面由 13.8 km 缩窄至 5.7 km，形成长江河口段关键的人工缩窄段，削弱了上游通州沙河段演变对下游的影响，2007 年以来常熟边滩围垦及新通海沙围垦后徐六泾河段最小河宽缩窄至 4.5 km，进一步减弱了上游演变对白茆沙河段的影响。

4.6.5 近年来长江上游来沙逐年减少，新水沙条件下河床总体呈冲刷态势，高潮淹没、低潮出水的低滩呈现滩面高程降低、面积微减特性，以悬沙落淤积为主的支汊淤积衰退趋势减缓，河床总体稳定性提升

三峡水库蓄水后上游来沙进一步减少，水体含沙量降低，河床总体呈冲刷状态，新水沙条件下高潮淹没、低潮出水的低滩呈现滩面高程降低、面积微减特性。2003 年三峡水库蓄水后，通州沙河段低滩变化总体来看，呈现通州沙、横港沙等低滩滩面高程有所降低，滩体－5 m 线以上面积呈微减趋势，如图 4.6-5 和图 4.6-6 所示。

以悬沙落淤积为主的支汊淤积衰退趋势减缓。受上游水库建成蓄水拦沙影响，支汊天生港水道 0 m 以下河槽累计净冲刷量约为 500 万 m^3；西水道累计冲刷

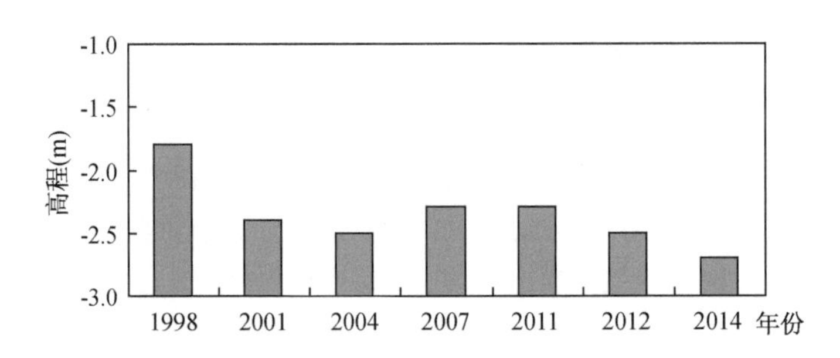

图 4.6-5　通州沙中部滩面高程近年变化

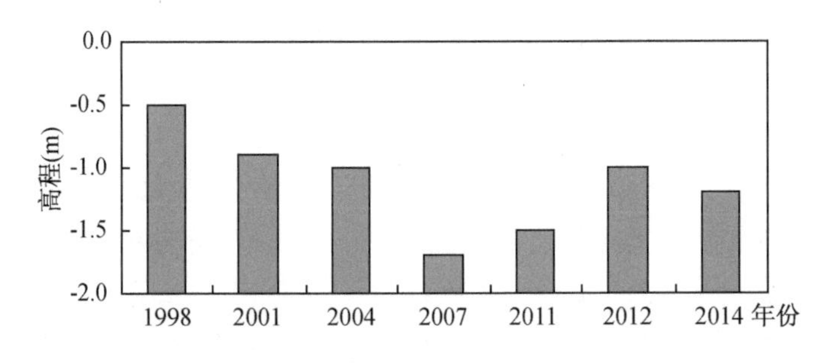

图 4.6-6　横港沙中部滩面高程近年变化

约 82 万 m^3；福山水道累计冲刷约 30 万 m^3。可见上游来沙减小后，以悬沙落淤积为主的支汊淤积衰退趋势减缓，某些洲滩冲刷较难恢复，演变周期可能加长。

钱宁研究认为，流域的床沙质来沙量愈少，意味着总体来说河流愈稳定，不会因为短时期的强烈淤积，使某一股支汊堵塞，进而引起河势较大变化。对比长江和非洲尼日尔河，二者中下游均为江心洲发育分汊河型，但前者含沙量约为后者的 2 倍，因此从这点来看，后者比前者河床稳定性要高。

窦国仁从理论上推导提出了河床活动指标 K_n 的计算公式：

$$K_n = 1.11\frac{Q_{洪}}{Q}\left(\frac{\beta^2 V_{0s}^2 S^2 Q}{k^2\alpha^2 V_{0b}^2}\right)^{\frac{2}{9}}$$

其中：$Q_{洪}$ 为年出现频率为 2%的洪水流量的多年平均值；Q 为平均流量；V_{0s}、V_{0b} 分别为悬沙、底沙的止动流速；S 是平均含沙量；α 为河岸与河底的相对稳定系数，β 为涌潮系数，可取 1.0；k 为常系数，一般取 3～5。

由上式可见，随着上游来沙量减小，水体含沙量 S 减小，加之三峡蓄水后年内流量的相对变幅 $\frac{Q_{洪}}{Q}$ 减小，因此河床活动指标 K_n 总体减小，表明新水沙条件下河床稳定性有所提升。

4.7 河床演变趋势预测

4.7.1 南京河段

(1) 上游新济洲河段,上下各汊道段之间无明显的过渡段,上游汊道的变化直接影响到下游汊道的变化,上下游演变的关联性较强。上游小黄洲汊道分流仍在变化中,本河段形成分汊的洲滩并未完全稳定,新济洲左右汊仍有调整变化的可能。河床的变化有时是缓慢的,是一个从量变到质变的过程。目前汊道内冲淤变化仍较大,遇到大洪水冲淤变化更大,汊道分流仍有变化,是否会出现主支汊易位现象,主要取决于河道节点对河势控导作用、关键部位守护效果及分汊洲滩的稳定性。

(2) 梅子洲分汊前有较长的单一河道过渡段,上游潜洲汊道的变化一般来说对下游梅子洲汊道影响不大,除非上游潜洲分流比有较大变化,或出现主支汊易位现象。大胜关段右岸水流顶冲段已进行加固守护,防止出现崩岸现象,大胜关段总体呈现较稳定状态。

(3) 梅子洲汊道段分流比仍保持较稳定状态,右汊为支汊,由于右汊河道较窄,无明显滩槽变化,河床总体较稳定。梅子洲左汊河宽及外形较顺直,主流由进口梅子洲左缘一侧至出口过渡到左岸河口一侧。由于左汊顺直较宽,最宽达2.7 km,且宽段较长,长达 10 km 以上,近年河床总体呈冲刷态势,遇大洪水主流仍有摆动可能,但总体仍维持进口主流靠右岸,逐渐向左岸过渡,维持潜洲左汊为主汊的态势。

(4) 八卦洲汊道段上游分汊前主流靠左汊一侧,这对延缓左汊衰退有利,目前左汊向窄深发展,左汊河床刷深与河道疏浚有一定关系。从近年实测资料分析,左汊深槽内的泥沙明显较右汊细,右汊河床中值粒径一般在 0.2~0.25 mm,而左汊一般在 0.05 mm 左右,且在枯季左汊流速一般仅 0.3~0.5 m/s。左汊无冲刷发展的迹象,2014—2016 年枯季分流比仅 12%左右,洪季在 15%左右,但因上游来沙减少及左汊内航道疏浚等,使左汊衰退速度明显减缓,左右汊有可能维持相对稳定的状态。

(5) 龙潭弯道段关键是西坝至拐头段及龙潭弯道段的守护。目前八卦洲汊道分流比不会有大的变化,且左汊分流比一般仅为 12%~15%,对右汊主流挤压作用不会有明显的变化。从河型看,右汊出口右岸形成弯道凸嘴,主流出新生圩港后北偏,脱离右岸。因此西坝至拐头仍是水流顶冲段,拐头凸嘴对主流有一定控导作用,主流在拐头挑流作用下仍右偏进入龙潭沿岸深槽。但龙潭附近河道放宽,最宽达 2.8 km 左右，对岸兴隆洲一侧历史上曾出现边滩切割形成心滩情况，所以遇大洪水，龙潭弯道凸岸边滩仍有可能遭洪水切割，江中形成活动心滩。龙潭河口下主流贴右岸，至三江口过渡至左岸陡山，在护岸工程作用下河势将保持稳定。

4.7.2 镇扬河段

（1）镇扬河段历史上河势很不稳定，主要分为世业洲汊道段、六圩弯道段、和畅洲汊道段，汊道兴衰多变，弯道呈现凹岸冲刷崩退、凸岸不断淤长趋势。经一、二期整治工程后河势逐渐趋向稳定，河道形态变化较小，但汊道分流仍不稳定。

（2）世业洲汊道近年呈左汊发展、右汊衰退趋势，但右汊仍为主汊，12.5 m 深水航道选择走右汊，世业洲深水航道整治工程为稳定世业洲头，采取工程措施稳定分汊，适当减小左汊分流比，工程后汊道总体向稳定方向发展。但左汊进口工程区工程附近局部冲刷明显，左汊河床仍处于调整期，在河床边界条件控制下，上游来沙减少，河床总体向窄深方向发展，左汊分流比将有一定调整，但仍处于支汊地位。

（3）六圩弯道段凹岸一侧经多次守护，但中下段深槽逼岸，水深在 50 m 以上，沿岸仍有险情发生。六圩弯道中部河宽 2.7 km 以上，受上游主流摆动影响等，凸岸边滩受水流冲刷切割有可能出现分汊，征润州边滩淤长影响到右汊进口水流条件。

（4）自 20 世纪 80 年代以来和畅洲左汊由支汊发展为主汊，分流比最大达 73%左右，而本河段通航汊道为右汊，左汊分流比增加，已影响到右汊通航条件，出现碍航。左汊已实施了两次限流工程，2003 年左汊进口段潜堤工程，使左汊分流比增加趋势受到一定遏制。2015 年至 2017 年深水航道治理实施左汊潜堤工程，据 2017 年 8 月实测左汊分流比减少 5%左右，工程起到预期效果，工程后潜堤下游河床冲刷明显，局部冲刷最大深度达－60 m，即河床在短期内有一定的调整，分流比也有一定调整变化。从右汊变化看，右汊河床近年有所冲深，进口已出现－45 m 深坑，但从进口条件看总体对右汊有利，因此在工程作用下，左汊分流比有所减小，但右汊仍为支汊，主支汊地位不变，在河道边界控制下，右汊分流比增加有限，主要通过增加断面水深的方法增加右汊分流比。

（5）和畅洲左右汊水流交汇后，至大港镇主流岸南岸侧，向下在五峰山节点的挑流作用下主流右摆，大港镇近岸深槽逼岸，出现－45 m 槽，大港水道－40 m 槽上下基本居中，中间贴南岸，其对岸形成大边滩。但上游左右汊分流比变化，汇流后主流方向发生变化，大港水道中部滩槽仍会有所变化。

4.7.3 扬中河段

（1）扬中河段进口段河势受马鞍矶、五峰山等岩体的约束作用，深泓线走向、深槽位置多年来稳定少变，太平洲左、右汊分流分沙比长期稳定在 9∶1 左右，主支汊从未发生过易位。

嘶马弯道长期受长江主流的冲刷作用，在 20 世纪 70 年代以前，该河段处于自然状态，弯顶段年崩率平均达 150 m 左右。70 年代以来，在嘶马弯道段和太平洲小决港岸段实施一系列丁坝、平顺抛石、沉排、沉梢等多种型式的护岸工程，自此以后嘶马弯道段坍塌已大势缓和，高港凸咀前水下礁板沙的抗冲控制作用，使得弯道发展已得到了控制。由于嘶马弯道凹岸下段冲深，及汊道汇流顶冲段的变化，弯道凹岸仍有险情发生。嘶马弯道由于河道崩退展宽，江中出现落成洲分汊，近年落成洲右汊发展，影响到落成洲左汊航道水深，航道整治工程守护落成洲头部，限制右汊发展，落成洲右汊发展得到一定控制，但分流比仍可能有一定的调整变化。

（2）太平洲左汊顺直段河宽近年变化不大，随着护岸工程的不断实施，河宽趋于稳定。江中心滩虽受来水来沙的变化等影响有一定的上提下延变化，近年来南北汊汇流点呈下移左摆的趋势，但随着长江南京以下 12.5 m 深水航道工程扬中河段心滩守护工程的实施，该心滩将趋稳定，从而有利于本河段河势稳定。

（3）太平洲左汊出口段主流多年来靠右岸，小决港至太平洲尾已实施护岸工程。左岸天星洲头受来水来沙变化将上延或后退。顺直段心滩变化将影响天星洲头部的变化，但天星洲洲体宽度多年来变化不大，其尾部近年变化也不大。由于天星洲较长，其头部的变化对炮子洲及录安洲影响较小。2017 年天星洲整治工程完工，有利于天星洲汊道段河势的稳定。

（4）20 世纪 70 年代以前，受上游主流右移影响，炮子洲外侧的学一洲、录安洲外侧的定兴洲相继被冲消失，长江主流逼岸，录安洲头及其外缘受冲，岸线崩坍严重。经过 20 世纪 70 年代、80 年代乃至 90 年代实施防护工程后，录安洲洲头及左缘逐渐稳定，洲体对水流的导流作用增强。

近年来水流顶冲点已下移至录安洲中下部，录安洲洲头及左缘的护岸工程不断强化，这种河势格局预计将不易改变。录安洲、界河口、天生港形成相连的交错节点，控制着主流进入江阴水道的走势。近年来录安洲以下近岸－20 m 以上深水区及－10 m 以及岸滩均较稳定。因此，只要录安洲、界河口和天生港节点起控制作用，这一河段滩槽预计将长时期保持稳定。

（5）江阴水道长期维持较稳定状态，顺直微弯的江阴水道主流偏靠南岸，由于弯曲半径较大，弯道环流强度较弱，加之南岸土质坚实抗冲性能极强，水流难以侵蚀，近百年来江阴水道南岸主深槽河床平面变化甚小，预计今后仍将长期维持稳定。

江阴水道北侧虽是凸岸所在，但北岸长期存在着－15 m左右的副槽，副槽历年来随上游来水来沙条件不同而有所变化，深槽位置时有上提下挫和左右摆动的情况发生，今后这种变化情况仍将存在，但变幅不会很大，副深槽不会消失。在上游来水来沙减少及河道边滩围垦缩窄的条件下，江阴水道放宽段江中心滩活动性减弱。江阴水道将长期维持现有格局，今后长期内仍将是长江下游较为稳定的河道之一。

4.7.4 澄通河段

（1）福姜沙汊道将长期维持北汊为主汊，南北分流比相对稳定的格局。如皋中汊和浏海沙水道分流比也趋于相对稳定状态。福南水道缓慢淤积趋势还将继续，弯顶区域迎流顶冲，河床边坡较陡，需加强防护，以防弯道进一步坐弯而增大水道阻力。福姜沙左汊河床活动性较大，北岸水下边滩的淤涨下延影响到福姜沙左汊的演变。双涧沙横向漫滩流影响双涧沙滩地、福北及福中水道的稳定，双涧沙护滩工程和深水航道整治工程的实施有利于沙体及周边河势的稳定。

（2）航道整治工程刚实施不久，福北水道又进行航道疏浚，需满足12.5 m单向通航要求。如皋中汊分流比将维持在一定范围内，满足通航要求。天生港水道涨潮沟特性更为明显，上、中段河床仍以微淤为主，下段河床由于横港沙圈围则趋于稳定。

（3）浏海沙水道自20世纪70年代初开始实施护岸工程以来，严重崩坍的江岸段逐步得到了控制。九龙港一带沙钢码头群沿岸形成导流岸壁，长江主流由十二圩向南通任港一带过渡，任港至姚港到龙爪岩一线南通港区码头群工程控制了长江主流顺利进入通州沙东水道，形成了通州沙河段较稳定的进口条件。

（4）通州沙河段经过多年的自然演变及人工治理，主流走东水道趋势不会改变。通州沙西水道整治工程的实施有利于通州沙河段上段双分汊河道的形成和发展。

（5）深水航道一期工程实施后，通州沙和狼山沙沙体左缘将得到守护，有利于通州沙河段河势和航道条件的稳定。但新开沙尚未得到守护，其演变仍处于自然演变状态，加之新开沙下段冲失，东水道展宽，江中可能出现新的心滩，在新水沙条件下可能出现新一轮的洲滩变化过程。

4.7.5 长江河口段

（1）上游通州沙河段实施一系列整治工程后，河势总体向稳定方向发展，进入徐六泾河段主流摆动幅度减小。由于徐六泾上游东水道内滩槽变化，多汊汇流后

进入徐六泾河段的动力分布、水流顶冲点部位仍有所变化，虽然最窄处仅 4.5 km，但缩窄段较短，上游变化对下游影响依然存在。徐六泾上游主流的变化仍不可避免地影响白茆沙南、北水道的变化，但其变化目前呈较缓慢的过程。

（2）近年白茆小沙上沙体有所刷低，而下沙体基本冲失，虽然进行了新通海沙围垦及常熟边滩围垦工程，但工程对白茆小沙约束作用较小，白茆小沙仍处于自然变化状态，来沙量减少使下沙体恢复难度加大。

（3）白茆沙河段将长期维持主流偏靠南岸，分汊段两汊并存，主流走南水道的河势格局。深水航道一期工程实施后白茆沙沙头及两缘将得到守护，有利于白茆沙河段进口分汊河段河势和航道条件的稳定。北水道受沿程阻力、水沙倒灌等影响，其发展受到限制。由于长期维持主流偏靠南水道一侧，及白茆小沙冲失，导致南水道进口冲刷，分流比增加，“南强、北弱”的态势进一步加剧，导致太仓沿岸水动力增强，河床冲刷。

（4）七丫口将进一步向新的节点发展，白茆沙南、北水道汇流区在 20 世纪 90 年代就基本稳定在七丫口附近，已呈节点雏形，但由于北岸边界还未固定以及扁担沙滩面高程还较低，形成较稳定的节点还需要一定的时间。

（5）随着中央沙、青草沙整治工程的实施，加上新浏海沙固沙潜堤的作用，南、北港分流点的位置基本固定，南、北槽分流格局近期内仍将会呈现南增北减的趋势，随着深水航道整治工程丁坝坝田区域逐渐淤积稳定，南、北槽分流格局在人工干预作用下有望渐趋稳定。

（6）北支已逐渐演变为涨潮流占优势的河段，进流条件的恶化以及涨潮流占优势的水沙特性决定了北支总体演变方向以淤积萎缩为主。北支主流线反复多变、滩槽变化频繁的现象仍将继续，但随着护岸工程和圈围工程的实施，部分水域的主流线将在较长时间内保持稳定。南、北支会潮区将在较长时期内稳定在北支上段，北支上段将进一步淤积。北支下段河道宽浅，涨潮动力强，涨落潮流路不一致，其沙洲、滩槽仍不稳定。

5 长江江苏段河势控制关键技术

5.1 河势控制基本原则及思路

一个河段的河势控制首先要分析不断变化的河道演变过程，掌握河道的变化规律，在此基础上，总结长期以来有关部门河势控制工程的经验，还要兼顾使用该河段的各部门之间的关系。河势控制的一般原则可以概括为：因势利导、抓住时机、统筹兼顾、动态管理。

长江干流江苏段长 432.5 km，为藕节状多分汊弯曲河道。南京河段为常年径流段，南京至江阴河段为季节性潮流段，受径潮流共同作用，江阴以下为常年潮流段，受潮汐影响明显。潮汐河口的流量沿下游方向增加，河口段沿程还存在放宽率；从平面形态看，有顺直型、弯曲型及分汊型等不同的形态特征。可见，长江江苏段上下游各段间河型上有不同，各段的造床流量存在差异，分汊河段和受潮汐影响明显的河口段河势控制思路也存在着差异。

5.1.1 不同分汊河道河势控制思路

长江江苏段徐六泾以上，为径流作用为主的藕节状多分汊河型，其河势控制的主要思路为：

(1) 稳定现有河势，加强节点对河势的控制作用

节点对控制河势具有重要的作用，节点分布较密的河段，上下游河段河道演变之间的关联性相对较弱，河势易于控制，反之河势不易控制。因此，对于河道较宽、节点间距较长的河段，可在相对缩窄段采取工程措施形成人工节点。

(2) 维护洲滩形态完整、平面位置相对稳定

对于分汊性河道，应控制江中洲滩的数量，维护洲滩形态的完整，防止水流频繁切滩产生新的分流通道，影响分流格局。同时，洲头的平面位置是控制分汊河道分流格局的关键，应根据河道演变规律、本河段及上下游河段维持河势稳定、国民经济设施安全运行等方面的要求，合理确定分流口位置。

(3) 不同分汊河型，采取不同的治理措施

长江中下游河势控制与河型是密不可分的，顺直型、弯曲型、分汊型具有不同的形态特征，其河段特性、演变规律、治理任务有所不同。

① 顺直型河道河势控制

顺直型河道演变特点是滩槽交错，边滩深槽呈周期性的向下蠕动，在其演变过程中，水流顶冲点的位置发生变化，深槽贴岸的位置也相应变化，常有崩岸发生，河道平面形态发生改变。河势控制不是守点，而是多点同时守护，即在两岸同时进行多点守护，形成三处以上的人工节点段，达到稳定滩槽的目的。

② 弯曲型河道的河势控制

弯曲型河道演变特点主要是凹岸冲刷、凸岸淤积，但由于弯曲程度不一，主流变化顶冲点的位置及河床冲淤变化不同。对于微弯型河段主要对凹岸侧顶冲位置进行守护；对于弯曲较大的河段，考虑到洪枯季动力轴线变化，弯道进口两侧需进行守护，凹岸一侧顶冲点的位置变化较大，守护范围需考虑到洪枯季顶冲点位置的变化。有些弯道凸岸边滩淤积较大，洪水有可能切割边滩形成分汊，还需考虑凸岸一侧的边滩守护。对连续多个弯道，上下弯道过渡段常形成过渡段浅滩，过渡段滩槽常不稳定，洪枯季主流摆动，两岸主流顶冲位置多变，其守护应考虑过渡段滩槽变化引起的顶冲点位置变化，或对过渡段浅滩进行适当守护。

③ 分汊河段河势控制

长江南京以下为分汊河段，以分汊为主，单一河道一般较短，汊道的稳定直接关系到河势的稳定、航道的稳定。

对于顺直分汊河段，当顺直河段展宽，先在江中形成淤积心滩，当顺直段继续展宽，心滩淤高长大，枯水露出水面，形成分汊洲滩。采用低水建筑物守护江中心滩，可采用心滩两侧通航，或促成心滩向某一侧并岸，成为单一河槽。

微弯型分汊河道河势控制首先稳定河道平面形态，对于两岸水流顶冲，及可能崩岸险工段进行守护，守护分汊的洲滩，分汊洲滩受水流作用常不稳定，这会影响到汊道河势稳定。对汊道进出口两岸进行必要的守护，汊道进口如两岸冲刷崩退影响到汊道进流条件稳定及主流稳定，许多汊道由于进流条件变化，最终导致汊道兴衰变化。因汊道分流比变化，或主支汊易位等影响，沿岸顶冲点的位置可能发生变化，顶冲左右岸也有可能发生变化，因此需对两岸顶冲部位进行守护，稳定河势。

弯曲分汊河道(含鹅头型汊道)演变周期较短，常出现汊道兴衰，主、支汊易位的现象，在自然演变下，当弯曲比达到一定程度，则出现裁弯取直现象。随着经济发展，对河势控制的要求发生了新的变化，在两岸护岸工程作用下，河道平面形态基本稳定，同时满足航道、生态、环保等要求。在节点控导，洲滩稳定，崩岸守护的基础上，满足通航要求，限制非通航汊道的发展，适当增加通航汊道分流比。

5.1.2 河口段河势控制思路

根据长江口的自然演变规律及演变趋势，社会经济发展态势，考虑长江口整治开发的要求，河口段的河势控制总体思路：

(1) 基本保持长江口目前三级分汊、四口入海的总体河势格局；

(2) 加强节点控导作用，缩窄徐六泾河段河宽，逐步形成七丫口人工节点；

(3) 长江南支需考虑深水航道开发利用，防冲促淤，固定洲滩，适当缩窄河宽，稳定主流流向，稳定南北港分流形势；

(4) 长江北支应考虑消除或减轻北支咸潮和泥沙倒灌南支，延缓北支淤积萎缩速率，在一定时期内维持北支排水功能。

5.2 长江江苏段河势控制需求

近年来，特别是三峡工程蓄水后，上游来水来沙条件有较大的变化。另外，在长江江苏段，随着河道综合整治开发、长江南京以下深水航道建设等诸多大型涉水工程的建设，水沙动力及河床冲淤发生相应调整，水沙变化和涉水工程的建设均会对河势造成影响。在这种新水沙、新工情下，防洪、生态环境保护、港口航道建设、沿岸取排水等对河势控制提出了更高的要求。新时代我国经济已由高速增长阶段转向高质量发展阶段，贯彻习近平总书记对长江经济带在坚持生态保护的前提下实现科学发展、有序发展、高质量发展的新要求，开发建设必须是绿色的、可持续的。

(1) 河势控制与上游来水来沙变化相适应，上游来沙减少，使河道长距离冲刷，加剧了局部河势不稳定性，崩岸频度及强度增加，影响到防洪安全。

(2) 航道整治工程实施，需保持通航汊道稳定，多汊通航环境则对河势稳定提出了更高要求。

(3) 已有和规划建设的江苏过江通道规模将达 45 座，密集的过江通道建设，需维持通道建设后已有的滩槽格局。这对主流主槽稳定、滩槽格局的维护提出了极高的要求。

(4) 沿江港口建设需要有稳定的河势条件，河势控制中需考虑到沿江经济发展要求，沿江水生态环境的保护，河势控制应与优良的生态环境相协调，坚持生态优先、绿色发展。

(5) 长江江苏段在新的外部环境下，对河势控制提出了更高的要求。

5.3 长江江苏段河势控制关键技术

5.3.1 长江江苏段河势控制关键技术

一个河段的河势控制不仅要分析不断变化的河道演变过程,并掌握河道的变化规律,还要在此基础上处理好使用该河段水资源的各部门之间的关系。长江江苏段河段较长,为藕节状多分汊弯曲河道,水动力条件还存在明显差异。南京河段为常年径流段,南京—江阴河段为季节性潮流段,受径潮流共同作用,江阴以下为常年潮流段,受潮汐影响明显,同时考虑该区域经济发展等因素,这对长江江苏段的河势控制提出了更高的要求。这需要进行系统的河势控制研究。

单一河段的河势控制工程有不少成功的经验,不同河型的河势控制也有不少学者进行过研究。胡春燕等进行过长江中下游河势控制研究,根据不同河型的演变特点及存在的问题,提出长江中下游干流微弯单一型河段、弯曲型河段和分汊型河道的河势控制基本方向。潘庆燊也从顺直微弯型河道、蜿蜒型河道、分汊型河道和游荡性河道等方面,对河势控制进行相关的研究。这些研究,主要针对不同河型和受潮汐影响的多分汊弯曲河道,未考虑水动力的影响,同时也未考虑各河段上下游河道演变及河势控制工程的相互影响,即未考虑上游河道间的关联性。

为进行长江江苏段河势控制关键技术研究,拟在对前期交通运输部科技项目重大专项——长江福姜沙、通州沙和白茆沙深水航道系统治理关键技术研究的基础上,通过梳理长江江苏段多年来各个河段险工岸段等方面的治理及其效果,分析其河势控制的特点、要点,总结河势控制的关键因素,以便研究出适合长江江苏段这种受潮汐影响的藕节状多分汊弯曲河道的河势控制关键技术。

5.3.1.1 河势控制要点及特点

(1) 南京河段

南京河段进口猫子山至下关为顺直分汊河段,20 世纪 80 年代由于上游小黄洲左右汊变化,90 年代初新生洲、新济洲出现主支汊易位。新济洲两汊水流汇合后,顶冲七坝附近江岸,河岸崩退,河道展宽,新潜洲淤长。为稳定河势,在河道沿岸关键部位进行守护,如七坝—大胜关、浦口、梅子洲头部等。七坝等节点的控导作用将有所加强。

八卦洲汊道段在 20 世纪 40 年代左汊为主汊,其分流比自 40 年代以来不断减小,河道弯曲。80 年代初,左汊分流比洪季不足 20%,枯季不足 15%,至 2016 年洪季分流比在 15%左右,枯季仅在 12%左右。上游主流由北岸过浦口节点右偏经八卦洲洲头右缘进入右汊,再右偏顶冲燕子矶节点沿岸,然后在燕子矶头导流作用下主流左偏顶冲北岸新生圩—天河口节点北岸，在天河口凸嘴的导流作用下，主流又右偏顶冲新生圩港区，主流出右汊后又北偏顶冲北岸西坝头至拐头沿岸，在拐头凸嘴排流作用下主流又右偏顶冲龙潭沿岸。由此可看出，八卦洲主流在沿程节点的控导作用下左右摆动，弯曲前进。这表明，南京河段的河势要稳定，沿岸节点的控导作用是关键。

在主流顶冲点的对岸一般为浅滩，顶冲点沿岸为深潭，这样沿程出现滩槽交替的变化，如右汊进口前南岸有上元门边滩，右汊内有燕子矶对岸边滩，天河口对岸巴斗山边滩，新生圩港对岸边滩，汊道出口汇流段乌龙山边滩，龙潭对岸兴隆洲边滩。主流顶冲深槽贴岸，如水流顶冲段岸线都得到有效守护，则沿岸滩槽保持稳定；如顶冲段没有得到有效守护，深槽及岸线仍有所变化，滩槽则相应变动。这表明，要保持南京河段的稳定，需要保持节点间洲滩的稳定，以保证滩槽格局不发生大的变化。

20 世纪 60 至 70 年代八卦洲右汊滩槽出现交替向下游蠕动变化。目前八卦洲汊道主汊水流顶冲段都已进行守护，但某些岸段仍为险工段，仍需不断进行加固。

在龙潭河段，20 世纪 50 年代龙潭水道为较顺直的单一河道，其进口位于八卦洲左右汇流段。70 年代初，西坝头附近河床冲刷，西坝头附近连续出现多个窝崩，最大崩进达 400 m 左右。在拐头节点控制下，主流由西坝头一侧转而南偏，顶冲龙潭沿岸，龙潭附近自 20 世纪 50 年代至 60 年代岸线最大崩退 1 500 m，年平均崩退 85 m。70 年代初至 80 年代末，对龙潭水道西坝头节点一带、石埠桥至便民河口等部位进行抛石护岸工程，逐步扼制了河势变化。龙潭水道一系列节点和重点部位的护岸工程的实施，起到了稳定河势的作用。

(2) 镇扬河段

六圩弯道的变化，主要由于龙门口岸线崩退，形成弯道的凹岸，弯道形成水流动力轴线发生由南向北变化，导致河道北冲南淤，由于北岸抗冲性差，随着弯道的发展，顶冲点由瓜洲逐渐向下移动，北岸六圩河口至洲头河口为最强崩退区，1959—1982 年最大崩退 2.3 km。20 世纪 70 年代开始守护，经多次抛石护岸，1986 年集资护岸工程后，崩岸基本得到控制。

世业洲汊道出口右岸崩退，龙门口下形成凹岸导致主流弯曲，由右岸向左岸过渡，顶冲点由瓜洲向六圩河口过渡，左岸不断崩退，现顶冲点下移至沙头河口附近。而世业洲左汊分流比增加，使龙门口崩退更加强烈，龙门口守护工程使崩退得到控制，但随顶冲点的变化及沿岸冲刷，岸坡变陡，产生崩窝。20 世纪 80 至 90 年代，随着六圩弯道顶冲点的下移，沙头河口至左汊岸线时有崩退，深泓左移。相应上游深槽下移、左摆，主流靠左汊一侧，左汊与主流的交角减小，左汊进流条件改善。相应在六圩弯道下段深泓北移，主槽北偏下移时，征润洲向东北方向淤长，右汊进流条

件变化。

20 世纪 50 年代，和畅洲左汊由支汊变为主汊，分流比由 1952 年的 32%上升至 1960 年的 56%。这与 1954 年大洪水六圩弯道发展、和畅洲头冲刷、左汊进口扩大有关。20 世纪 60 年代左汊由主汊发展为支汊，1976 年分流比下降至 27.3%，主要原因是六圩弯道弯顶下移，左汊进口与主流夹角变化，汊道内人民洲边滩淤长，左汊弯曲形成鹅头型汊道，左汊阻力增加。70 年代末至 80 年代，左汊扇子圩鹅头颈初切滩夺流，左汊发展。1986 年开始对重点崩岸段进行应急护岸工程，2004 年 11 月实测分流比达 76.8%。2004 年后左汊分流比有所减小，至 2016 年徘徊在 72%左右，这主要与左汊潜堤工程及航道整治工程有关。

可见，在镇扬河段，由世业洲左右汊汇流后主流对重点部位六圩弯道冲刷，导致顶冲点下移变化和沿岸冲刷，在大洪水作用下，六圩弯道发展及和畅洲头冲刷，和畅洲左汊进口扩大，逐步由支汊发展为主汊。

(3) 扬中河段

扬中河段太平洲左右汊分流比及主支汊地位百年未变，支汊为右汊，多年变化较小，仅中部小炮洲 20 世纪 50 年代有所变化，出现分汊现象。左汊主汊多年来变化相对较大，出现沙洲并岸，弯道更加弯曲，嘶马弯道顺直段展宽，心滩发育，左汊内落成洲左右汊变化，右汊出口天星洲变化下段炮子洲、录安洲变化，再往下段江阴水道变化，出口鹅鼻嘴节点控制，进口五峰山节点控制。

嘶马弯道上起三江营下至杨湾，上游进口水流在五峰山导流岸壁挑流作用下，主流在三江营下贴左岸下泄，由于左岸抗冲性差，导致岸坡崩塌。

天星洲形成与河道放宽有关，主流出太平洲左汊，右偏，太平洲左缘小决港附近冲刷后退，导致主流进一步右偏，水流一部分沿天星洲与北岸之间的夹槽下泄，但因为夹槽过流面积较小，大水时泄流不畅，所以天星洲洲头在水流顶冲下有可能切割，枯水时涨潮流有时增强，而夹槽的发展与涨潮流有关。目前，天星洲整治工程已实施完成，天星洲汊道的冲淤变化将减弱。

20 世纪 60 年代太平洲左汊下段主流右偏，尾部左缘冲刷崩退，导致主流进一步右偏。1970 年实施护岸工程逐渐稳定，由于主流右摆天星洲向右淤长，而炮子洲、录安洲左缘冲刷后退，天星洲向下淤长。80 年代初实施录安洲左缘护岸工程，90 年代又进一步实施节点控制工程，护岸长 2.4 km，建丁坝 5 座，录安洲中下段逐渐形成凸出的人工矶头，与下游的天生港节点共同对主流有一定的控导作用。

由此可见，扬中河段在进口五峰山节点、出口鹅鼻嘴节点以及河段中录安洲、天生港等天然或人工工程的控制下，河势总体稳定，主支汊地位百年未变；上游进口水流在五峰山导流岸壁挑流作用下，主流在三江营下贴嘶马弯道左岸下泄，由于左岸抗冲性差，导致岸坡崩塌，河段局部河势出现变化。

(4) 澄通河段

近年福姜沙进口主流摆动幅度变小,但仍有所变化,靖江边滩仍出现周期性的冲淤变化,其主要表现在边滩中下段。上游主流摆动影响边滩淤长,反过来边滩变化也影响到主流摆动。边滩变化又影响到左汊内河床冲淤变化,边滩冲刷切割下移,下游河床心滩变化,滩槽变化,河床断面形态发生变化,即在每次心滩下移过程中,河床断面形态、流速分布、航道水深将有所改变,即靖江边滩变化影响到左汊河势变化,造成左汊河势不稳定。

1960 年前后,随着又来沙淤长发育,又来沙北水道逐步弯曲、萎缩导致泄流不畅,又来沙头部漫滩水流增强,并逐渐将又来沙头部边滩切穿、分离形成双涧沙。20 世纪 70 年代以后,由于原双涧沙水道与左汊主槽间的弯曲幅度过大,使得主流逐渐从如皋中汊下泄,如皋中汊发展,双涧沙水道衰亡,以后双涧沙头不断向上游延伸发展,沙尾逐渐下移并于 1989 年与民主沙合并,滩面高程相对稳定。

福中、福北两水道的变化与双涧沙的演变是密不可分的。20 世纪 90 年代后福姜沙北汊章春港以下沿岸受冲,岸坡冲刷后退。随着北汊近北岸的冲刷和如皋中汊的发展,双涧沙头向福姜沙沙头淤涨,致使福中水道明显萎缩。当双涧沙下移,福中、福北相通;而当双涧沙上潜时,则福中、福北分开。双涧沙与福姜沙头相连,不过当福北水道发展弯曲到一定程度,弯道内水流阻力增加,过流能力减小,水流将另找出路。福北水道和福中水道存在较大的横比降,部分水流经双涧沙滩地进入福中水道以及浏海沙水道,而且双涧沙滩地存在串沟,当串沟渐渐发展,福北下段主流动力轴线也将南移,从而又开始下一轮的演变。2010 年底开始实施双涧沙守护工程,2012 年上半年工程完工。双涧沙守护工程实施后有助于双涧沙沙体的稳定,有利于福姜沙水道的河势稳定,有利于深水航道的建设和维护。

九龙港段经多次守护及沿岸建有多座沙钢码头,下段十二圩附近又有沙洲电厂码头等,已形成人工节点段,其对主流有一定的控导作用,但上游主流蠕动,仍影响到南通水道的主流方向,即九龙港沿岸水流顶冲部位的变化,导致下游水流方向发生变化。一般上游主流与九龙港沿岸夹角越大,则下游主流越北偏进入南通水道,即入射角越大,反射角也越大。

姚港下由于龙爪岩凸出矶头的挑流作用,主流脱离左岸右偏,冲刷通州沙下段左缘。姚港与龙爪岩对岸为通州沙,从外形上看形成凸岸浅滩,此段通州沙一侧未进行守护,其冲淤变化影响到下游主流变化及龙爪岩对主流的排流作用。如通州沙一侧河床冲刷,水流右偏,龙爪岩排流作用就减弱,相应下游主流方向发生摆动,通州沙东水道内狼山沙将不断下移、西偏,主流随之而变;随着深水航道整治通州沙、白茆沙工程的实施,狼山沙下移、西偏的趋势已经得到了遏制;由于营船港下河道展宽,且江中心滩次深槽发育,东水道内滩槽格局也有可能发生变化。因此,应

加强龙爪岩节点的控导作用，对新开沙进行治理。

由此可见，在澄通河段，福姜沙左汊靖江边滩周期性冲淤变化引起福北水道河势变化；双涧沙守护工程的实施，遏制了双涧沙沙体周期性演变对河势的影响，为深水航道整治二期福姜沙工程的实施奠定了良好的河势条件；九龙港段经多次守护及沿岸码头的建设，已形成人工节点段，进一步减弱了福姜沙与通州沙演变的关联性；深水航道整治对狼山沙进行了有效守护，狼山沙下移、西偏的趋势得到了遏制；由于龙爪岩节点控导作用不强、新开沙未治理，营船港港下河道展宽，江中心滩次深槽发育，东水道内滩槽格局有可能发生变化。

(5) 长江河口段(江苏)

① 徐六泾节点段

徐六泾节点段上起野猫口下至北支口，全长约 15.3 km。历史上长江主流顶冲常熟岸线，致使江岸崩坍。18 世纪开始，常熟岸线先后修建海塘及一系列桩石工程，加上右岸地质条件较好，徐六泾段右岸长期处于稳定状态。1954—1957 年通海沙围垦成陆并入左岸，1958 年左岸开始进行了一系列围垦工程，1965—1973 年江心沙围垦并入左岸，徐六泾段江面由原来的 15.7 km 缩窄至 5.7 km，徐六泾节点形成。1993—1999 年在海门县海太汽渡附近进行了圩角沙围垦，2006 年右岸进行了常熟边滩围垦，2007 年，新通海沙围垦工程开始实施，至 2011 年已实施的有四段，总长约 9.8 km。苏通大桥下游附近江面宽缩窄到 4.5 km 左右，徐六泾河段的节点控制作用进一步加强。这些工程的实施，使徐六泾河段成为江阴以下长江干流段唯一的单一河道，形成了长江下游最后一个节点——徐六泾人工缩窄段。

② 长江北支近年来河势控制工程

北支长 83 km，为长江一级入海口，上窄下宽，河道总体较浅，下段放宽，洲滩较多，滩槽变化频繁，潮汐为主要动力，涨潮分流比一般大于落潮分流比，分沙比大于分流比，含沙量北支大于南支，受潮汐影响较大，含沙量大潮明显大于小潮。由于进流条件恶化，涨潮流占优，多年来河床总体呈淤积萎缩态势，但局部时段有可能发生冲刷现象。

南北支会潮区域位于北支进口段，北支上段仍是主要淤积区域。目前情况下北支在枯季大潮下可能出现水沙倒灌南支，而在洪季大潮条件下仍有可能出现水沙倒灌南支，因为北支大潮条件下涨潮分沙比可达 20%～40%，分流比可达 10%左右。但随着北支中下段河床围垦缩窄，北支水沙倒灌的可能性减小。

北支沿岸已进行多次护岸，多年来由于围垦工程实施，岸线不断调整。由于岸线调整后水动力泥沙条件变化，水流顶冲位有所改变。北支一般近岸水深较浅，河床高程在－5 m 左右，但局部岸坡较陡，深槽贴岸，近岸河床高程在－15 m 左右，有崩岸发生的可能。

北支近年变化主要受人为因素的影响，河道两岸不断围垦，河宽缩窄明显，逐渐成为边界及河宽受人工控制的河道，其演变规律相应有所改变。

③ 长江南支近年来河势控制工程

深水航道整治一期工程对白茆沙头部进行守护，白茆沙上部两侧采用护滩潜堤守护白茆沙，但白茆沙下段及尾部未采用工程措施，而白茆沙下段的变化主要受涨潮流影响，在涨潮流作用下白茆沙头部仍有可能冲淤多变。

落潮主流在南北水道之间摆动：落潮过程中主流是摆动的，主流由刚落潮时偏北水道一侧，逐渐向偏南水道一侧过渡。可见不论在洪枯季还是在一个涨落潮过程中，主流变化过程落潮流都易顶冲白茆沙头部。来自扁担沙上的涨潮流直冲白茆沙尾部，扁担沙上窜沟涨潮流较大，白茆沙尾部易受下游涨潮流冲刷。白茆沙沙体上高下低，沿白茆沙尾部上溯的涨潮流，沿程分散部分进入白茆沙南北水道，沙体上出现多处涨潮沟，并有横向流出现。

随着长江南京以下 12.5 m 深水航道整治工程的实施，其洲头在大洪水作用下不再发生冲刷后退的现象，南水道进口缩窄，航道水深条件改善，但白茆沙下沙体受涨潮流影响仍不稳定。

由于河道宽阔，洲滩众多，河道分汊常导致涨落潮流路分离；洲滩、汊道及洲滩之间存在横比降，如白茆沙南北水道、南支主槽与新桥水道之间存在横比降。由于横比降存在，洲滩出现漫滩水流，有时沙体出现窜沟，如扁担沙上的南门通道。

由上述徐六泾节点段、长江南支和北支近年来河势变化及控制工程实施后的效果来看：随着徐六泾节点整治工程的实施，最窄处缩窄到 4.5 km 左右，徐六泾节点控导作用有所加强；北支近年变化主要受人为因素的影响，河道两岸不断围垦，河宽缩窄明显，逐渐成为边界及河宽受人工控制的河道，其演变规律相应有所改变；随着深水航道一期工程中白茆沙整治工程的实施，白茆沙沙体得到守护，七丫口缩窄段的进口水流条件有所稳定，工程河段河势总体趋向稳定。

5.3.1.2 控制关键因素分析

通过上一节对长江江苏段近年来演变及河势控制工程实施后的效果分析，我们可以得到以下几点。

(1) 在南京河段：① 南京河段的河势要稳定，沿岸节点的控导作用是关键；② 要保持南京河段的稳定，需要保持节点间洲滩的稳定，以保证滩槽格局不发生大的变化；③ 龙潭水道一系列节点和重点部位的护岸工程的实施，起到了稳定河势的作用。

(2) 在镇扬河段：由世业洲左右汊汇流后主流对重点部位六圩弯道冲刷导致顶冲点下移变化和沿岸冲刷，在大洪水作用下，六圩弯道发展及和畅洲头冲刷，和畅洲左汊进口扩大，逐步由支汊发展为主汊。

(3) 在扬中河段：在进口五峰山节点、出口鹅鼻嘴节点的控制下，以及河段中录安洲、天生港等天然或人工工程的控制下，河势总体稳定，主支汊地位百年未变；上游进口水流在五峰山导流岸壁挑流作用下，主流在三江营下贴嘶马弯道左岸下泄，由于左岸抗冲性差，导致岸坡崩塌，引起到了河段局部河势变化。

(4) 在澄通河段：① 福姜沙左汊靖江边滩周期性冲淤变化引起福北水道河势变化；② 双涧沙守护工程的实施，遏制了双涧沙沙体周期性演变对河势的影响，为深水航道整治二期福姜沙工程的实施奠定了良好的河势条件；③ 九龙港段经多次守护及沿岸码头的建设，已形成人工节点段，进一步减弱了福姜沙与通州沙演变的关联性；④ 深水航道整治对狼山沙的守护作用使狼山沙下移、西偏的趋势得到了遏制；⑤ 由于龙爪岩节点控导作用不强、新开沙未治理、营船港下河道展宽、江中心滩次深槽发育，东水道内滩槽格局有可能发生变化。

(5) 在长江南支河段：① 随着徐六泾节点整治工程的实施，最窄处缩窄到4.5 km左右，徐六泾节点控导作用有所加强；② 深水航道一期工程白茆沙整治工程的实施，使白茆沙沙体得到守护，稳定了七丫口缩窄段的进口水流条件，工程河段河势总体趋向稳定。

由以上5个河段近年来演变及河势控制工程实施后的效果分析，我们可以看出，对于长江江苏段这种受潮汐影响的藕节状多分汊河道来说，河势控制首先要加强节点的控导作用，减弱各河段演变及工程的关联性；在此基础上，稳定河段内的洲滩，使河段内的河势不发生大的变化；最后针对崩岸区域进行守护。

下面对节点的控导作用、固滩稳流和崩岸守护对河势的影响进行简单的梳理和阐述。

5.3.1.3　节点对河势控制的影响

节点：存在于河岸两侧，具有耐冲物质组成的局部边界条件，主要功能是控制河流的摆动幅度及局部格局，使河流趋于稳定，对上或有壅水作用，对下或有挑流作用。节点有两岸对峙双节点和单边节点，节点段有长有短，节点间纵向距离变化影响到河型发展。一般情况下长江下游节点纵距与节点间宽度比值大于6，易出现分汊河型。如节点纵距太长，节点对河型发展的控势作用减弱，节点间太近，将限制原有河型的发展。自身有一定长度的双峙节点有利于江心洲河型的形成，有一定长度的节点更能控制河道的摆动或主流的摆动。

人工节点：在人工控制下河道成为多节点的人工控制河流，人工节点作用主要防止主流顶冲下岸线崩退及深槽、主流贴岸，岸坡冲刷。在两岸交错节点的控制下既控制了河道的摆动，又控制了深槽主流的摆动，如南京七坝—大胜关—梅子洲—浦口段。

节点的控制作用主要体现在节点河段作用增强将导致上、下游河段河床演变的关联性逐步减弱，节点间各河段的演变具有相对的独立性和滞后性。

节点在冲积性河流河床演变中扮演着重要的角色，起着十分重要的作用。节点位于主流顶冲范围内，对主流有一定的控导作用，可限制上游成型淤积体的下移，但节点不能完全控制主流的摆动。受上游河势变化影响，当主流发生摆动，节点的控导作用也会发生改变，主流的顶冲位置在节点上下变化，有可能脱离节点的控制，有的节点已远离岸线，如南京河段下三山节点、乌龙山节点，镇扬河段北固山、焦山已脱离长江，靖江的孤山，张家港的段山，常熟的福山，南通的狼山。从长江江苏段的河床演变历史不难看出，节点河段的形成对上下游分汊河段的水沙运动和河床演变关联性的影响至关重要。目前上下游河段河床演变的关联性逐步减弱，各分汊河段滩槽整体格局不再受上游河段河床演变的控制，历史上"一滩变、滩滩变"的演变模式大为削弱。

节点对河道的控制作用的强弱，主要取决于节点的稳定程度、节点断面的宽深比和节点段控导的长度。

长江下游感潮分汊河道之间往往通过窄深单一河道相互连接，窄深河道的河岸一岸或两岸往往为天然山体、抗冲性强的黏土层或人工构筑物控制工程。钱宁等将这些窄深河段称为河段的控制节点。节点的存在不仅对汊道的发展削弱产生深远的影响，而且对分汊型河流的形成及汊道的平面外形起到控制作用。

相邻两河段由于中间节点的调节作用，上游河段的演变不可能立即对下游河段产生影响。因而长江下游分汊河道不存在一汊变，下游汊汊立即变的连锁反应，也就是说，节点使分汊河段间演变关联性减弱。

5.3.1.4 洲滩稳定对河势控制的影响

由于节点的控导作用，河道只能在这些节点之间的区域内摆动。节点间河道主槽的摆动幅度，与该河段河身的宽窄以及岸线的外形有密切的关系，没有控制物的河段，主流的摆幅就要大得多。

如果节点对河流挟持较紧，上下游河段的游荡程度就会减少，节点之间距离越小，节点对河势的控制作用将越强；如果节点对河流的控制较松，上下游宽浅段的主流就会有较大的摆幅，在这种情况下，洲滩的稳定对整个河势的稳定显得尤为重要。

5.3.1.5 关键部位守护对河势控制的影响

在河道演变过程中，河段中某些关键洲滩的变化可能会引起河段的变化。福姜沙河段的演变分析表明，其洲滩关键部位的不稳定性主要表现为靖江边滩不定期发生尾部切割，双涧沙头部仍有冲淤变化的余地，福姜沙左缘边滩可能出现上冲下淤过程。靖江边滩的淤涨和尾部切割多次导致散沙进入福北水道进口段深槽，引起深槽和近岸水域及进港航道阶段性高强度回淤，这对整个福姜沙河段河势稳

定来说是个潜在不利影响。通过对潮流变动段福姜沙多级分汊水道河床演变规律及滩槽稳定性的研究,可以认为福姜沙河段稳定的关键在于对双涧沙的守护。

通州沙下段至狼山沙左缘边坡冲刷后退,狼山沙西偏下移,1998—2011 年间平均西移 600 m。营船港附近沙体南缘 5～10 m 滩坡淤长南压,将加剧狼山沙东水道上段的碍航程度,落潮动力轴线可能发生调整,深槽弯曲会对通州沙东水道下段至狼山沙东水道的深水航道建设和维护造成严重影响。可见,通州沙河段稳定的关键是对通州沙下段和狼山沙的左缘进行守护。

5.3.2 徐六泾以上河段河势控制

如前所述,对长江江苏段这种受潮汐影响的藕节状多分汊河道来说,河势控制首先要加强节点的控导作用,减弱各河段演变及工程的关联性;在此基础上稳定河段内的洲滩,使河段内的河势不发生大的变化;最后再针对重点部位进行守护。

5.3.2.1 节点控导作用分析研究

1. 长江江苏段节点类型

节点的分类有多种形式:

(1) 按其功能可分为单边控制节点、双边控制节点和错口对应控制节点。

(2) 按形成原因可分为天然节点和人工节点。天然节点主要由基岩、抗冲性地形组成,而人工节点则主要是由护岸、围垦或岸线开发利用等人为工程实施而形成。

(3) 按控制作用的强弱,两岸都受到控制的节点称为一级节点,而一岸为固定边界,而另一岸位置不固定的节点称为二级节点。

(4) 按节点在河床演变中的作用将其分为两类:第一类是对一个分汊河段起控制作用的节点,称为河段控制节点;第二类就是分汊河道内部起控制作用的节点,称为局部控制节点。

图 5.3-1 为长江江苏段节点位置及河床稳定性分析断面布置示意图。附表 1 为长江江苏段节点概况,考虑长江江苏段的水位沿程往下游逐渐降低,如南京段、镇江、江阴、徐六泾,多年平均水位分别为 3.33 m、2.63 m、1.27 m、0.77 m。各段的造床流量往下游逐渐增加,其对应水位也逐渐降低。节点断面的面积、河宽的计算水位为造床流量对应的水位。

2. 节点稳定性及横向控制作用分析

(1) 南京河段

南京河段自上而下的节点主要有:七坝—大胜关、浦口—下关、八卦洲洲头、西坝—新生圩等节点。

① 七坝—大胜关节点段

七坝—下三山节点为双边控制的人工节点,位于新潜洲左汊下段,其上游为新

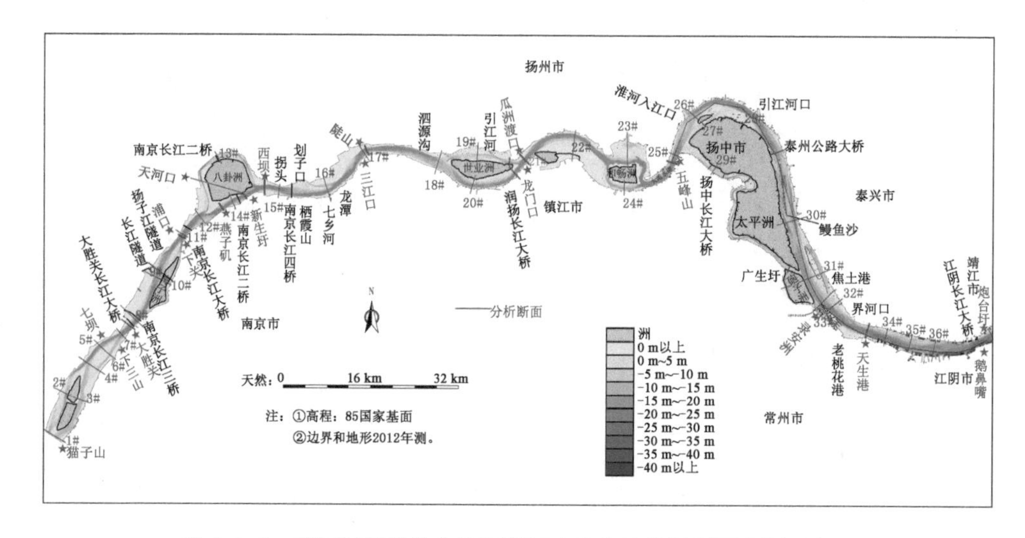

图 5.3-1　长江江苏段节点位置及河床稳定性分析断面布置示意图

济洲汊道段，下游为梅子洲汊道段。节点段长度大约为 1.0 km，其断面图如图 5.3-2 所示。新济洲右汊现为主汊，分流比占 60%左右，新济洲主流出口偏北侧进入新潜洲左汊，新济洲出口河道放宽，靠右岸有子母洲，子母洲右汊水浅河窄为支汊。自铜井河口至校龙河主流由右岸挑向左岸，目前铜井河口已进行护岸。此段对主流有一定的控导作用，此段为强崩岸区，1998 年、2004 年进行了守护及加固。此岸段变化影响到新济洲右汊主流方向，为本河段河势控制的主要节点。

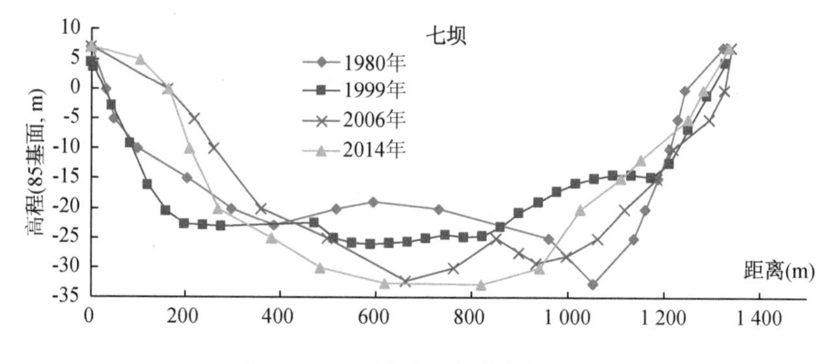

图 5.3-2　近年来七坝节点断面图

新潜洲左汊为主汊，分流比已达 80%左右，新济洲左汊主流北偏经新济洲洲尾右缘进入潜洲左汊。七坝段位于新潜洲左汊左岸弯道主流顶冲段。七坝上下游附近至今已进行多次护岸、加固，主要有 1971 年抛石护岸，1985 年至 1993 年集资整治工程，2005 年二期加固工程，2014 年至 2015 年加固工程。虽经多次护岸及加

固，2007 年 12 月、2009 年 3 月仍出现崩岸，导致此江段控制主流由左岸导向右岸。

下游大胜关段和梅子洲洲头经过多年的人工整治，逐渐趋于稳定，使七坝—下三山节点控制作用加强。大胜关段主流靠右岸而下，与上游七坝节点相呼应，控制主流进入梅子洲左汊. 梅子洲左缘对主流有一定的导流作用，控制主流的走向。根据 2014 年 12 月地形，七坝断面河相关系系数 ξ 为 1.5，表明断面较稳定。

根据 2014 年 12 月测图，节点断面河宽为 1.1 km，河相关系系数为 1.5，断面形态较稳定。节点参数及综合分析见附表 1。

② 浦口—下关节点

为双边控制的人工节点，两岸受控属一级节点，近年来节点断面如图 5.3-3 所示。根据 2016 年 12 月测图，节点断面河宽为 1.2～1.3 km，河相关系系数为 1.5，断面形态较稳定。节点参数及综合分析见附表 1。

浦口岸段，梅子洲左汊主流由进口靠洲头一侧逐渐北偏进入潜洲左汊，潜洲左汊为主汊，目前分流比约占 85%，水流进入潜洲左汊顶冲浦口沿岸。浦口岸段位于现长江隧道北岸侧附近，近岸深槽贴岸，沿岸流速大，也属于历史险工段，已进行多次护岸加固，主要有 1955—1957 年沿排护岸，1964—1966 年加固护岸，1983—1993 年集资整治工程，2005 年二期整治工程。潜洲以下河道缩窄，惠民河口附近为南京河段最窄处，河道缩窄后，流速加大，北岸受主流顶冲，沿岸进行了守护。主流出潜洲左汊后有所南偏，因此浦口沿岸对河势有一定的控导作用。南岸下关附近也是历史险工段，此江段受潜洲右汊及梅子洲右汊水流交汇顶冲作用。

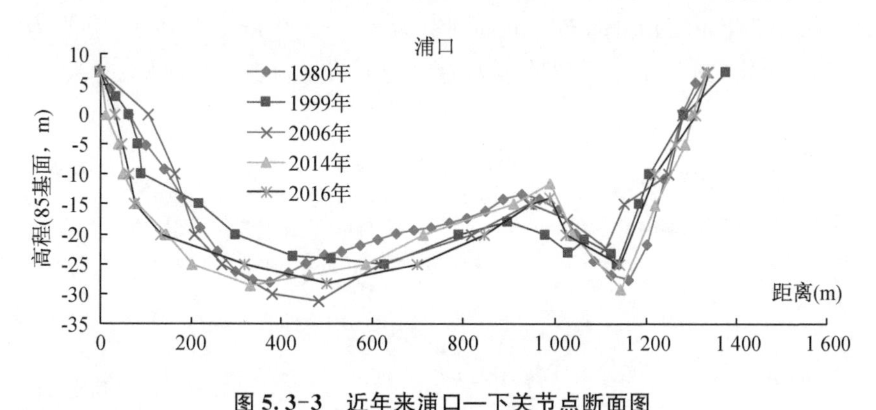

图 5.3-3 近年来浦口—下关节点断面图

③ 八卦洲头、天河口—燕子矶、新生圩人工节点群

1985 年前八卦洲头冲刷后退，相应左汊分流比减小，右汊发展，加剧了汊道兴衰的变化，洲头崩退，主流沿洲头右缘进入八卦洲右汊，右汊内滩槽变动，交替蠕动下移。1985 年实施洲头控制工程，并对右汊内水流顶冲关键部位进行守护，右汊滩槽基本稳定，并对洲头左右缘一定范围内进行守护，使八卦洲稳定分汊。自

1985 年以来，虽左汊分流比仍有所减小，但变化很缓。

八卦洲头、天河口—燕子矶、新生圩节点群呈上下交错，但节点间距离较短，节点控制作用强，使右汊处于稳定的状态。节点群中新生圩附近断面较窄，河宽大约 1.3 km，河相关系系数为 2.0，节点断面较稳定。节点参数及综合分析见附表 1。

④ 西坝、拐头人工节点

位于八卦洲汊道出口回流段、龙潭水道进口左岸，为二级、单边、人工节点，控制龙潭水道上段主流方向，节点控导作用强。

西坝至拐头段也是南京河段关键节点控制段，处于八卦洲左右汊汇流顶冲段，20 世纪 70 年代出现多次窝崩，1996 年又出现窝崩。上游汊道分流比的变化，导致汇流段顶冲位置也发生改变。目前左汊分流比总体出现缓慢变小的趋势，洪季分流比在 15%左右，枯季在 12%左右。左汊分流比的变化及出口主流位置的变化对西坝、拐头沿岸的影响相对较小。右汊为主汊，自 20 世纪 80 年代以来分流比都在 80%以上，其出口主流摆动对西坝、拐头沿岸影响较大。近年上游来沙减少，河床总体呈冲刷态势，主流摆动难免，顶冲部位变化出现新的险工段。西坝至拐头控制下游主流的方向，拐头以下主流南偏，顶冲龙潭沿岸。拐头控导作用直接影响到龙潭沿岸顶冲位置的变化，如拐头失去控导作用，主流继续沿北岸而下，有可能影响兴隆洲边滩，形成新的分汊河势。西坝至拐头近岸深槽逼岸，最陡处坡降比在1∶2 左右，最深点在−50 m左右，水深岸陡，又处在汊道的汇流段，在一定范围内应加强守护加固。

根据 2017 年 11 月测图，节点断面河宽为 1.3～1.4 km，河相关系系数为 1.7，断面形态较稳定(图 5.3-4)。节点参数及综合分析见附表 1。

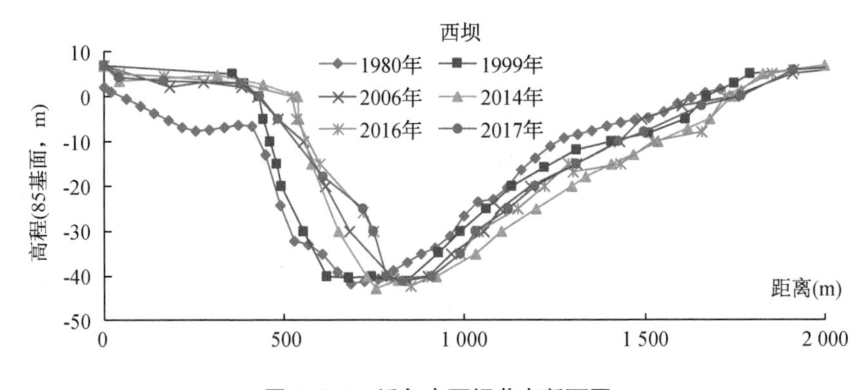

图 5.3-4　近年来西坝节点断面图

(2) 镇扬河段

镇扬河段自上而下的节点主要有：陡山—三江口节点、瓜洲—龙门口等节点。

① 陡山—三江口节点

该节点位于龙潭水道与仪征水道交界处，为错口对应控制的人工节点，陡山—三江口节点控导主流走势，控导作用较强。右岸三江口还在有所变化(图 5.3-5)，为二级节点。三江口位于龙潭弯道尾，右岸侧位于弯曲河道凸岸侧，凸嘴上游侧龙潭水道下连仪征水道，形成约 130°弯，弯顶在陡山附近，陡山水下有礁板矶，抗冲性强，为天然抗冲节点。由于龙潭河口下河床冲刷崩退向下发展，三江口于 20 世纪 80 年代出现崩岸，现已进行守护；在 2008 年三江口出现崩窝，实行应急抢险和江堤退建；2010 年实施节点护岸加固。

根据 2017 年 11 月测图，造床水位 4.13 m 下，节点断面河宽为 1.6 km，河相关系系数为 1.8，断面形态较稳定。节点参数及综合分析见附表 1。

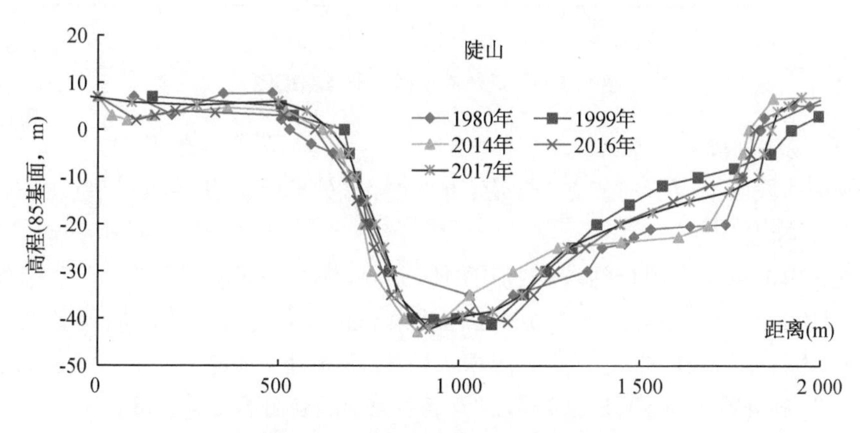

图 5.3-5 近年来陡山节点断面图

② 瓜洲渡口—龙门口段人工节点

位于世业洲汊道段与六圩弯道分界处，为错口对应控制的人工节点，两岸受控，为一级节点，中、枯水最窄河宽仅约 1.2 km，为镇扬河段主要控制节点，对河势、主流控制作用较强。

龙门口段位于世业洲左右汊汇流段，世业洲出口形成 45°交角，两汊水流交汇，顶冲右岸龙门口下沿岸，右汊水流受左汊挤压右偏，顶冲镇扬汽渡至镇江引航道口。自龙门口至镇江引航道口位于六圩弯道的进口段，其控制主流有右岸向左岸过渡，至六圩河口主流贴左岸，对河势主流有一定控制作用。龙门口 1987 年开始至 1991 年护岸，长 3 km，1998 年引航道以下进行 1 080 m 护岸，1998 年汛期，镇扬汽渡至引航道口护岸加固，2002—2004 年局部应急加固。由于近年左汊分流比增加，左右汊交汇后对龙门口下右岸的顶冲作用局部会有所增强。局部有可能仍为险工段，2014 年引航道口下出现崩窝，可见崩岸段有可能向下发展。2017 年 11 月测图表明，造床水位 3.63 m 下，该节点断面河宽 1.7～1.8 km，河相关系系数为 2.3，近年来断面形态稳定(图 5.3-6)。节点参数及综合分析见附表 1。

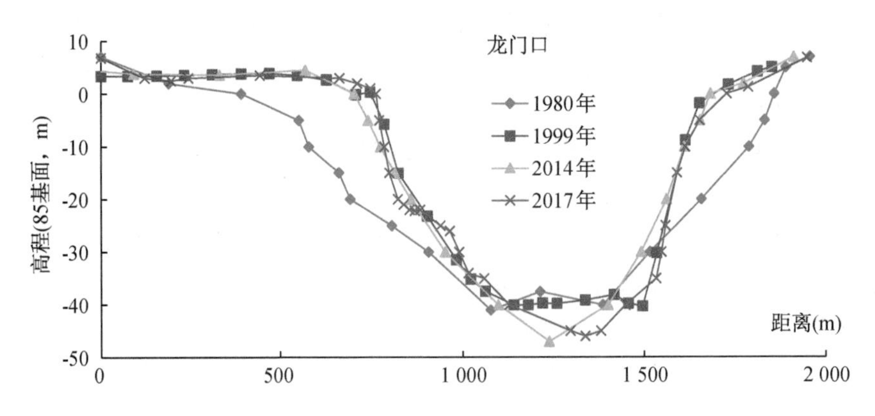

图 5.3-6　近年来龙门口节点断面图

(3) 扬中河段

扬中河段自上而下的节点主要有：五峰山、录安洲左缘、天生港等节点。

① 五峰山节点

五峰山节点位于镇扬河段与扬中河段分界，为双边控制的天然节点，一级节点，节点段长约 2.2 km，控制进入扬中河段太平洲汊道进口主流方向，节点控导作用较强，为扬中河段的主要节点。造床水位 3.09 m 下，河宽 1.2 km，河相关系系数为 1.2，断面形态稳定(图 5.3-7)。节点参数及综合分析见附表 1。

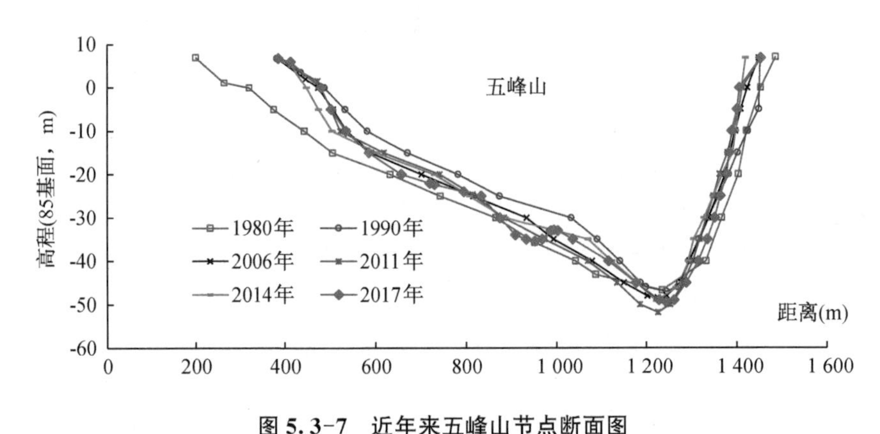

图 5.3-7　近年来五峰山节点断面图

② 界河口—录安洲、天生港(上)人工节点

界河口—录安洲、天生港(上)人工节点位于扬中河段下段、江阴水道进口段，为二级、错口对应节点，左一右二上游交错，间距 4～8 km，总体控导作用较强，使

江阴水道主流及主槽始终偏南岸一侧。自 20 世纪 70 至 80 年代后主流出太平洲左汊右偏，顶冲炮子洲、录安洲左缘，原江中学一洲、定兴洲冲失，主流右摆，深槽相应右摆，左侧天星洲向右淤长。1992 年开始对录安洲左缘进行多次抛石守护，先后有由 1992 年、1993 年左缘上段，1997 年、1998 年录安洲头部及左缘上段及中下段护岸，2001 年、2002 年、2003 年、2005 年局部加固工程，2011 年、2014 年局部加固及应急工程。

录安洲断面在造床水位 2.55 m 下，河宽 2.78 km，平均水深 12.4 m，河相关系系数为 4.2；天生港（上）断面在造床水位 2.43 m 下，河宽 1.84 km，平均水深 21.0 m，河相关系系数为 2.0，断面形态较录安洲要稳定。节点参数及综合分析见附表 1。

（4）澄通河段

澄通河段自上而下的节点主要有：鹅鼻嘴—炮台圩、九龙港、龙爪岩等节点。

① 鹅鼻嘴—炮台圩节点

鹅鼻嘴—炮台圩节点位于扬中河段与澄通河段分界处，为双边控制的一级节点，属天然节点，往下游黄山、肖山、长山对主流起到一定的控导作用，使分汊前主流北偏进入福姜沙左汊。节点段长度达 5.0 km。该节点控导作用强，是澄通河段的主要河势控制节点。节点参数及综合分析见附表 1。

2017 年 11 月，在造床水位 2.24 m 下，河宽 1.4 km，河相关系系数为 1.3，断面形态稳定(图 5.3-8)。

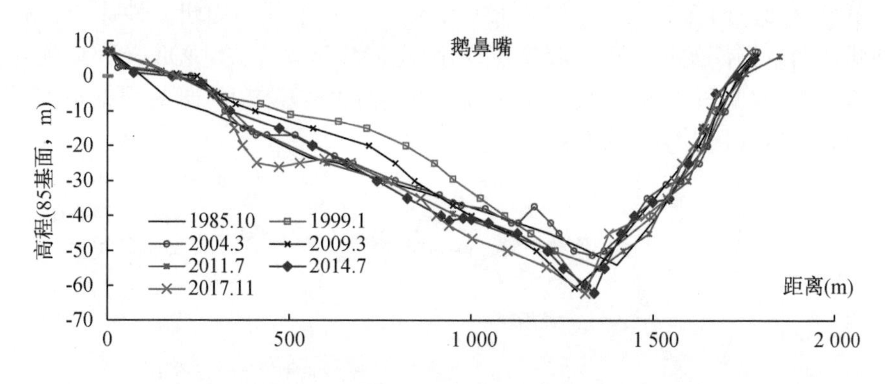

图 5.3-8 近年来鹅鼻嘴—炮台圩断面图

② 九龙港节点段

位于如皋沙群段浏海沙水道右岸，为单边控制的二级、人工节点，为主流顶冲段，近年来处于变化中(图 5.3-9)。自 20 世纪 70 年代初至 80 年代末在老海坝至九龙港长达 8 km 范围内修建丁坝并进行平顺抛石护岸，基本控制了江岸坍塌；从 90 年代起又连续实施了九龙港至十一圩段的江岸抛石护岸工程，初步控制了崩坍强度，目前岸线基本稳定。九龙港下沿岸建有沙钢、沙洲电厂等码头，形成长约7 km的导流岸壁。2011年北侧横港沙整治一期工程完成，形成长约5 km的围堤。至此，经多次守护形成人工节点，控制主流进入南通水道的方向，节点控导作用较强。断面在造床水位1.88 m下，河宽约1.8～1.9 km，断面河相系数在1.6左右。节点参数及综合分析见附表1。

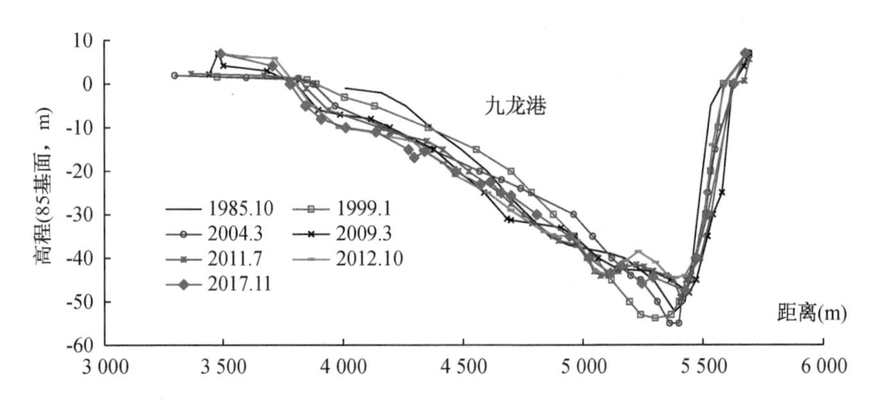

图5.3-9　近年来九龙港断面图

③ 龙爪岩天然节点

位于通州沙东水道左岸为单边控制节点、二级节点、天然节点，节点控制段长度在3～5 km，具有一定的控制作用。节点参数及综合分析见附表1。

节点断面主槽偏靠左岸，呈"V"形(图5.3-10)，中部为通州沙沙体，右侧为支汊通州沙西水道。龙爪岩主要起挑流作用，上游主流贴左岸，龙爪岩矶头挑流，使主流脱离左岸，偏向通州沙、狼山沙一侧。当上游主流稳定时，矶头挑流作用明显。龙爪岩断面主槽状态多年来基本稳定。

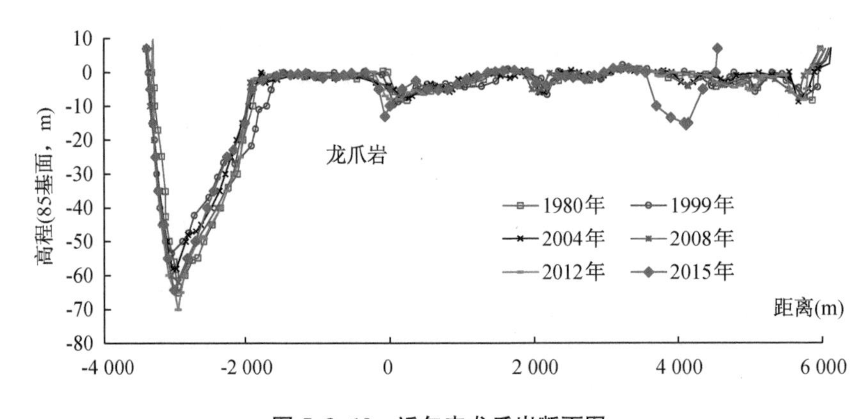

图5.3-10　近年来龙爪岩断面图

3. 节点纵向控导范围分析

节点对河道的控制作用的强弱，主要体现在：节点的稳定程度、节点断面的宽深比和节点段控导的长度。根据长江中下游分汊河段的资料以及据罗海超、尤联元等的分析，节点之间河道摆动所能达到的最大宽度与节点纵向间距之间存在着一定的关系，摆幅(B_m)和多年平均流量(Q_m)间存在如下的指数关系：

$$B_m = 378Q_m^{0.41} \tag{5-1}$$

式中：B_m 和 Q_m 单位分别以 m、m^3/s 计。对长江江苏段来说，大通站 Q_m = 28 500 m^3/s，蜿蜒带宽度 B_m=25.4 km，即河谷宽度必须大于 25 km 才有可能形成弯曲型河流。

在另一方面，由于节点的存在，节点之间河道摆动所能达到的最大宽度要受到一定的限制。罗海超等根据长江中、下游分汊河段的资料，研究认为，节点间河道最大摆动宽度与节点纵向间距之间，存在如下的相关：

$$B_2 = 0.1L^{1.45} \tag{5-2}$$

式中：B_2——节点之间河道摆动所能达到的最大宽度，km；

L——节点纵向间距，km。

根据式(5-1)和式(5-2)计算，长江江苏段节点间河道摆动最大宽度见表 5.3-7。

由表可见，长江江苏段节点间河道弯曲河道的摆幅 B_m 为 25.4 km，而根据式(5-2)计算，因受节点的钳制，各节点间河道摆动最大宽度一般都在 20.0 km 内，远远小于发展弯曲型河流所需要的蜿蜒带宽度。这表明，长江江苏段之所以不能形成弯曲型河流，而是发展成为藕节状分汊型河流，节点的控导作用是重要原因之一。

表 5.3-1 长江江苏段节点间河道摆动最大宽度统计

河段名称	节点段	节点纵距 L (km)	河道摆动最大宽度 B_2 (km)	现有最大河宽 B_{m+n}	比值 B_2/B_{m+n}
南京河段	猫子山—(七坝—大胜关)	22.1	8.9	2.8	0.29
	七坝—(浦口、下关)	20.7	8.1	3.3	0.37
	浦口—(西坝、新生圩)	16.4	5.8	2.4	0.38
	西坝—(陡山—三江口)	21.1	8.3	3.0	0.33
镇扬河段	陡山—(瓜洲渡口、龙门口)	28.5	12.9	4.7	0.33
	瓜洲渡口—五峰山	27.3	12.1	7.3	0.55
扬中河段	五峰山—录安洲	37.7	19.3	3.2	0.15
	天生港—鹅鼻嘴	20.5	8.0	3.1	0.35

续表

河段名称	节点段	节点纵距 L (km)	河道摆动最大宽度 B_2(km)	现有最大河宽 B_{m+n}	比值 B_2/B_{m+n}
澄通河段	鹅鼻嘴—九龙港	35.4	17.6	7.2	0.37
	九龙港—龙爪岩	18.5	6.9	5.8	0.60
	龙爪岩—徐六泾	22.1	8.9	9.7	0.94
河口段	徐六泾—七丫口	29.0	14.5	8.9	0.61

根据第 4 章有关河床演变规律研究成果，对各个河段的河势控制进行建议，主要是对稳定性较差的岸段进行加固或守护。我们发现，河段间洲滩变化较大的区域，比值 B_2/B_{m+n} 一般均大于 0.5，而比值 B_2/B_{m+n} 小于 0.5 的河段总体表现为较为稳定。因此，比值 $B_2/B_{m+n}>0.5$ 的河段，在自然情况下，存在一定的摆幅。

① 比值 $B_2/B_{m+n}>0.5$ 的河段。有 4 个河段，分别是镇扬河段的瓜洲渡口—五峰山、澄通河段九龙港—龙爪岩和龙爪岩—徐六泾段、河口段的徐六泾—七丫口。分析发现，九龙港节点和龙爪岩节点均为单边节点，这恰恰说明了单边节点对下游河势的控导作用较弱，而徐六泾节点段河道宽度在 4.5 km，控导作用不强。对于这些河段，要稳定现有河势，一是需要加强节点的控导作用，加强节点河段整治，比如，新通海沙围垦工程实施后，徐六泾节点段的控导作用就有所加强；二是，加强节点河段间的洲滩控制，必要时采取工程措施，束窄河宽以稳定河势。

② 比值 $B_2/B_{m+n}\leqslant 0.5$ 的河段，除了上述 4 个河段，其他节点河段间 B_2/B_{m+n} 的值均小于 0.5。这个结果与岸线的束缚、护岸工程和码头工程有一定的关系，但在纵向上，节点的控制作用是不容忽视的。这些河段在节点的控导，以及岸线和码头工程的作用下，大型洲滩控制工程不再是急需的，河势控制的重点是对这些洲滩的局部区域进行守护。

值得注意的是，上述分析是指汊道在自然条件下的变化，在护岸、围垦和堵汊等工程实施后，河道变化受到一定的限制。

4. 节点控制作用的变化及其监测

长江南京以下沿江天然节点较少，主要有南京的燕子矶、陡山、五峰山、鹅鼻嘴、龙爪岩等节点，天然节点之间间隔距离远，仅靠天然节点无法控制河势变化，天然河道水流有走弯的特点。长江南京以下河道呈弯曲分汊，南京至江阴河道展宽不明显，江阴以下河道展宽明显，主要受潮汐影响较大。南京至江阴段河势、岸坡稳定主要考虑径流影响，江阴以下河势、岸坡稳定需考虑涨落潮流共同影响。由于沿岸天然节点少，在自然状态下河势很不稳定，河道平面形态多变，汊道兴衰多变。

自 20 世纪 50 年代以来对沿岸易崩岸段进行多次整治，如南京河段七坝段、大胜关段、梅子洲洲头及左缘、浦口、下关段、八卦洲头部、西坝拐头段、龙潭河口至三

江口段；镇扬河段龙门口段、六圩弯道段、和畅洲头部、和畅洲左汊；扬中河段嘶马弯道段、录安洲左缘；澄通河段福南水道弯道段、九龙港段、徐六泾段等。这些水流顶冲易崩段经过多次护岸守护逐渐稳定，形成人工节点段，但由于河床冲淤变化、上游河势变化、来水来沙变化等影响，节点的控导作用会有所变化。有些节点由于河势变化失去控导作用，如南京下三山、乌龙山、镇江焦山等。有些人工节点段由于河床冲淤变化出现险情，崩岸、窝崩时有发生，如南京河段七坝附近，近年仍出现崩岸；西坝段 1972 年开始守护，1996 年西坝大崩岸；嘶马弯道段出现多次崩岸险情；和畅洲头部左缘 2012 年出现崩岸；龙门口下近镇江引航道附近 2014 年出现崩岸，九龙港沿岸多次出现险情，2016 年又进行了系统加固守护。节点的守护不是一劳永逸的，随着河床变化、水沙条件变化等需不断加固。南京七坝段，其岸坡稳定受新济洲左右汊两股水流交汇的影响，两股水流交汇后顶冲点的位置是有变化的，首先上游来水洪枯季变化，顶冲点位置发生变化；其次上游汊道出口段河床冲淤变化，新济洲尾部不稳定，两汊道水流交汇后顶冲点的位置发生改变，河床沿岸冲淤也发生相应变化，导致沿岸出现新的崩岸险情，因此需不断进行加固守护。

当上游顶冲部位及河床冲淤发生变化，下游主流方向及顶冲部位也会相应发生改变，即出七坝后主流方向发生改变，下游大胜关段顶冲部位相应发生改变。但这种变化一般不是剧烈的，当上下游顶冲部位都进行守护后其主流摆动、顶冲部位的变化是缓慢的。有时出现周期性地来回摆动，其摆动幅度与上游河床变化、来水条件变化有关，因此长江沿岸控制节点应有一定的长度，另外节点段需常监测，进行维护加固。

5.3.2.2　固滩稳流研究

1. 长江江苏段洲滩稳定性现状

洲滩稳定性涉及河道形态、河道边界条件、洲头洲尾的稳定性、洲滩两侧分汊的分流分沙情况、河道纵横剖面特征及稳定性、节点控导来水来沙变化、汊道进口深槽主流摆动及河床冲淤变化规律等。

(1) 南京河段

南京河段为分汊河段，自上而下有新生洲、新济洲、新潜洲、梅子洲、八卦洲等洲滩。

新生洲、新济洲经守护后总体较稳定，但头部及左缘受水流冲刷，局部仍存在崩岸可能；新潜洲在水流作用下近年仍有变化，其变化影响到汊道稳定。上游小黄洲变化，新生洲与小黄洲之间滩槽仍不稳定。由于汊道分流变化，河床冲淤变化，新济洲右汊与潜洲左汊之间的深槽仍有变化。新生洲、新济洲汊道历史上出现交替兴衰的变化，现右汊为主汊，2016 年新济洲右汊分流比在 62%，左汊为 38%。目前仍受小黄洲汊道变化影响，汊道分流比仍将有所变化。新潜洲受上游新济洲汊道及子母洲变化影响，近年汊道仍有所变化。新潜洲左汊为主汊，2016 年分流比在 77%左右。

在梅子洲分汊段(大胜关至下关段)，浦口下关两人工节点经多次守护，目前基本稳定。在护岸工程及两岸节点控导下，大胜关至三江口主槽及主流方向基本稳定。梅子洲左汊顺直，左汊进口深槽靠右岸侧，出口深槽靠左岸侧，由于上下深槽过渡段较长，过渡段之间滩槽仍有变化可能。多年来梅子洲分流比较稳定，左汊为主汊，分流比约 95%。梅子洲左汊出口段潜洲汊道 20 世纪 50 至 70 年代变化较大，70 年代后汊道分流较稳定，潜洲左汊为主汊，分流比约 80%。

八卦洲头部及头部下左右缘经多次守护，目前基本稳定。右汊顺直，滩槽交替，对八卦洲头右缘燕子矶、天河口水流顶冲点等守护，右汊内滩槽基本稳定。20 世纪 80 年代中八卦洲洲头守护工程实施后左汊衰退变缓，八卦洲汊道在整治工程及护岸工程作用下近年较稳定，左汊在上游来沙减少，航道疏浚等影响下衰退速度变缓。近年左汊分流比枯季在 12%左右，洪季在 15%左右，总体变化较缓。

龙潭水道在进口西坝—拐头节点、出口陡山—三江口节点守护作用下，多年来较稳定。

(2) 镇扬河段

镇扬河段的变化主要表现在世业洲、和畅洲汊道及六圩弯道的变化。

世业洲分汊前主流和主槽偏北，分汊前进口主流方向及分流点位置洪枯季有所不同，洪季偏北，枯季偏南。航道整治工程实施前，左汊总体呈冲刷状态，右汊进口河道展宽，滩槽有所变化，江中时有心滩出现。航道整治工程实施后，河道缩窄，滩槽趋向稳定。20 世纪 70 年代至 2015 年左汊分流比增加，目前左汊为支汊，右汊为主汊。左汊顺直，右汊微弯，左汊向窄深方向发展，右汊较宽，由于左汊发展，有所淤浅。2015 年实施航道整治工程，左汊分流比减小，目前处于工程调整期，左汊分流比约 40%，右汊 60%。

六圩弯道经多次守护，平面形态基本稳定。沙头河口下主流进入和畅洲左汊至左汊出口与右汊水流交汇至大港水道贴右岸而下，在五峰山节点导流下进入太平洲左汊。左汊实施限流工程，潜坝附近上下游河床冲淤幅度较大，滩槽变化处于工程调整期。大港水道主槽靠右岸，多年来滩槽较稳定。和畅洲左右汊多次出现交替兴衰的变化，20 世纪 80 年代后左汊由支汊成为主汊，分流比达 70%以上。和畅洲汊道 2015 年至 2017 年实施航道整治工程，左汊实施限流工程分流比有所减小，枯季左汊分流比减幅较大，达 5%～10%，洪季减小约 5%。目前汊道处于调整期，汊道分流受工程影响，处于变化调整中。

(3) 扬中河段

扬中河段太平洲左右汊分流比及主支汊地位百年未变，支汊为右汊，多年变化较小，仅中部小炮洲 20 世纪 50 年代有所变化，出现分汊现象。左汊主汊多年来变化相对较大，出现沙洲并岸，河道弯曲，左汊内落成洲左右汊变化，左汊出口天星洲变化，下段炮子洲、录安洲变化，再往下段有江阴水道变化，进口五峰山节点控制，出口鹅鼻嘴节点控制。扬中河段洲滩稳定方面存在的主要问题有：进口段受嘶马弯道影响，河道放宽，江中有落成洲分汊，左岸有淮河入江口，上下深槽过渡段滩槽多变，有时江中出现心滩；嘶马弯道出口段受上游汊道汇流及两岸边滩冲淤消长的变化影响，弯道出口段深槽及主流仍有所变化；口岸直水道顺直段展宽，心滩发育。

(4) 长江澄通河段

福姜沙左汊为主汊，顺直，右汊为支汊，弯曲，右汊分流比保持在 20%左右。福姜沙左右汊多年来分流比总体变化不大，相对较稳定。福中、福北在双涧沙整治工程实施后，分流比逐渐稳定。目前汊道进口福北分流比约 46%，福中分流比约 33%。但由于靖江边滩未实施整治工程，受上游来水来沙变化影响仍表现周期性的变化，影响到左汊滩槽稳定和福北水道航道水深条件；福姜沙左汊主槽及主流方向仍处于变动中，近年福中水道发展，江中心滩变化，福姜沙左缘丁坝群影响福姜沙左汊河床处于调整期。

如皋沙群段在双涧沙整治工程、横港沙整治工程和南侧老海坝九龙港一线护岸工程实施后，各汊道分流比基本稳定。天生港水道下段横港沙围垦，近年变化趋缓。如皋中汊分流比维持在 30%左右，天生港水道进口落潮分流比仅 1%左右。主要问题有：福北水道受上游靖江边界变化，滩槽仍有变化可能；同样如皋中汊受上游来沙影响，凸岸边滩仍有冲淤消长的变化；民主沙上段右缘及双涧沙下段右缘在水流冲刷下仍有冲刷崩退可能；浏海沙水道太字圩边滩、渡泾港下上下深槽过渡滩槽仍不稳定；横港沙下段仍未守护，沙尾一致处于变化状态中；南通水道河道较宽，受上游主流摆动及下游涨落潮流路不一致影响，滩槽多变、深槽仍不稳定；天生港水道以涨潮流为主的汊道，上游进流条件不畅，汊道总体缓慢衰退。

通州沙河段在通州沙西水道整治工程、深水航道整治通州沙整治工程等实施后，通州沙东、西水道分流比基本稳定，维持东水道为主汊的格局不变，进口段东水道落潮分流比大致在 90%左右，西水道落潮分流比维持在 10%左右。但通州沙河段还存在一些不稳定因素，由于通州沙南北向窜沟未封堵，其发展可影响到沙体稳定；狼山沙东水道内新开沙未进行治理，狼山沙东水道河道展宽，江中心滩发育，东水道内滩槽仍不稳定。

2. 长江江苏段洲滩稳定性统计分析

根据丁君松的研究，稳定的双分汊河道与单一河宽 B、过水面积 A 有如下

关系：

$$B_0 < B_{m+n} \leqslant 1.37B_0 \tag{5-3}$$

$$A_0 < A_{m+n} \leqslant 1.134A_0 \tag{5-4}$$

式中：B、A——河宽、过水面积；

0、m、n——单一段、主汊、支汊。

根据式(5-3)和式(5-4)对长江江苏段洲滩稳定性进行统计分析，结果见表5.3-2。判别的标准：同时满足 $B_{m+n} \leqslant 1.37B_0$ 和 $A_{m+n} \leqslant 1.134A_0$ 两条件为稳定，满足其中一条件为较稳定，两条件都不满足为不稳定。由表可见，在自然状态下，和畅洲汊道段、狼山沙河段和白茆沙的滩槽格局还有变化的空间，其他河段为较稳定或稳定。在现阶段护岸、围垦和堵汊等工程实施后，滩槽的变化将受到一定的限制。

表 5.3-2　长江江苏段洲滩稳定性分析

节点间主要河道	现有最大河段宽 B_{m+n}	上游节点河宽 B_0(km)	B_{m+n}/B_0 小于 1.37 稳定	A_{m+n}/A_0 小于 1.134 稳定
新济洲汊道段	3.1	3.2	0.97	0.83
梅子洲汊道段	3.3	1.3	2.56	1.09
八卦洲汊道段	2.4	1.2	1.92	1.03
世业洲汊道段	4.1	1.3	3.09	1.13
和畅洲汊道段	3.5	1.1	3.10	1.45
扬中河段	3.4	1.1	3.21	1.53
福姜沙河段	4.3	2.3	1.88	1.44
通州沙河段	4.6	3.0	1.55	1.35
狼山沙河段				1.25
白茆沙河段	6.2	4.5	1.38	1.15

注：同时满足 $B_{m+n} \leqslant 1.37B_0$ 和 $A_{m+n} \leqslant 1.134A_0$ 两条件为滩槽变化空间小，满足其中一条件为较稳定，两条件都不满足滩槽格局存在变化空间

在冲积平原，汊道的形成一般有两种：一是由于河道两岸冲刷，河道展宽流速减小，泥沙淤积，形成江心洲；另一种是河道弯曲，凸岸边滩淤长至一定程度，洪水取直，切割边滩形成分汊。江心洲有时遭洪水冲刷切割形成多个江心洲，成多汊状，有时多个江心洲合并形成大的江心洲，即多汊向少汊发展。

河道两岸堤防守护工程加强，汊道的演变在某种意义上说是江心洲和边滩的变化。在河道两岸平面形态基本稳定的条件下，形成分汊的洲滩稳定性与汊道类型及河道动力条件有关，径流为主的河段，江心洲主要有头部受水流顶冲，头部或

两侧冲刷后退，或汊道内沙体受主流顶冲而崩退，或因汊道发展水动力条件明显增强，沿岸流速增加河岸崩岸，导致洲滩不稳。而潮汐河口段河道放宽，洲滩大都淹没于水下，高潮位局部露滩，由于汊道之间存在横比降，沙体存在横向越滩流，滩上窜沟发育，且受沙体涨落潮流影响，沙体不稳定性明显大于径流河段。沙体头部一般受落潮流冲刷，尾部受涨潮流冲刷，越滩流影响到沙体稳定，沙体两侧有时受涨落潮流顶冲作用而失稳。

分汊河段内的浅滩一般有：当分汊前放宽率较大，水流扩散，形成边滩，边滩位置与河型，主流位置方向有关；当进口主流摆动，洪枯季动力轴线变化常导致进口边滩不稳定。

汊道分汊前两岸常受节点挑流作用，节点下游成为缓流区，如汊道口门位于缓流区，常形成边滩。汊道汇流区浅滩，当两汊汇流角较大，主流偏向顶冲某一岸，对岸常出现边滩，当汊道分流比发生变化后，汇流区水流条件相应改变，边滩相应发生变化。

汊道内浅滩形成一般与单一河道类似，但由于汊道兴衰变化，来水来沙条件与单一河道不一致，边滩变化与汊道兴衰与汊道分流分沙变化有关。

河道放宽，水流分散，流速减小，河床淤积形成水下心滩，当河道继续放宽，心滩淤积长大，最后出水形成江心洲。但当心滩形成后河道两岸受控，不再展宽，心滩一直维持不出水，另一种心滩为水流切割边滩，洲滩形成，这在长江下游常见，且一般为活动心滩。由于心滩淹没于水下，心滩过流，受来水来沙变化影响，心滩常不稳定，一般呈周期性的变化。而一些在水流作用下切割边滩、洲滩形成的心滩，在水流冲刷作用下下移，在江中形成活动性心滩。

由于节点的控导作用，河道只能在这些节点之间的地区内摆动[19]。节点间河道主槽的摆动幅度，与该河段河身的宽窄以及岸线的外形有密切的关系，没有控制物的河段，主流的摆幅就要大得多。

如果节点对河流挟持较紧，上下源河段的游荡程度就会减少，节点之间距离越小，节点对河势的控制作用将越强。如果节点对河流的控制较松，上下游宽浅段的主流就会有较大的摆幅，在这种情况下，洲滩的稳定对整个河势的稳定显得尤为重要。

在上一节的分析中，根据节点对节点间河道控导范围的分析，有 4 个河段的 $B_2/B_{m+n}>0.5$，即现有节点间的河道最大宽度与节点间河道最大摆动宽度的比值大于 0.5，分别是镇扬河段的瓜洲渡口—五峰山、澄通河段九龙港—龙爪岩和龙爪岩—徐六泾段、河口段的徐六泾—七丫口。对于这 4 个河段，要稳定现有河势，一是采取适当的工程措施加强节点的控导作用；二是，加强节点河段间的洲滩控制，必要时采取工程措施，束窄河宽以稳定河势。按照分析，洲滩稳定工程

的布置中，可适当考虑整治建筑物的宽度，使 B_2/B_{m+n} 的比值在 0.5 内，以确保河势稳定。

在前述有关河床演变研究中，建议对上述几个河段的局部区域采取相应的工程措施，以保持河势稳定。如澄通河段，深水航道一期工程实施后通州沙和狼山沙沙体左缘将得到守护，有利于遏制通州沙河段河势和航道条件的稳定。但新开沙尚未得到守护，其演变仍处于自然演变状态，加之新开沙下段冲失，东水道展宽，江中可能出现新的心滩，在新水沙条件下可能出现新一轮的洲滩变化过程。河床冲淤变化较大，局部河势不稳，为此澄通河段的航河道整治在对不稳岸段进行加固的基础上，对局部区域采取相应的工程措施。

汊道河势的稳定主要表现在分汊河段的稳定。汊道的稳定主要表现在分流比稳定、形成分汊的沙洲稳定、汊道平面形态稳定、沿岸岸坡稳定、汊道上游主流稳定、汊道分流比汇流点稳定等。滩槽稳定主要是河床断面形态稳定，主要表现为主流的走向，沿岸节点对河势控导作用，水流顶冲部位的稳定。

长江江苏段固滩稳流研究成果汇总见附表 2。

5.3.2.3 崩岸守护研究

1. 南京段崩岸守护研究

(1) 新济洲汊道段

新济洲汊道上起猫子山下至大胜关，河段内有新生洲、新济洲、新潜洲、子母洲。图 5.3-11 为模型试验研究的 98 大洪水南京河段流速等值线图。左汊七坝段 20 世纪 70 年代以内经多次守护，由实测资料分析和图 5.3-11 可见，目前仍受水流顶冲，有时出现崩岸。险工段长约 5 km，前沿有 −40 m 深槽，坡比1∶1.9 左右。

大胜关 20 世纪 70 年代以来多次守护，2013 年沿岸 2 260 m 加固，险工段长约 4 km，主流深槽贴岸，前沿有 −45 m 槽，坡比在 1∶1.5～1∶2。

(2) 梅子洲汊道段

梅子洲汊道段上起大胜关下至下关。可见，梅子洲左缘一线以及下关附近为水流顶冲段。结合实测资料，本河段的主要险工段有梅子洲头及左缘、九袱洲、浦口轮渡码头、下关。梅子洲头及左缘经多次守护，稳定主流走向，形成人工节点，险工段长约 3 km。梅子洲头下左缘主流贴岸，前沿有 −40 m 槽，坡比在1∶2左右。浦口险工段长约 5.5 km，处于水流顶冲段，前沿有 −35～−30 m 槽，坡比在 1∶2 左右。下关处于水流顶冲段，前沿有 −35 m 槽，坡比在 1∶2 左右，险工段长约 2.5 km。

(3) 八卦洲汊道段

八卦洲汊道段上起下关下至西坝。由图 5.3-11 数模型计算的流速分布较大

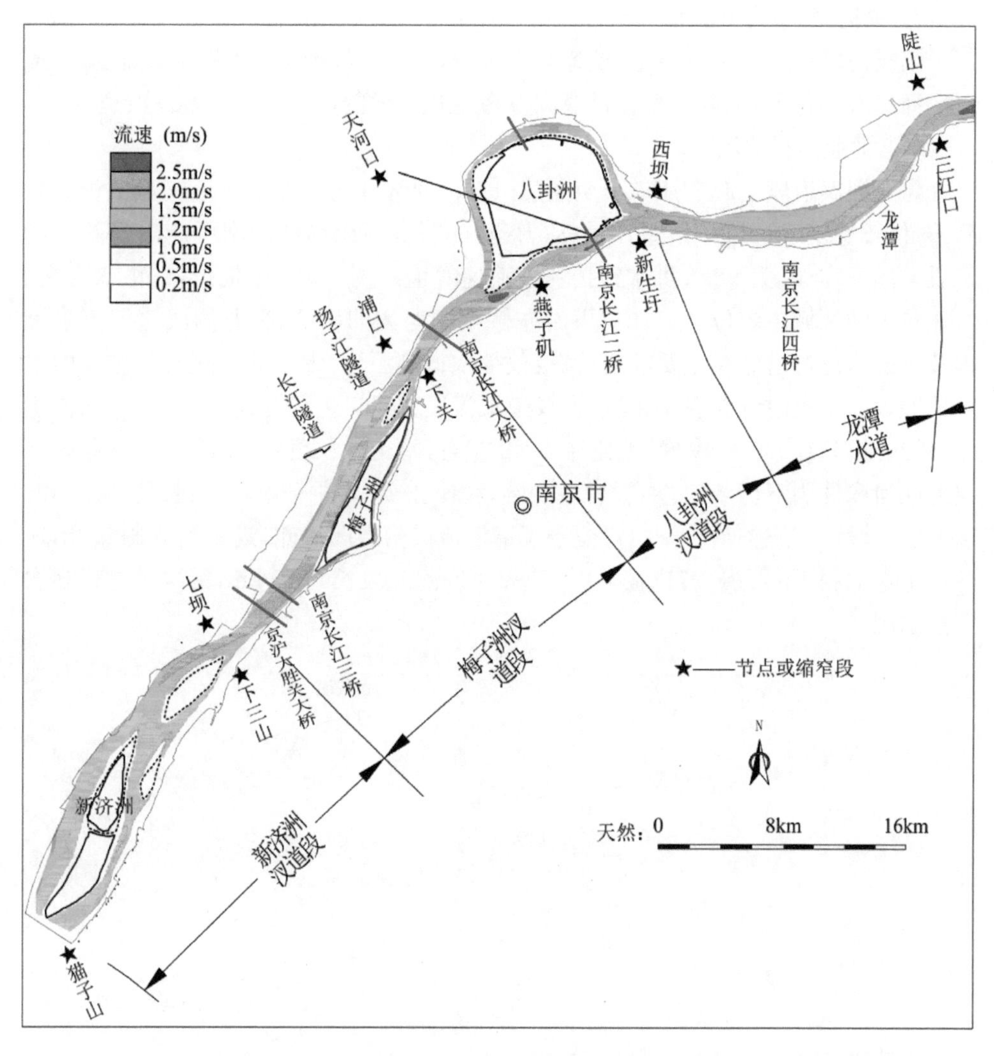

图 5.3-11　98 大洪水南京河段流速等值线图(2012 年地形)

的部位及实测资料分析可见，本河段的主要险工段有八卦洲头部及左右缘；左汊上坝，右汊燕子矶、天河口、汊道汇流段西坝头附近。西坝处于上游汊道汇流顶冲段，前沿有－45 m 槽，坡比在 1∶2 左右，险工段长约 4.5 km。

(4) 龙潭水道段

龙潭水道段上起西坝下至三江口。由图 5.3-11 数模型计算的流速分布较大的部位及实测资料分析可见，本河段的主要险工段有龙潭河口至三江口，弯道凹岸主流顶冲段。近岸有－45～－40 m 深槽，坡比在 1∶2～1∶3，主流顶冲，险工段长约 8 km。20 世纪 80 年代发生多次崩岸险情，2008 年三江口出现崩岸。

2. 镇扬崩岸守护研究

镇扬河段历史上很不稳定，汊道兴衰多变，河岸大幅崩退，河道摆动幅度大，河道平面形态变化大，主要表现在世业洲汊道变化、六圩弯道变化、和畅洲汊道变化。

(1) 世业洲汊道段

世业洲汊道段上起三江口下至龙门口。世业洲和畅洲深水航道整治工程实施后，总体较稳定，但工程附近局部水动力条件变化，河床局部冲刷可能出现新的险工段。图 5.3-12 为 98 大洪水镇扬河段流速等值线图(2012 年地形)。由图可见，流速较大的区域主要位于三江口下游左侧至泗源沟凹岸区、世业洲汊道汇流附近以及下游六圩弯道处。主要险工段有：仪征水道泗源沟、十二圩、外公记、左汊内水流顶冲段及工程附近左右岸、世业洲汊道汇流段龙门口。泗源沟、十二圩段深槽主流贴岸，沿岸有−30 m 深槽，坡比在 1∶2 左右，险工段长度约 4.4 km。世业洲左汊近期河床冲刷下切 2 m 左右，岸坡变陡，坡比在 1∶3 左右，险工段长约 3.5 km，以上险工段已实施整治。龙门口位于汊道汇流段弯道凹岸侧，近岸河床刷深，出现−45 m槽，并向下发展，坡比在 1∶1.5～1∶2，险工段长约 10 km，沿岸已进行多次守护加固。

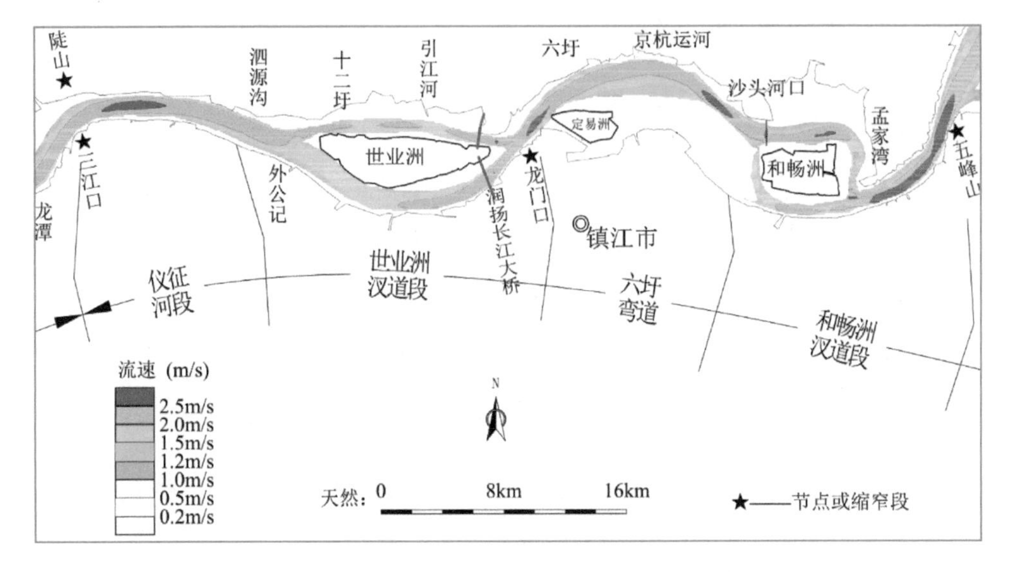

图 5.3-12　98 大洪水镇扬河段流速等值线图(2012 年地形)

(2) 六圩弯道段

六圩弯道段上起龙门口下至沙头河口。根据数模计算及实测资料分析，主要险工段有六圩弯道凹岸六圩河口至沙头河口，经多次守护，岸线基本稳定，但近年深槽冲深，岸坡变陡，仍为险工段，存在崩岸隐患。龙门口附近仍受两汊道汇流变

化顶冲部位有所变化。六圩弯道凹岸下处于弯道环流顶冲段，近期河床下切达2 m左右，沿岸出现－50 m槽，岸坡变陡，坡比在1∶1.5～1∶2.5，险工段长达13 km。

(3) 和畅洲汊道段

和畅洲汊道段上起沙头河口下至五峰山。根据数模计算及实测资料分析，主要险工段有和畅洲头部，左汊潜坝下游左右岸，左汊孟家湾。和畅洲头左缘曾出现强烈崩岸，河床局部冲刷下切明显，洲头左缘出现－60 m槽，右缘出现－45 m槽，岸坡变陡，局部坡比在1∶2左右，险工段长度约9 km。孟家港段处于弯道环流顶冲段，为高强度崩岸区，近期河床下切冲刷，近岸出现－50 m槽，坡比在1∶2左右，险工段长约4.4 km。

3. 扬中河段崩岸守护研究

扬中河段上起五峰山，下至鹅鼻嘴。图5.3-13为数模计算的98大洪水扬中

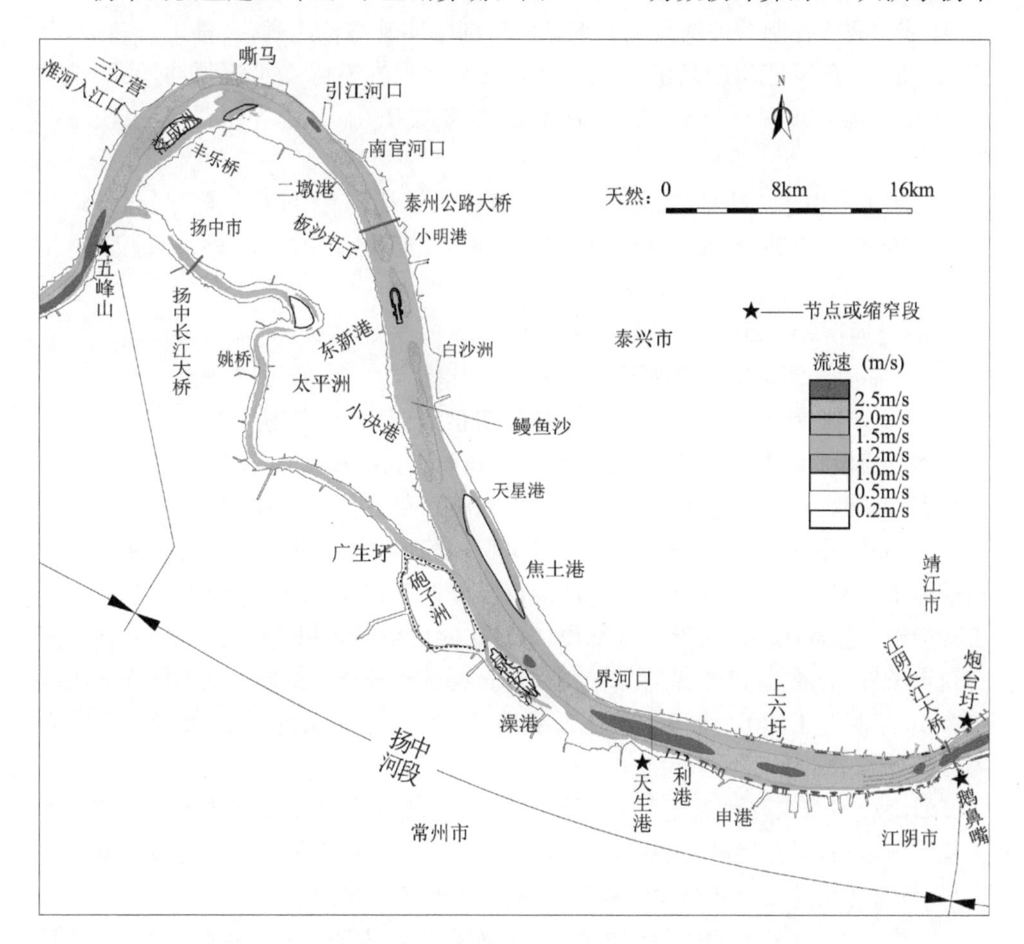

图5.3-13　98大洪水扬中河段流速等值线图(2012年地形)

河段流速等值线图(2012 年地形)。由图可见,流速较大、水流顶冲的岸段及洲滩主要有太平洲左汊进口至嘶马弯道、引江河口一线、炮子洲、录安洲左缘、天生港往下至鹅鼻嘴,主流贴右侧。

根据数学模型计算以及实测资料分析,主要险工段有太平洲左汊嘶马弯道段、落成洲右汊丰乐桥段、太平洲左汊二墩港段、录安洲左缘等。航道整治工程实施后,局部水动力条件发生变化,如落成洲左右汊分流比变化,顺直段江中心滩守护,沿岸水动力条件发生变化,可能出现新的险工段,目前已对顺直段两岸进行守护。落成洲右汊进口段右岸受汊道发展影响河床冲深,岸坡变陡,最陡处坡比在1∶1.1左右,险工段长约 3 km。嘶马弯道段凹岸侧主流深槽贴岸,为强崩区,岸坡最陡在 1∶1.5 左右,险工段长达 14 km。太平洲左汊右岸二墩港段,上游主流由左向右过渡,受水流顶冲深槽贴岸,近岸现－30 m 深槽,坡比在 1∶1.8 左右,险工段长约 4.5 km。

录安洲左缘受水流顶冲,左岸连成洲界河口段受水流顶冲,经多次守护已较稳定,已成为河势控制的关键人工节点。天星洲刚实施整治工程,夹槽进行疏浚,分流比增加,局部可能出现新的险工段。录安洲头及左右缘受水流顶冲,及深槽贴岸,近岸出现－25～－20 m 槽,岸坡变陡,最陡坡比在 1∶1.8 左右,险工段长约 6.5 km。

江阴水道南岸为山体较稳定,北岸八圩港次深槽发育,曾出现崩岸,八圩港至炮台圩受水流顶冲,深槽靠岸居中,属强崩区,近岸有－25 m 槽,岸坡最陡在 1∶2.5左右,险工段长约 4.5 km。

4. 澄通河段

(1) 福姜沙河段崩岸守护研究

图 5.3-14 为 98 大洪水澄通河段流速等值线图(2012 年地形)。由图可见,在福姜沙汊道段,水流流速较大区域主要有汊道段进口鹅鼻嘴右侧往下游一线,主流过福姜沙左侧后,靠浏海沙水道主槽左侧、双涧沙和民主沙右侧边坡。

双涧沙浅滩处于多级分汊段,其头部因冲淤而频繁进退是各汊河床冲淤变化和航道条件稳定的关键所在。在长江南京段以下 12.5 m 深水航道建设之前,通过工程措施守护双涧沙头部等关键部位,以稳定滩槽格局及相应的河床形态,改善现有航道条件,为后续 12.5 m 深水航道线路选择和治理奠定基础。双涧沙守护工程于 2010 年底开工,2012 年 5 月完工。双涧沙守护工程由头部潜堤、北顺堤和南顺堤三部分组成。

双涧沙护滩工程的建设为深水航道的建设和维护创造了良好的水沙环境。本工程实施以来,工程河段河势稳定性得以增强,进一步稳定了福姜沙河段总体河势格局,且对防洪排涝以及周边河势的影响较小,整治效果显著。

由图 5.3-14 和实测资料分析可知,福南水道弯道凹岸侧已进行守护,岸线稳

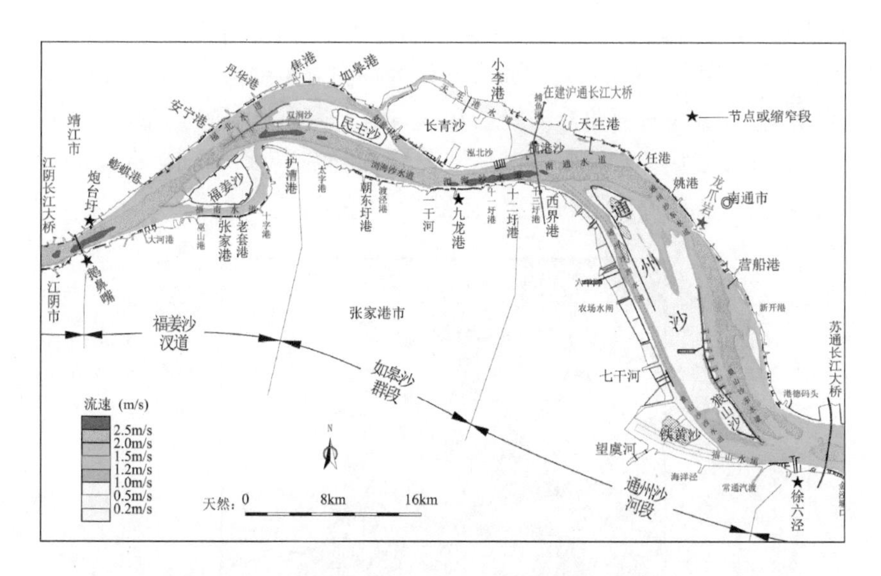

图 5.3-14　98 大洪水澄通河段和长江河段流速等值线图(2012 年地形)

定。双涧沙稳定是本河段河势稳定的关键,双涧沙经双涧沙护滩工程及福姜沙整治二期工程后逐渐稳定。左汊靖江沿岸深水岸线都建有码头,沿岸进行守护,岸线较稳定。如皋中汊、长青沙头部受水流顶冲,深槽贴岸,近岸出现－40 m 槽,坡比在 1∶2 左右,险工段长约 2 km。福南水道弯道段凹岸下,近年深槽刷深,岸坡变陡,最低河床高程－35 m 以下,岸坡比在 1∶2～1∶3,险工段长约 6 km。

(2) 如皋沙群段

由图 5.3-14 可见,在如皋沙群段,贴双涧沙、民主沙的主流区过民主沙后逐渐南偏顶冲南侧九龙港一线,过十二圩后逐渐脱离南岸北偏靠横港沙右侧,往下游转向通州沙东水道姚港一带左侧。由图及实测资料分析可知,九龙港段处于水流顶冲段,近岸水深达 70 m,水深岸陡,已经多次守护,2016 年又进行全面守护。长青沙、横港沙上段已圈围,通州沙头部已实施守护工程,南通水道边界逐渐稳定。九龙港段一干河至十二圩主流顶冲,深槽靠岸,沿岸有－60～－50 m 深槽,岸坡比在 1∶2左右,险工段长约 9 km。

(3) 通州沙河段

由图 5.3-14 和实测资料分析可见,任港至龙爪岩段处于弯道凹岸主流顶冲段,深槽贴岸,近岸有－50～－40 m 槽,最陡岸坡比在 1∶2 左右,险工段长约 7 km。

通州沙下段至狼山沙左缘边坡冲刷后退,狼山沙西偏下移。落潮动力轴线发生调整,深槽弯曲会对通州沙东水道下段—狼山沙东水道的深水航道建设和维护造成严重影响。可见,通州沙河段稳定的关键是对通州沙下段和狼山沙的左缘进行守护。南科院对长江下游“三沙”河段的研究始于 1996 年,其中通州沙、白茆沙

的整治经历了3个阶段的研究：第一阶段在1996—2002年早期研究，第二阶段2007—2008年总体方案研究，第三阶段开始进行洲滩关键部位守护的研究。

工程实施后，潜堤对通州沙河段东水道与西水道间的越滩流（图5.3-15）具有一定的阻隔作用。通州沙、狼山沙滩地工程后有所淤积，均起到了固滩的效果，遏制了通州沙、狼山沙冲刷后退的趋势，有利于沙体的稳定。

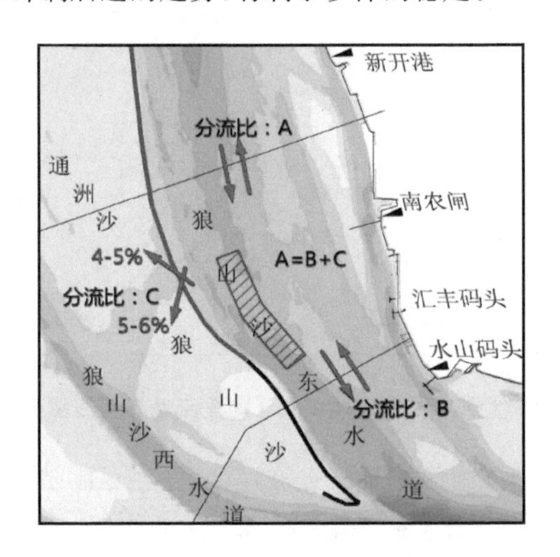

图5.3-15 通州沙中水道分流情况

岸坡稳定性：南通水道由于河道较宽上游主流摆动及涨潮流流路分离，滩槽仍不稳定，通州沙东水道由于河道放宽，新开沙江中心滩不稳定，东水道内滩槽仍不稳定。铁黄沙段已实施整治工程，目前深槽贴岸，近岸有－20 m槽，处于弯道凹岸侧，主流靠岸，岸坡比在1∶3左右，险工段长约4 km。

长江江苏段崩岸守护研究概况汇总见附表3。

5.3.3 徐六泾以下河段河势控制

长江口南支河段上起徐六泾下至吴淞口。徐六泾江面宽约4.5 km，白茆口以下江面展宽到10.0 km，到七丫口处江面略微收缩，七丫口以下又逐渐放宽，至吴淞口江面宽度达17.0 km，潮汐作用明显，呈三级分汊，四口入海的格局。而北支河段位于崇明岛以北，为长江出海的一级汊道。北支河段西起崇头东至连兴港，全长83 km。北支河床宽浅，洲滩淤涨围垦并岸，进口崇头断面河宽约3.0 km，出海口连兴港断面宽约12.0 km，最窄处青龙港断面宽2.1 km。目前北支为涨潮流占优势的河道，常形成对长江南支河段的水、沙、盐倒灌。

长江河口段（江苏）的河势控制，与徐六泾以上河段的河势控制不完全一致。河势控制在加强节点的控导作用、稳定河段内的洲滩、守护重点部位的基础上，还

需要考虑其潮汐作用明显、多级分汊、天然河道存在放宽率等特点。对于南支来说，治理关键是维持目前三级分汊、四口入海的河势格局，加强徐六泾、七丫口节点对主流河势的控导作用，维护白茆沙为主汊，南港为主汊，保持深水航道畅通，稳定洲滩，稳定分汊的洲滩及边滩，如白茆沙、扁担沙等。由于整治工程实施，河道水动力条件变化，对水流顶冲及主流贴岸地段加强守护，如太仓沿岸、扁担沙右缘。对于北支来说，通过缩窄总体形成上窄下宽的喇叭型河口，关键是如何保持一定的放宽率，维持北支的稳定。

5.3.3.1 节点控导作用分析

1. 节点稳定性及横向控制作用分析

(1) 徐六泾节点段

徐六泾节点位于澄通河段与河口段分界处，为双边控制的人工节点，由于河段较宽，最窄处也有 4.5～4.6 km，该节点的控制作用不是很强，为二级节点，控导段长度大致为 5.5 km。徐六泾河段位于通州沙河段与白茆沙河段之间，长约 12.4 km，北侧为新通海沙，南侧为白茆小沙。徐六泾节点南侧为抗冲性地形，自 18 世纪 50 年代开始进行护塘建设，巩固了南侧岸线的稳定。徐六泾北岸为缓流区，边滩淤长，在人工围垦作用下，徐六泾河段不断缩窄。至 2014 年，除苏通长江大桥上下游共 2 km 外，其余工程已实施完成。新通海沙围垦工程的实施使河宽进一步缩窄，从而增强了徐六泾节点段的控导作用，使徐六泾节点逐渐发展成本河段主要河势控制节点之一。上游主流尽管多次摆动，但 100 多年来徐六泾河段主流一直贴近南岸(图 5.3-16)，深泓线长期稳定在浒浦—徐六泾一带。

在造床水位 1.53 m 下，徐六泾断面河宽 4.5～4.6 km，河相关系系数约为 4.2。节点参数及综合分析见附表 1。

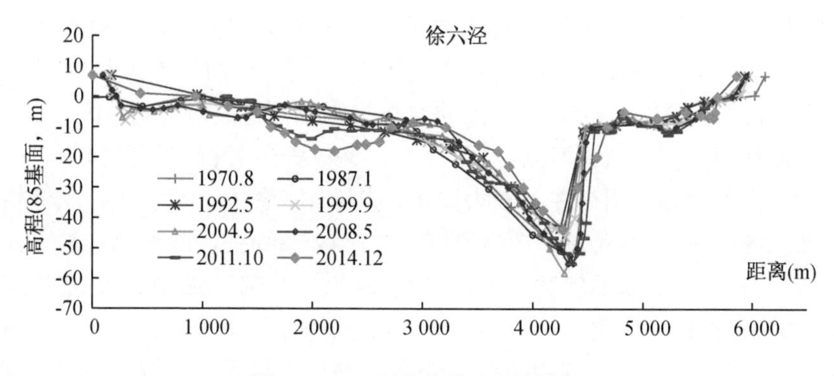

图 5.3-16 近年来徐六泾断面图

(2) 七丫口节点

七丫口节点位于长江南支白茆沙河段南北水道汇流段右岸，为单边控制段、人

工节点，为二级节点，控导段长度大约 3.0 km，是河口发育过程中徐六泾人工缩窄控制段下游最后一个重要的河口控制段。

在造床水位 1.13 m 下，七丫口断面河宽 8.4 km，河相关系系数约为 7.3。由于节点河道宽，近年来断面还在变化之中(图 5.3-17)，控导作用较弱，但该节点仍具备一定的束流导流作用，不仅有助于削弱外海潮汐动力对上游白茆沙河段的不利影响，而且有利于白茆沙南、北水道分汊河势的发展和稳定，同时可为下游河势稳定和航道治理创造有利条件。节点参数及综合分析见附表 1。

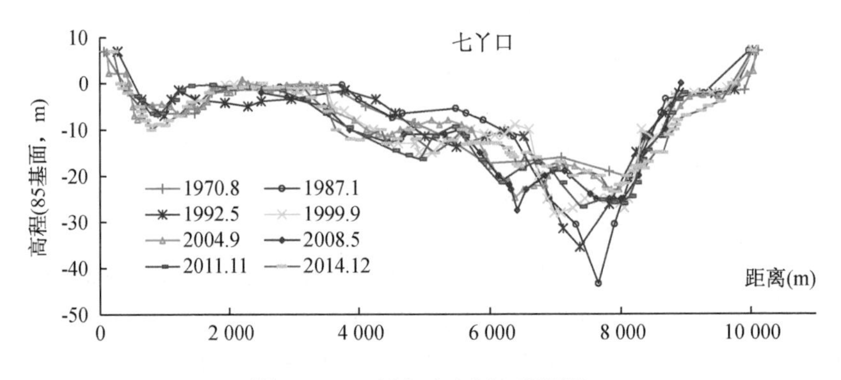

图 5.3-17　近年来七丫口断面图

2. 节点纵向控导范围分析

节点对河道的控制作用的强弱主要体现在：节点的稳定程度、节点断面的宽深比和节点段控导的长度。根据式(5-1)和式(5-2)，长江江苏段节点间河道摆动最大宽度统计分析见表 5.3-1。由表可见，河口段徐六泾—七丫口间，河道摆动最大宽度 B_2 为 14.5 km，现有最大河宽 B_{m+n} 为 8.9 km。河段间洲滩变化较大的区域，比值 B_2/B_{m+n} 一般均大于 0.5，而比值 B_2/B_{m+n} 小于 0.5 的河段，河段总体表现为较为稳定。由于徐六泾节点段河道宽度在 4.5 km，控导作用不强，本河段 B_2/B_{m+n} 比值达 0.61。进行河口段的河势控制，需要加强徐六泾节点和七丫口节点的控制作用。在徐六泾河段，由于白茆小沙失去了治理的最佳时机，进一步加强徐六泾节点的控导作用存在着较大困难，但需维持徐六泾河段现有滩槽格局不要发生较大的变化，以避免对下游河势带来大的影响；而白茆沙南北水道汇流处南侧的七丫口节点，节点断面较宽，其对开的上扁担沙右侧岸坡，规划的整治工程未实施，多年来存在较大变化，减弱了七丫口节点的控导作用。除了影响七丫口下游的河势，由于涨潮流的影响，对上游的控制作用减弱。尽管深水航道整治一期工程白茆沙整治工程实施后，白茆沙头部及中上部滩地得到守护，但尾部还处于变化之中。因此，加强七丫口节点的控导作用，就需要稳定现有滩槽格局，结合规划中的上扁担沙的整治工程，进一步研究对策。

5.3.3.2 固滩稳流及崩岸守护研究

1. 徐六泾河段固滩稳流及崩岸守护研究

在深水航道整治通州沙工程对狼山沙守护前，狼山沙一直处于冲刷南移西偏的态势中，对徐六泾河段进流条件产生了较大影响。由图 5.3-14 可见，在徐六泾河段，苏通长江大桥上游南侧为通州沙东水道主流下泄后顶冲段。为稳定徐六泾河段，除了稳定上游洲滩以减少上游洲滩变化引起的进口水流条件变化，还需加强徐六泾深槽南侧重点部位的守护。

2. 南支河段固滩稳流及崩岸守护研究

(1) 白茆沙整治模型试验研究

1999—2014 年间，白茆沙沙头冲刷下移，5 m 以上沙体体积和面积持续减小，沙体长度减小 5.1 km，水道进口持续坦化，将可能影响局部滩槽格局的稳定，使航道所在深槽向宽浅发展。沙体持续冲刷是下游航道的泥沙来源之一，会增加局部航道的维护难度，同时沙尾向东南方向淤涨，对于北水道江轮航道的维护是不利的。可见，白茆沙河段稳定的关键是对白茆沙洲头及沙体两侧进行守护。

南科院对长江下游"三沙"河段的研究始于 1996 年。其中通州沙、白茆沙的整治经历了 4 个阶段的研究：第一阶段在 1996—2002 年早期研究，第二阶段 2007—2008 年总体方案研究，第三阶段开始洲滩稳定及关键部位守护的研究，第四阶段结合长江南京以下 12.5 m 深水整治工程，开始白茆沙整治工程的研究，工程实施后的效果见图 5.3-18。

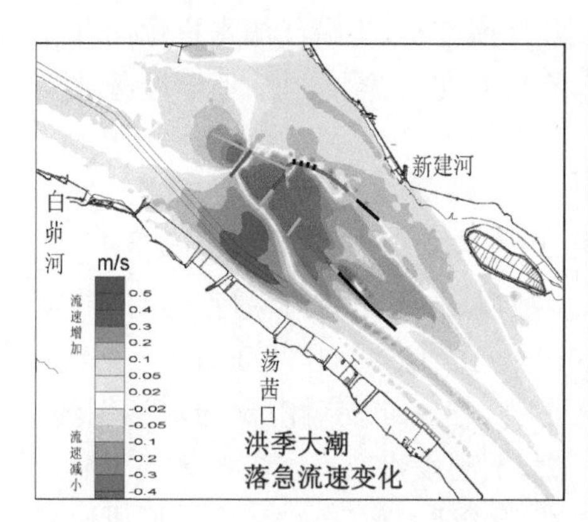

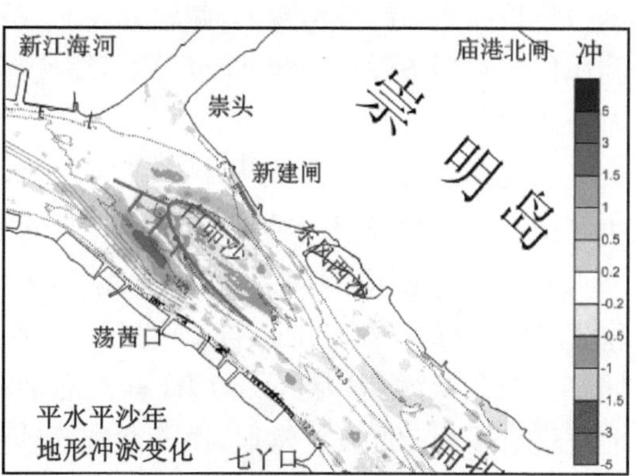

图 5.3-18 白茆沙整治工程实施后流速及地形冲淤变化图

试验结果表明，整治工程实施后，白茆沙滩地工程后有所淤积，起到了固滩的效果，遏制了白茆沙冲刷后退的趋势，有利于沙体的稳定。对于航道整治效果，经过 2 个平常年或者 1 个丰水年后，规划航道内 12.5 m 槽是贯通的，但局部航宽不足 500 m，稍加疏浚，可满足 500 m×12.5 m 的航道要求。

(2) 现状条件下洲滩稳定及崩岸守护研究

汊道稳定性:白茆沙南北水道历史上出现交替~兴衰的变化,航道整治工程守护白茆沙头部,稳定分汊,目前总体出现南强北弱的趋势。2016 年南水道分流比为 70%,北水道为 30%。下游扁担沙冲淤多变,滩上窜沟发育,连接北港的新桥通道经常处于变动中。历史上由于白茆沙多变,白茆沙南北水道呈交替兴衰的周期性变化,徐六泾节点整治工程实施,及航道整治工程实施,汊道逐渐稳定,受上游河势变化影响较小,但目前北水道进口淤积,北水道进口淤浅,−10 m 槽不通。目前总体呈南强北弱的趋势。

滩槽稳定性:根据式(5-3)和式(5-4)对本河段洲滩稳定性进行统计分析,见表5.3-2,白茆沙河段的滩槽处于较稳定状态。但白茆沙下段未进行守护受涨潮流影响,沙尾有窜沟存在,北支仍有水沙倒灌影响到白茆沙北水道河床冲淤变化。扁担沙未进行守护,扁担沙上窜沟发育多变影响到白茆沙北水道。扁担沙下段变化影响到新桥通道。由于南水道分流比近年增加,已达到 70%左右,太仓沿岸水动力增强,近岸深槽冲刷明显,局部冲深已达 10 m 以上。

岸坡稳定性:南支太仓沿岸边滩基本已围垦,沿岸岸线已调整,由于近年南水道分流比增加,太仓沿岸流速增加,河床冲刷幅度大,已出现险情。太仓沿岸新太海汽渡至七丫口段近年河床冲刷幅度大,近岸出现−60~−50 m 槽,岸坡最陡坡比在1∶1.3左右,险工段长约 19 km,出现新险情。

3. 北支河段固滩稳流及崩岸守护研究

按长江中下游整治规划,减轻北支水、沙、盐倒灌南支,为沿江淡水资源的开发利用创造有利条件。减缓北支淤积萎缩速率,维持北支引排水功能,适当改善北支航道条件。

北支整治后上中段成为单一弯曲河段,仍主要靠潮汐动力维持,其净泄量很小。中下段成为顺直河段,具有一定的放宽率,以潮汐动力为主,径流影响很小。

北支通过缩窄总体形成上窄下宽的喇叭型河口,关键是如何保持一定的放宽率,维持北支的稳定。北支自 20 世纪 50 年代以来已实施多次围垦工程,河道不断缩窄。在北支,潮汐为主要动力,有时涨潮流占优,存在北支对南支的水沙倒灌。北支进口段为南北支汇潮段,由于北支含沙量大,汇潮段河床易淤浅。北支净泄量小,径流影响小,主要为潮动力作用,当河道放宽涨落潮流路分离,江中易形成淤积浅滩,北支下段河道放宽,河道分汊,江中暗沙多,水流分散,滩槽不稳定。

目前上、中段河宽变化较均匀,展宽率不大,而下段也随着缩窄方案实施,成为展宽率不大的均匀段。在北支进流条件恶化、中下段大幅缩窄的情况下,水、沙、盐倒灌南支的影响将明显减弱,但北支以潮汐动力为主,纳潮量明显减小,对北支生命力的维持是否有利需深入研究。

6 长江江苏段河势控制对策及工程措施

6.1 长江江苏段河道治理现状方案效果及问题

6.1.1 长江江苏段河道治理利用现状

长江江苏段河道治理、洲滩利用的现状前面已经分析，本节重点对长江江苏段河道治理、洲滩利用现状方案的效果以及面临的形势进行系统梳理。

南京河段在稳定现有河势的基础上，封堵新生洲与新济洲之间的串沟，抑制新济洲和八卦洲左汊的淤积萎缩。镇扬河段应通过进一步的系统治理，抑制世业洲、和畅洲左汊的发展，稳定六圩弯道。扬中河段维持主流走左汊的现有河势，稳定嘶马弯道和上下两个弯道间过渡段的主流线。澄通河段结合航道治理工程，抑制福姜沙右汊萎缩，将如皋沙群汊道和通州沙汊道分别整治成主流稳定在浏海沙水道和通州沙东水道的双分汊河段。长江口维持“三级分汊、四口入海”的总体河势格局，加强徐六泾节点的控制作用，维持白茆沙河段南水道为主汊，稳定南北港分流口及分流通道。通过北支近期缩窄工程及远期进一步的整治，减缓或消除北支水、沙、盐倒灌南支，减缓北支淤积萎缩速率，维持北支引排水功能。

6.1.1.1 南京河段

南京河段河道治理大致可分为六个阶段。第一阶段，1950—1951 年以疏浚导流为主的整治工程；第二阶段，1955—1957 年的沉排护岸工程；第三阶段 1964—1981 年平顺抛石护岸工程；第四阶段，1983—1993 年的集资整治工程，也称为一期整治工程；第五阶段，1998 年大水后的二期河段整治工程；第六阶段局部整治工程包括 2014 年新济洲河段整治工程、梅子洲安全区建设一期工程及梅子洲堤防维修加固、梅子洲洲堤防洪能力提升维修加固规划等。具体工程方案布置如图 6.1-1a，图 6.1-1b 所示。

6.1.1.2 镇扬河段

镇扬河段护岸等工程主要集中在仪征水道陡山至泗源河口深槽贴左岸金斗至泗源河口、世业洲头部左缘、世业洲进口分流段右岸新河口附近、润扬大桥附近、龙

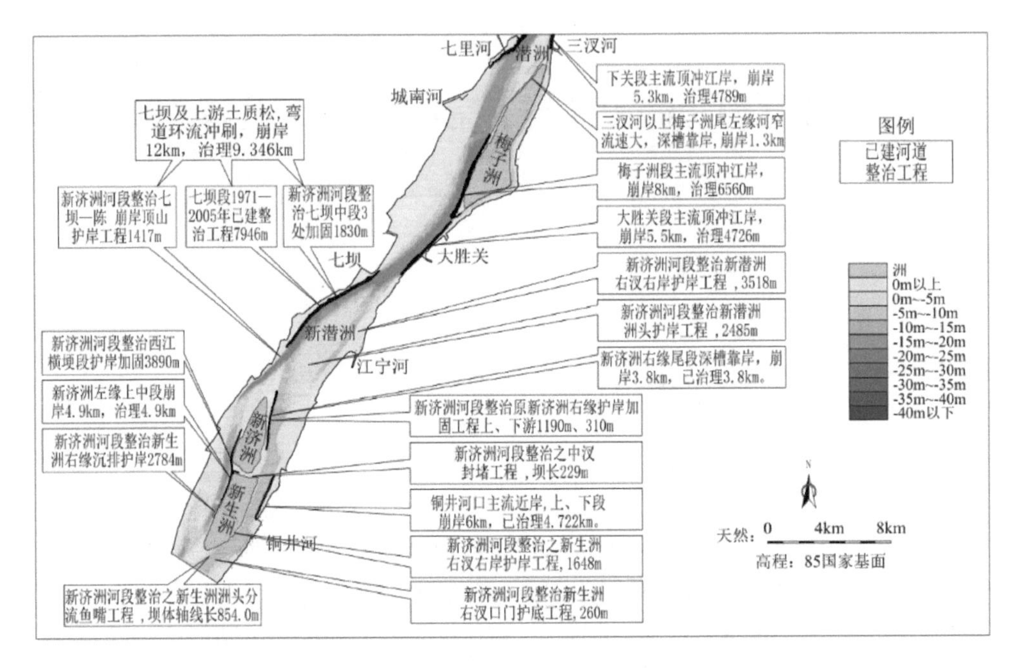

图 6.1-1a　南京河段已实施河势控制工程

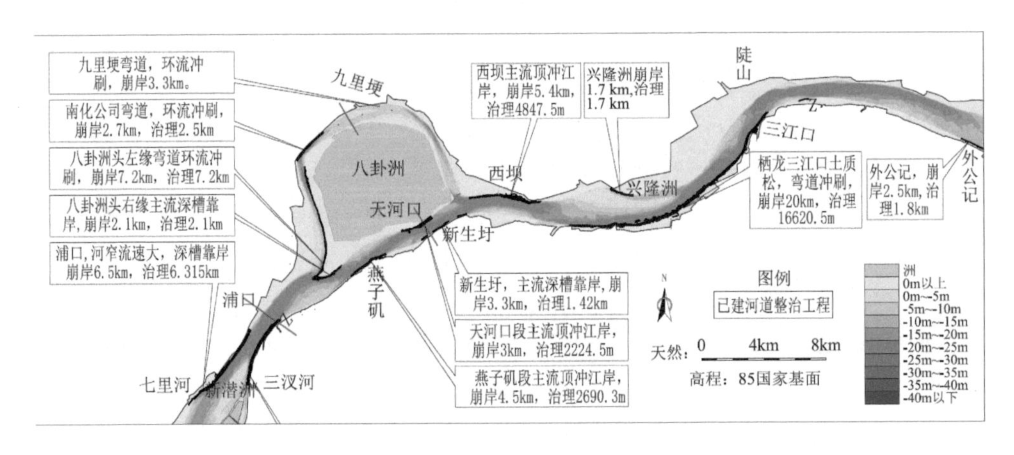

图 6.1-1b　南京河段已实施河势控制工程

门口至镇扬引航道段、六圩弯道段等。和畅洲附近主要集中在和畅洲头部、和畅洲北侧、进口潜坝坝下、和畅洲北缘以及弯顶孟家港附近等区域，如图 6.1-2 所示。

6.1.1.3　扬中河段

护岸主要位于弯道的凹岸、或水流顶冲段、近岸流速较大区域。由于河床演变滩槽变化，水流轴线的变动，险工段或将随之变动。其位置主要位于左汊进口段、

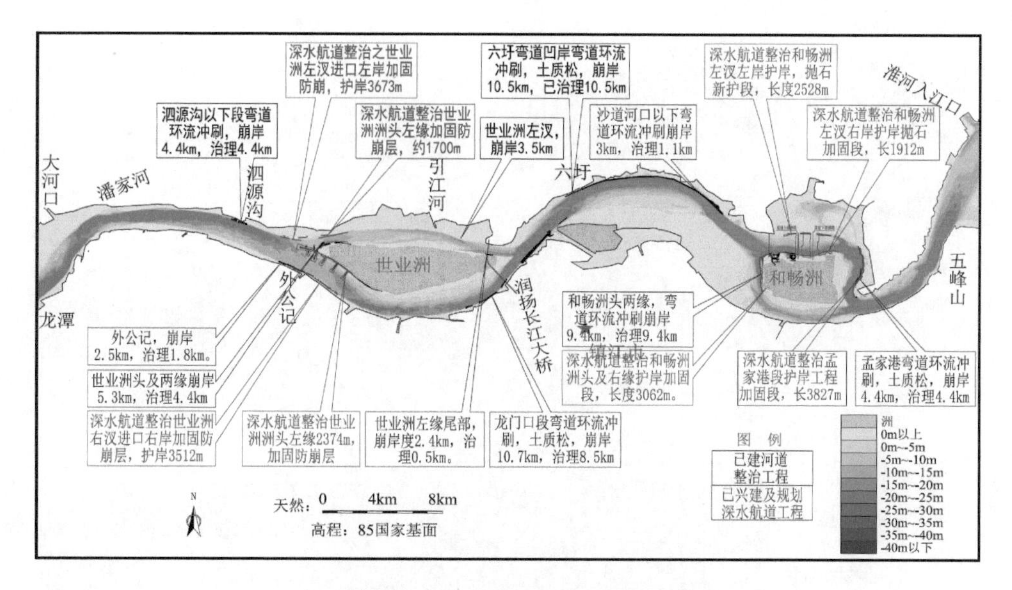

图 6.1-2 镇扬河段已实施河势控制工程

丰乐桥附近、噺马弯道段、永安洲、过船港、小决港、界河口、江阴水道下三圩等区域；太平洲右汊为支汊分流比仅 10%左右，河宽平均约 500 m，中间有 4 个河弯，即大路弯道、兴隆弯道、姚桥弯道、九曲河弯道，均为险工段。

扬中河段洲滩的开发利用主要是天星洲的开发和利用，如图 6.1-3 所示。天星洲汊道段河道综合整治工程于 2014 年 5 月开工，2017 年底基本完工。

① 天星洲左汊疏浚工程：疏浚范围为芦坝港上游 0.75 km 至焦土港下游 2.00 km，疏浚区长约 10.00 km，疏浚底高程为－8.00 m，疏浚底宽 150.00 m，疏浚边坡比 1∶5，疏浚量约 800.00 万 m^3。② 天星洲洲体右缘上中段切滩工程：切滩区域长 5.80 km，面积 0.74 km^2，切滩底面控制高程为－5.00 m。③ 天星洲洲头及左右缘防护工程：天星洲洲头防护工程长 2.75 km，左缘防护工程长 8.45 km，右缘防护工程长 5.20 km，采用水上灌砌块石护坡＋水下抛石护脚的结构型式，护坡顶高程 4.95 m，洲头、左缘、右缘抛石宽度分别为 110 m、35～45 m、60.00 m，抛厚均为 1 m。④ 天星洲尾隔流堤工程：长 3.08 km，顶宽 4 m，顶部高程为 4.95 m。⑤ 左汊左岸防护工程：防护范围为芦坝港至焦土港下游 0.8 km，护岸工程长 8 km，采用抛石护岸型式，抛石宽 30～45 m，厚 1 m。⑥ 天星洲洲体上中段弃土区工程：弃土区域最大长度 6.4 km，宽 1.05 km，面积 5.3 km^2，弃土区域控制高程为 4.95 m，弃土方量 1 150万 m^3。

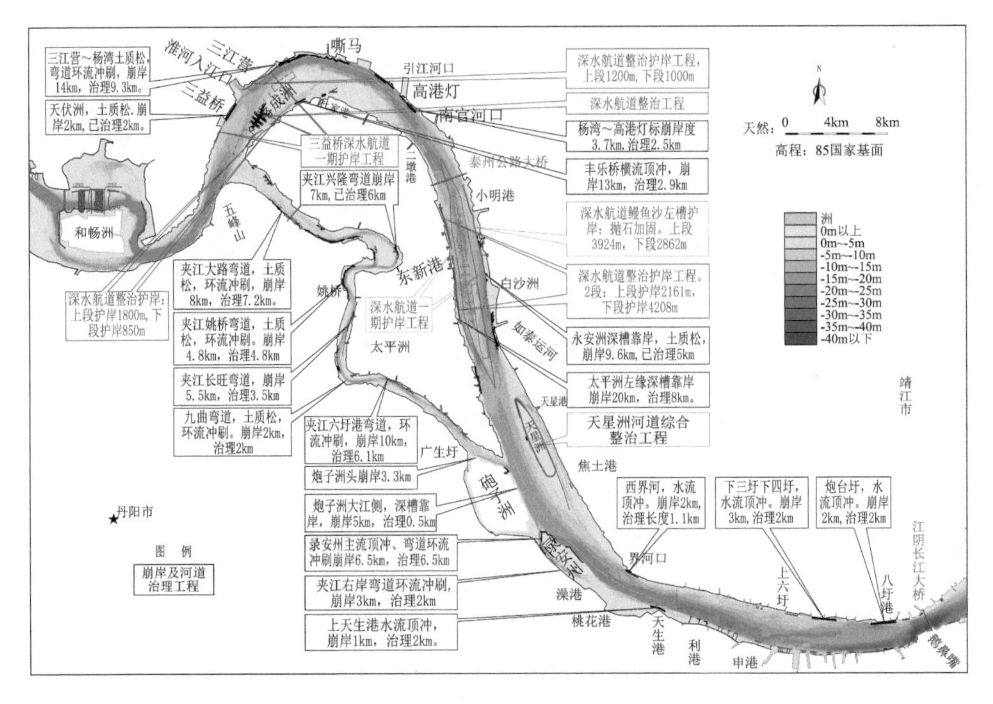

图 6.1-3 扬中河段已实施河势控制工程

6.1.1.4 澄通河段

澄通河段治理工程大致分为五个阶段：

第一阶段是 20 世纪 70 年代重点部位河势控制工程。第二阶段为节点控制应急工程(1991—1997 年)。第三阶段为近期整治工程(1998—2004 年)，本阶段主要是沿江险工段的护岸工程等。第四阶段主要是边滩、洲滩整治工程(2008—2012 年)；2010 年以来张家港实施了通州沙西水道综合整治工程，并启动护槽港边滩整治工程的前期研究工作。南通实施了横港沙一期工程，后续也开展了二期整治工程的研究工作。2010 年至 2012 年，常熟市实施了福山水道南岸边滩整治工程，整治岸线长 7.8 km；2013 年底又启动了铁黄沙整治工程。第五阶段主要为长江南京以下 12.5 m 深水航道整治工程(2012 年至今)，长江南京以下 12.5 m 深水航道一期工程，于 2012 年 8 月 29 日开工，于 2014 年 7 月 9 日交工验收。深水航道整治二期工程 2015 年 6 月 29 日开工建设，2016 年 7 月 5 日 12.5 m 航道实现初通，2018 年 4 月 24 日竣工验收。深水航道整治工程，除稳定洲滩外，还同步实施了护岸工程，福姜沙水道布置护岸工程 3 段，长度为 7 400 m，护岸工程型式均为抛石(船抛)防护。

除此之外，还实施了《张家港市老海坝节点综合整治工程》，以及长江干流江苏段崩岸应急治理工程。详见图 6.1-4。

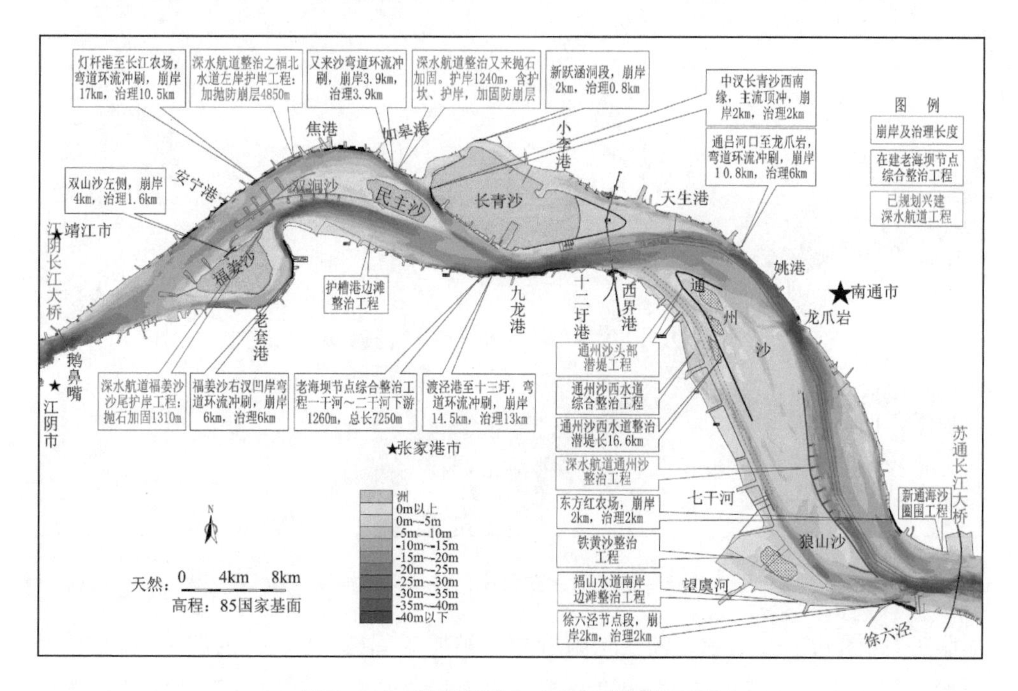

图 6.1-4　澄通河段已实施河势控制工程

6.1.1.5　长江口河段

为抵御水流的冲刷和风暴潮的侵蚀，20 世纪 50 至 60 年代实施了青龙港沉排护岸，并相继实施了海门、启东的丁坝群护岸及常熟、太仓海塘工程等。2001 年以来，海门市对北支险工段实施了应急防护工程，累计护岸长度约 20 km。2007 年至 2009 年，常熟市实施了白茆小沙边滩整治工程整治岸线长 5 km。2008 年以来南通市实施了新通海沙圈围工程。2014 年实施长江口北支新村沙水域河道综合整治工程等，详见图 6.1-5。

6.1.2　长江江苏段河道治理、洲滩利用现状方案效果

6.1.2.1　南京河段

南京河段河势控制工程主要以护岸为主，高程较低，对水动力的影响相对较小。水位变化表明，工程的实施对高低潮位影响很小，仅限于局部区域，对防洪排涝影响很小。

流速变化表明，新生洲与新济洲之间的中汊的封堵，流速有所减小。因护岸工程为抛石工程，高程较低，为此护岸工程实施后流速变化较小，主要集中在工程区

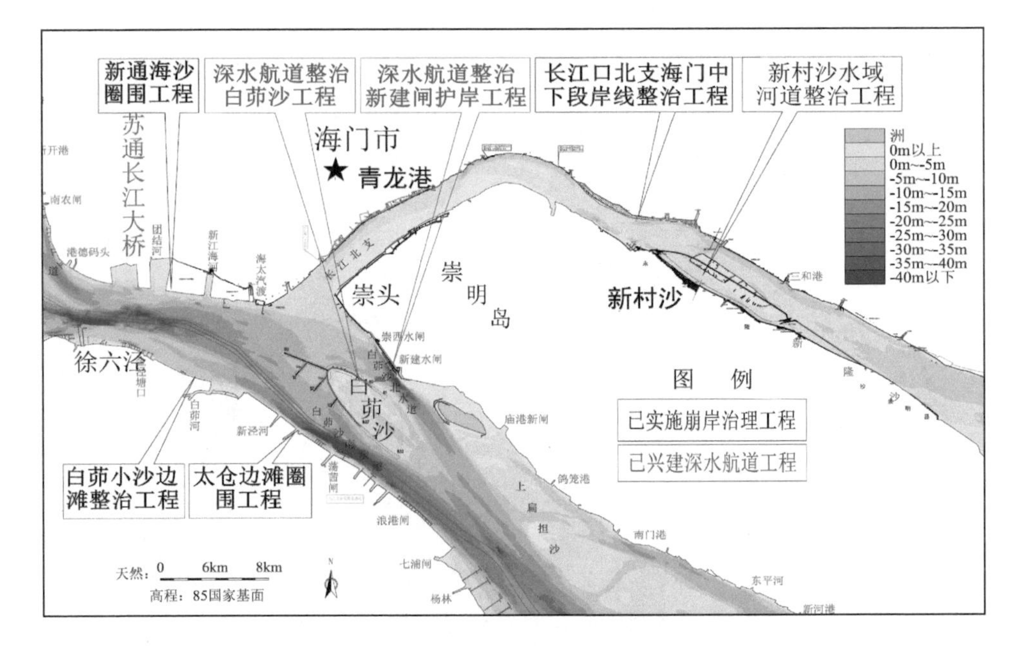

图 6.1-5　长江南北支河段已实施河势控制工程

域附近，如图 6.1-6 所示。随七坝附近左岸护岸工程(2.38 km)的实施，掩护区及下游侧落潮速略有减小，减小幅度一般在 0.03 m/s 以内；同时主槽侧流速增幅一般在 0.01 m/s。大胜关段护岸工程(4.8 km)与水流较为平顺，工程影响很小。浦口侧护岸工程(5.3 km)实施后，下游掩护区流速有所减小，减小幅度一般在0.01～0.02 m/s。下关侧护岸工程(4.83 km)实施后，流速变化表现为新潜洲下游侧主槽流速增加，一般在 0.02 m/s 以内。新生圩附近护岸工程(1.265 km)水流较为平顺，工程影响很小。西坝段护岸工程(4.7 km)实施后，拐头及下游掩护区流速有所减小，减小幅度一般在 0.01～0.03 m/s。栖霞龙潭段护岸工程(18.965 km)实施后，栖霞山、龙潭附近掩护区流速有所减小，减小幅度一般在 0.01～0.02 m/s；因本处工程长度近 19 km，主槽侧流速增加范围也相对较大，流速增幅一般在 0.01 m/s，其中栖霞龙潭侧增幅约 0.02 m/s。

综上所述，新生洲与新济洲之间的中汊的封堵，消除河势大幅动荡的隐患；但上游小黄洲左汊近期持续发展，将对新生洲左右汊分流的调整产生一定的影响。八卦洲左汊仍呈现缓慢淤积态势，但新水沙条件下衰退趋势有所减缓，建议尽快实施中段疏浚工程。同时随着南京河段内大量通道的建设，需进一步关注水沙潜洲等的稳定。

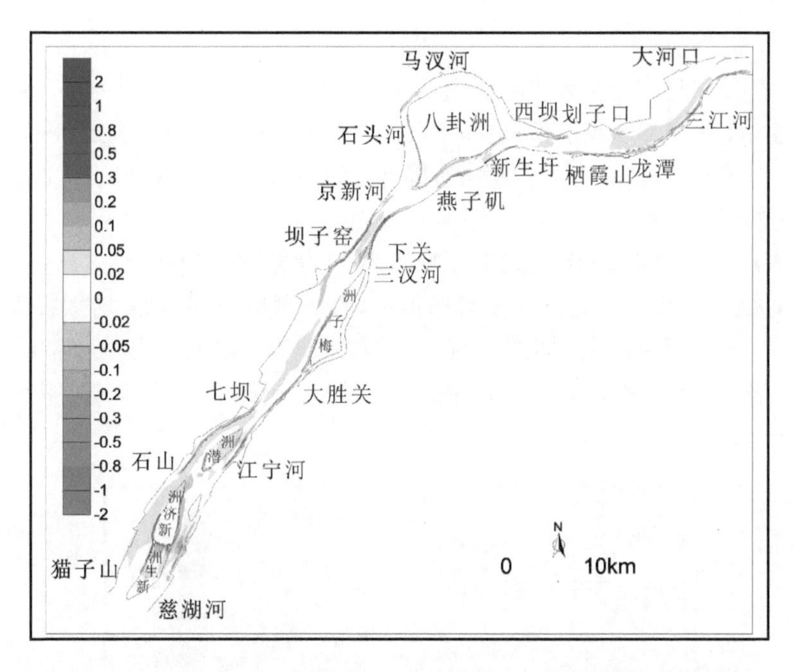

图 6.1-6　98 大洪水条件下南京河段河势控制工程实施后流速变化

6.1.2.2　镇扬河段

镇扬河段河势控制工程均为抛石防护，且都为低水建筑物，对水位的影响很小。流速变化表明，随着抛石护岸工程的实施，工程局部水动力有所调整，但幅度一般都在 0.02～0.05 m/s，如图 6.1-7 所示。和畅洲洲左缘加固、左汊进口潜坝以及和畅洲右汊口门段的疏浚工程等的实施，总体有利于改善右汊进流条件，对遏制左汊分流比增加是十分有利的。

综上所述，整治工程的实施初步抑制了征润洲边滩的淤积下移，改善了和畅洲右汊进流条件恶化态势；和畅洲左汊分流也初步得以遏制，但仍需进一步关注。

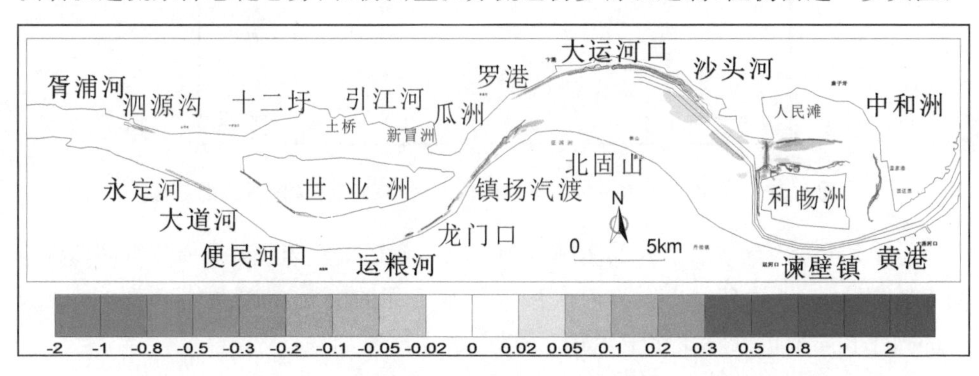

图 6.1-7　98 大洪水条件下镇扬河段河势控制工程实施后流速变化

6.1.2.3　扬中河段

扬中河段河势控制工程主要以抛石防护，结合天星洲的治理为主。河势控制工程实施后工程局部水位有所调整，主要在工程局部附近天星洲整治工程实施后，天星洲上游侧水位有所壅高、左汊略有降低，水位变化一般在 0.03 m 以内，对沿程防洪排涝的影响较小。

护岸工程的实施总体对流速的影响较小，变化幅度一般在 0.02 m/s。天星洲整治工程实施后，天星洲左汊流速有所增加，有缘侧也略有增加，增加幅度一般在 0.02～0.1 m/s；天星洲左侧主槽内流速有所减小，减小幅度一般在 0.05 m/s。分流比变化表明，天星洲左汊分流比略有增加，增幅一般在 1.0％以内，其他汊道基本无变化。详见图 6.1-8。

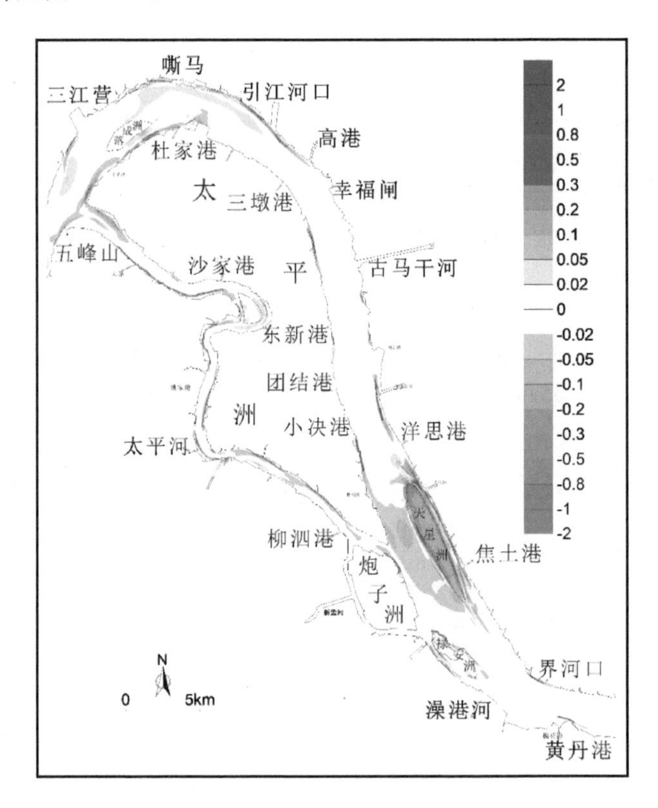

图 6.1-8　98 大洪水条件下扬中河段河势控制工程实施后流速变化

综上所述，已有整治工程的实施遏制了嘶马弯道等重点崩岸段岸线的崩退，但随着航道整治、通道建设以及洲滩利用等涉水工程的实施，加之水情沙情的变化，局部洲滩和岸线仍处于变化中，需进一步关注。

6.1.2.4 澄通河段

澄通河段是长江江苏段经济最发达的岸线段，沿江两岸经济发达，港口密布，通航环境复杂；该区域受径流和潮汐共同作用，水沙条件复杂、河床冲淤多变；工程河段内河势控制工程众多，工程间相互影响及协调性需要深入研究。本次研究重点对澄通河段内护槽港边滩岸线调整工程、双涧沙双顺堤护滩工程、横港沙圈围工程、天生港水道切滩疏浚工程、西水道南岸边滩岸线调整工程、通州沙头部右缘上段潜堤工程及西水道疏浚工程、新开沙护滩潜堤工程、铁黄沙圈围工程及沙尾拦沙潜堤、福山水道疏浚工程等的效果及影响进行研究分析。工程方案布置见附图 6.1-9。

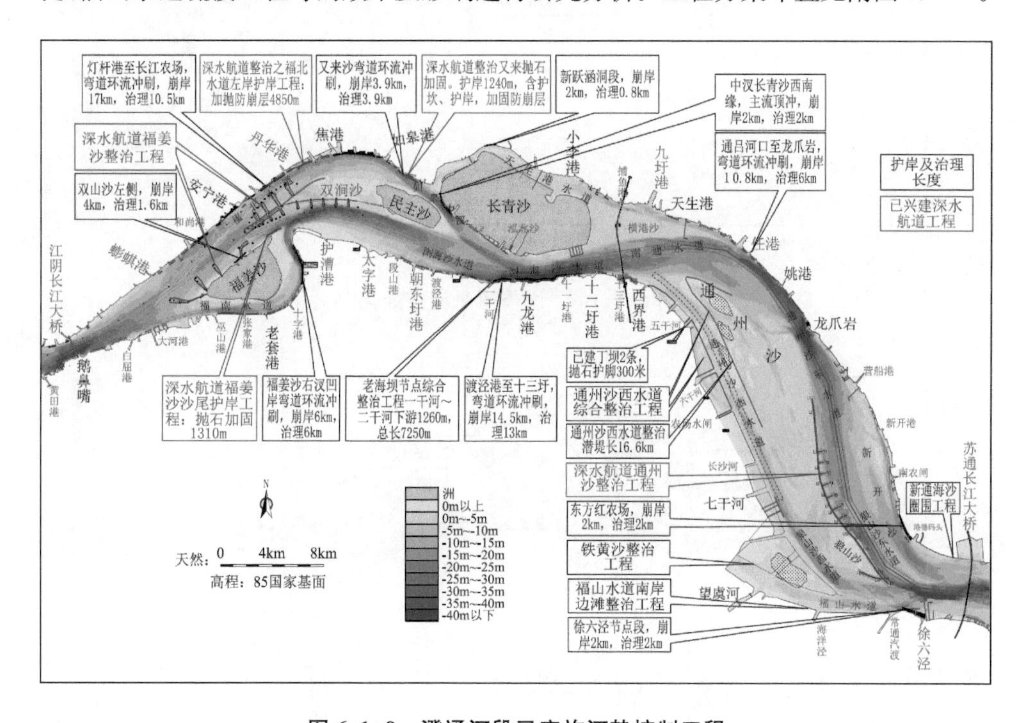

图 6.1-9 澄通河段已实施河势控制工程

澄通河段综合整治工程实施后涨落潮水动力变化见图 6.1-10～图 6.1-11。双涧沙护滩工程实施后掩护区域内滩面有所淤积，夏仕港以下双涧沙－5 m 窜沟被堵，中段沙体冲刷得以控制，中段沙体与下段沙体联成一体，使得双涧沙沙体更趋稳定，为稳定福中、福北分流口位置，稳定福姜沙河势奠定了基础。

护漕港整治工程实施对水动力的影响限于工程局部区域；护槽港圈围工程的实施，使得河道进一步缩窄，可以增强浏海沙水道主槽的水动力；自然条件下双涧沙及民主沙右缘处于冲刷状态，护槽港圈围工程的实施可能进一步加剧水流坐弯的程度，因此护槽港圈围工程的实施必须以双涧沙以及民主沙右缘的守护为前提。

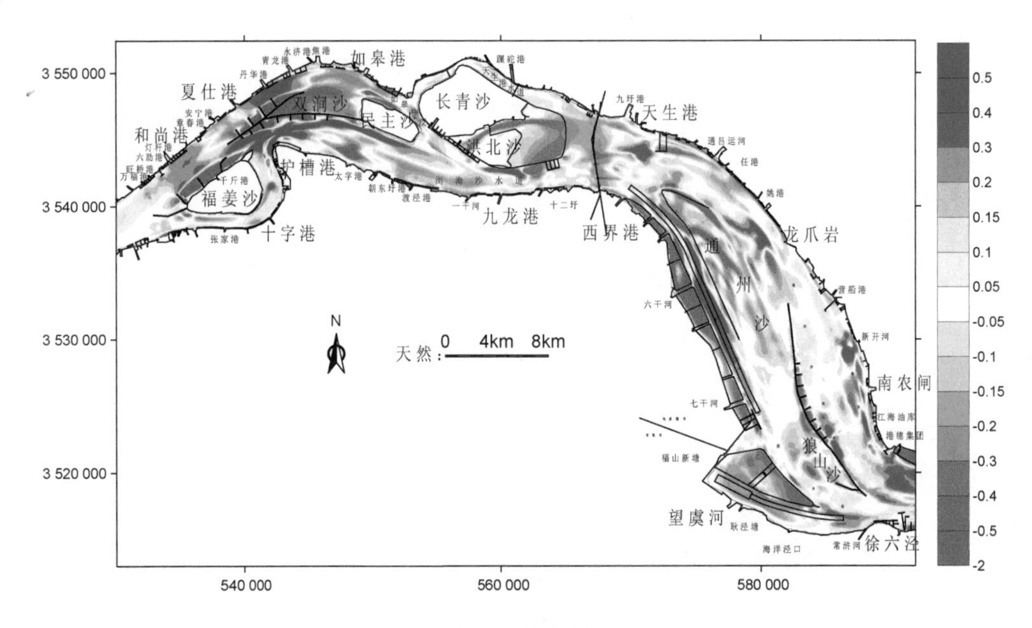

图 6.1-10　洪季落急流速变化

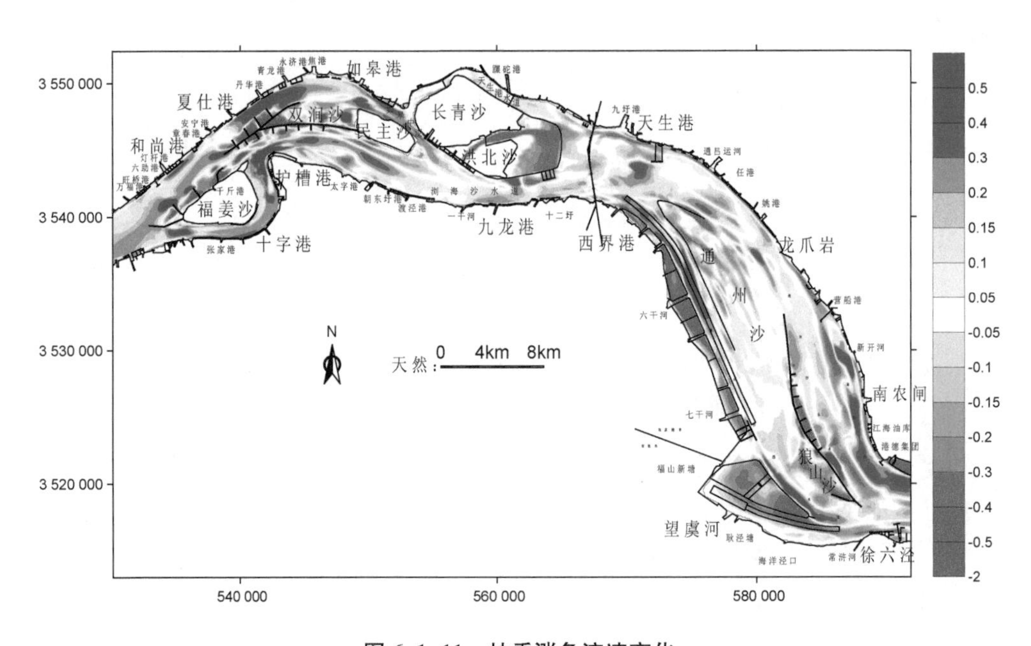

图 6.1-11　枯季涨急流速变化

横港沙综合整治工程是澄通河段综合整治工程的一部分，工程的实施使得横港沙南缘形成较为稳定的导流岸壁，在九龙港附近形成新的节点，以利于下游河段

河势的稳定，使主流走向、深槽、深泓走势保持现有格局。由于涨潮时天生港水道有部分涨潮流漫越横港沙滩面进入浏海沙水道，而落潮时又有部分落潮流漫越横港沙滩面进入天生港水道下段，横港沙圈围工程的实施对天生港水道下段将产生一定的影响。因此，横港沙的整治需要密切关注天生港水道水动力及其冲淤的变化。

通州沙西水道整治工程的实施，封堵了通州沙滩面串沟，归顺了西水道涨落潮流路，集中了西水道浅区段水流，有利于通州沙的稳定，有利于通州沙汊道形成稳定的双分汊河道。但西水道整治工程实施后，随着疏浚高程的增加，西水道分流比也有所增加，通州沙东水道分流比有所减小，碍航浅区水动力有所减小，这对12.5 m深水航道水深的维护是不利的。为此，通州沙西水道整治工程应在不影响通州沙东水道水动力条件的前提下，维护通州沙沙体的稳定，增强通州沙西水道浅区段主槽动力，使涨落潮流路归一，刷深河槽，促使通州沙汊道向稳定的双分汊河道转化。

铁黄沙整治工程是澄通河段综合整治工程的一部分。铁黄沙尾部近年来处于不断冲刷后退的状态，整治工程的实施，稳定了铁黄沙，归顺了西水道下段的涨落潮流路，有利于河势稳定。总的来说，工程河段的近期演变主要表现为狼山沙冲刷西移，铁黄沙尾部及右缘冲刷后退，相应西水道主槽西移坐弯，福山水道处于缓慢淤积过程中。铁黄沙整治工程实施稳定了铁黄沙，阻止其继续冲刷后退，归顺西水道七干河以下涨落潮流路，对福山水道进行疏浚，增加了福山水道水深及过流面积，因此整治工程有利于滩槽格局的稳定、河势的稳定，各汊分流比变化较小，各汊道主、支汊地位没有改变。

6.1.2.5 长江河口段(江苏)

1. 新通海沙整治工程

(1) 水动力变化

长江河口段河势控制方案见图 6.1-5。根据《长流规》有关规划标准，在百年一遇设计防洪标准条件下，工程附近防洪水位为 $Z=5.80$ m(85 国家高程)。在2004 年 8 月的地形条件下工程区域断面面积约为 102 100 m^2，新通海沙圈围工程占河道面积约 12.3%($Z=5.80$ m)，由于工程束窄了河道，将引起水位的调整。

工程实施后，上游汇丰码头站涨潮潮位略有降低，而落潮潮位略有升高；工程下游白茆沙、崇头站变化则相反，涨潮潮位略有升高，而落潮潮位略有降低。潮位变化的幅度与水文条件相关：壅水高度与流速的平方成正比，上游流量大，工程上游涨潮潮位变化小，而下游落潮潮位变化相对较大。高潮位和低潮位时，水流分别处于转落和转涨期，水流流速小，因而该时刻潮位变化很小。研究表明，各站高潮位变化都不大于 4 cm；低潮位的变化在 6 cm 内。

新通海沙圈围工程实施后流速的变化见图 6.1-12。落潮情况下，圈围区域内流速有所减小且减小的幅度一般在 0.2～0.75 m/s，上游港德集团附近流速有所减小且减小的幅度一般在 0.05～0.1 m/s，苏通大桥桥轴线北侧围垦线前沿流速也有所减小且减小的幅度一般在 0.05～0.3 m/s，紧接着下游侧流速则有所增加；苏通大桥桥轴线上游约 5 km 范围内主槽流速有所增加，一般在 0.1 m/s 以内，桥轴线下游约0.9 km范围内主槽流速也略有增加且一般在 0.05 m/s 左右；其他区域流速变化很小。涨潮情况下，圈围区域内流速有所减小且减小的幅度一般在 0.2～0.75 m/s，上游港德集团附近流速有所增加且增加的幅度一般在 0.1 m/s，苏通大桥桥轴线北侧围垦线前沿流速也有所减小且减小的幅度一般在 0.05～0.2 m/s；苏通大桥桥轴线上游约 6 km 范围内主槽流速有所增加且一般在 0.5 m/s，桥轴线下游约 1 km 范围内主槽流速也略有增加且一般在 0.05 m/s 左右；其他区域流速变化很小。

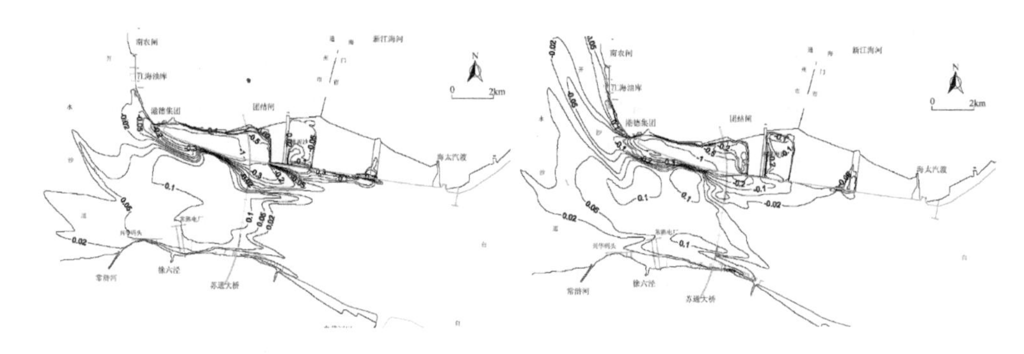

图 6.1-12 新通海沙圈围工程实施后落急、涨急流速变化

分流比变化分析表明，新通海沙圈围工程实施后，工程河段分流格局不会发生改变，新开沙夹槽、白茆沙北水道等汊道分流比略有调整。落潮情况下，新通海沙圈围工程实施后新开沙夹槽落潮分流比略有减小，一般在 0.1%左右；白茆沙北水道落潮分流比也略有减小，减小的幅度一般在 0.01%～0.03%；南支分流比则略有增加，增加的幅度一般在 0.01%左右。涨潮情况下，新通海沙圈围的实施使得岸线得以平顺，新开沙夹槽内涨潮流速有所增加，新开沙夹槽涨潮分流比略有增加，幅度一般在 0.14%左右，白茆沙北水道、南支分流比变化幅度都很小。

(2) 河床冲淤变化

工程实施引起的冲淤变化表明(图 6.1-13)，2003 年水文年条件下新通海沙、白茆小沙围垦工程引起的冲淤变化，工程后白茆小沙夹槽冲刷，围垦区头部和尾部形成局部冲刷坑，白茆小沙围堤头部局部冲坑最深达 7 m，白茆小沙尾部最大冲坑最深达 11 m。夹槽上段靠白茆小沙一侧冲刷，冲深 3～5 m，靠江堤一侧冲深0.5～

1 m。夹槽下段冲刷较上段为小。下段出口处(204＃～207＃)河床以淤积为主,淤厚在 0.3～0.5 m。新通海沙围堤前沿冲刷,新江海河口近堤冲刷主要受涨潮流影响。水山码头上游新开沙夹槽内略有淤积,夹槽下段略有冲刷。新开沙尾工程后有所冲刷。白茆沙南水道有所冲刷,白茆沙北水道进口部位局部有所淤积。

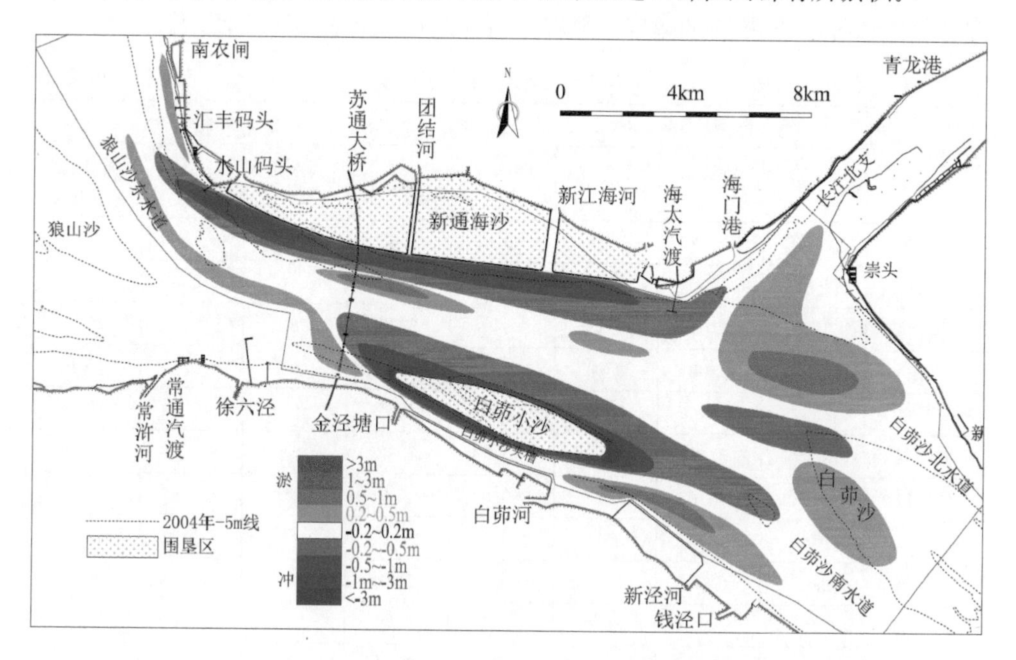

图 6.1-13 徐六泾节点整治工程实施后引起的河床冲淤变化(平常水沙年)

综上所述,徐六泾河段上接通州沙水道,下连白茆沙水道,为长江下游河口展宽河道的最后一个缩窄段,上下多分汊河段的连接段。上游通州沙水道呈向南偏东走向,河势在徐六泾河段发生偏转,徐六泾河段呈东偏南走势。长江落潮流经由狼山沙东水道向南偏东方向下泄,顶冲徐六泾岸段,主流居中偏南岸,通过徐六泾缩窄段后流入白茆沙水道。对长江落潮主流来说,北岸为凸岸,有新通海沙依附,落潮时新通海沙基本为缓流区,苏通大桥的建设减小了新通海沙落潮水流。

长江涨潮流主要由南支向上,经白茆沙水道顺势而上经新通海沙,而北支涨潮流顺沿长江北岸部分进入新开沙夹槽。从涨潮流流路上看,涨潮流侧冲新通海沙,形成新通海沙沿岸和团结沙涨潮串沟。新通海沙涨落潮流分离。新通海沙围垦工程实施,加强了徐六泾节点对河势变化的控制作用。新通海沙围垦工程进一步加强长江主流,会引起工程河段滩槽变化。徐六泾河段主槽流速加大,徐六泾主槽将有所刷深;新通海沙围垦工程将封堵沿岸涨潮串沟,控制新通海沙,势必引起新开沙和新开沙航槽有一定调整。因此,要进一步关注由于涨潮流调整而带来的新开

沙尾部冲刷发展趋势以及对 12.5 m 深水航道的影响。

2. 南北支整治工程

(1) 水动力的变化

随着南北支整治工程的实施，各工程影响相互作用。洪季大潮水文条件下高潮位总体有所抬升，抬升的幅度一般在 0.08 m 以内，如表 6.1-1 所示。

表 6.1-1　潮位变化统计表　　单位：m

位置	洪季大潮				枯季大潮			
	工程前	高潮位变化	工程前	低潮位变化	工程前	高潮位变化	工程前	低潮位变化
徐六泾	2.95	0.02	0.28	−0.03	2.36	0.02	−0.59	−0.02
苏通桥	2.89	0.02	0.24	0.02	2.33	0.01	−0.67	−0.05
白茆河口	2.73	0.01	0.18	−0.04	2.32	0.02	−0.73	−0.03
荡茜	2.62	0.03	0.04	−0.04	2.32	0.01	−0.78	−0.02
七丫口	2.54	0	0.06	0.02	2.26	0	−0.74	−0.02
浏河口	2.62	0.02	−0.02	−0.04	2.32	0	−0.79	−0.05
吴淞口	2.52	−0.03	−0.36	−0.21	2.4	0.03	−0.99	−0.07
崇头	2.67	−0.01	0.19	−0.04	2.35	0	−0.73	−0.03
新建闸	2.66	0.03	0.03	−0.05	2.33	0	−0.79	−0.03
鸽笼港	2.62	0	−0.05	0.02	2.28	−0.01	−0.79	−0.01
新河港	2.65	−0.01	−0.1	0.01	2.33	−0.03	−0.75	0.01
堡镇港	2.59	−0.05	−0.12	0	2.28	−0.05	−0.83	−0.03
六滧	2.42	0	−0.48	−0.08	2.4	0.01	−1.04	−0.06
南汇边滩	2.37	−0.02	−1.98	−0.04	2.56	0.03	−2.03	−0.04
北支口	2.72	0.03	0.22	0	2.37	0	−0.7	−0.01
青龙港	2.93	−0.04	0.18	0.08	2.47	−0.09	−0.7	0.07
三和港	3.07	0.06	−1.51	−0.27	2.9	−0.08	−1.7	−0.1
连兴港	2.71	0.08	−2.15	−0.2	2.74	0.03	−2.02	−0.13
北支口	2.72	0.03	0.22	0	2.37	0	−0.7	−0.01

低潮位的变化主要表现为低潮位总体有所降低，降低的幅度一般在 0.08 m 以内，其中三和港、连兴港等区域降低幅度较大。北支沿程潮位变化总体表现为中上段的降低，中下段及口门处的抬升。其中进口青龙港附近高潮位降低较大，约 0.15 m，启东港附近增加约 0.1 m。低潮位则表现为北支进口段沿线水位的抬升，中下段水位的降低。其中青龙港附近水位抬升约 0.09 m，中下段戤滧港、连兴港附近水位则有所降低，降低幅度约 0.15 m。

洪季、枯季大潮整治工程实施后涨落潮最大流速变化见图 6.1-14 和图 6.1-15。从图可以看出，随着北支中山段圈围工程的实施，北支进口段流速有所减小，圈围左缘航槽内流速增加，增幅一般在在 0.1 m/s 以上。北支口门处流速有所减小。枯季条件下，北支下口流速略有增加，上游进口段流速有所减小。

（2）小结

整治工程的实施，北支中下段断面有所缩窄，涨潮量有所减弱，盐水倒灌程度有所减弱，但纳潮量的变化对北支进口口门段河床冲淤的变化调整仍需关注。

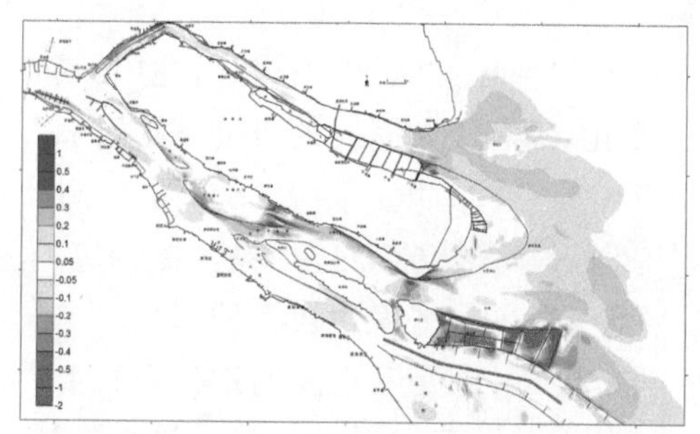

图 6.1-14　洪季大潮落潮最大流速变化

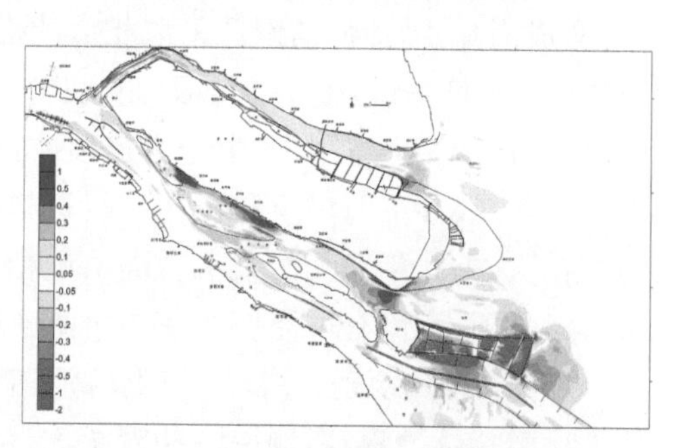

图 6.1-15　枯季大潮涨潮最大流速变化

6.1.3　长江江苏段河道治理、洲滩利用面临的形势

推动长江经济带发展是以习近平同志为核心的党中央作出的重大决策，是关系国家发展全局的重大战略。要坚持共谋新发展的治江理念，实现治江绿色发展；坚持在保护中发展的治江思路，实现以保护为前提的治江事业高质量可持续发展；坚持生态优先、绿色发展的要求和准则。

6.1.3.1　*南京河段*

长江南京河段为分汊型河道，在天然节点以及人工防护等工程措施的作用下，总体河势稳定，但局部仍有所变化。

（1）新济洲河段：总体将维持目前的河势格局。由于上游马鞍山河段与南京河段存在一定关联性，且新水沙条件下小黄洲左汊发展以及江乌段航道整治实施可能对新生洲、新济洲河段产生一定的影响。

（2）八卦洲汊道：总体仍然将维持左汊缓慢淤积萎缩、右汊缓慢发展的态势，左汊中部浅区仍然将呈现缓慢淤积态势。

（3）栖霞龙潭弯道：将维持目前微弯单一的河道河势，但龙潭附近河道较宽，凸岸兴隆洲仍存在遇洪水切割形成心滩的可能。

（4）通道建设：南京河段近年来过江通道建设众多，过江通道建设将引起局部河床的大幅调整，水下潜洲、暗沙的稳定需进一步关注。

6.1.3.2 镇扬河段

长江主流出仪征弯道后，由左向右过渡到世业洲右汊，主流沿高资弯道右岸下行至龙门口附近与左汊支流汇合后，又向左过渡到六圩河口。长江主流出六圩弯道后，进入和畅洲左汊，沿和畅洲北缘至和畅洲东北角又从右过渡至左岸孟家港下行，两汊汇合后进入大港水道。

(1) 世业洲汊道：随着深水航道护底带等工程的实施，现阶段左汊缓慢发展趋势得以遏制；但近期受世业洲洲滩齿坝挑流等影响，世业洲进口左岸局部冲刷较大，形成崩窝，需加强监测并采取相应的措施。

(2) 六圩弯道：由于主流长期贴凹岸，左岸近岸河床冲深，岸坡很陡；龙门口至引航道口、沙头河口附近，由于弯道顶冲点的变化，仍有较大崩退的可能，故龙门口至引航道口、沙头河口至和畅洲左汊进口段应加大守护力度。随着征润洲的不断向左扩大，近几年经几次大水后洲滩上留有串沟，若弯道继续向左发展，在特定的水沙条件下，水流有可能切穿串沟而使原单一弯道段的河势发生较大的调整。

(3) 和畅洲汊道：左汊已与上游河道平顺连接，完全处于主汊的地位，口门左侧人民滩持续冲深，右侧深槽冲深扩大，河槽扩大，呈继续发展的趋势。深水航道二期和畅洲整治工程的实施，遏制了左汊的发展态势；右汊进口切滩工程的实施，有利于进流条件的改善。但实施左汊潜坝工程后潜坝下游左右岸发生明显的冲刷，河床局部发生变化，左右岸存在崩岸险情；同时水流顶冲孟家险工段。

6.1.3.3 扬中河段

太平洲左汊三江营至高港处于水流顶冲地段，落成洲右汊右岸处于水流顶冲部位。小决港附近流向偏左岸，处于水流顶冲地段。录安洲洲头处于水流顶冲段，在录安洲左侧岸壁导流作用下主流左偏，左岸界河口附近处于水流顶冲地段。

(1) 太平洲左汊：①20 世纪 70 年代整治工程实施后，嘶马弯道局部崩岸段得到守护，若遇到大洪水，嘶马弯道险工段局部仍存崩岸可能。②落成洲右汊发展，太平洲左汊进口段航道水深不足；航道整治工程实施后，落成洲右汊分流有所限制，需进一步关注右汊的发展变化；近期泰州大桥上游侧发生较大窝崩，建议加强监测。③炮子洲、录安洲水道，自然状态下天星洲汊道将长期维持主流走右汊，并贴靠太平洲、炮子洲、录安洲左缘的双分汊河势格局。由于主流长期顶冲，且该段为河势控制的关键导流岸壁，护岸工程应进一步加强。

(2) 太平洲右汊：变化主要是中部四个河弯，变化的特点是凹岸冲刷，凸岸淤积。随着太平洲右汊弯道护岸工程的实施，江岸崩塌得到有效控制，在适当加强太平洲右汊护岸工程条件下，太平洲右汊道相对稳定的平面形态将继续保持下去，分流比仍将保持基本稳定。

6.1.3.4 澄通河段

(1) 福姜沙河段:现状条件下浏海沙水道靠双涧沙与民主沙一侧岸坡不稳,近年岸线有所崩退,民主沙右侧附近岸坡应进行守护。

(2) 如皋沙群汊道:福姜沙航道整治工程实施后,如皋中汊分流比有所调整,而如皋中汊分流比的调整将影响九龙港一线的顶冲点位置及岸线的稳定。

(3) 通州沙汊道:近期通州沙头部左缘冲刷较大,进入南通水道的顶冲点有所下移,使得新开沙右侧冲刷,狼山沙东水道河道进一步展宽,易淤积呈心滩,加剧狼山沙东水道的不稳定性。

(4) 通州沙河道治理与深水航道一期整治工程衔接段仍未采取工程措施,在通州沙左缘冲刷的情况下,要加强监测,防止通州沙南北向窜沟的发展,影响沙体的稳定。

6.1.3.5 长江河口段(江苏)

(1) 南支河势控制存在问题

长江主流经狼山沙东水道由东南向进入徐六泾河段,在徐六泾附近受徐六泾导流岸壁作用,主流向东略偏北通过苏通大桥主桥孔,在白茆河口附近主流南偏,进入白茆沙南水道。① 现阶段白茆小沙下沙体冲蚀,失去了整治的最佳时机。② 现阶段随着南强北弱的趋势进一步加强,南水道分流比增加导致太仓沿岸水动力增强,河床冲刷,影响到沿岸码头、堤防安全。③ 南北水道汇流后,七丫口附近主流有北偏趋势,冲刷扁担沙右缘,影响到南支主槽的稳定。④ 扁担沙未进行整治,在涨落潮作用下仍冲淤多变,一是边滩形态变化,二是滩上窜沟变化,越滩流的变化,其变化影响到白茆沙北水道及白茆沙的稳定。另外滩上窜沟发育变化也影响到沙体的稳定及南支主槽的稳定,下扁担沙下段的冲淤变化影响到新桥通道的变化。

(2) 北支河势控制存在问题

① 北支已逐渐演变为涨潮流占优势的河段,进流条件恶化;现阶段进口仍未按照规划进行疏浚,倒灌现象较为严重。② 北支主流线反复多变、滩槽变化频繁的现象仍将继续。③ 在自然演变状态下,南、北支会潮区将在较长时期内稳定在北支上段,北支上段将进一步淤积。

6.2 长江江苏段航道整治现状方案效果及形势

6.2.1 长江江苏段航道整治现状

6.2.1.1 仪征水道

仪征水道航道整治方案的总平面布置如图 6.2-1。① 世业洲洲头潜堤:潜堤长1 175 m，堤头高程在−8.5 m，坝根高程为+2 m，接岸处理。②洲头潜堤北侧丁坝：丁坝坝体纵剖面采用变坡的型式，SL1＃丁坝长191 m，根部与潜堤交接处堤身高程相同，靠近潜堤145 m范围内坝顶顶高程与坝根高程相同，丁坝坝头顶高程为−10 m；SL2＃丁坝长320 m，根部与潜堤交接处堤身高程相同，靠近潜堤280 m范围内坝顶顶高程与坝根高程相同，丁坝坝头顶高程为−10 m。③洲头潜堤南侧丁坝：SR1＃丁坝长365 m，坝身段抛石厚度为2 m，坝根与潜堤交接处平顺过渡；SR2＃丁坝长560 m，丁坝头部顶高程为−8 m，坝头向内350 m范围内坝身纵坡比为1∶200，350 m至世业洲头部岸线段抛石2 m厚。④左汊护底带：在洲头潜堤北侧丁坝轴线上布置2道护底带，长度分别为454 m、508 m，护底带宽度为300 m，抛石厚度为1.5 m。⑤世业洲右缘丁坝：丁坝长度分别为550 m、618 m、625 m，坝头顶高程为−8 m，坝体纵向坡比为1∶200。⑥仪征左岸十二圩附近护岸加固4 407 m，右岸大道河—马家港护岸加固4 338 m，世业洲头部左右缘护岸加固5 015 m。头部潜堤、南北侧丁坝及右缘丁坝采用抛石斜坡堤及削角王字块混合堤两种结构型式；护滩、护底采用较成熟的砼联锁块软体排结合抛块石护底结构型式。

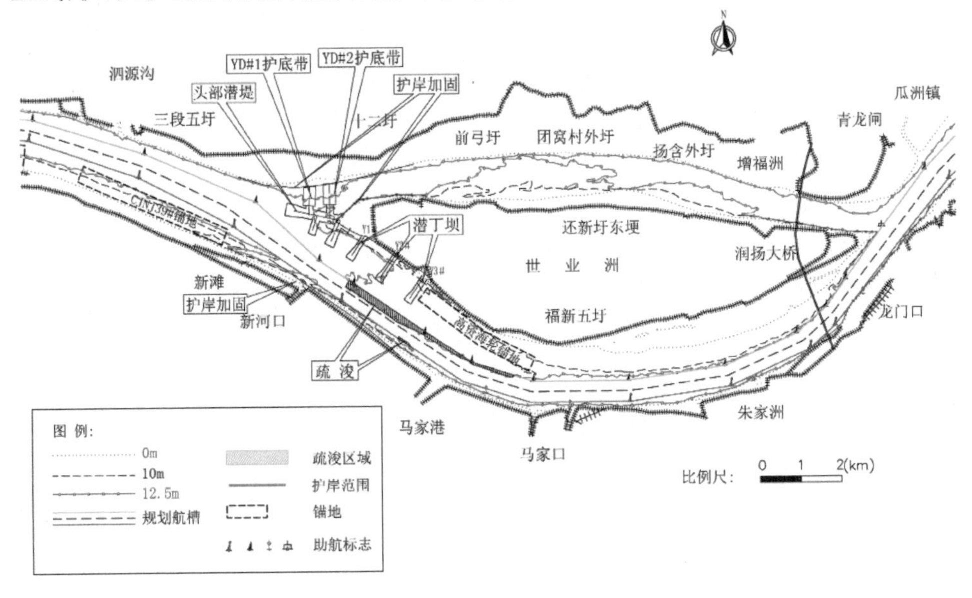

图 6.2-1 仪征水道航道工程布置

6.2.1.2 和畅洲水道

和畅洲水道航道整治设计方案包含四个部分，分别为左汊上中段两道变坡潜坝（含护底）工程、右汊进口切滩工程、右汊中下段碍航浅滩疏浚工程及护岸工程，如图6.2-2所示。其中，新建两道潜坝分别距离已建口门潜坝2 100 m和3 100 m，长1 817 m和1 919 m，上游潜坝河床最深点−35 m左右，坝高约17 m；切滩工程面积

78 090 m^2,底高程－13.35 m;右汊疏浚工程按 250 m 航宽基建,范围根据施工前测图调整,底高程－13.35 m;护岸工程全长 10 458 m。

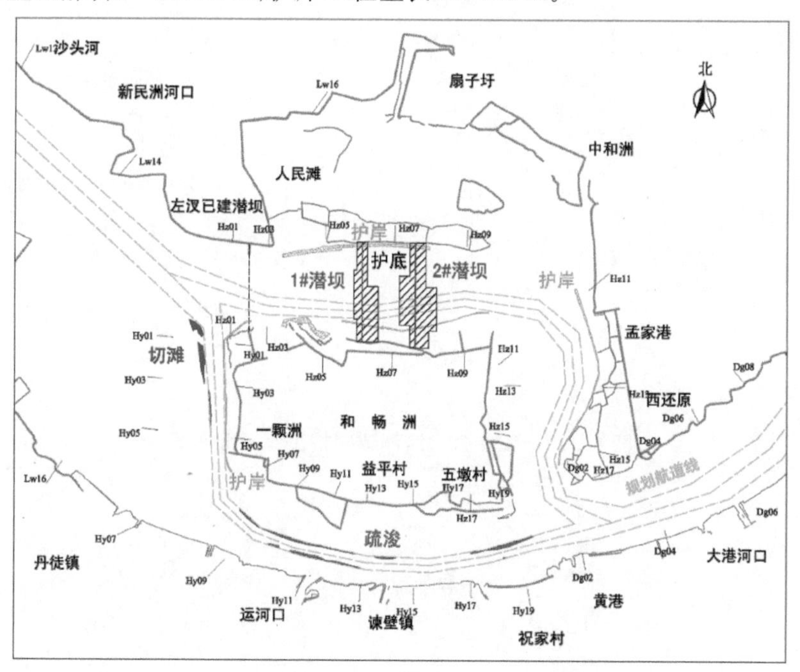

图 6.2-2　和畅洲水道航道整治工程初步设计方案平面布置示意图

6.2.1.3　口岸直水道

为稳定滩槽格局,促使河床冲淤变化向有利方向发展,长江航道局于 2010—2012 年组织实施了落成洲守护工程和鳗鱼沙心滩头部守护工程,工程平面布置见图 6.2-3,具体说明如下:落成洲守护工程由梭头＋一纵三横四条护滩带组成,梭头长 300 m,底宽 400 m,纵向护滩带长 1 300 m,宽 200 m;三道横向护滩带分别长 635 m、800 m、925 m,宽 150 m,梭头及护滩带轴线上宽 50 m 抛石压载,厚度 1 m;落成洲头部及其左、右缘进行护岸和左岸三江营附近进行护岸加固。鳗鱼沙心滩守护工程布置在心滩的中上段,守护工程由软体排加抛石组成,平面上为梭头加梭柄形,后段“梭柄”呈对称鱼骨状,由 1 道纵向“顺骨”和 1 道横向“鱼刺”组成,守护工程纵向总长 2 250 m;守护工程两侧进行护岸加固。

深水航道二期工程中,口岸直水道在已实施的落成洲守护工程上加建整治潜堤,沿着落成洲头部布置纵向潜堤,纵向潜堤左侧布置 5 道丁坝,右侧布置 2 道丁坝,并且在落成洲右汊进口布置 2 道丁坝;在落成洲左汊左岸、右汊右岸新建护岸工程约 4.85 km。鳗鱼沙段工程是在心滩头部守护工程基础上下延守护范围,整治工程有一道纵向潜堤,潜堤长 10.6 km,潜堤两侧各布置 11 道护滩带,见图 6.2-4。

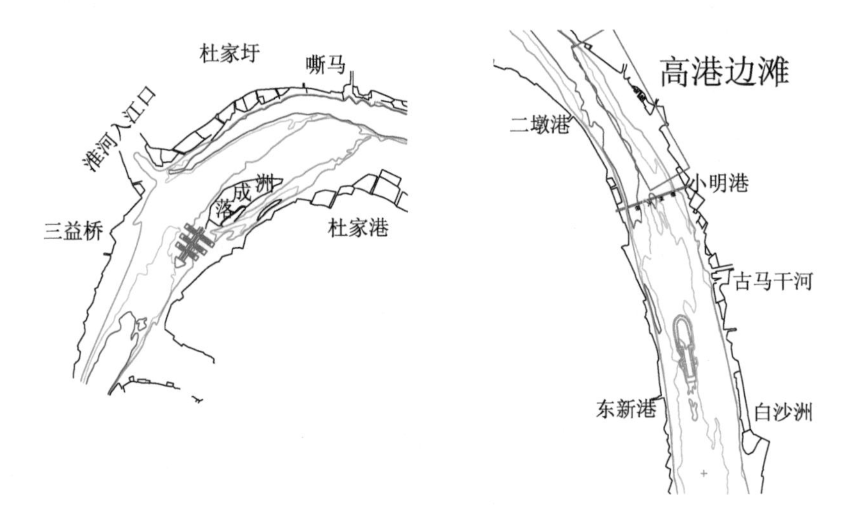

图 6.2-3　口岸直水道洲滩守护工程平面布置

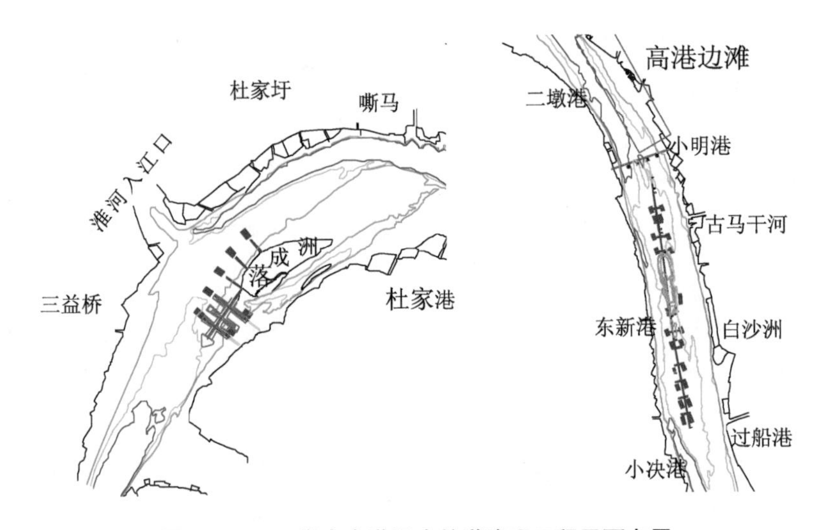

图 6.2-4　口岸直水道深水航道治理工程平面布置

6.2.1.4　*福姜沙水道*

福姜沙河段双涧沙变化影响到福中、福北、如皋中汊汊道稳定及进口滩槽稳定，双涧沙守护工程于 2010 年底开工，2012 年 5 月完工，见图 6.2-5。双涧沙守护工程由三部分组成：头部潜堤、北顺堤和南顺堤。双涧沙护滩整治方案实施后，福北水道进口流速有所减小，福南水道流速有所增加，如皋中汊流速有所增加，浏海沙水道上段流速则有所减小，双涧沙滩地的越滩流得以控制，起到了封堵双涧沙窜沟、拦截双涧沙越滩流的目的。稳定福中、福北分流口位置，为稳定福姜沙河势奠定了基础。

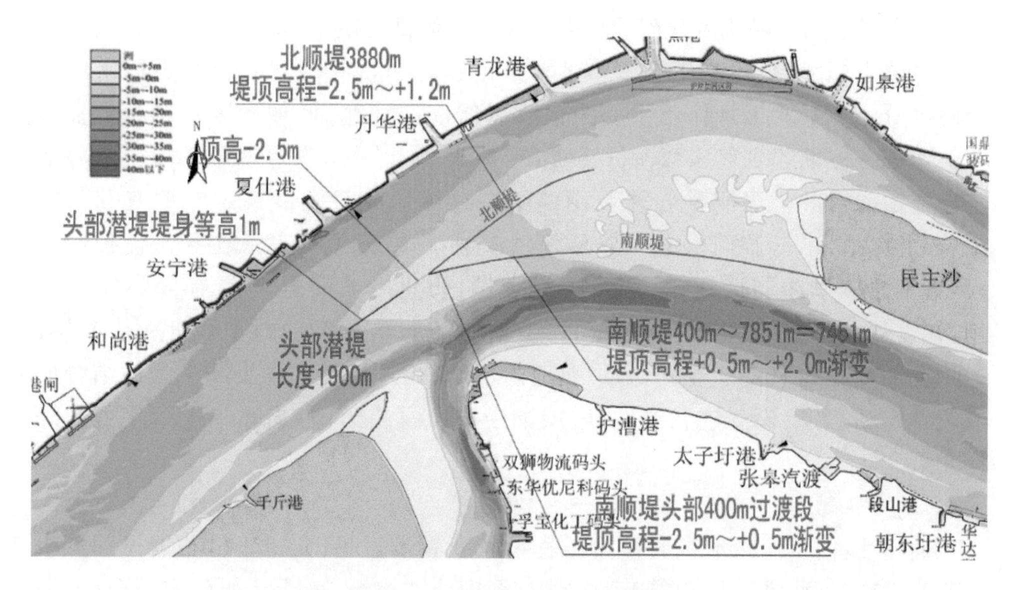

图 6.2-5 双涧沙守护工程布置

福姜沙水道深水航道二期工程布置见图 6.2-6。① 双涧潜堤及两侧丁坝布置：双涧沙稳定是航道整治关键，控制双涧沙越滩流，是调整福中、福北汊道分流及碍航浅段水动力的关键，采用双涧潜堤及两侧丁坝布置，有利于改善福中、福北进

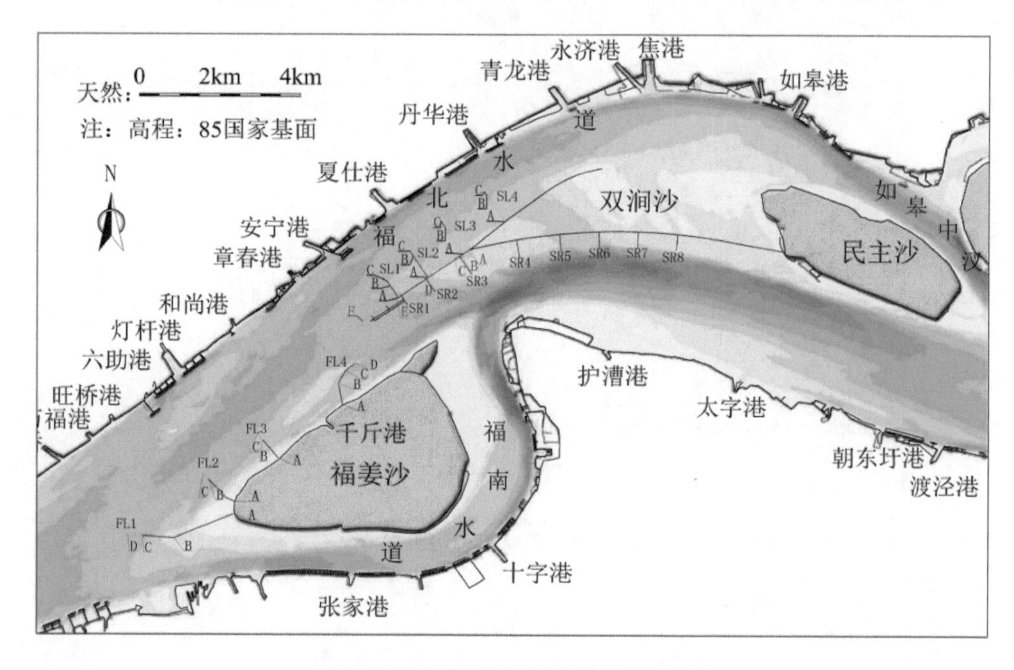

图 6.2-6 福姜沙水道深水航道二期工程

口水动力和双涧沙越滩流分布的滩槽格局。双涧沙导堤头部位置确定福中、福北两汊分流点，导堤高程变化是调整越滩流沿程分布，调整福中、福北进口水动力及两汊分流。福北丁坝作用主要为束窄碍航浅区河宽，增加浅区水动力。福中一侧丁坝一方面起到稳定双涧沙潜堤，守护双涧沙右缘，潜堤南侧丁坝也具有一定导流增深目的。双涧沙导堤及两侧丁坝总体形成双涧沙稳定滩型有利于福中、福北深槽发展，航槽稳定。② 双涧沙右缘丁坝：双涧沙右缘位于水流顶冲地段，近年总体呈冲刷后退，采用短丁坝守护，防止岸坡崩退。③ 福姜沙左缘丁坝：福姜沙左缘丁坝主要遏制福姜沙左缘的冲刷，防止水动力轴线进一步南偏；另一方面则是缩窄左汊河宽，增加航道内水动力，并与双涧沙头部工程相结合形成较稳定的福中、福北进流条件，增加福中进口段流速，防止福中近南岸倒套深槽发展。

6.2.1.5　*长江南京以下深水航道一期工程*

通州沙、白茆沙深水航道整治工程方案布置示意见图 6.2-7，布置说明见表 6.2-1。守护通州沙下段和狼山沙左缘以及白茆沙头部，通过齿坝工程适当缩窄河宽，实现“固滩、稳槽、导流、增深”的工程整治目标。

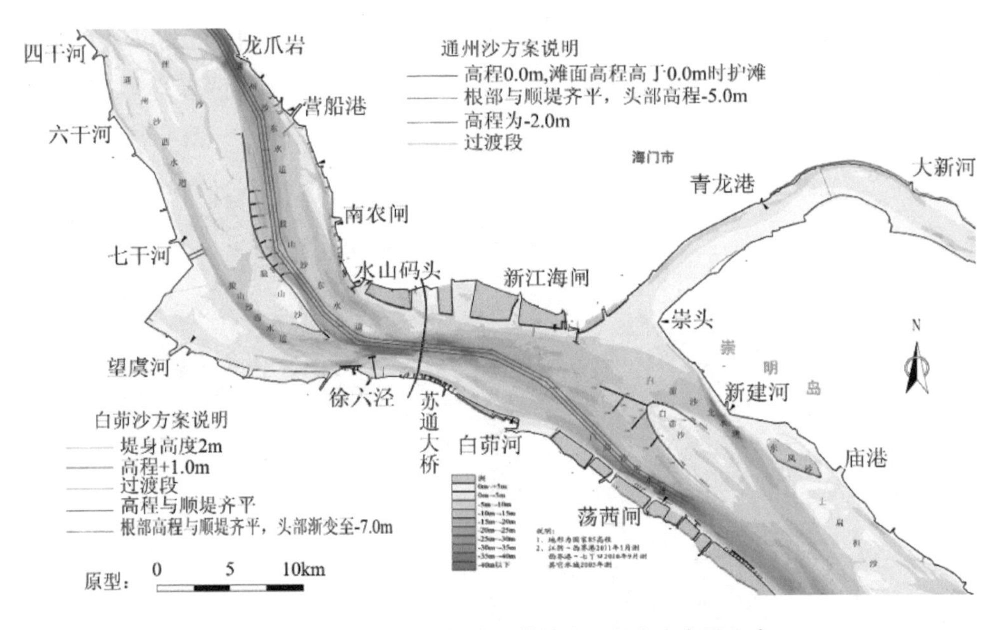

图 6.2-7　通州沙、白茆沙航道整治工程方案布置示意

表 6.2-1 通州沙、白茆沙深水航道整治一期工程方案布置说明

方案		工程布置	高程及长度
一期工程方案	通州沙	通州沙顺堤基本沿−5～−2 m 等高线布置。狼山沙顺堤基本沿−2 m 等高线布置,中间设置过渡段。 在狼山沙头部布置潜堤。 在通州沙顺堤东侧布置 8 条丁坝。	通州沙顺堤:高程−2 m,长度 8.6 km。 狼山沙顺堤:顺堤高程+0.0 m,滩面高程高于 0.0 m 时护滩,长度 6.3 km。 过渡段:自上游至下游高程从−2 m 渐变至+0.0 m,长度 2.0 km。 狼山沙头部潜堤:高程从+0.0 m 渐变至−5.0 m,长度 600 m。 丁坝:根部高程与顺堤齐平,头部渐变至−5 m,上游 6 条丁坝根部高程均为−2.0 m,下游两条丁坝根部高程分别为−1.2 m、−0.4 m。丁坝间距约 800 m～1 000 m,自上游至下游丁坝长度分别为 350 m、450 m、480 m、500 m、500 m、500 m、400 m、330 m。
	白茆沙	护滩堤大体沿白茆沙 5.0 m 线布置; 头部潜堤由沙头向前延伸至 8.5 m 等深线。 在南侧布置 3 条丁坝,北侧布置四条短齿坝。	护滩堤:总长度 12.45 km。主体护滩堤长度 7.8 km,高程+1.0 m;南、北侧护滩潜堤长度分别为 3.5 km 和 1.15 km,堤身厚度 2 m;中间各设置 500 m 过渡段。 头部潜堤:3.5 km,高程由+1.0 m 渐变至−7.0 m。 南侧丁坝:丁坝 1 总长度为 1 300 m,根部 700 m 高程与顺堤齐平为−3.0 m,头部渐变至−7.0 m;丁坝 2 总长度为 1 600 m,根部 800 m 高程与顺堤齐平为+1.0 m,头部渐变至−7.0 m;丁坝 3 总长度为 800 m,高程由+1.0 m 渐变至−7.0 m。丁坝间距约 1 750 m。 北侧齿坝:长度均为 100 m,高程由顺堤高程渐变至−5 m。齿坝间距约 300 m。

6.2.2 长江江苏段航道整治现状方案效果

长江南京以下 12.5 m 深水航道上起新生圩下至太仓荡茜闸,主要有世业洲、和畅洲、落成洲和鳗鱼沙、福姜沙、通州沙以及白茆沙等六大碍航浅滩。长江南京以下 12.5 m 深水航道一期工程于 2012 年开工建设,2015 年竣工验收;长江南京以下 12.5 m 深水航道二期工程于 2015 年开工建设,2017 年 6 月进行了交工验收,2018 年 5 月开通试运营。

6.2.2.1 仪征水道航道整治

(1) 水动力变化

潮位变化表明,工程实施后河段水位变化情况如下:世业洲头上游河道水位上升,上升幅度为 0.009～0.056 m;世业洲左汊上段水位有所下降,幅度为 0.002～0.030 m;世业洲右汊水位上升,上升幅度为 0.003～0.054 m;世业洲尾汇流的下游河段水位基本不变。总的来说,工程实施后对河段水位影响较小,水位变化幅度为−0.030～0.056 m。

流速变化表明,受世业洲洲头鱼骨坝作用,世业洲左汊进口的左侧区域流速增大,进口的右侧区域(掩护区)流速减小;世业洲左汊内流速整体表现为减小,随着流量的增大,工程对河道流速影响幅度也相应增大。受世业洲洲头鱼骨坝和右汊潜丁坝作用，右汊河道左侧流速减小，右侧流速普遍增大，且随着流量的增大，工程对河道流速影响也相应增大；航槽内流速均有所增加。

分流比变化表明，工程实施后世业洲左汊分流比有所减小，右汊分流比有所增大，在所计算的流量级下，汊道分流比变幅在 1.21%～3.95%。

(2) 河床冲淤变化

工程引起的冲淤变化(图 6.2-8)表明，98 大洪水水沙年作用后世业洲头低滩相对淤积幅度为 0.80～2.45 m，左汊内相对淤积幅度为 0.20～1.45 m，世业洲右汊航槽相对冲刷幅度为 0.08～1.14 m。经过 2005 年水沙作用后，世业洲头低滩相对淤积幅度为 0.10～0.74 m，左汊内相对淤积幅度为 0.12～0.72 m，世业洲右汊航槽相对冲刷幅度为 0.10～0.59 m。

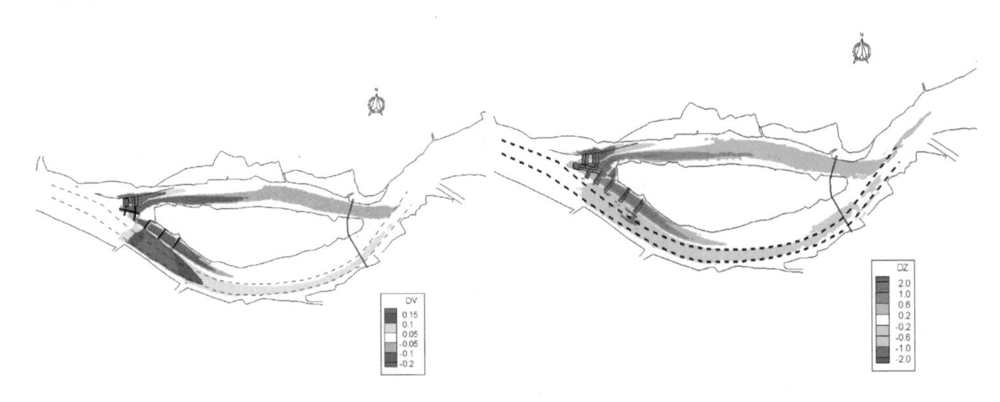

图 6.2-8 98 大洪水落急流速以及引起的冲淤变化(仪征水道)

(3) 小结

整治工程的实施，航道尺度均能满足 500 m 的设计要求，且能起到遏制左汊发展的工程效果，总体有利于河势的稳定。

6.2.2.2 和畅洲水道航道整治

(1) 水动力变化

整治工程的实施，潜坝局部水位有所壅高，潜坝下游侧水位则相应有所降低。流速变化表明，工程实施后受潜坝断面束水影响，坝顶面水域的流速显著增大，且流量愈大增幅愈大，坝顶面垂线平均流速一般增幅达 0.60～1.40 m/s，最大增幅达 1.60 m/s。分流比变化表明，整治方案实施后和畅洲左汊分流比减幅为 −9.11%～−6.18%，右汊则相应有所增加。

(2) 河床冲淤变化

大水大沙年后河床冲淤变化如图 6.2-9 所示，右汊碍航长度由工程前的 4.5 km 及自然演变的 5.8 km 减小为 2.9 km，在中水丰沙年自然演变条件下碍航达

7.1 km，而工程方案实施后，仅有 3.8 km 的碍航长度；5 年后碍航长度仅在 1.9 km左右，说明工程后碍航情况也得到显著改善，维护量不大。5 年末，右汊 −13 m等高线平均宽度达 346 m，较工程前增加 26 m，最小宽度由 160 m 增加到 190 m，维护尺度也较小。

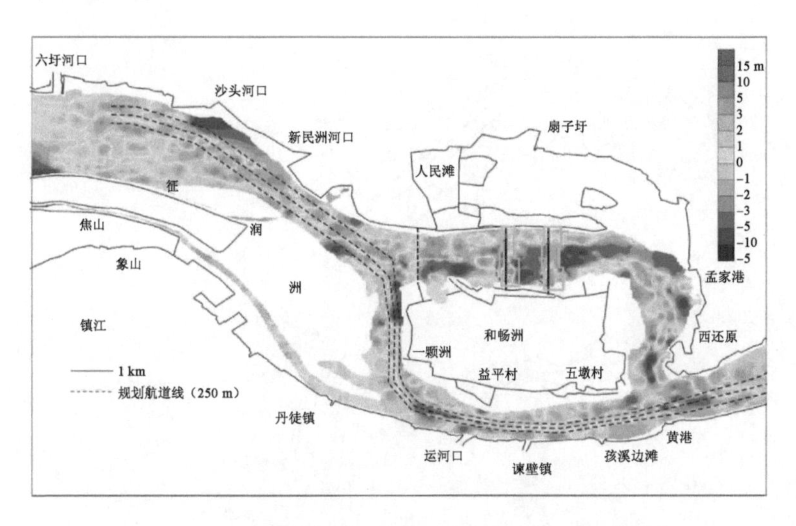

图 6.2-9　98 大洪水条件下河床冲淤变化（和畅洲水道）

(3) 小结

以左汊上中段新建两道变坡潜坝为主体工程的航道整治工程方案实施后，潜坝限流效果显著，左汊分流比可下降−9.11%～−6.18%，达到增强右汊水流动力目的，根本上扭转右汊缓慢淤积态势。右汊中下段与出口段碍航浅区冲刷后，航道条件朝有利方向发展，碍航长度明显减少。在不利年份，运河口对岸及出口段仍存在局部碍航段，需进行局部疏浚维护以保障右汊水深航道畅通。但同时左汊新建潜坝坝根近岸流速增加，潜坝工程区尤其是 2# 潜坝下游侧河床冲刷明显，需加强防护措施。

6.2.2.3　*口岸直水道航道整治*

(1) 水动力变化

潮位变化表明，98 大洪水条件下整治工程实施后落成洲附近高潮位略有壅高，壅高幅度一般在 0.03 m 以内，低潮位一般在 0.05 m 以内。鳗鱼沙附近高低潮位变化一般在 0.03 m 以内。

流速变化表明（表 6.2-10），枯水流量（大通站流量为 16 500 m^3/s，下同）条件下落成洲右汊分流比减少 3.42%；98 大洪水条件下落成洲右汊分流比减小约 2.4%。

分流比变化表明，泰州桥区断面分流比变化不大，变幅在 0.02%以内；鳗鱼沙心滩左右两槽分流比变化在 0.52%以内；泰州大桥桥墩下游淤积体与先期守护工程间鞍槽位置由右向左的横向水流有所减小，枯水流量下，最大减幅 0.37%；右槽出口分流略有减小，枯水流量下，最大减幅 0.22%。

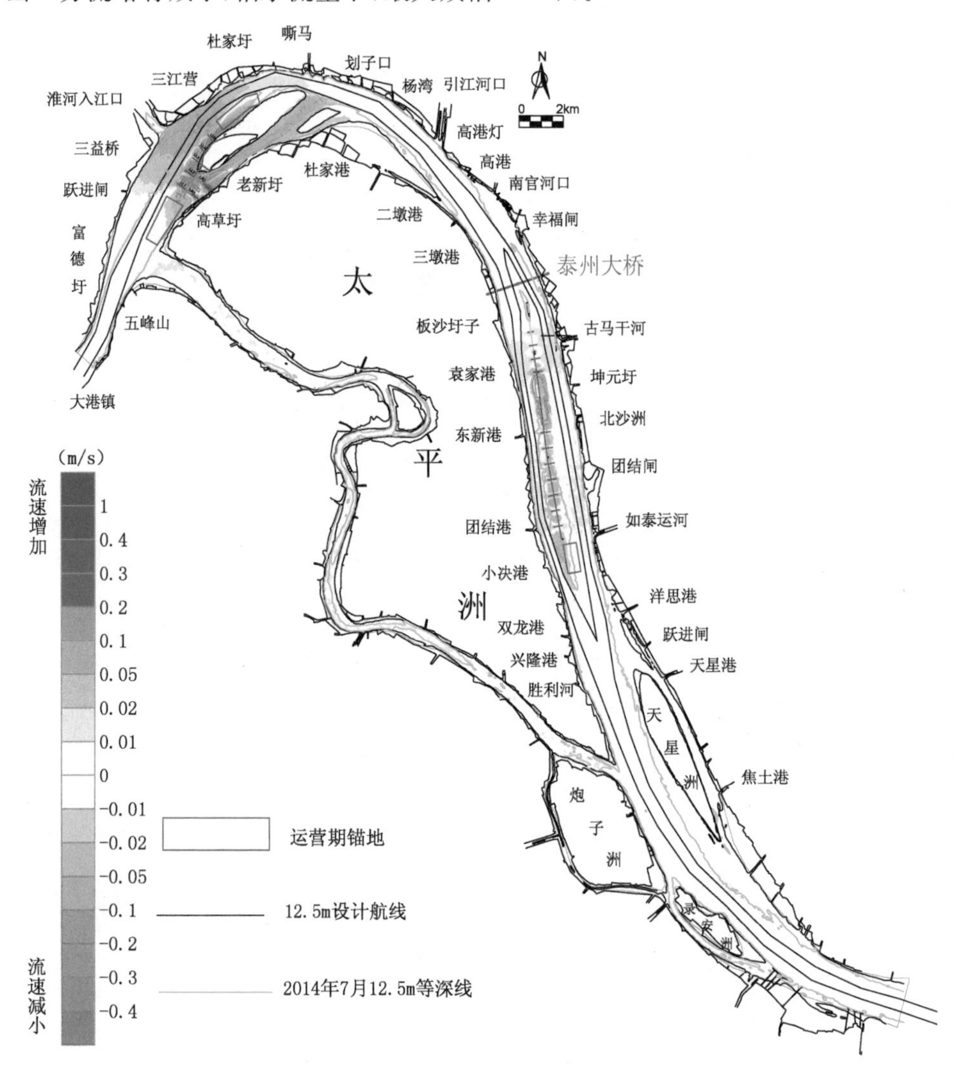

图 6.2-10　98 大洪水条件下落急流速变化（口岸直水道）

（2）河床冲淤变化

落成洲河段：三益桥边滩区域以淤积为主，淤积幅度在 0.2～1.5 m 之间；落成洲洲头潜丁坝头部和铺排区域有所淤积，淤积厚度 0.5 ～1.5 m，对应的设计航槽右边线区域冲刷，最大冲刷深度达 2.5 m；落成洲右汊进口淤积，中下段有冲有淤，

冲淤幅度在 1.0 m 以内。

鳗鱼沙河段:鳗鱼沙潜坝头部左侧略有冲刷,最大冲刷深度 2.0 m 左右;鳗鱼沙河段已有工程上段的工程区淤积,最大淤积厚度达到 3.0 m;鳗鱼沙前期守护工程左侧的河道有所冲刷;鳗鱼沙河段已有工程上段的工程区淤积较为明显,最大淤积厚度约 2.5 m。鳗鱼沙左槽进口和右槽中下段设计航槽冲淤不大,冲淤幅度在 1.0 m 左右。

工程引起的冲淤变化可以看出,工程实施后落成洲右汊有所淤积,左汊及潜坝左侧均有所冲刷;鳗鱼沙进口左右侧均有所冲刷,鳗鱼沙沙体总体有所淤积,如图 6.2-11 所示。

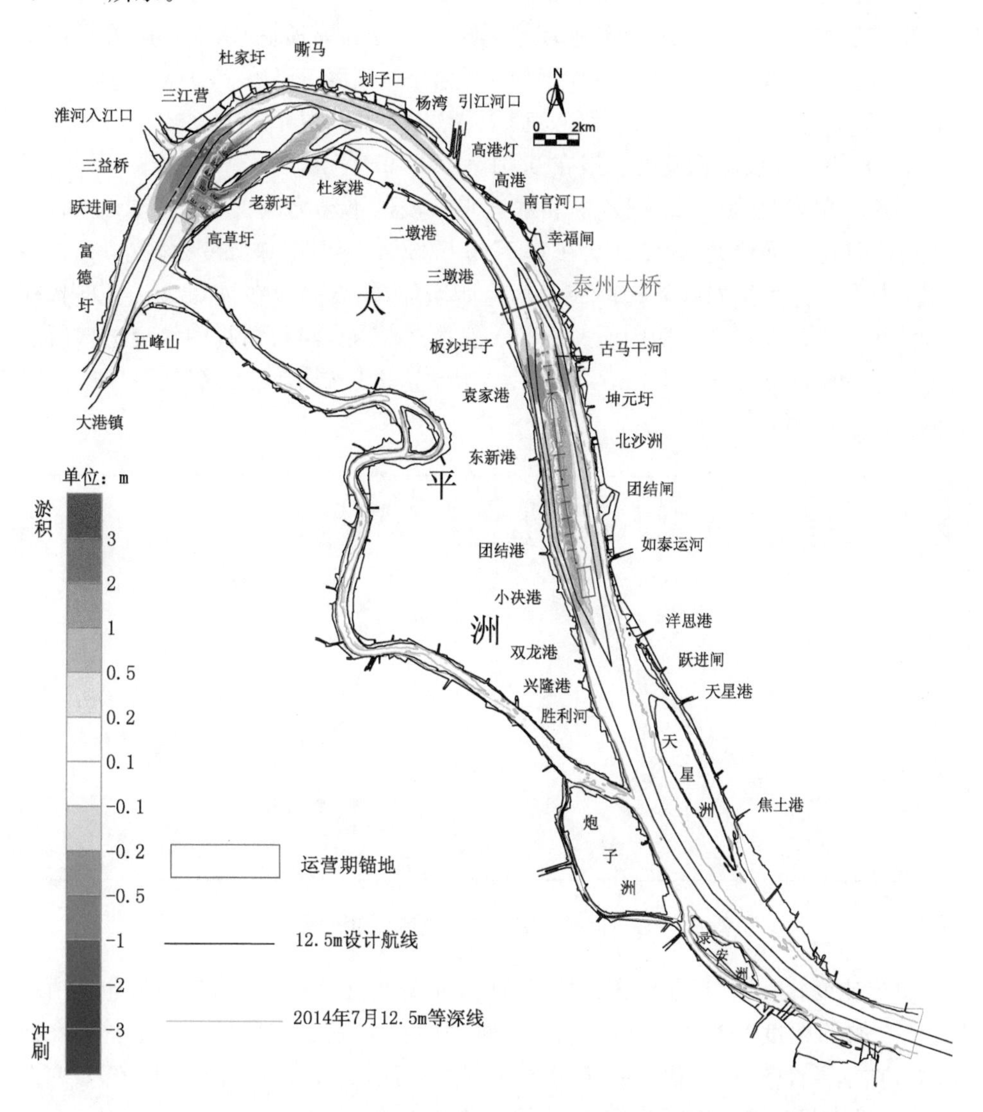

图 6.2-11 98 大洪水水沙年工程引起的冲淤变化(口岸直水道)

(3) 小结

整治方案的实施对改善落成洲左汊设计航道内浅区段航道条件，以及抑制右汊冲刷发展具有较好的工程效果。鳗鱼沙河段潜堤两侧护滩坝间心滩滩面均处于淤积状态，该方案可达到守护鳗鱼沙心滩的工程目标，同时均有利于左右两侧航槽的冲刷。两侧护滩坝间心滩滩面均处于淤积状态，均可起到抑制鳗鱼沙沙体的冲蚀、限制鞍槽段冲刷发展的作用，同时均有利于左右两槽航槽的冲刷。

6.2.2.4 福姜沙水道航道整治

(1) 水动力变化

福姜沙水道二期整治工程实施后，沿程左右岸水位有所调整，变化趋势与初步设计方案基本一致。总体表现为高潮位略有抬高，幅度一般在 0.01～0.02 m；低潮位则表现为工程上游的壅水、工程下游的跌水。壅水高度一般在 0.01～0.04 m，护漕港一线降低幅度一般在 0.01～0.05 m。

流速变化表明(图 6.2-12)，福北水道碍航浅区水动力改善效果有所增加，安宁港—夏仕港之间流速，幅度一般在 0.07 ～0.22 m/s，如皋中汊变化较小；福姜沙左汊万福港—六助港对开航槽内流速均有所增加，幅度一般在 0.03 m/s 以内；福姜沙沙头—千斤港对开航槽内流速增幅一般在 0.05 m/s 以内；福中水道进口碍航浅区流速增幅在 0.15～0.23 m/s 左右；福南水道进口碍航浅区、弯道段碍航浅区航槽内流速增幅约 0.1 m/s。

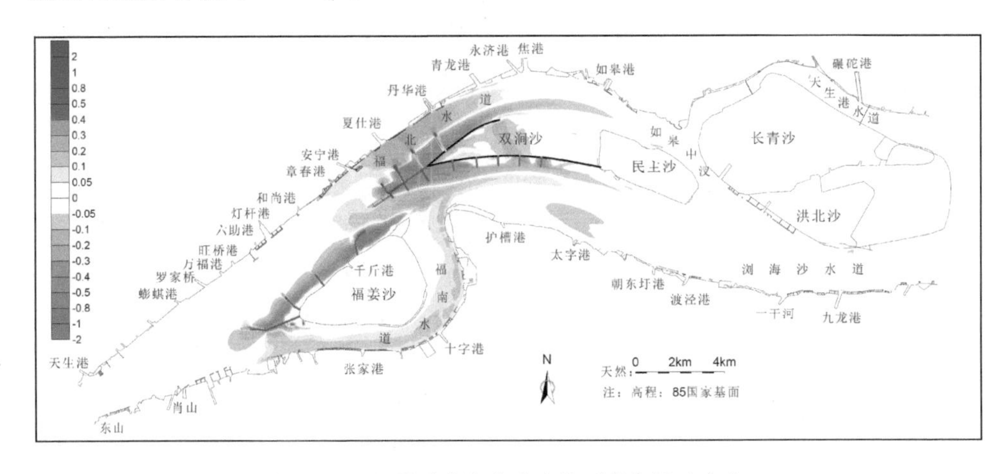

图 6.2-12 洪季大潮方案实施后落潮流速变化

分流比变化表明(福北水道无挖槽，如表 6.2-2 所示)，福南水道分流比有所增加，且增加的幅度一般在 1.02%左右，如皋中汊分流比有所减小，减小幅度约 0.2%；枯季条件落潮下，福南水道分流比有所增加，且增加的幅度一般在 1.94%左右，如皋中汊分流比有所减小，减小幅度约 0.42%。

表 6.2-2 洪季大潮水文条件下各汊道落潮分流比变化 单位：%

断面	本底	工可推荐	变化	本底	初设方案	变化	本底	优化方案	变化
FL	80.23	78.46	−1.77	80.23	79.15	−1.08	80.23	79.21	−1.02
FS1	19.77	21.54	1.77	19.77	20.85	1.08	19.77	20.79	1.02
RG	28.08	28.25	0.17	28.08	27.78	−0.3	28.08	27.88	−0.2
LHS	71.92	71.75	−0.17	71.92	72.22	0.3	71.92	72.12	0.2

(2) 河床冲淤变化

平常水文年条件下，方案实施后蟛蜞港—六助港对开一线航槽略有冲刷，冲刷幅度一般在 1.0 m 以内；福中水道进口及其中下段航槽内有所冲刷，冲刷幅度一般在 0.5～2.0 m；福南水道出口与福中水道连接处有所淤积，淤积的幅度一般在 0.5～2.0 m；浏海沙水道太字港以下段主槽呈现淤积状态，淤积幅度约 0.5 m。福北航槽(章春港—夏仕港与丹华港中段)有所淤积，幅度一般在 0.25～1.2 m；丹华港—如皋港一带则有所淤积且淤积幅度一般在 1.0 m 以内，如皋中汊略有冲刷。其他水文条件下，方案实施后的河床的冲淤变化与平常水沙年条件下的变化趋势基本一致，只是在数值上有所差异。

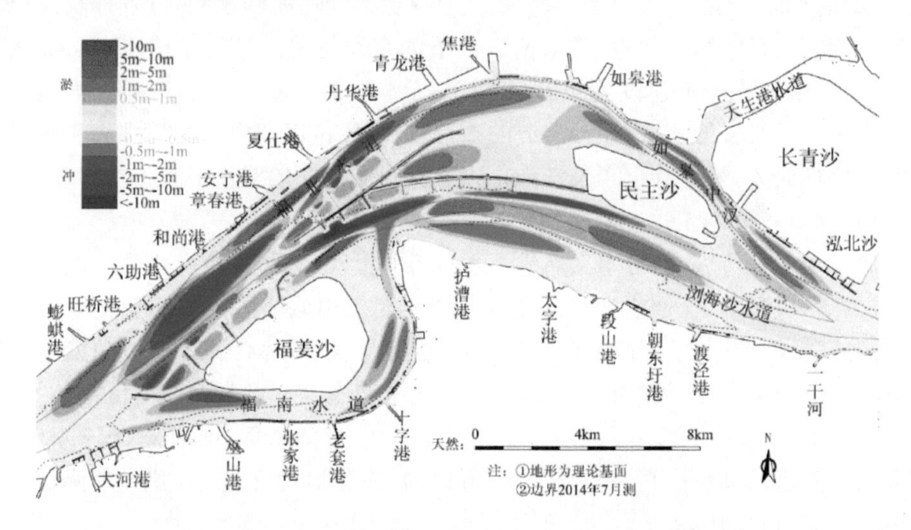

图 6.2-13 系列年方案实施后河床冲淤变化(物理模型)

工程引起的冲淤变化表明(图 6.2-13)，平常水沙年条件下方案实施后福姜沙水道进口过渡段冲淤变化较小；福南水道进口有所冲刷，冲刷幅度一般在 0.2～0.85 m；福姜沙头部第一个丁坝右侧有所冲刷，冲刷幅度一般在 2.0 m 以内；福南水道上段及弯道进口段总体有所冲刷，冲刷幅度一般在 0.5 m 以内，弯道中下段航槽内略有淤积且淤积幅度一般在 0.5 m 以内。福姜沙左缘丁坝掩护区内均有所淤积，淤积幅度一般在 0.5～2.0 m。福中进口及中下段航槽内均有所冲刷，且冲刷幅度一般在0.4～2.0 m；浏海沙水道有所淤积，且淤积幅度一般在 0.25～0.75 m。双涧沙北侧丁坝头部均呈现冲刷状态，福北水道章春港—夏仕港一线航槽内有所淤积，淤积幅度一般在 0.5～1.25 m，丹华港附近有所冲刷，且冲刷幅度一般在0.35～0.85 m；青龙港—如皋港一带则略有淤积，且淤积幅度一般在 0.5 m 以内。双涧沙潜堤工程两侧丁坝掩护区范围均呈现淤积状态。

其他水文条件下，方案实施后的工程引起的冲淤变化与平常水沙年条件下的变化趋势基本一致，只是在数值上有所差异。

(3) 小结

水动力以及碍航特性等分析表明，越滩流的嬗变是双涧沙变化的主要因素，而双涧沙的不稳定直接影响福北和福中水道的稳定；同时福姜沙左汊进口左岸边滩(靖江边滩)易受水流切割下移，导致江中心滩活动及主流摆动、滩槽变化，形成碍航。双涧沙潜堤高程对于越滩流的分布及越滩量大小起到了主导作用；研究表明整治工程的实施有利于改善福北水道进口碍航浅区水动力、减小航槽回淤。

6.2.2.5　*长江南京以下深水航道一期工程*

2010 年底，长江口 12.5 m 深水航道上延至太仓荡茜闸，为充分发挥长江口深水航道治理工程的综合效益，需对南京以下的个别碍航段进行整治。自长江南京以下 12.5 m 深水航道建设工程指挥部成立后，在指挥部的委托下，研究人员先后对方案的平面布置形式、通州沙潜堤的高程、齿坝数量以及白茆沙齿坝高程数量等进行了比选研究，最终确定了长江南京以下深水航道一期工程平面布置方案。

(1) 水动力的变化

潮位变化分析表明，各水文条件下水位各方案实施后，水位变化值一般在2 cm以内。各水文条件下，通州沙水道左岸营船港至水山码头附近高潮位变化一般在0.02 m 以内，右岸七干河口附近、望虞河口变化不大，徐六泾以下高潮位变化一般在 0.02 m 以内；低潮位的变化主要表现为北岸南农闸—崇头一线的低潮位抬高、南岸七干河—白茆河口附近低潮位抬高；低潮位的变化幅度一般在 0.005～0.02 m，望虞河口附近低潮位壅高一般在 0.01 m 以内，荡茜闸附近低潮位则有所降低且一般都在 0.02 m 以内。

流速变化分析表明(图 6.2-14 和图 6.2-15)，整治工程实施后通州沙碍航浅区流速有所增加，且增加的幅度一般在 0.04～0.10 m/s。通州沙西水道七干河附近流速增加 0.01～0.05 m/s；南农闸附近流速增加 0.01～0.02 m/s，江海油库附近流速也有所增加，且一般在 0.01～0.02 m/s；狼山沙潜堤工程实施后，工程掩护区范围内流速有所减小，且减小的幅度一般在 0.05～0.5 m/s，狼山沙滩面上流速变化很小，左侧的航道内流速有所增加且一般在 0.02 m/s 以内。白茆沙潜堤头部流速有所减小，且一般在

0.02～0.1 m/s，南侧齿坝掩护区范围内流速有所减小，且一般在 0.1～0.5 m/s。白茆沙南北水道流速都有所增加，南水道增加的幅度一般在 0.04～0.18 m/s，北水道流速增加的幅度一般在 0.03～0.12 m/s，白茆沙滩面上流速有所减小。

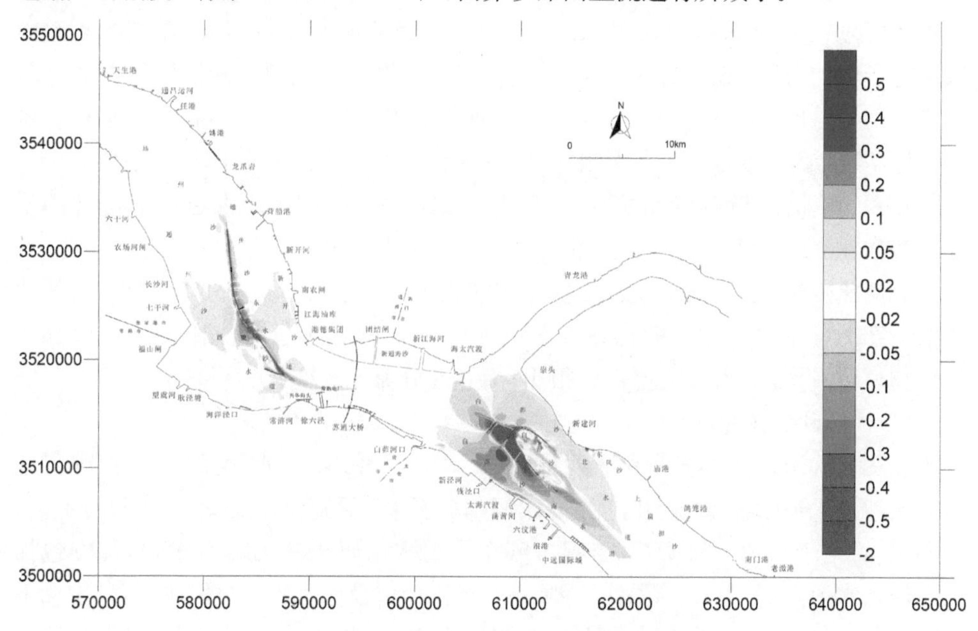

图 6.2-14　98 大洪水优化方案落急流速变化

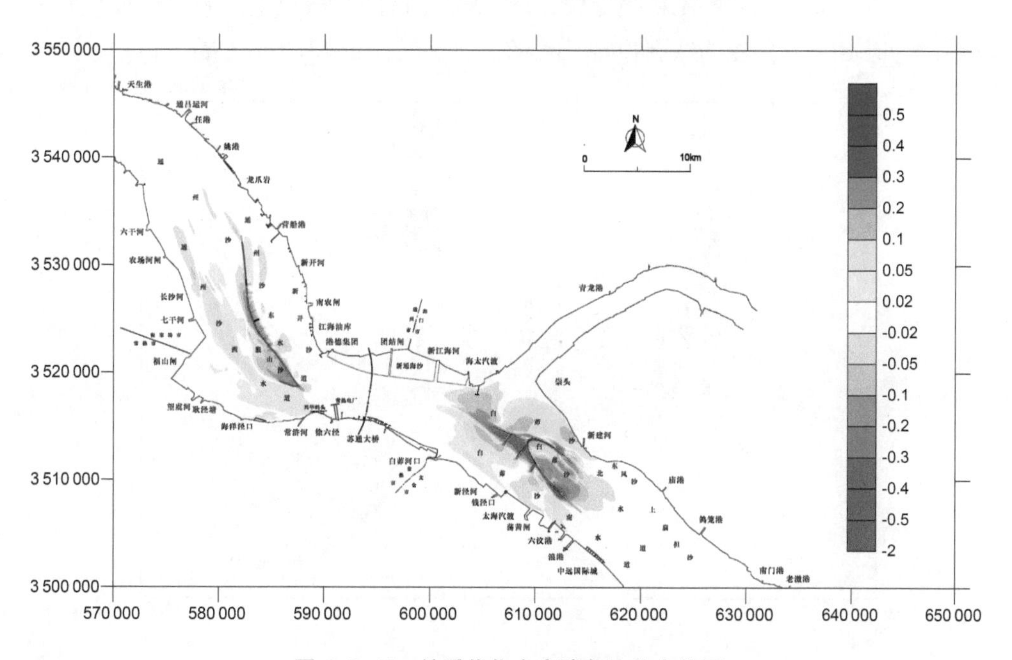

图 6.2-15　枯季优化方案涨急流速变化图

涨急情况下，通州沙东水道沿程阻力的增加使得通州沙西水道上段的流速略有增加，通州沙西水道七干河附近流速增加一般都在 0.05 m/s 以内；南农闸、江海油库附近变化不大。狼山沙潜堤工程实施后，工程掩护区范围内流速有所减小，且减小的幅度一般在 0.05～0.35 m/s，狼山沙滩面上流速变化不大，左侧的航道内流速有所增加，且一般在 0.02 m/s 以内。通州沙滩面以及狼山沙潜堤尾部右缘涨潮流速增幅一般在 0.02～0.05 m/s。白茆沙潜堤头部掩护区范围内流速有所减小，且一般在 0.05～0.20 m/s，南侧齿坝掩护区范围内流速有所减小，且一般在 0.05～0.3 m/s。白茆沙南道增加的幅度一般在 0.02～0.07 m/s，北水道流速增加的幅度一般在 0.02～0.10 m/s，白茆沙滩面上流速变化不大。

分流比变化分析表明，随着工程的实施通州沙西水道分流比变化很小，新开沙夹槽下部的分流比变化一般都在 0.2%以内，白茆沙北水道分流比变化一般都在 1.18%～1.22%，南支分流比变化很小，南北港分流比无变化。

(2) 河床冲淤的变化

工程实施引起的冲淤变化表明(图 6.2-16)，2010 年丰水年条件下，工程实施后通州沙东水道营船港、新开港主槽淤积；其左侧往下游至水山码头以上的主槽，冲刷明显；由于水动力有所减弱，狼山沙东水道水山码头和出口段淤积，范围包括狼山沙东水道左侧 10 m 等深线心滩、东水道出口以及徐六泾进口段主槽，其中深槽淤厚可达 2～3 m以上，10 m 等深线心滩淤积 0.2～0.5 m。由于涨潮流受阻，该段淤积区特别是东水道出口处淤积强度较大，深槽淤厚可达 3 m 以上。通州沙东水道南农闸段和水山码头段主槽冲刷，冲深分别在 0.5～1.0 m 和 1.0 m 左右。

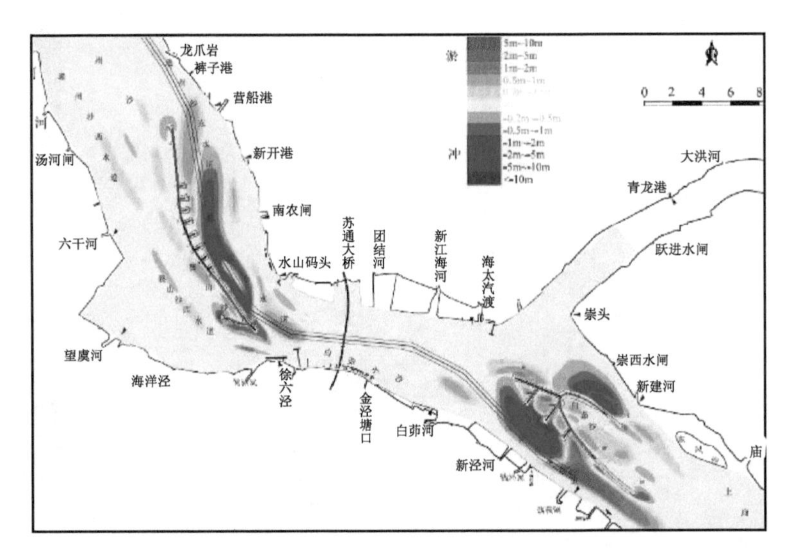

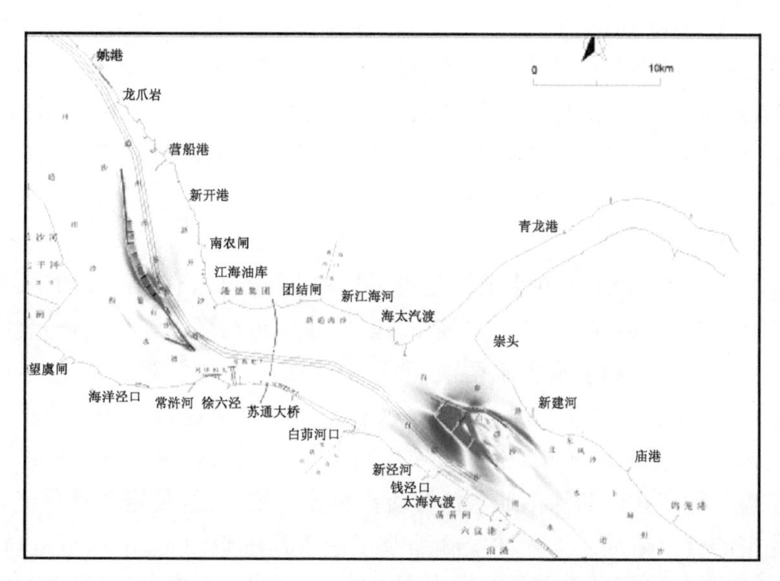

图 6.2-16　2010 年丰水年条件下工程实施后工程引起的冲淤变化(物模、数模)

通州沙潜堤头部局部略有冲刷;T1 至 T4 齿坝头部附近冲刷不明显,下游 4 道齿坝出现坝头冲刷,冲深在 3 m 左右;狼山沙潜堤两侧有冲刷,其中以左侧冲刷较为明显,幅度可达 1~2 m,右侧冲刷 0.5~1.0 m。通州沙沙体邻近整治工程附近有冲有淤,以淤积为主,通州沙西水道冲淤相间,冲淤最大幅度一般在 0.5 m 内。

白茆沙南水道进口及中部均出现冲刷,规划 12.5 m 航槽大部冲刷 0.2~2.5 m,局部稍有淤积;冲刷比较明显的区域在三道齿坝南侧、规划 12.5 m 航槽北侧的区域,冲深可达 3 m,其中以 S2 齿坝南侧冲刷最为明显,局部冲刷坑深度可超过 5 m。受工程后水动力减弱的影响,以及上游冲刷泥沙搬运至此,白茆沙南水道出口段淤积明显,最大淤厚可达 5 m 以上,好在该段航道水深一般在 18 m 以上,不会对 12.5 m 航道造成明显影响。

受白茆沙潜堤阻流影响,白茆沙北水道进口段略有淤积,最大淤厚 0.5 m 左右,因为工程后水动力增强,白茆沙北水道中部冲刷较为明显,最大冲刷 3 m 以上。北水道水流出北侧围堤后,水流向南侧扩散,加之北水道中部冲刷的泥沙下移,北水道出口段同样出现较为明显的淤积区,最大淤厚可达 2~3 m。S1 至 S3 齿坝头部附近均出现局部冲刷坑,S2 齿坝头部冲坑稍大,由于齿坝下游翻转流作用,齿坝后冲刷,S2 坝后冲刷稍大。南堤下段出现沿堤冲刷,最大冲刷达 1 m 左右,南堤堤尾南侧有局部冲刷坑,冲深较小。N1 至 N4 护堤坝前有冲刷,北堤上游北侧的有沿堤冲刷,冲深 0.5~1 m;北堤尾部堤头的局部冲刷幅度不大,一般在 0.2 m 左右。

整治工程的实施遏制了通州沙、白茆沙冲刷后退的趋势，稳定了白茆沙沙体，有利于形成稳定的南北分流格局。通州沙、狼山沙潜堤掩护水域流速均有较大幅度减小，通州沙、狼山沙沙体均有所淤积。研究表明，经过 2 个 2005 平常水沙年或者 1 个 2010 丰水年后，规划航道内 12.5 m 槽是贯通的，但局部航宽不足 500 m，稍加疏浚后可满足 500 m×12.5 m 的航道要求。

(3) 小结

长江南京以下 12.5 m 深水航道建设工程一期工程(太仓—南通段)实施后，通州沙、狼山沙冲刷后退现象得到了一定的扼制，在一定程度上阻止了通州沙东水道及狼山沙东水道主流西移及主泓西摆，使狼山沙东水道内心滩的发育受到一定限制，工程后长江主航道水深有增加趋势，航槽处于相对稳定。工程后通州沙、狼山沙滩地流速减小，且有所淤积，受护滩导堤阻止，狼山沙、通州沙冲刷后退，整治工程有利于滩槽稳定。白茆沙南北水道分流点分流导堤上提，稳定两汊分流，形成南北水道稳定的分汊格局。工程的实施缩窄了南水道进口河宽，南水道进口浅区有所冲深，工程有利于深槽稳定及航道水深的维护。通州沙、白茆沙航道整治工程实施后通州沙、狼山沙冲刷后退现象得以扼制，碍航浅区水动力有所增加，但新开沙一侧仍未固定，仍处于自然状态。河道宽度仍较宽，水动力分散，不利于航道水深的维护；同时营船港以下低边滩下移进入主航槽，对深水航道产生影响也值得关注；就白茆沙南水道而言，由于白茆小沙下沙体基本冲蚀，进入白茆沙南水道的右边界未能固定，在下阶段需加以关注。

6.2.3 长江江苏段航道整治面临的形势

6.2.3.1 一期深水航道存在的主要问题

(1) 南通水道过渡段出现新的浅点

近年随着上游主流蠕动，主流有南偏趋势，通州沙潜堤左缘冲刷较大，－15 m 线发展较快，使得深槽有所变化，导致航道内局部淤浅，水深不足。上游主流蠕动，节点段不能完全控制下游主流摆动，节点下游河势稳定仍需结合洲滩守护等工程措施稳定河势。

2016 年全年维护疏浚了 1 014 m^3，较往年维护量明显增大，这主要是由于航道尺度大幅提升、沪通大桥施工、深泓线略有南偏等影响综合导致的。2017 年累计维护 334.13 万 m^3，较 2016 年同期有明显减少，仅为 2016 年度的 32.6%。2018 年一季度共计维护方量约 12.5 万 m^3，较 2017 年一季度维护疏浚量有所增加，如图 6.2-17 所示。

从工程河段水沙特性以及回淤量分析，回淤的原因主要为：

① 从涨落潮动力轴线分布可知，南通水道河段内涨落潮主流流路不一致，易

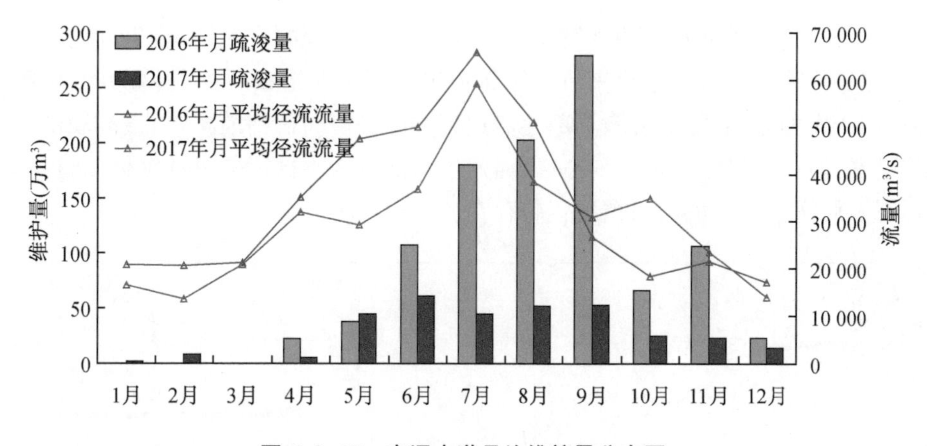

图 6.2-17 南通水道月均维护量分布图

在西界港附近出浅。其中,涨潮流自通州沙东水道上溯,主流偏靠横港沙南缘;落潮流沿九龙港出弯后,主流偏靠南侧,沿通州沙头部南侧下泄。涨落潮主流流路在西界港一带形成交错,交错段水动力条件相对较弱,泥沙易于落淤,形成浅埂。

② 自 2012 年以来,通州沙头部潜堤左缘有所冲刷发展,特别是－15 m 处冲刷形成窜沟并有与通州沙东水道贯通的趋势(图 6.2-18);深泓线略有南偏(图 6.2-19),水动力轴线也有南偏,进而南通水道北侧 31＃～29＃红浮间 12.5 m 线侵入航道,形成局部碍航(图 6.2-20)。

③ 南通水道周边涉水工程较多,这一阶段沪通长江大桥也处于施工过程中,桥墩在施工期间临时修建栈桥,会削弱局部水流动力,对下游产生一定的影响。

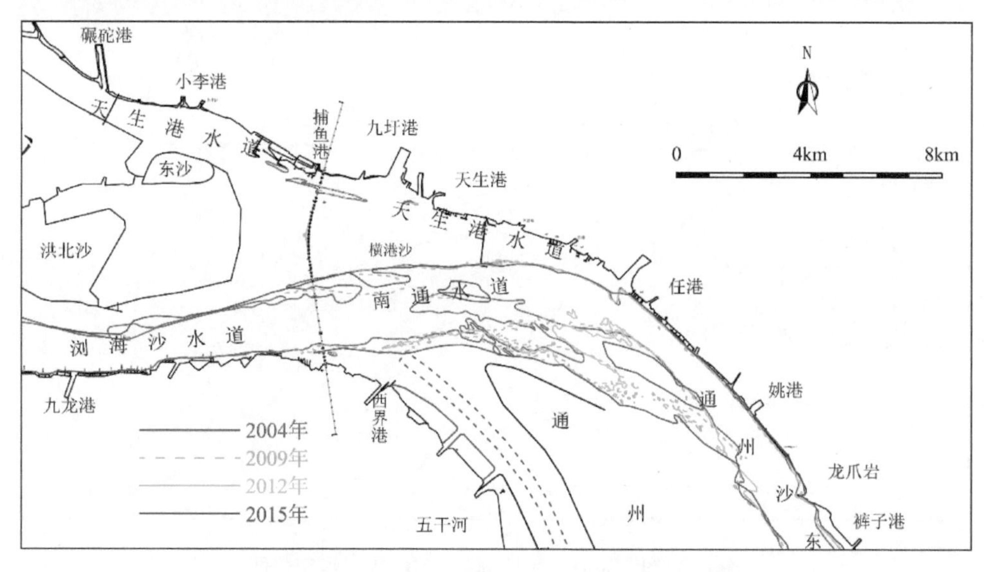

图 6.2-18 2004—2015 年－15 m 等高线变化图

随着通州沙头部左缘冲刷发展，以及周边涉水工程的实施，主流出九龙港后南偏的趋势仍将存在。从近年来桥区下游河道冲淤及航道条件变化情况看，桥墩局部冲刷产生的影响，随着桥墩局部逐步达到冲淤平衡而得到消减，但横港沙中段有形成新的沙包的趋势。横港沙右缘、通州沙头部均为不稳定的可动沙体，若得不到有效控制，南通水道的碍航情况仍将存在。

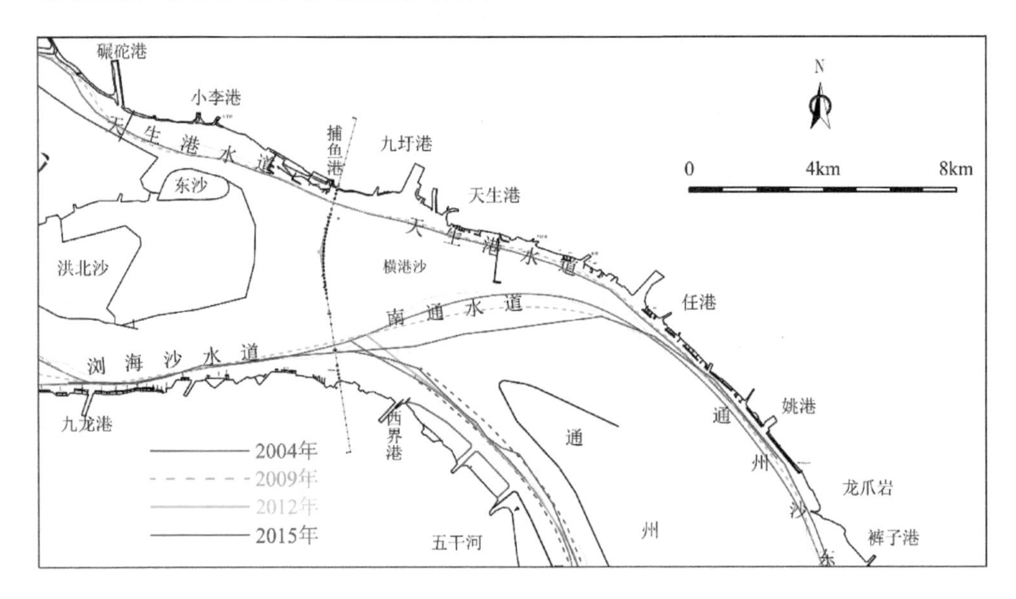

图 6.2-19　2004—2015 年深泓线变化图

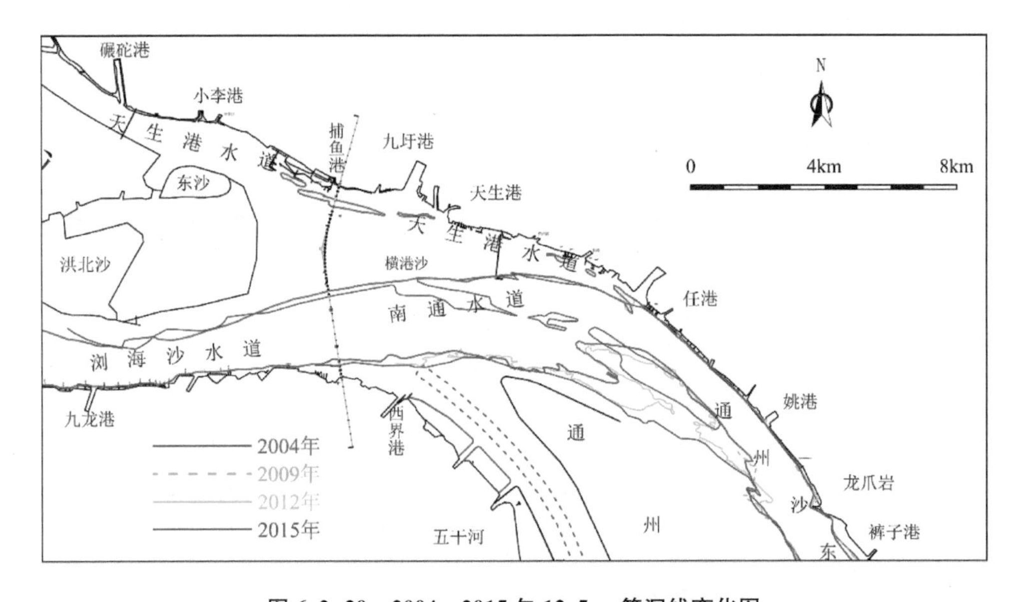

图 6.2-20　2004—2015 年 12.5 m 等深线变化图

(2) 新开沙未采取措施,通州沙东水道左边界仍未固定

一期工程实施后,通州沙及狼山沙左缘得到守护,稳定了航道边界,河槽基本稳定,但新开沙—裤子港沙仍处于自然演变状态,局部滩槽水沙运动状态未发生明显改善。近期呈“上冲下淤,整体下移”趋势,沙体尾部下移过程中左岸近岸低边滩淤长挤压主航槽,会对深水航道的维护产生一定的影响。2017 年 1—8 月累计维护 165.54 万 m^3,较 2016 年同期有明显减小,如图 6.2-21 所示。

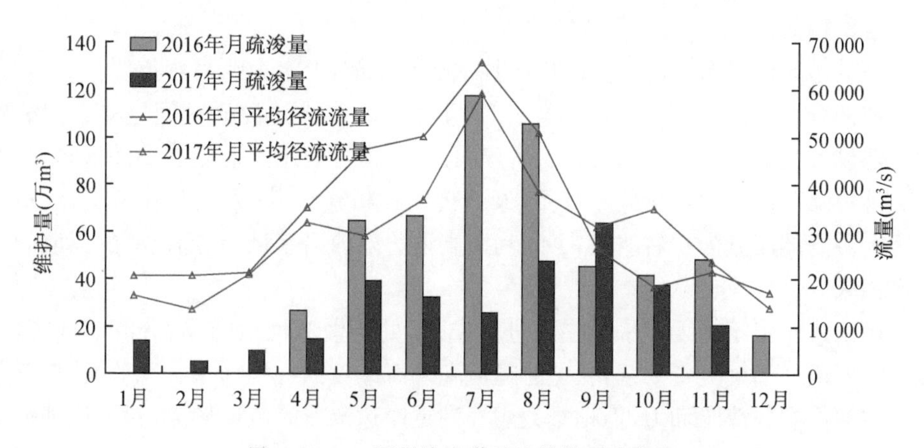

图 6.2-21　通州沙水道月均维护量分布图

从工程河段水沙特性以及回淤量分析,回淤的原因主要为:

近期通州沙主航道一直稳定在通州沙东水道与狼山沙东水道内,但由于通州沙沙体下段与狼山沙沙体左缘的持续崩退,使河道向宽浅方向发展。随着狼山沙沙体下移进入通州沙水道尾部,且受徐六泾节点的控制,狼山沙沙体下移被遏制而表现出持续坐弯,过渡段水动力条件减弱,使通州沙东水道中下段航槽中时有浅包出现,成为长江下游碍航瓶颈之一。

一期工程实施后,通州沙及狼山沙左缘得到守护,稳定了航道右边界。营船港边滩、新开沙等仍处于自然演变状态,局部滩槽水沙运动状态未发生明显改善,近期呈“上冲下淤,整体下移”趋势,沙体尾部下移过程中左岸近岸低边滩淤长挤压主航槽。由于左侧航道边界新开沙尚未得到控制,受涨落潮流共同作用,年内冲淤交替导致通州沙东水道航道条件宽度不足。总体而言,营船港边滩尾部淤长的泥沙不仅来源于上游河床冲刷,还来自沙尾左缘涨潮流冲刷,涨潮流和落潮流携带的泥沙在此汇集,使得沙尾右缘淤长南压。

一期工程实施后,通州沙及狼山沙左缘得到守护,稳定了航道边界。从完工后的航道的变化来看,通州沙水道河槽基本稳定。但新开沙仍处于自然演变状态,航道左边界未受控,局部滩槽水沙运动状态未发生明显改善。营船港边滩沙尾下移侵入航槽，对深水航道的维护产生一定的影响，同时新开沙 12.5 m 槽的发展等因素将影响航道条件的发展。

6.2.3.2　二期深水航道工程存在的主要问题

长江南京以下 12.5 m 深水航道二期工程于 2015 年 6 月开工建设，2018 年 8 月开通试运行；而在航道整治方案布置中，对福姜沙水道的靖江边滩与口岸直水道的高港边滩均未采取工程措施；同时随着口岸直水道航道的拓宽，三益桥浅区维护问题也值得关注。

高港边滩位于扬中河段左汊口岸直水道北岸侧，上游为嘶马弯道段，弯道右侧有落成洲分汊，属潮汐河段弯曲分汊河道下边滩。高港边滩碍航问题在泰州公路大桥建设后突显出来。泰州公路大桥建设前，航道可利用高港段右侧深槽布置，左侧高港边滩对航道的影响并不严重；泰州公路大桥建设后，采用双孔通航，航道在桥区上游高港段分为左右航槽，必须利用高港边滩前沿水域，高港边滩的碍航问题突显出来。

靖江边滩位于福姜沙水道左汊进口左侧，处于微弯河段凸岸、分汊前放宽段。福姜沙河段处于潮流变动区，受上游径流和外海潮汐的共同作用。总体而言，落潮流为本河段主要造床动力，但枯季大潮涨潮近岸边滩有时流速较大，对河床冲淤造成一定影响。随着靖江边滩的淤长、切割、下移，江中形成心滩，心滩所到之处便形成大幅淤积，堵塞航道形成碍航。特别是 2012 年以来靖江边滩的切割下移对福北水道进口航道造成了大幅淤积，形成碍航；对福姜沙水道 12.5 m 深水航道的稳定，特别是福北水道进口的稳定产生较大影响。

6.3　长江江苏段河道治理、航道治理协调性

6.3.1　河道治理、航道整治及洲滩利用关系

6.3.1.1　河道治理与洲滩利用

长江江苏段河道呈现藕节分汊，河道治理存在的主要问题是汊道分流不稳定、洲滩不稳定以及局部岸段的崩岸等，而洲滩的开发利用使得散漫的洲滩得以固定，汊道由多汊向少汊发展，从而促进河势的整体稳定。但洲滩的开发利用，缩窄了河道断面，减小了河道过水面积，对长江防洪造成一定的影响。长江江苏段自上而下沿程逐渐展宽，江阴以下河道相对较宽，洲滩的开发利用对防洪的影响也较江阴以上河段有所减小。

6.3.1.2　河道治理与航道整治

河道治理稳定了河道平面形态，对航槽稳定起了重要的控制作用。河道治理

是依据各河段不同的形态特征顺势而为。河道治理要统筹考虑防洪、航运、供水等各方面对河道治理的要求，妥善处理好上下游、左右岸、各部门之间的关系，以确保防洪安全，促进河势向稳定方向发展。航道整治是在河势稳定的基础上，重点对碍航段进行集中整治，实现汊道稳定，提高河段的航道尺度，改善航行条件，保证船舶航行的安全畅通。

航道整治工程要在河势稳定基础上进行，没有稳定的河势，也就没有稳定的航槽，航道整治工程也无法进行；河势控制工程的实施有利于通航汊道的选择和稳定，而航道整治工程实施，使滩槽及汊道进一步稳定，与河道整治工程起到相辅相成的效果。

6.3.2 河道治理、航道整治及洲滩利用协调性

以往的河道治理、航道治理及洲滩利用均考虑了相互间的协调性。但随着上游水库群的建设，沿江涉水工程的建设，长江江苏段水情和工情发生了调整，对河势产生新的影响；随着深水航道整治工程的实施，因河道治理等与航道治理目标的差异使得局部出现了与河道治理不一致的新问题；同时随着社会经济的发展，对洲滩开发、岸线利用的需求日益增加，也对防洪、河道治理等提出了更高的要求，原先河道治理等还存在一些不到位的问题。针对长江江苏段存在的新变化和新问题，需要重新对河道治理、航道治理及洲滩利用间协调性进行分析。

(1) 水情、工情的变化对长江江苏段河势产生了新的影响

上游来沙的减少加剧了局部河势的不稳定性，影响了沿江地区经济社会持续稳定的发展；同时上游来沙减少和以三峡为核心的水库群的建设，使长江中下游干流河道发生长时期、长距离地大幅冲刷调整。近年来，长江江苏段沿线冲刷趋势进一步显现，局部河势变化剧烈，崩岸频度和强度明显加大，影响防洪安全。另外长江江苏段水下成型沙体的冲刷切割，对沿江河势的稳定构成较大威胁。

(2) 现状河道治理工程控导下局部河段间关联性依旧存在，局部河势仍存在不稳定性

河段间关联性总体相对较弱，但局部间关联性依旧存在，如马鞍山与南京河段间的关联性相对较强，上游局部汊道发展、分流变化会引起下游河段汊道分流、顶冲部位的调整，从而影响河势的稳定。

(3) 河道治理与航道治理总体协调一致，但两者目的存在差异

从以往河势控制和航道整治原则、思路来看，两者总体上是相协调的，但因航道整治与河势控制目的存在差异，航道整治工程在河势稳定的基础上还需采取一定的工程措施，增加碍航浅区水深，保障航道畅通。随着航道整治工程的实施，局部水沙动力发生相应变化，可能对河势控制会产生新的不利影响，为此需重新梳理

其协调性。

(4) 长江沿江经济社会发展,洲滩开发、岸线利用给河道治理提出了新的要求

长江江苏段岸线是十分宝贵的资源,科学合理地开发岸线资源,不仅极大地促进地方经济发展,而且对河道的综合治理也有很大的作用。但现状许多岸段的开发利用出现一些不科学、不合理的现象,对防洪、水源地保护、水生态环境造成不利影响。局部岸段存在侵蚀崩塌现象,引起河道产生横向变形,导致河势剧烈变化,给防洪、供水、航道、港口等造成重大不利影响,也给河道治理带来许多困难,亟须研究协调各工程间的相互影响,合理安排实施时序。

另一方面,随着沿江经济的发展,岸线资源、洲滩利用的需求问题日益突出;同时在沿江支汊衰退趋势减缓的条件下,原先规划方案的局部不能完全适应社会经济发展的需求,需协调治理。

6.3.2.1 南京河段

在天然及人工节点的控制下,长江江苏段沿程河段间关联性总体相对较弱,但局部间关联性依旧存在。新济洲汊道段与马鞍山河段相连,且分属两省,河道治理不同步,上游局部汊道发展、分流变化将引起下游河段汊道分流、顶冲部位的调整,从而影响河势的稳定,为此河段间的协调性需进一步关注。南京八卦洲左汊呈现缓慢衰退的趋势,近年来衰退趋势有所减缓,河势总体较为稳定,但八卦洲左汊沿线码头众多,且左汊为副航道(维护尺度 4.5 m)和专用航道(10.5 m 不等),航道尺度需保障,为此从保障航道尺度角度出发需采取相应的措施。南京河段内众多过江通道的建设引起河床的局部调整,对航槽的稳定提出了更高要求,需进一步关注其协调性。

6.3.2.2 镇扬河段

(1) 仪征水道

镇扬河段自三江口至五峰山长约 73.3 km,由世业洲汊道、六圩弯道、和畅洲汊道及大港水道组成。世业洲汊道自三江口至瓜洲渡口为双分汊型河道,近十余年,左汊发展较迅速,目前分流比已达 36%以上;六圩弯道自瓜洲渡口至沙头河口,为两端窄、中部宽的弯道;和畅洲汊道自沙头河口至大港河口,由于上游河势的影响,和畅洲左汊已由支汊转化为主汊,分流比已超过 70%。2002 年左汊口门潜坝工程实施后,左汊发展速度有所减缓,但右汊仍呈缓慢淤积、萎缩的趋势;大港水道自大港河口至五峰山为单一微弯河道,多年来河势较为稳定。

世业洲汊道河势控制的重点是通过对未护段实施守护和原护岸工程进行全面加固,稳定进口段微弯河道形态。通过世业洲守护及左汊进口护滩、护底工程,遏制世业洲左汊的进一步发展,稳定世业洲左右汊汇流点。长江南京以下二期航道整治工程在世业洲汊道主要是采用护滩带阻止左汊分流比增加;利用洲头鱼骨坝

守护洲头及洲头部右缘丁坝，缩窄右汊进口河宽，增加碍航浅区水动力。

河道治理与航道整治的治理思路是一致的，航道整治工程的措施也兼顾考虑了防洪等问题。① 世业洲左汊进口护底工程高程均在－10 m 以下，既减小了对防洪的影响，也兼顾了世业洲左汊通航需求。② 随着二期深水航道整治世业洲汊道方案的实施，世业洲左汊分流有所减小，有利于河势的稳定，但受洲头鱼骨坝的挑流影响，左汊进口近岸局部冲刷严重，形成窝崩。

(2) 和畅洲水道

和畅洲汊道选择支汊为通航汊道，即和畅洲右汊，其分流比在 27%左右，自 20 世纪 80 年代以来左汊分流比增加，由支汊成为主汊，其变化为左汊水深增加，右汊水深减小。为稳定汊道、稳定河势，水利部门在 2003 年曾实施了左汊限流工程，为遏制左汊的进一步发展起到很好的作用。和畅洲汊道河势控制的重点是加固和畅洲左汊口门潜坝，根据需要，在左汊内实施新的限流工程，进一步调整左右汊分流比。

长江南京以下二期航道整治工程在和畅洲汊道主要是在左汊新建两条限流堤，并结合征润洲尾部切滩工程或者右汊口门疏浚工程，改善右汊进流条件，并达到左右汊单向通航的目标，但因白鳍豚生态保护区等需要，现阶段采取右汊双向通航的方案。

从和畅洲整治思路以及工程措施来看，河道治理与航道整治是一致的。①长江南京以下 12.5 m 深水航道二期工程为满足通航要求，在原有潜坝的基础上增加两条潜坝以进一步抑制左汊分流比的发展，同时结合右汊进口边滩疏浚工程以满足航道的要求。现阶段，潜坝工程的实施遏制了左汊分流比的发展，但潜坝局部冲刷影响较大。近期和畅洲左汊潜坝附近多处地段河床发生新的变化调整，危及防洪安全。②和畅洲左汊存在白鳍豚保护区等生态问题，从生态保护出发，和畅洲左汊暂不宜开通 12.5 m 深水航道，这与航道整治的目标也存在一定差异。

6.3.2.3 扬中河段

扬中河段上起镇扬河段大港水道五峰山下至江阴水道鹅鼻嘴，干流长 87.7 km，近期全面加固已有护岸工程，治理新增崩岸及险工段，保证堤防安全及岸坡稳定；守护落成洲洲头及右汊右岸，防止水流对太平洲左缘岸线的冲刷，确保嘶马弯道落成洲两汊过流、左主右支分流格局的稳定。近期天星洲的整治工程稳定了天星洲洲体平面位置。同时进一步稳定录安洲头部及洲左缘岸壁，加强其对河势的控导作用，稳定江阴水道进流条件。

口岸直水道三益桥段航道整治，通过洲头及右汊进口丁坝的布设稳定落成洲，减小落成洲右汊分流比；口岸直水道顺直段航道整治主要是稳定心滩，结合两岸开发利用形成双槽的格局。

从河道治理、航道整治及洲滩利用来看，三者治理思路是一致的。①落成洲进口丁坝工程实施，遏制了落成洲右汊的发展，主流顶冲点有所下移，对嘶马弯道上段是有利的，但对下段存在不利因素。②常泰过江通道建设与天星洲尾部协调性需进一步关注。

6.3.2.4 澄通河段

(1) 福姜沙水道

澄通河段自鹅鼻嘴至徐六泾全长 88.2 km，分为福姜沙汊道段、如皋沙群段和通州沙汊道段。近期应稳定福中、福北水道滩槽形势，适当增加福南水道分流比，贯通福中或福北水道 12.5 m 航槽；守护民主沙右缘，调整护漕港边滩岸线，使浏海沙水道上段形成向左微弯的河道形态。如皋沙群段维持现有分流格局，通过疏浚、切滩等措施，改善天生港水道进流条件；圈围横港沙，在其南侧形成一段导流岸壁，与南岸九龙港段护岸共同构成新的人工节点，为稳定通州沙汊道段河势创造有利条件。稳定通州沙、狼山沙沙体左缘及新开沙沙体，在确保通州沙东水道主航道畅通的基础上，疏挖西水道浅区，调整西水道南岸岸线，结合通州沙潜堤工程，贯通西水道深水航槽，促使通州沙汊道向稳定的双分汊河道转化。结合通州沙的整治，守护通州沙左缘，促使龙爪岩附近形成新的人工节点段，维持通州沙东水道河势的长期稳定；稳定新开沙沙体及新开沙夹槽的水域条件。圈围铁黄沙、整治福山水道南岸边滩，疏浚福山水道，结合太湖流域治理相关工程改善望虞河的引排能力；维护两岸其他通江支河的引排能力；对原有护岸工程进行全面加固，对新崩岸段进行守护，以稳定总体河势，保障堤防安全。远期研究双涧沙、通州沙出水成陆的可能性和天生港水道建闸控制的可能性。

福姜沙航道整治首先是稳定河势。双涧沙变化影响到福中、福北兴衰变化及福姜沙左汊下段滩槽稳定，为此先进行双涧沙护滩工程，先稳定洲滩、稳定分汊，再进一步实施航道整治。航道整治工程选择福中、福北单向通航，其中福北整治难度较大，其进口及如皋中汊焦港附近都出现碍航。福姜沙河段的航道整治是在双涧沙沙体守护的基础上，采取相应的丁坝的治理措施，改善福北水道进口碍航段的水动力条件，同时结合福姜沙左缘丁坝布设遏制动力轴线的进一步南偏。

从航道整治方案布设来看，其与河道治理的思路基本一致，其主要表现在：① 福姜沙河段通航汊道的选择是航道整治的难点之一。前期研究过程中，结合两岸的经济需求以及各汊的水沙、河床冲淤特点，经过多方案比选论证最终选择了福北+福中的方案；其通航汊道的选择考虑了航道自身的特点，同时也结合了两岸经济发展的需求。② 另外从航道整治出发，希望通过拦截双涧沙越滩流，增加福北如皋中汊的分流比，但如皋中汊分流比增加过多，将影响到九龙港沿岸险工段，为此航道整治的方案也兼顾了防洪的需求，如皋中汊分流比增加一般在 1.0%以内，尽量

减小其对九龙港沿线的影响。③ 考虑到双涧沙尾部右缘水流顶冲段,采用多座护滩丁坝守护双涧沙右缘,使得河势控制与航道整治相协调。④ 从航道维护出发,靖江边滩对航道维护的影响是决定性的,从航道整治效果、减少维护量角度来说,靖江边滩的治理急需解决。为此从航道、河势以及港口利用等综合治理角度出发进行协调治理。⑤ 结合沿江经济发展,沿江开发对双涧沙有出水的需求;而双涧沙的出水势必增加福北水道进口的阻力,影响福北水道进口的水动力和航槽回淤,为此双涧沙出水方案的研究需深化并逐步推进。⑥新水沙条件下,天生港水道等支汊衰退的趋势有所减缓,从沿江企业的实际需求出发,结合澄通河段综合整治规划,需研究规划方案的替代方案以适应新的形势。

(2) 通州沙水道

通州沙河段洲滩较多,上段有横港沙、通州沙,下段有新开沙、狼山沙、铁黄沙。河势不稳定与这些洲滩不稳定有关,洲滩变化使得深槽、汊道相应多变。洲滩形成与河道放宽、涨落潮动力、来水来沙等条件有关。河势控制主要是稳定洲滩,形成较稳定的双分汊河势,主要对横港沙、通州沙、狼山沙、铁黄沙实施整治。深水航道一期工程通过狼山沙潜堤工程以及白茆沙洲滩整治工程,遏制了狼山沙冲刷后退的趋势,达到了固滩稳槽、导流增深的目的。

从航道整治、洲滩利用工程方案的布设来看,工程主要是稳定洲滩及格局,这与河势控制是一致的。① 通州沙整治工程的实施,稳定了通州沙,为双分汊格局的建立奠定了基础;在后期西水道整治过程中,考虑到对深水航道的影响,限制了沿程疏浚的高程以及范围,深水深用、浅水浅用,做到河势控制与航道治理的协调。② 铁黄沙位于通州沙河段下段,左为狼山沙西水道,右为福山水道,整治后铁黄沙出水,福山水道为涨潮流作用的盲肠河段。后期方案的布设重点关注了望虞河口的影响,为望虞河口远期的外延留有余地。③ 近年来南通水道,特别是通州沙潜堤左缘侧冲刷较大,15 m线贯通,南通水道中下段时有碍航且维护量较大。从保持通州沙洲头稳定出发,结合航道的需求,宜对南通水道段采取相应的措施。④ 随着通州沙潜堤左缘侧的冲刷,水流进入任港一线的顶冲点有所下移,使得新开沙的右缘冲刷较大,狼山沙东水道进一步展宽,从河势控制与航道治理角度,兼顾新开沙夹槽稳定以及江海港区的正常运营等出发,应采取协调治理对策。

6.3.2.5 长江河口段(江苏)

长江口南支河段上起徐六泾下至吴淞口,全长约 70 km,河道上接通州沙水道,下与南、北港相连。南、北支分汊口位于南支上段。长江河口段在维持长江口三级分汊、四口入海格局的前提下,加强徐六泾节点的束流、导流作用;控制并稳定南北港分流口及分流通道,为南北港两岸岸线的开发利用及南港北槽深水航道的安全运行创造有利条件;减轻北支水、沙、盐倒灌南支,为沿江淡水资源的开发利用

创造有利条件；减缓北支淤积萎缩速率，维持北支引排水功能，适当改善北支航道条件。

12.5 m深水航道整治、新通海沙等洲滩利用等，其工程布设与河势控制是一致的。① 新通海沙圈围工程的实施，缩窄了徐六泾河段的宽度，有利于徐六泾节点的稳定。② 白茆沙整治工程实施后，白茆沙沙头得以稳定，但近年来南强北弱的趋势进一步加强；原先河势控制规划中，试图通过白茆小沙的治理增加白茆沙北水道的分流，但现状条件下白茆小沙下沙体冲蚀，近期冲淤变化较小，散失了按原规划方案实施的条件；而从航道稳定来说，现阶段12.5 m深水航道条件较好，现状条件下白茆小沙对航道尺度的影响相对较小。③ 原有扁担沙规划方案的实施对长江河口段沿程潮位影响较大，下阶段应结合防洪等需求，综合考虑、循序推进。④ 北支中下段的缩窄，减小了北支的纳潮量，盐水倒灌程度有所减弱，但汇潮点有所下移，进口淤积部位下移，总体不利于北支进口段水深的维持。

6.4 长江江苏段河势控制对策及工程措施

6.4.1 南京河段

南京河段经历了1950—1951年以疏浚导流为主的整治工程，1955—1957年沉排护岸工程，1964—1981年平顺抛石护岸工程，1983—1993年的集资整治工程，1993—1997年的长江应急治理工程，1998年大水后的二期河道整治工程，2013年梅子洲安全区建设工程，2014年又实施了长江新济洲河段整治工程，南京河段河势总体基本稳定。河道整治工程实施后，江滩稳定性较差的岸段分布于七坝小年圩、大胜关、浦口、下关、新生圩94679部队段、西坝、栖龙弯道右岸等7个区段。

南京河段河道治理对策主要为：① 对稳定性较差的岸段进行加固或新护，同时对一些边滩进行治理。② 鉴于八卦洲左汊缓慢衰退，而左汊内众多码头对航道水深有较高要求；同时右汊进口潜坝可能对通航产生影响，为此现阶段在来沙量大幅减少的情况下宜尽快实施中段疏浚工程改善八卦洲左汊水动力，进一步稳定分汊河道河势。③ 进一步关注近期小黄洲左汊发展以及江乌段航道整治方案的实施后水动力的调整对新生洲、新济洲河段的影响。④ 进一步关注南京河段内众多过江通道的建设对桥墩附近局部河床、水下潜洲暗沙及航槽格局的影响，适时采取措施。

6.4.2 镇扬河段

经历了 1959—1983 年的开挖焦南航道和都天庙，和畅洲头等处抛石护岸工程，1983—1993 年的集资整治工程，1993—1997 年的长江应急治理工程，1998 年大水后的二期河道整治工程，计划实施长江镇扬河段三期整治工程和长江口 12.5 m深水航道上延南京相关的河道整治工程，镇扬河段总体河势相对稳定。河道整治工程实施后，98 大洪水条件下镇扬河段流速变化如图 6.4-1 所示。江滩稳定性较差的岸段分布于小河口段、外公纪段、沙头河口，和畅洲左汊。为此镇扬河段河道治理对策主要为：① 在长江南京以下 12.5 m 深水航道建设的基础上，对水流定冲、稳定性较差以及新出现冲刷的岸段（世业洲进口左缘、和畅洲左汊潜坝局部）进行加固或新护。② 进一步关注征润州滩体窜沟的发展。

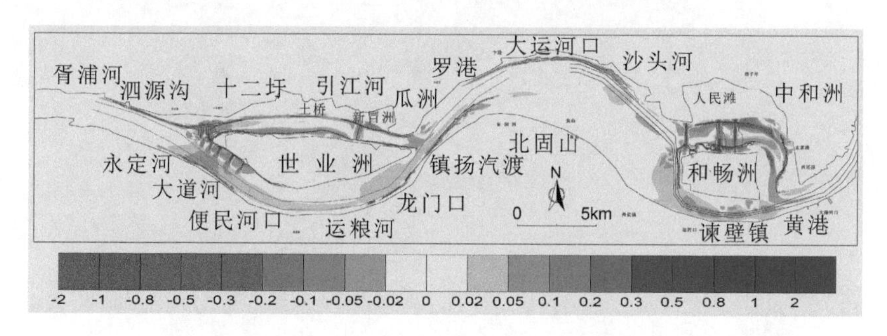

图 6.4-1　98 大洪水条件下镇扬河段河势及航道整治工程实施后流速变化

6.4.3 扬中河段

经历了 20 世纪 70 年代嘶马弯道整治，1993—1997 年的长江应急治理工程和 1998—2004 年近期整治工程，2015 年底前利用长江重要堤防隐蔽工程第二批结余资金完成嘶马弯道（江都段）崩岸整治工程，长江南京以下 12.5 m 深水航道整治工程以及目前正在实施天星洲汊道河道综合整治工程，扬中河段总体河势基本稳定。河道整治工程实施后，98 大洪水条件下扬中河段流速变化如图 6.4-2 所示。江滩稳定性较差的岸段分布于三江营—杨湾（江都）、杨湾—高港（泰州）、太平洲左缘丰乐桥段、二墩港—胜利河年丰河段、大路弯道段、炮子洲左缘、录安洲及右汊（夹江）等区段。2017 年 11 月 8 日，扬中市三茅街道指南村 15 至 16 组地段发现坍江险情（见图 6.4-3），为此扬中河段河道治理对策主要为：① 进一步加强对上述不稳定岸段的加固或新护，同时对近期出现崩窝江段进行治理，并对崩窝上下游一定区域内进行防护。② 同时天星洲整治工程实施后，加强监测，结合周边工程的实施情况采取相应的应对措施。③ 进一步关注航道整治工程实施后落成洲右汊分流的变化，适时采取工程措施。④ 进一步关注过江通道建设对河势的影响，特别要关注常泰过江通道桥墩布设与天星洲尾出口衔接段的协调性。

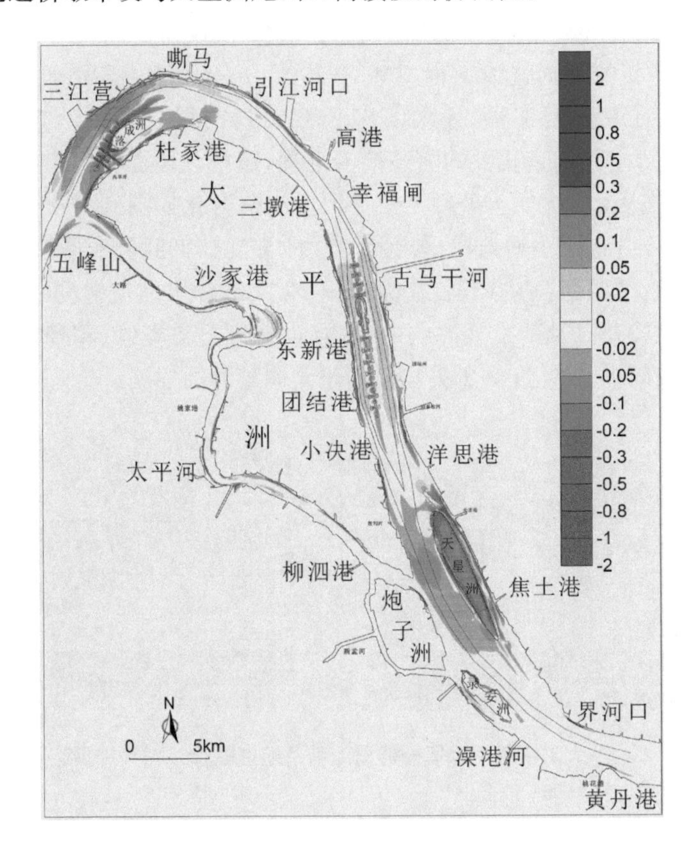

图 6.4-2　98 大洪水条件下河势及航道整治工程后流速变化

图 6.4-3　扬中崩窝照片(2017)

6.4.4　澄通河段

经历了20世纪70年代福姜沙汊道、老海坝等护岸工程，1991—1997年节点控制应急工程和1998—2004年的近期整治工程，以及实施老海坝岸线综合整治工程，长江口12.5 m深水航道整治工程，澄通河段总体河势基本稳定，但局部仍存在一定的不稳定性。针对河势控制、航道整治存在的问题，结合沿江经济需求，提出如下治理对策。

6.4.4.1　靖江边滩的治理

随着长江深水航道二期整治工程的实施，河势进一步稳定，航道条件得以改善，但航道整治二期工程未考虑靖江边滩的治理，靖江边滩对深水航道维护量的影响较大。为此从航道治理、河势控制以及港口岸线利用等角度出发，针对靖江边滩的变化多发生在中下段，其治理考虑到对下游靖江沿岸码头的影响，及多年来边滩发展规模大小，应当在螃蜞港至旺桥港布置三条护滩带，形成靖江边滩一定的滩型(如图6.4-4所示)，护滩带高度为河床底部以上1～2 m，前沿伸至－10 m线附近，其中护滩坝H1长1 120 m，H2长920 m，H3长760 m；护滩坝平行布置，H1与H2间距1 150 m，H2与H3间距1 000 m。

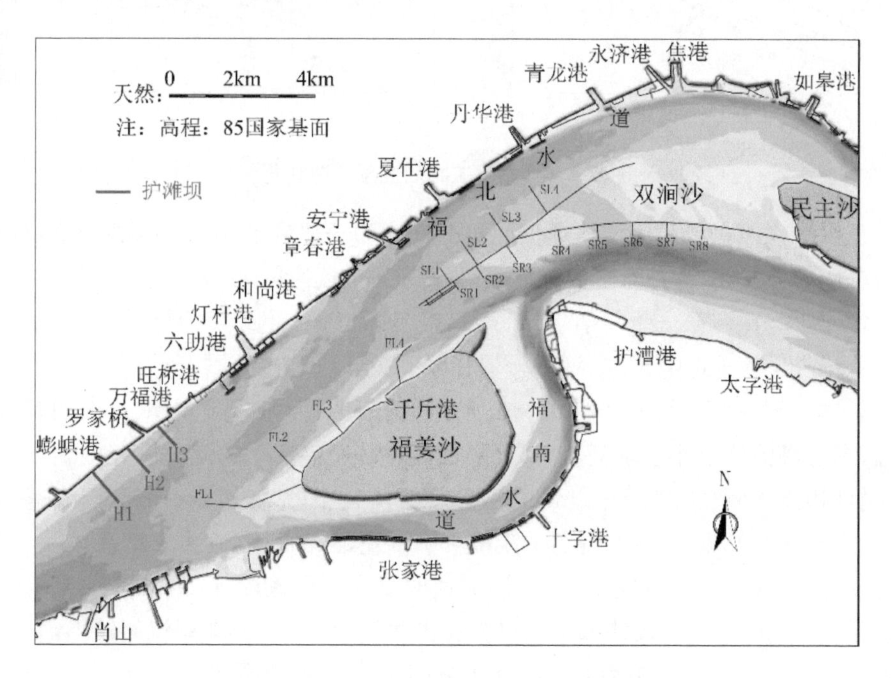

图6.4-4　靖江边滩护滩带布置示意图

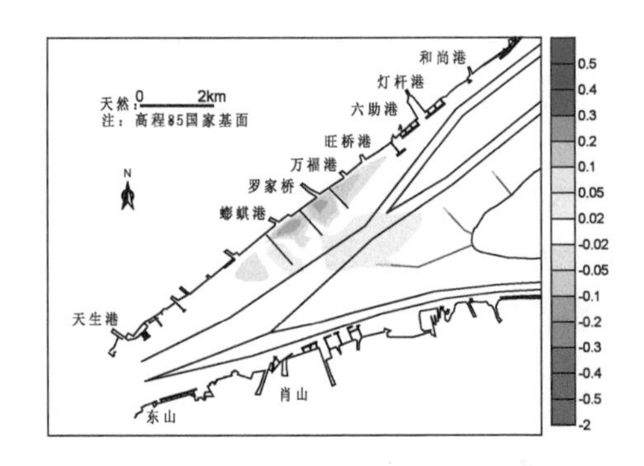

图 6.4-5　洪季大潮护滩带引起的底层流速变化

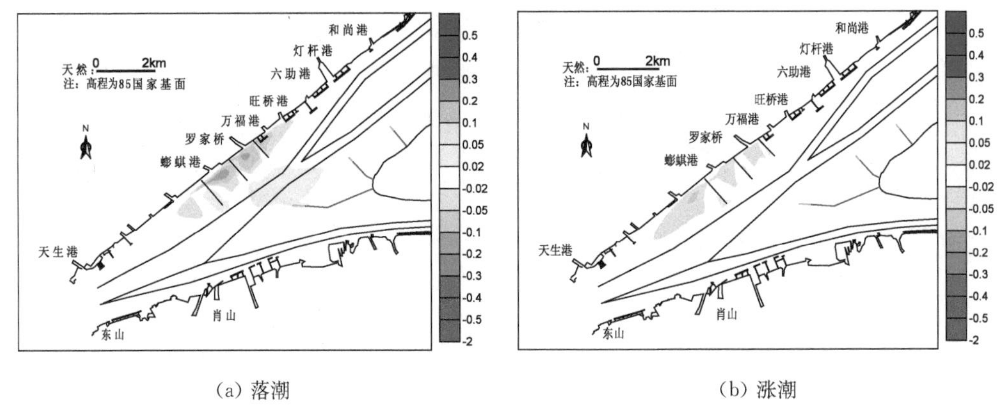

(a) 落潮　　　　(b) 涨潮

图 6.4-6　枯季工程后底层流速变化

从洪季大潮护滩带底层流速变化(图 6.4-5)可以看出,靖江边滩附近底层流速一般在 0.2～0.7 m/s;护滩带实施后,掩护区范围内流速总体有所减小,减小幅度一般在 0.02～0.2 m/s,第一条与第二条、第二条与第三条护滩带间减小较为明显。护滩带头部外侧流速略有增加,增幅一般在 0.05 m/s 以内。

枯季工程后底层流速如图 6.4-6 所示研究表明,流量 28 000 m^3/s 大潮有涨落潮流,但涨潮流明显小于落潮流,15#断面(万福港)落潮平均流速最大在 1 m/s 左右,靖江边滩一侧也在 0.7～1 m/s 之间,涨潮流较小,靖江边滩一侧涨潮流速相对较大,在 0.36～0.55 m/s。落潮主流位于中偏左,涨潮最大流速靠靖江边滩一侧,偏左岸。35#断面流速(安宁港)落潮流速明显大于涨潮流速,最大落潮流位于福中水道侧,约 1.1 m/s,福北水道进口流速也达 0.7～1 m/s,涨潮流速较小,一般在 0.3～0.4 m/s。工程实施后靖江护滩带之间流速减小,如图 6.4-7 所示。

流量 40 000 m^3/s 大潮基本无涨潮流,15#断面落潮平均流速约 1.32 m/s,断面最大流速位于中偏左一侧,靖江边滩流速在 1～1.2 m/s,安宁港流速断面最大

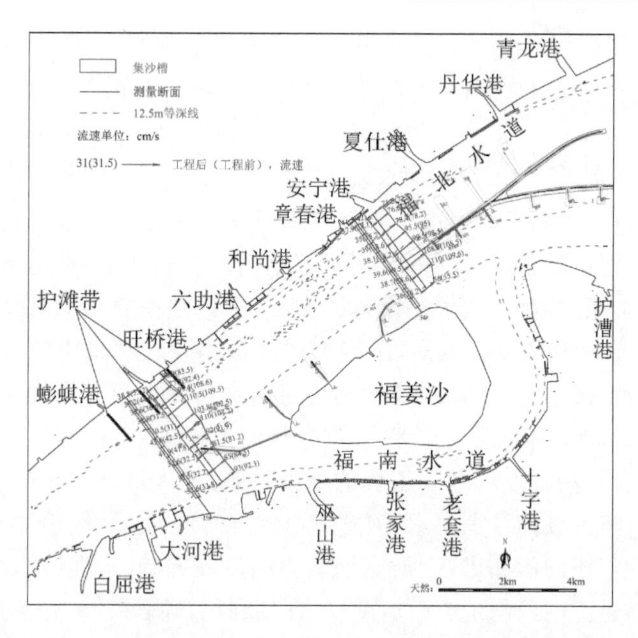

图 6.4-7 28 000 m³/s 大潮流量下工程前后涨落潮平均流速分布

流速位于福中水道进口左侧，落潮平均流速最大为 1.37 m/s，福北水道流速为左侧小，右侧大。福中进口流速为左侧大，右侧小。福中靠右侧流速受 FL4 丁坝掩护流速较小，如图 6.4-8 所示。

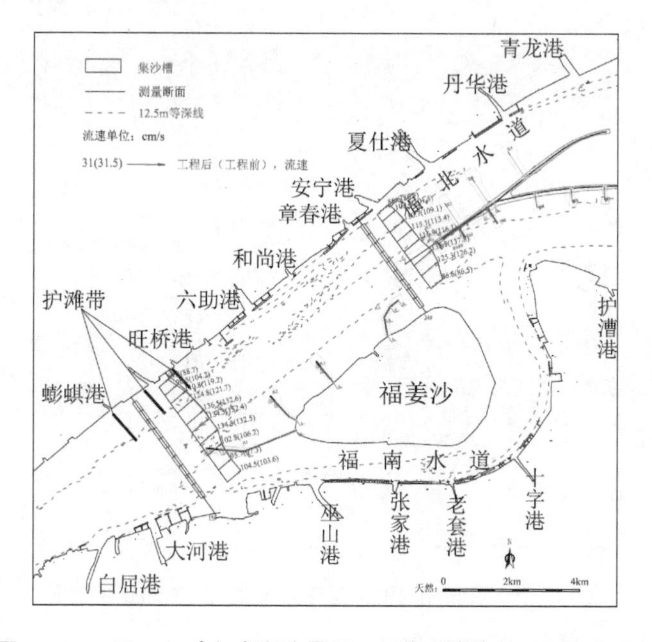

图 6.4-8 40 000 m³/s 大潮流量下工程前后涨落潮平均流速分布

综合各方因素，靖江边滩采取护滩带后掩护区流速有所减小、河床有所淤积，有效遏制了边滩大幅切割下移，有利于靖江边沿的稳定和航道尺度的维护。

6.4.4.2　*双涧沙治理*

随着长江南京以下 12.5 m 深水航道二期工程(福姜沙整治工程)的实施，福姜沙河段的河势进一步稳定。根据长江河口两千多年来的演变规律，长江河口总体呈现主流南偏、河口外移、沙岛并岸、河宽缩窄的演变趋势，特别是河宽缩窄以后，河道的水流动力条件改变，河道中暗沙出水、合并的速率将大大加快。如 20 世纪 50 至 70 年代，徐六泾节点形成后，澄通河段逐渐由长江河口段转变为近河口段，如皋沙群又来沙、民主沙、长青沙等沙洲纷纷出水、并岸，河道宽度逐渐缩窄，总体河势趋向稳定。2008 年 3 月，《长江口综合整治开发规划》得到了国务院的批准，随着长江口综合整治开发规划各工程的陆续实施，进入澄通河段的潮量将进一步减小，澄通河段将继续向沙洲出水、河宽缩窄的方向发展。为了合理利用航道疏浚弃土，顺应澄通河段向沙洲出水、河宽缩窄方向发展的趋势，促使双涧沙向高大完整方向发展，航道部门经与地方政府商量，计划利用双涧沙沙体作为航道疏浚抛泥区。地方政府可结合疏浚弃土整治双涧沙，合理适度开发利用洲滩，为地方社会经济发展创造有利条件，为此提出了双涧沙出水方案。按已有人字形护滩工程的南北潜堤进行圈围，研究双涧沙整体出水与民主沙连为一体后对防洪、河势等的影响，工程布置图见 6.4-9。

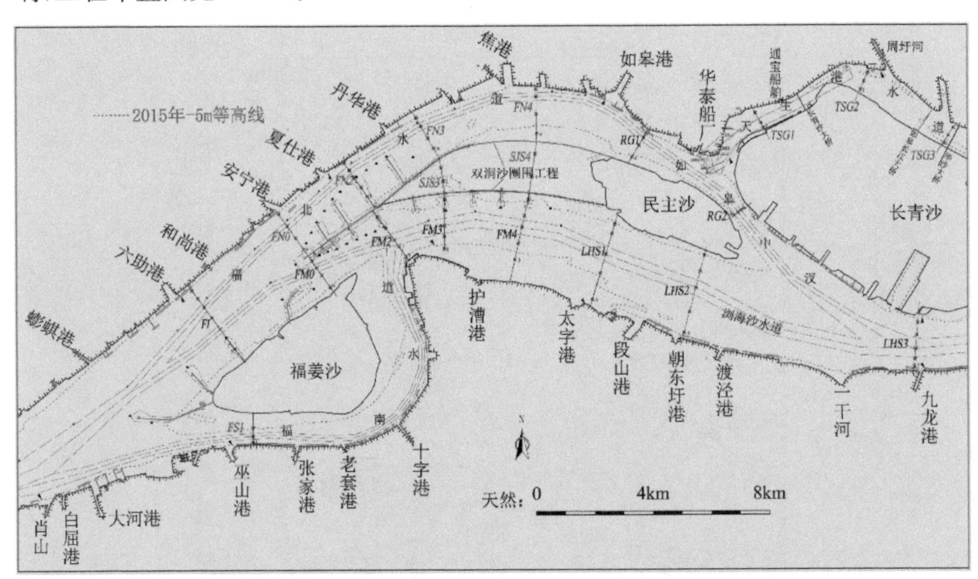

图 6.4-9　双涧沙圈围工程布置及测流断面布置示意图

(1) 分流比变化分析

研究表明整治工程实施后，完全阻隔了双涧沙滩地的越滩流，这使得福姜沙左汊的涨落潮水流阻力有所增大，各水文条件下福姜沙左汊分流比减小，变化值在－1.1%～－0.8%；相应，福南水道分流比变化值在＋0.8%～＋1.1%。福姜沙左汊中，由于越滩流减小，福北水道分流比减小，变化值在－1.7%～－1.2%；相应，福中水道分流比变化值在＋1.2%～＋1.7%。如皋中汊分流比增加1%左右，二浏海沙水道分流比则减小1%左右。对于距离工程区较远的汊道，如通州沙东西水道，分流比则变化不明显。

(2) 对潮位的影响

工程实施后，高潮位的变化一般不大于0.02 m，如表6.4-1所示。低潮位抬高以工程区上游的夏仕港、六助港较明显，98洪水大潮条件下最大抬高幅度0.10 m；低潮位降低以工程区下游的护漕港、如皋港较明显，98洪水大潮条件下最大变化约－0.06 m。各水文条件下，距工程区较远的如上游的江阴站，下游的九龙港、天生港潮位站潮位过程基本没有变化，潮位特征值变幅在0.01 m以内，工程实施对上述水域潮位基本无影响。

表6.4-1 双涧沙圈围工程实施后潮位变化统计表 单位：m

潮位站	高潮位						低潮位					
	97风暴潮		98风暴潮		平均流量大潮		97风暴潮		98风暴潮		平均流量大潮	
	工程前	变化	工程前	变化	工程前	变化	工程前	变化	工程前	变化	工程前	变化
江阴	5.28	0.00	4.36	0.00	2.79	0.00	1.65	0.01	1.67	0.01	0.41	0.01
六助港	5.24	0.01	4.31	0.01	2.89	0.01	1.42	0.03	1.58	0.04	0.42	0.02
巫山港	5.22	0.01	4.29	0.01	2.97	0.01	1.38	0.02	1.55	0.03	0.56	0.02
夏仕港	5.21	0.01	4.25	0.01	2.88	0.00	1.25	0.07	1.46	0.10	0.42	0.05
护漕港	5.21	0.02	4.24	－0.01	2.92	0.02	1.33	－0.03	1.33	－0.06	0.43	－0.02
如皋港	5.20	－0.01	4.18	－0.01	2.88	－0.01	1.20	－0.03	1.25	－0.04	0.29	－0.02
华泰重工	5.19	－0.01	4.14	0.00	2.86	－0.01	1.13	－0.02	1.17	－0.03	0.23	－0.02
捕鱼港	5.18	0.00	4.02	0.00	2.84	0.00	1.06	－0.01	1.03	－0.01	0.11	－0.01
九龙港	5.17	0.00	4.03	0.00	2.71	0.00	1.01	－0.01	1.19	－0.02	0.18	－0.01

(3) 对流速、流向的影响

整治工程实施后，福南水道、福中水道和如皋中汊流速有所增加，而福北水道安宁港—夏仕港—丹华港段和浏海沙水道护漕港至渡泾港一带的流速有所减小，流速变化比较明显区域如浏海沙水道护漕港对开、双涧沙右侧附近，涨落潮平均流速的变化在－0.10 m/s左右。福南水道和如皋中汊流速有所增加，其中福南水道涨、落潮平均流速增加 0.02～0.05 m/s，如皋中汊涨落潮平均流速增加 0.05～0.10 m/s。值得注意的是，在浏海沙水道左侧、双涧沙右侧附近，落潮时，由于工程完全阻隔了双涧沙自福北水道越滩进入浏海沙水道的水流，自福中水道下泄的落潮水流北偏，如 FM3 断面 1＃、2＃测点，以及 FM4 断面 1＃、2＃测点，中上层水流偏向双涧沙、民主沙南侧岸坡，会加剧该段岸坡的防护压力。

6.4.4.3 *天生港水道的治理*

天生港水道位于长江澄通河段中段—如皋沙群汊道段，该段沙洲罗列，水流分散，目前分布有双涧沙、民主沙、长青沙、泓北沙及横港沙。双涧沙及民主沙将河道分为如皋中汊及浏海沙水道上段，两股水流汇合后进入浏海沙水道下段，如皋中汊近年分流比稳定在 30%左右。浏海沙水道下段左侧为水下已连为一体的长青沙、泓北沙及横港沙，三沙与北岸之间为上口严重淤积，靠涨潮流维持，落潮分流比不超过 2%的天生港水道。

天生港水道上起又来沙头下至任港，河道全长约 23.1 km。目前天生港水道进口左岸分布有中铁三桥重工、国鼎（南通）管桩、华泰重工等企业，右岸长青沙上分布有通茂船舶、长青沙船舶、如皋茂盛钢构等企业。左岸捕鱼港以下建有大量的港口码头等基础设施。同时，天生港水道内的左岸还分布有碾砣港、九圩港等通江口门。上述设施的安全运行需要天生港水道长期维持相对稳定的河势条件。2012 年 12 月国务院批复的《长江流域综合规划（2012—2030 年）》提出天生水道治理方向为"疏浚天生港水道进口，改善进流条件"，2016 年水利部批准印发的《长江中下游干流河道治理规划（2016 年修订）》明确提出天生港水道治理方案为："近期通过天生港上段疏浚、长青沙北缘切滩等工程，改善天生港水道上段水动力条件。远期对又来沙采取小切滩措施，进一步改善天生港水道进流条件。"且新水沙条件下，支汊衰退趋势有所趋缓，在支汊冲刷条件下疏浚方案效果更加明显。

近年，天生港水道上下游已实施的河（航）道整治工程有：福姜沙汊道 12.5 m 深水航道整治工程、横港沙一期圈围工程、通州沙东水道 12.5 m 深水航道整治工程、通州沙西水道综合整治工程、铁黄沙及福山水道南岸边滩整治工程。天生港水道上下游的河道边界已发生了较大变化，同时又来沙外侧的滩涂淤涨出水已被华泰重工有限公司利用后，按照规划方案实施又来沙小切滩的难度大幅增加。通过对又来沙小切滩及天生港水道上段疏浚方案进行优化调整，形成了天生港水道规划的替代方案，即进行小切滩辅助进口的疏浚以达到规划方案的效果。规划替代方案是在规划方案的基础上，又来沙切滩缩短至 125 m，将进口段至通茂船舶段间进行补偿疏浚，进口处宽度由 300 m 增加到 900 m，疏浚底高由－3 m 降至－4 m，如图 6.4-10 所示。

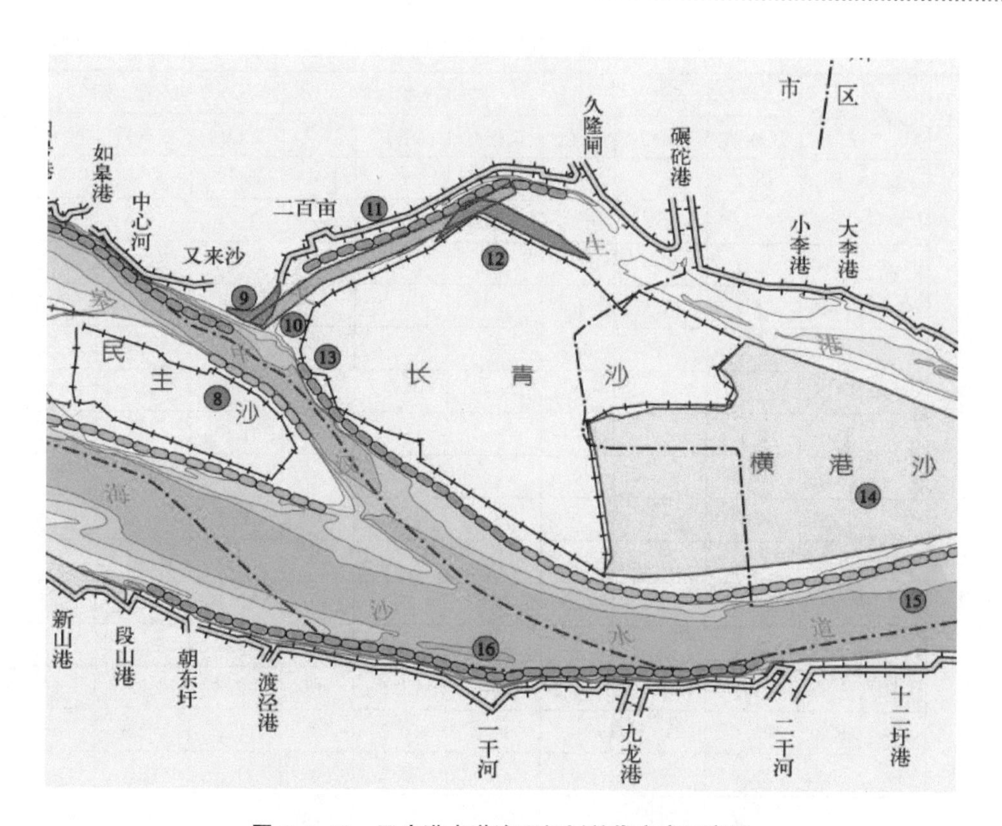

图 6.4-10　天生港水道治理规划替代方案示意图

(1) 对分流比的影响

研究表明，平均流量大潮和 97 风暴潮条件下，工程前涨潮分流比大致为 2.0%。整治方案实施后，天生港水道的涨潮分流比有所增加，涨潮分流比为 2.5%，增加约 0.5%。97 风暴潮、98 洪水大潮和平均流量大潮条件下，工程前落潮分流比大约为 1.2%，整治方案实施后天生港水道的落潮分流比增幅约 0.3%。其他汊道的分流比一般在 0.1%内，说明天生港水道整治实施后，对各汊道的分流比原型不明显。

(2) 对潮位的影响

天生港水道整治工程实施后高、低潮位变化如表 6.4-2 所示。研究表明，工程实施后高潮位的变化一般不大于 0.02 m。工程区上游的如皋港、华泰码头低潮位有所降低，98 洪水大潮条件下最大降低 0.05 m 左右；疏浚区下游碾砣港、天生港站低潮位则有所抬高，98 洪水大潮条件下最大抬高约 0.06 m。各水文条件下，距工程区较远的如上游的江阴站，下游的九龙港、营船港潮位站潮位过程基本没有变化，潮位特征值变幅在 0.01 m 以内，工程实施对上述水域潮位基本无影响。

表 6.4-2　天生港水道整治工程实施后分流比变化　　单位：%

类别	位置	断面	97 风暴潮			98 洪水大潮			平均流量大潮		
			工程前	工程后	变化	工程前	工程后	变化	工程前	工程后	变化
涨潮分流比	福姜沙左右汊	F1	78.7	78.7	0	—	—	—	81.6	81.6	0
		FS1	21.3	21.3	0	—	—	—	18.4	18.4	0
	福姜沙左汊	FN0	48.7	48.7	0	—	—	—	53.2	53.2	0
		FM0	51.3	51.3	0	—	—	—	46.8	46.8	0
	民主沙	RZ	27.3	27.4	0.1	—	—	—	26	26.1	0.1
		LHS1	72.7	72.6	−0.1	—	—	—	74	73.9	−0.1
	长青沙	TSG3	2.1	2.6	0.5	—	—	—	1.9	2.3	0.4
		LHS3	97.9	97.4	−0.5	—	—	—	98.1	97.7	−0.4
	通州沙	TZSD	79	79	0	—	—	—	85.3	85.3	0
		TZS	7.5	7.5	0	—	—	—	4.9	4.9	0
		TZSX	12.5	12.5	0	—	—	—	10.8	10.8	0
落潮分流比	福姜沙左右汊	F1	78.7	78.7	0	78.5	78.5	0	77.2	77.2	0
		FS1	21.3	21.3	0	21.5	21.5	0	22.8	22.8	0
	福姜沙左汊	FN0	60.6	60.6	0	60.2	60.2	0	58.9	58.9	0
		FM0	39.4	39.4	0	39.8	39.8	0	41.1	41.1	0
	民主沙	RZ	29.7	29.8	0.1	28.6	28.7	0.1	29	29.1	0.1
		LHS1	70.3	70.2	−0.1	71.4	71.3	−0.1	71	70.9	−0.1
	长青沙	TSG3	1.2	1.5	0.3	1.3	1.6	0.3	1.1	1.3	0.2
		LHS3	98.8	98.5	−0.3	98.7	98.4	−0.3	98.8	98.6	−0.2
	通州沙	TZSD	86.9	86.9	0	87.8	87.8	0	88.4	88.4	0
		TZS	4.5	4.5	0	3.6	3.6	0	3.9	3.9	0
		TZSX	8.7	8.7	0	8.6	8.6	0	7.8	7.8	0

(3) 对流速、流向的影响

研究表明，整治工程实施后天生港水道上段由于疏浚后水深增加，流速有所减小(图 6.4-11)，涨落潮平均流速的变化大约为−0.05 m/s，天生港水道弯顶以下，涨落潮流速均有所增加，周圩河—小李港间平均流速增幅一般在 0.05～0.10 m/s，局部区域的流速可达 0.10 m/s，小李港以下，流速增幅逐渐减小，捕鱼港附近流速增幅一般在 0.02～0.05 m/s 间。邻近天生港水道整治的水域，流速有一定的变化，但幅度一般在 0.02 m/s 内，其他区域的流速基本没有变化。工程实施后，天生港水道的涨落潮水流均有所增加，涨潮时出天生港水道涨潮水流增强，在汇入如皋中汊后，上溯的涨潮流向民主沙侧偏转。

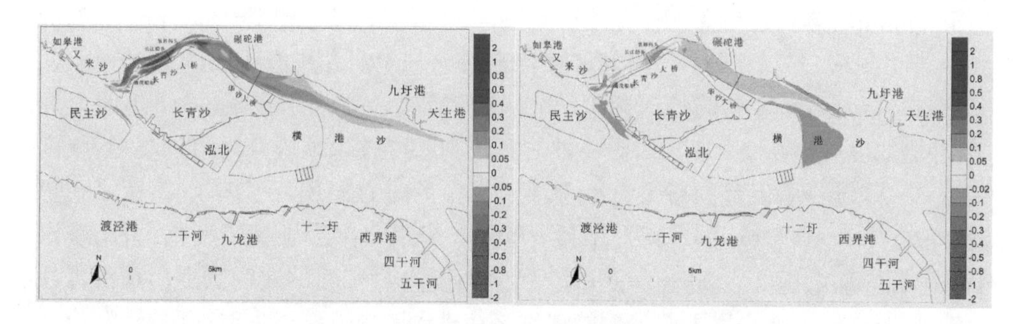

图 6.4-11　天生港治理方案涨落潮流速变化

规划替代方案实施后减小了天生港进口的切滩面积，增加了进口段疏浚范围及深度。工程实施后水动力变化与规划方案实施后水动力变化趋势基本一致。

（4）河床冲淤变化

平常水沙年情况下天生港水道整治及横港沙整治二期工程实施后引起的河床冲淤变化见图 6.4-12。

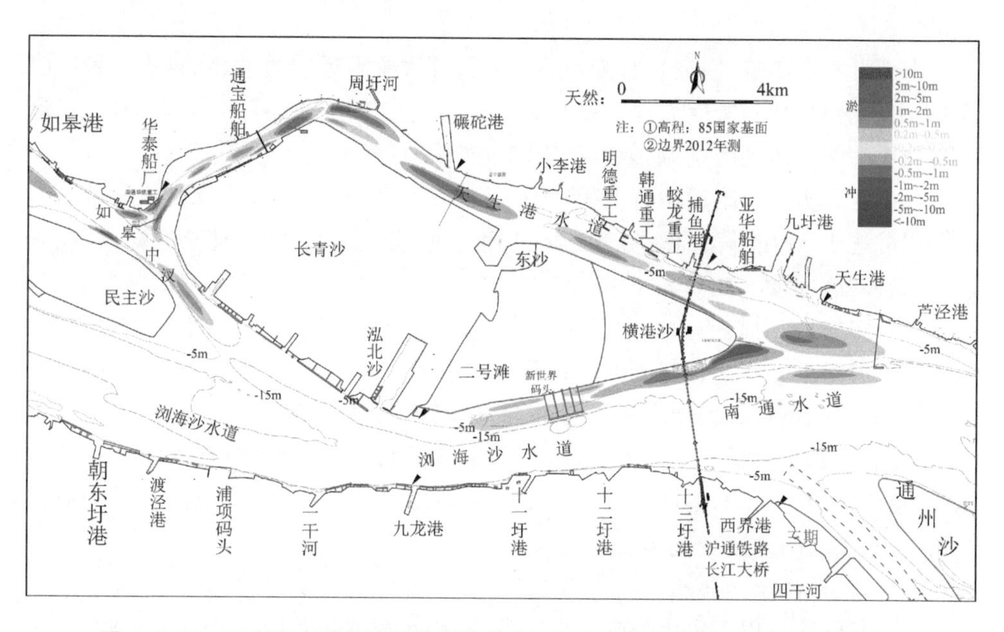

图 6.4-12　天生港水道整治及横港沙整治二期工程实施后引起的河床冲淤变化

天生港水道整治及横港沙整治二期工程实施后，在天生港水道进口—弯顶段，由于天生港水道进口段切滩及上段进行了疏浚，涨落潮分流比均有所增加，疏浚区出现疏浚回淤，回淤幅度较大的区域主要有三处，两处在天生港水道进口段左、右侧，其中左侧为切滩部位，由＋4.0 m 以上切至－4.0 m，右侧大致由－2.0～0.0 m

切至－4.0 m;第三处为弯顶长青沙切滩处,由＋4.0 m以上切至－3.0 m。三处的回淤幅度在0.5～2.0 m间,局部区域回淤在2 m以上;其他区域的回淤一般在0.2～1.0 m。弯顶左侧周圩河附近,由于上段落潮流增加水流顶冲,出现明显冲刷,冲刷幅度可达0.2～1.0 m,碾砣港对开冲刷深度较弯顶周圩河附近略小,幅度在0.2～0.5 m间,但范围略大。小李港至捕鱼港略有淤积,1个丰水年后淤积幅度一般在0.2～0.5 m间,1个平常水沙年和3个水文年后淤积幅度稍大,小李港下游附近局部淤积可达0.5～1.0 m。受沿堤流影响,工程的左侧围堤出现沿堤冲刷带,因为自天生港水道下游上溯的涨潮流在进入围堤下游以上时,部分涨潮流会顺堤回流,并经尾部潜堤进入南侧主槽,这使得沪通长江大桥—围堤下游端间的沿堤冲刷幅度稍大,可达0.5～1.0 m。天生港水道九圩港以下有冲有淤,总体以淤积为主且淤积幅度一般不大于0.2 m。

由于二期圈围工程阻隔沙体上的部分涨落潮流,工程后横港沙沙体上流速有所趋缓,总体成淤积态势,1个丰水年后淤积幅度一般在0.2～0.5 m,1个平常水沙年后淤厚可达0.2～0.5 m,局部区域淤积在0.6 m左右,3个水文年后淤厚0.2～1.0 m。

由于沿堤流影响,横港沙右侧包括沪通长江大桥附近的边坡,除码头工程区附近外,出现沿堤冲刷,幅度大都也在0.2～0.5 m间,只是在尾部潜堤附近,由于潜堤与围堤南侧三角区的扰流影响,冲刷幅度稍大,局部冲刷可达2～3 m。

在拟建码头下游附近略有淤积,淤积幅度在0.2～0.5 m,3个水文年条件下最大淤积可达1 m;在码头前沿附近,由于二期工程实施后,落潮流速略有减缓,出现淤积,淤积幅度不大,在0.2～0.5 m。

工程实施后,引起的如皋中汊河床冲淤变化主要出现在天生港水道进口附近。如皋港下游附近有0.2 m的冲刷,受天生港水道增加的涨潮流顶冲,如皋中汊右侧、民主沙左缘正对天生港水道进口的部位,出现明显冲刷,范围较小但幅度可达0.2～0.5 m,最大冲深可达1.0 m,这不利于该区域的岸坡稳定;在下游民主沙沙尾段,总体表现为淤积,幅度在0.2～0.5 m;在如皋中汊出口段,总体表现为有冲有淤,工程引起的冲淤变化幅度不大。

6.4.4.4 通州沙沙体治理

随着长江南京以下深水航道一期工程、通州沙西水道整治工程、铁黄沙整治工程陆续实施,通州沙上段沙体斜向串沟的发展基本得到遏制,但南北向串沟仍未采取工程措施。且近期通州沙头部左缘冲刷较大,主流有所南偏,对通州沙头部整治工程与深水航道一期工程间的衔接过渡段的窜沟是不利的;如串沟发展,则不利于通州沙沙体稳定,对已建的河道、航道整治工程均构成了严重威胁。为了进一步遏制南北向串沟的发展,实现双分汊的整治目标,需对通州沙沙体进行相应的治理。

前期的研究表明，若通州沙采用圈围方案，由于河宽缩窄，徐六泾断面涨、落潮流量均有不同幅度的减小。通州沙及狼山沙大圈围方案实施后，徐六泾断面涨潮平均流量减小15%左右，落潮平均流量减小约8%；通州沙整体圈围方案实施后，徐六泾断面涨潮平均流量减小约10%，落潮平均流量减小约5%；通州沙上沙体圈围后，徐六泾断面落潮平均流量减小约3%，涨潮平均流量减小约8%。为此本阶段暂不考虑整体圈围出水的方案，主要研究通州沙上段高滩整治以及通州沙和狼山沙整体治理两大类方案，治理方案布置示意图如图6.4-13所示。

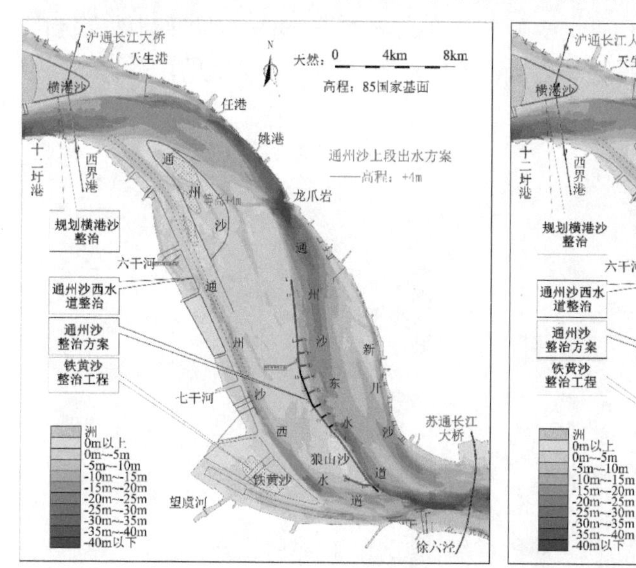

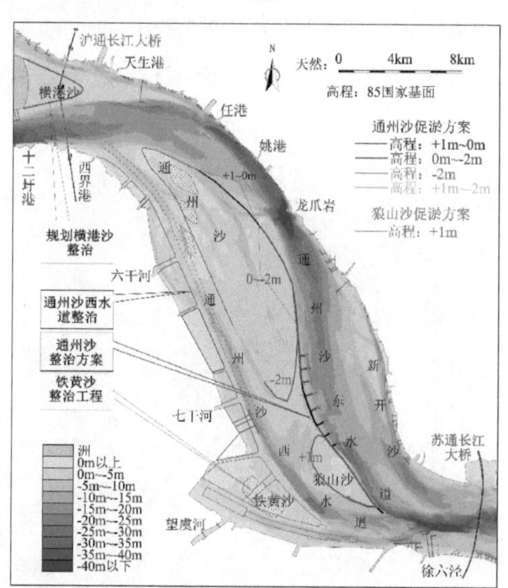

图6.4-13 治理方案布置示意图

（1）对分流比的影响

整治工程实施后，两方案均对周边的水动力产生一定的影响。通州沙高滩整治方案实施后东水道分流比略有增加，但一般在1.0%以内，徐六泾断面涨潮流量减小约4.3%。

通州沙、狼山沙整治方案实施后，周边水动力有所调整。通州沙沙南北向窜沟内流速有所减小，遏制了窜沟的进一步发展。通州沙东水道分流比总体略有增加，徐六泾断面涨潮流量减小约2.5%。

（2）对潮位的影响

通州沙高促淤方案实施后，高、低潮位变化规律与低促淤方案基本一致，但是幅度更大。高潮时，促淤工程以上水域高潮位减小，最大减幅约3 cm，位于五干河附近，促淤工程以下水域高潮位增加，最大增幅约4 cm；低潮时，促淤工程以上水域低潮位发生不同程度的增加，最大增幅约5 cm，位于西界港附近，促淤工程以下

水域低潮位减小，最大增幅约 2 cm，位于农场闸附近。通州沙、狼山沙治理方案因其高程相对较低，为此影响也相对较小。总体而言，整治工程引起的高低潮位变化对长江防洪排涝的影响不大。

（3）对流速的影响

从以前的研究可知，随着通州沙、铁黄沙整治工程以及深水航道一期工程的实施，通州沙总体河势趋于稳定，但通州沙左缘南北向窜沟仍在发展，需进一步治理。从通州沙上段高滩方案实施后流速变化（图 6.4-14）可以看出，随着治理工程的实施通州沙头部掩护区流速减小，通州沙东水道流速总体略有增加，且通州沙左缘南北向窜沟内局部流速有所增加，这对通州沙沙体的整体稳定是不利的。

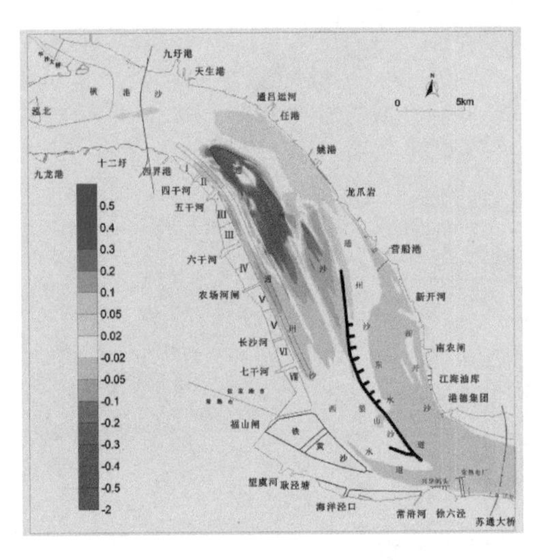

（a）落潮

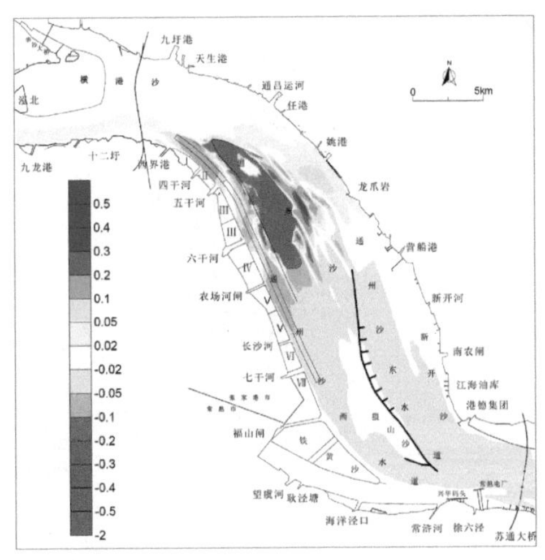

（b）涨潮

图 6.4-14　洪季大潮通州沙高滩方案实施后涨落急流速变化

由于通州沙沙体上在涨落潮时段均有大量越滩流穿越，从抑制通州沙左缘南北向窜沟发展、顺应越滩流的角度出发，通州沙、狼山沙的治理采取潜堤的布置形式。工程实施后通州沙沙体中上段流速有所减小，南北窜沟内流速减小较为明显。狼山沙右缘流速略有增加，通州沙进口段流速有所增加，增幅一般都在0.1 m/s以内，如图 6.4-15 所示。

（4）河床冲淤变化

工程后西水道总体有所冲刷，近圈围潜堤附近河床冲刷（图 6.4-16）。南通水道姚港对开通州沙纵向潜堤封堵，窜沟过流减小，位于潜堤左侧河床冲刷，新开沙整治工程后，新开沙滩地及丁坝之间河床淤积，丁坝前沿河床冲刷，新开沙夹槽冲刷变化不大，狼山沙东水道有冲有淤，航道内总体表现为冲刷（图 6.4-17）。从工

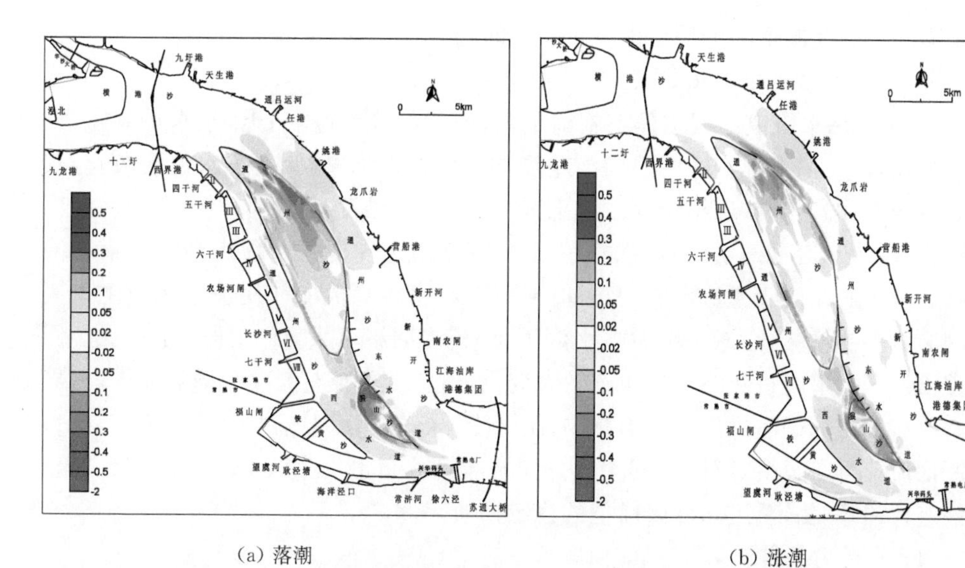

(a) 落潮 (b) 涨潮

图 6.4-15 洪季大潮通州沙狼山沙方案实施后涨落急流速变化

程引起的冲淤变化看，通州沙头部前由于圈围潜堤的阻水作用，有所淤积，西水道总体有所冲刷，变化幅度不大。东水道航道内总体有所冲刷，新开沙丁坝前沿冲刷，新开沙基槽冲淤变化不大，新开沙及丁坝之内有所淤积。

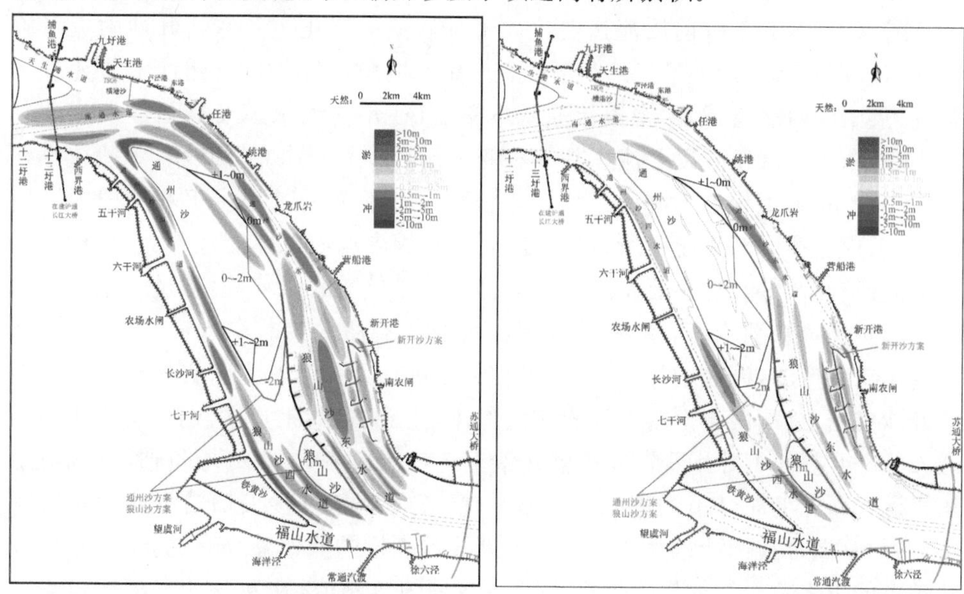

图 6.4-16 工程实施后河床冲淤变化 **图 6.4-17 工程实施后引起的冲淤变化**

综上所述，通州沙上段高滩方案影响相对较大，且不利于通州沙左缘南北窜沟的稳定。为了顺应河势，保留通州沙滩面一定的越滩流，通州沙、狼山沙整体治理方案有利于南北向窜沟的稳定以及越滩流的调整。

6.4.4.5 *新开沙整治工程*

12.5 m深水航道一期工程实施前狼山沙左缘不断冲刷后退，东水道展宽，江中心滩发育，一期工程实施后狼山沙左缘冲刷后退得到遏制，但东水道已较宽，其内心滩洲滩冲淤多变，近年新开沙尾部冲失，江中心滩发育，心滩与新开沙之间次深槽发育，东水道主槽水动力减弱，12.5 m深水航道左侧位于狼山沙东水道心滩右缘。由于心滩位于主流弯曲河道的凸岸侧，在弯道环流的作用下东水道主槽底沙向心滩一侧输移，心滩一侧航道水深不足，疏浚回淤率大，航道维护量较大。同时狼山沙东水道内近年滩槽发生了较大变化，出口段心滩左侧次深槽的发展，将导致心滩右侧主深槽航道内水动力减弱，次深槽发展使落潮主流方向发生改变，出口段断面流速分布改变，同样涨潮主流方向及流速分布也发生改变。为此需要对新开沙进行治理，稳定沙体，保障航道的稳定畅通。

(1) 水动力条件

潮位变化主要在通州沙河段、工程区附近，龙爪岩上游姚港、任港工程前后潮位基本不变，徐六泾，白茆河站潮位基本不变。营船港潮位工程后壅高1 cm以内，新开港工程后潮位壅高在2 cm以内，水山码头高潮位壅高在2 cm以内，低潮位基本不变。

图6.4-18为工程前后流速变化。工程后流速变化主要在新开沙附近及狼山沙东水道及新开沙夹槽，徐六泾下流速基本不变，狼山沙、通州沙上流速基本不变，狼山沙西水道，福山水道流速基本不变，通州沙西水道及通州沙上流速基本不变，东水道营船港以上流速基本不变。新开沙上流速有所减小，一般减小在0.2～0.3 m/s，工程后上游受工程阻水作用等流速有所减小。丁坝坝田内流速减小，工程尾部局部流速有所减小。新开沙夹槽内流速总体变化不大，夹槽上口涨潮流速有所增加，这主要是涨潮流沿程受护滩导堤的影响，沿程进入东水道的涨潮流减小。涨潮工程后新开沙夹槽沿程总体有所增加。东水道心滩附近，涨潮流速略有增加，流速增加主要是新开沙上及丁坝坝田内流速明显减小。落潮新开沙夹槽上口，由于上游龙爪岩挑流作用，主流右偏，上口淤浅，−5 m槽不贯通，2008年左右在新开港附近在新开沙上疏浚原窜沟，−5 m槽贯通，落潮流由东水道经新开港对开窜沟进入新开沙夹槽，工程后新开沙夹槽沿程流速略有减小，这与落潮时狼山沙东水道沿程进入新开沙夹槽的流速减小有关，主要是新开沙潜堤的阻水效果。如果要增加新开沙夹槽的落潮流，在新开沙夹槽出口需进一步疏宽浚深。

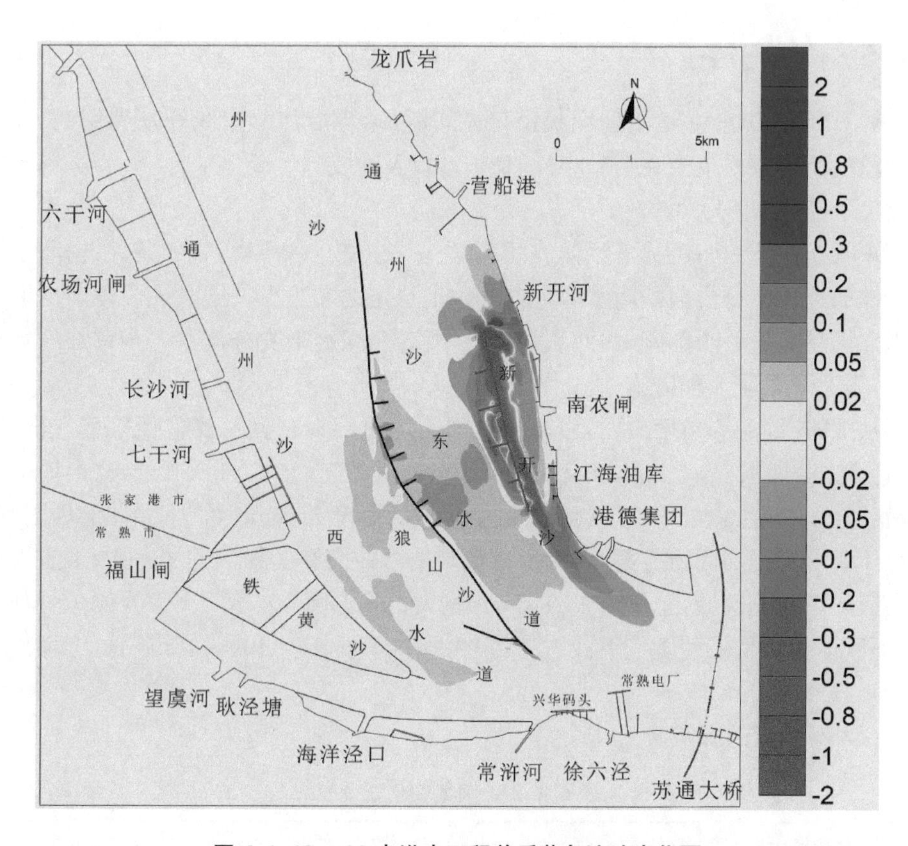

图 6.4-18　98 大洪水工程前后落急流速变化图

分流比变化表明，工程前营船港断面落潮东水道分流比为 75%，通州沙滩地分流比占 6%，西水道分流比占 19%；涨潮东水道分流比为 66%，通州沙滩地分流比为 12%，西水道分流比 22%。南农闸断面落潮，新开沙夹槽分流比为 8%，狼山沙东水道分流比为 65%，狼山沙滩地分流比为 50%，狼山沙西水道分流比为 22%，涨潮新开沙夹槽分流比为 9%，狼山沙东水道为 60%，狼山沙滩地为 8%，狼山沙西水道为 28%。港德码头断面落潮狼山沙东水道分流比为 72%，狼山沙西水道分流比为 28%，涨潮狼山沙东水道分流比为 65%，西水道分流比为 35%。

工程前后分流比变化不大，狼山沙西水道分流比基本不变，狼山沙、通州沙滩地涨落潮分流比基本不变，狼山沙东水道分流比变化较小，基本在 0.2%以内，新开沙夹槽分流比略有减小，一般在 0.3%以内，但新开沙夹槽内的流速无明显减小，主要是新开沙浅滩上的流速减小。

6.4.5 长江河口段

针对河势控制、航道治理现状及存在问题，结合沿江的岸线开发利用，长江南支下段的治理主要集中在白茆小沙、扁担沙以及北支。

6.4.5.1 白茆小沙治理对策

现状条件下白茆小沙下沙体冲蚀，散失了按原规划方案实施的条件；白茆小沙下沙体的冲蚀使得白茆沙南水道进口失去了稳定的右边界。同时现阶段南支下段南强北弱趋势进一步加剧，为此从河势总体稳定、减缓南支分流进一步增加的角度出发，需适时采取工程措施。

从促淤、固滩等角度出发，白茆小沙固滩优化方案布置主要包括以下三部分。① 上沙体潜堤工程：上沙体潜堤工程上起苏通大桥上游约 1.0 km 处，自上而下基本沿沙脊线布置，总长约 2.59 km，顶宽 2.0 m，厚度 2.0 m。② 下沙体潜堤工程：下沙体潜堤工程同固滩方案，潜堤上游端与上沙体潜堤工程下游端连接，下游端位于白茆河口对开区域，总长约 7.39 km，顶宽 2.0 m，厚度 2.0 m。③ 下沙体鱼骨坝工程：下沙体鱼骨坝工程垂直下沙体潜堤共 9 条，丁坝长度 409～1 391 m，丁坝顶宽 2.0 m，厚度 2.0 m。

（1）对潮量的影响

表 6.4-2　潮量变化统计表　　单位：10^8 m^3

潮量变化	工程前		优化方案		优化方案变化	
断面位置	涨潮	落潮	涨潮	落潮	涨潮	落潮
新开沙夹槽	−2.15	5.57	−2.15	5.57	−0.1%	0.0%
狼山沙东水道	−4.53	25.50	−4.52	25.50	0.0%	0.0%
狼山沙西水道	−3.70	8.16	−3.70	8.16	0.0%	0.0%
福山水道	−0.19	0.20	−0.19	0.20	0.0%	0.0%
徐六泾	−12.98	44.95	−12.97	44.91	−0.1%	−0.1%
白茆小沙夹槽上	−0.98	3.48	−0.98	3.47	−0.1%	−0.3%
白茆小沙夹槽中	−1.02	1.93	−1.02	1.99	0.0%	3.3%
白茆小沙夹槽下	−2.04	3.79	−2.06	3.79	0.9%	0.0%
崇头	−0.70	1.20	0.70	1.20	−0.2%	0.0%
青龙港	−1.02	1.55	−1.02	1.55	−0.1%	0.2%
白茆沙北水道	−5.20	13.13	−5.21	13.15	0.2%	0.2%
白茆沙南水道	−9.55	33.24	−9.55	33.24	0.0%	0.0%
白茆沙水道	−15.72	47.29	−15.73	47.31	0.1%	0.0%

由表 6.4-2 可见，方案实施后，由于工程阻水作用有限，工程上下游徐六泾、白茆沙水道等断面涨落潮量变化幅值一般不超过 0.2%；白茆小沙夹槽上段涨、落潮量分别减小 0.1%、0.3%，白茆小沙夹槽下段涨潮量增加 0.9%，落潮量变化不明显，白茆小沙夹槽中段落潮量增加 3.3%，涨潮量变化不明显。

（2）对分流比的影响

由表 6.4-3 可见白茆小沙方案实施后，狼山沙汊道段、北支口门以及白茆沙南北水道分流比基本不变，对工程河段分流格局基本无影响。

表 6.4-3　分流比变化统计表

分流比变化	工程前		优化方案		优化方案变化	
断面位置	涨潮	落潮	涨潮	落潮	涨潮	落潮
新开沙夹槽	20.4%	14.1%	20.3%	14.1%	0.0%	0.0%
狼山沙东水道	42.8%	64.7%	42.8%	64.7%	0.0%	0.0%
狼山沙西水道	35.0%	20.7%	35.0%	20.7%	0.0%	0.0%
福山水道	1.8%	0.5%	1.8%	0.5%	0.0%	0.0%
北支崇头	4.3%	2.5%	4.3%	2.5%	0.0%	0.0%
北支青龙港	6.1%	3.2%	6.1%	3.2%	0.0%	0.0%
白茆沙北水道	35.2%	28.3%	35.3%	28.3%	0.0%	0.0%
白茆沙南水道	64.8%	71.7%	64.7%	71.7%	0.0%	0.0%

（3）对潮位的影响

方案实施后，工程上下游取样点最高、最低潮位基本不变，优化方案对工程河段防洪、排涝基本无影响。

（4）对流速的影响

方案实施后，其对周边水域流速影响不大，其主要影响区域位于白茆小沙沙体及其两侧(如图 6.4-19 所示)。涨急时刻，白茆小沙上下沙体之间近徐六泾深槽侧涨潮流速略有增加，增幅为 5～15 cm/s，由于固滩鱼骨坝的掩护作用，白茆小沙沙体串沟内流速有所减小，最大减小值为 22 cm/s，白茆小沙夹槽内流速变化一般不超过 5 cm/s；落急时刻，由于固滩鱼骨坝的掩护作用，白茆小沙下沙体串沟内流速有所减小，最大减小值为 34 cm/s，白茆小沙上沙体由于顺沙体潜堤的掩护作用，流速也有所减小，减小值为 7～10 cm/s。

从平常水文年优化方案实施后引起的冲淤变化可以看出(图 6.4-20)，随着工程的实施，齿坝掩护区范围内均有所淤积，对白茆小沙起到了护滩的作用；其他区域变化很小，白茆沙南水道进口变化很小。

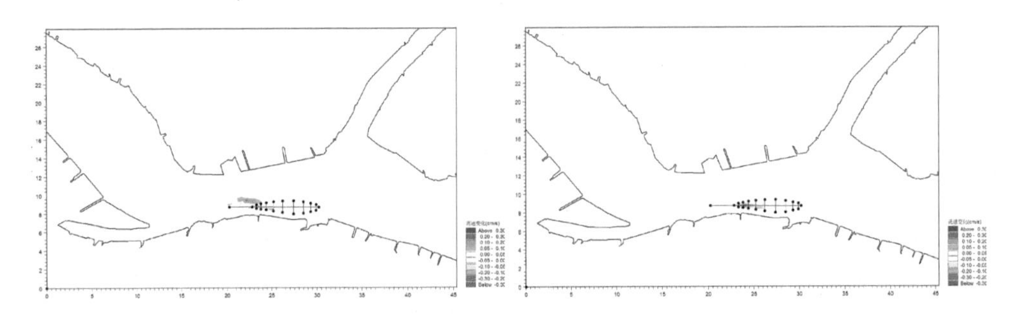

图 6.4-19　优化方案涨急、落急时刻流速变化等值线

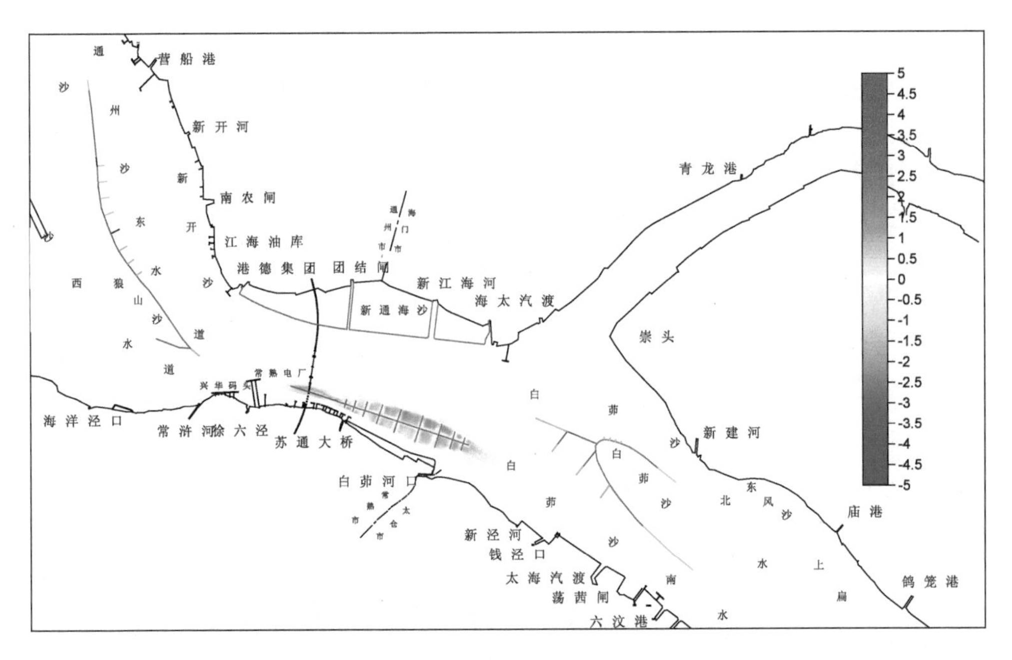

图 6.4-20　平常水文年优化方案实施引起的冲淤变化

6.4.5.2　北支治理对策

北支为涨潮流占优势的河段，进流条件的恶化以及涨潮流占优势的水沙特性决定了北支总体演变方向以淤积萎缩为主，且北支存在严重的盐水倒灌现象。为改善北支淤积及盐水倒灌的状况，以北支中下段中缩窄工程为基础，从改善长江口北支平面形态入手提出了相关方案(图 6.4-21)。其中顾园沙圈围等方案主要改善北支平面形态，从而达到减小北支淤积，减小盐水倒灌的目的；北支建闸方案则是建设挡潮闸来调控北支水、沙、盐运动，以维持北支发展。

顾园沙圈围方案：考虑顾园沙南北两侧水深较深，顾园沙单独圈围成岛，圈围

线基本沿－2 m 等高线布置，长度约 25.2 km，圈围面积约 38.1 km^2。

顾园沙并北岸方案：基于顾园沙圈围方案，在顾园沙北侧深槽修建阻水坝，阻断北侧水流，阻水坝轴线沿顾园沙头部与连兴港外堤线的连线，长度约 7.4 km，坝顶高程 6.0 m；在崇明岛北缘沿中缩窄方案下游修建导堤，导堤长约 16.8 km，堤顶高程约 6.0 m。

顾园沙并南岸方案：基于顾园沙圈围方案，在顾园沙南侧深槽修建阻水坝，阻断南侧水流，阻水坝轴线走向与北岸岸线尽量保持一致，长度约 16.2 km，坝顶高程 6.0 m；北岸连兴港外修建导堤，长约 6.0 km，堤顶高程约 6.0 m。

建闸类方案，基于顾园沙圈围方案，在口门附近建设挡潮闸；建闸宽度为 1 000 m。

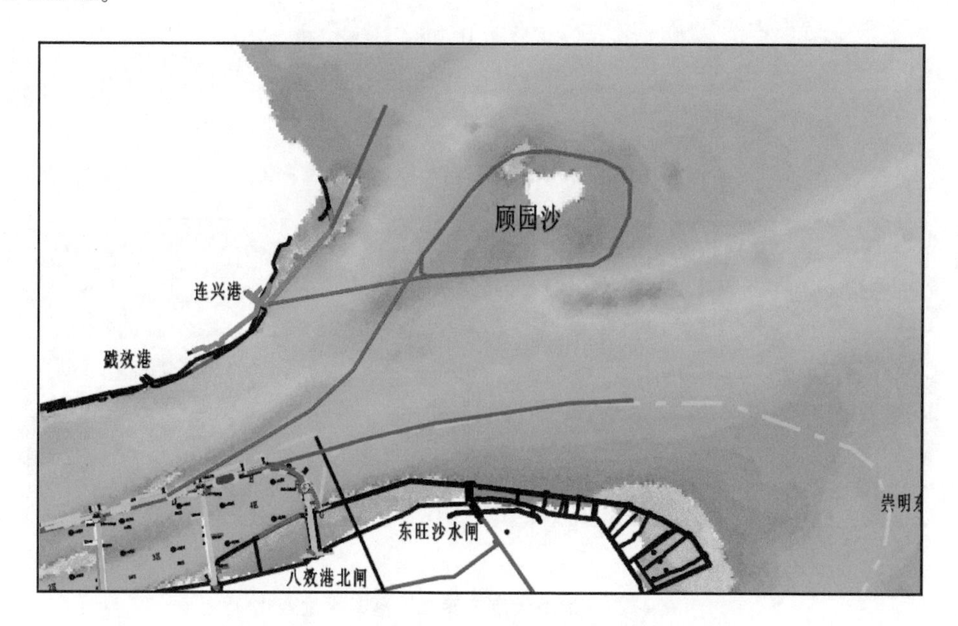

图 6.4-21　长江口北支平面形态改善方案(细部图)

(1) 潮位的变化

为了分析工程实施对沿程潮位的影响，本次研究对洪季大潮水文条件下的各方案实施后涨落急时刻的水位进行分析，其变化如图 6.4-22、图 6.4-23 和图 6.4-24 所示。

从图可以看出，方案一实施涨落急时刻水位变化仅限于工程区域附近，且变化幅度一般在 0.05 m。方案二实施后涨落急时刻水位变化相对较大。落急时刻，北支沿程呈现壅水的趋势，北支青龙港附近壅水一般在 0.05 m；工程区附近最大约 0.5 m。涨潮条件下，并北岸方案掩护区内水位壅高，局部最大超过 0.5 m，北支中

下段则呈现跌水的趋势，局部最大约 0.2 m。方案三实施后涨落急时刻水位变化相对较大。落急时刻，北支沿程呈现壅水的趋势，北支青龙港附近壅水一般在 0.05 m;工程区附近最大约 0.75 m。涨潮条件下，并南岸方案掩护区内水位壅高，局部最大超过 0.6 m，北支中下段则呈现跌水的趋势，局部最大约 0.2 m。

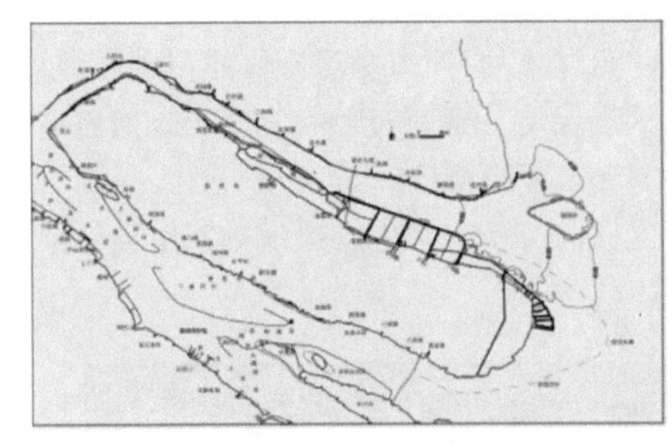

(a) 落潮

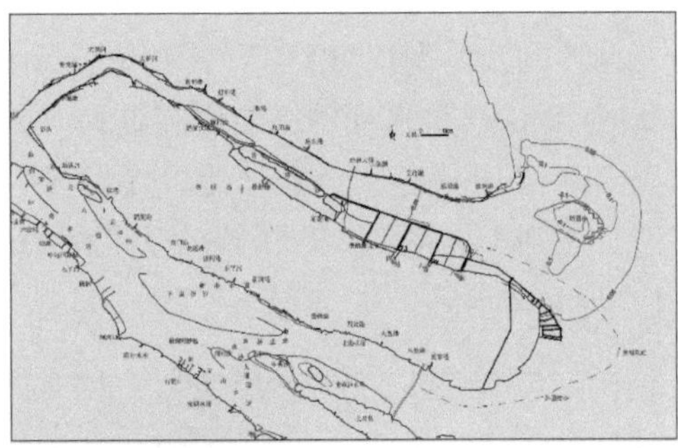

(b) 涨潮

图 6.4-22　洪季大潮方案一涨落潮水位变化

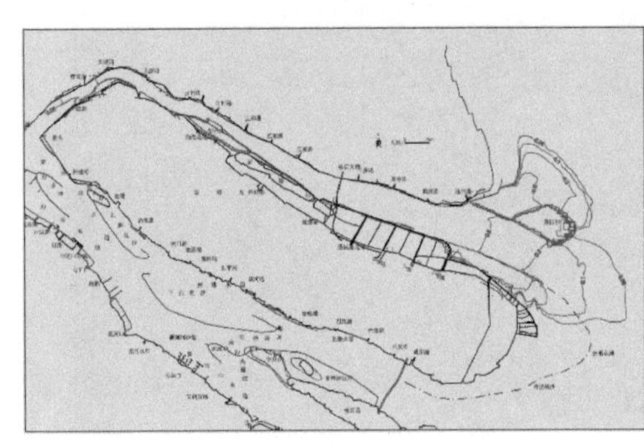

(a) 落潮

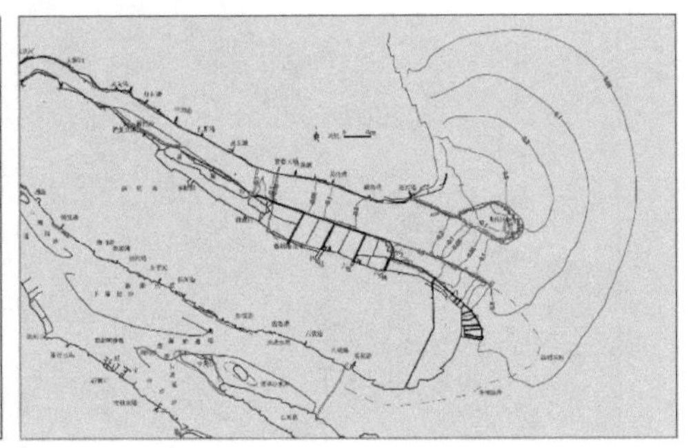

(b) 涨潮

图 6.4-23　洪季大潮方案二涨落潮水位变化

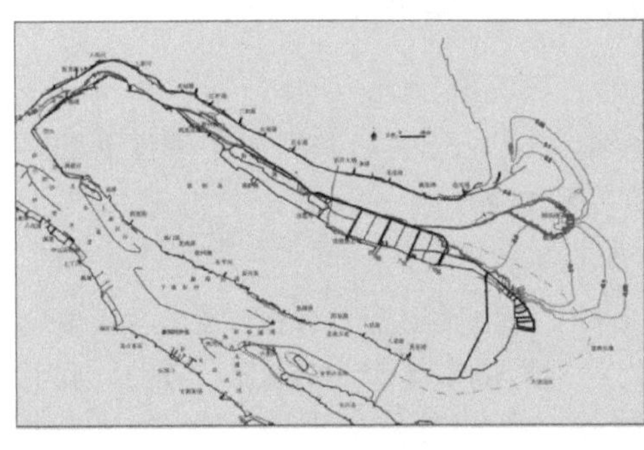

(a) 落潮

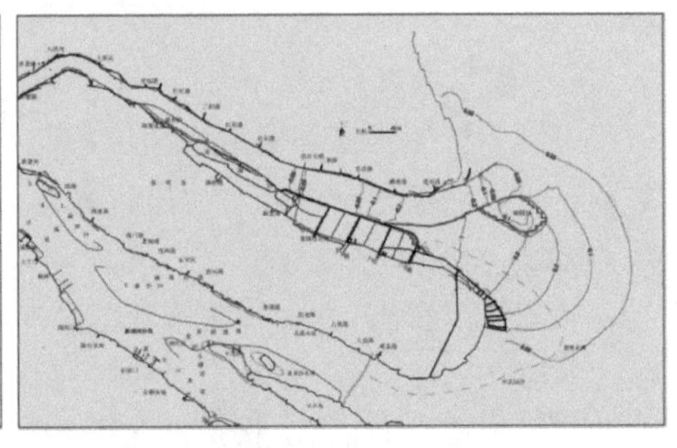

(b) 涨潮

图 6.4-24　洪季大潮方案三涨落潮水位变化

洪季、枯季大潮水文条件下工程前后流速变化仅限于顾园沙围垦区域附近，其他区域变化较小。方案二实施后，并北方案与南侧导堤间流速增加，并北方案掩护区域内流速、流向变化较大，南支基本无变化。方案三实施后，并南方案与北侧导堤间流速增加，并南方案掩护区域内流速、流向变化较大，南支基本无变化。建闸类方案实施后，建闸区域流速、流向变化相对较大；掩护区域内流速减小明显，南支基本无变化。

（2）流速变化

工程区域位于北支口附近，受径流和潮汐的共同作用，水沙条件复杂。洪季、枯季条件下工程实施前后水动力变化见图 6.4-25 和图 6.4-26。

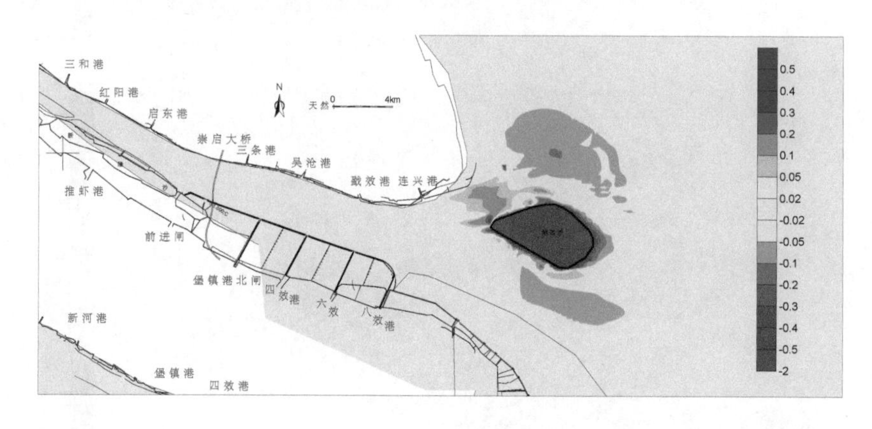

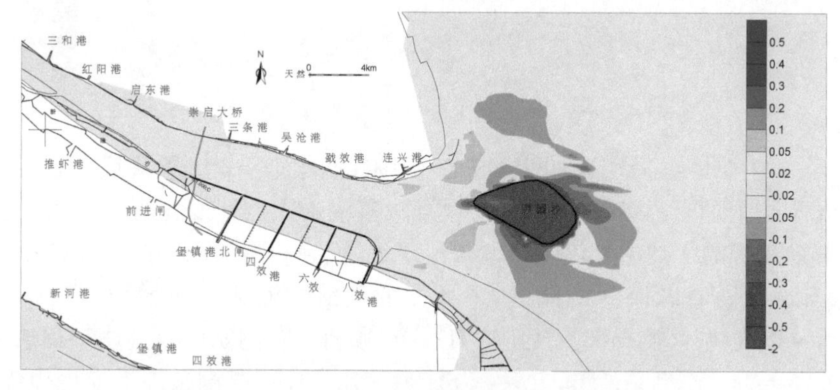

图 6.4-25　方案一洪季落、涨潮潮最大流速变化

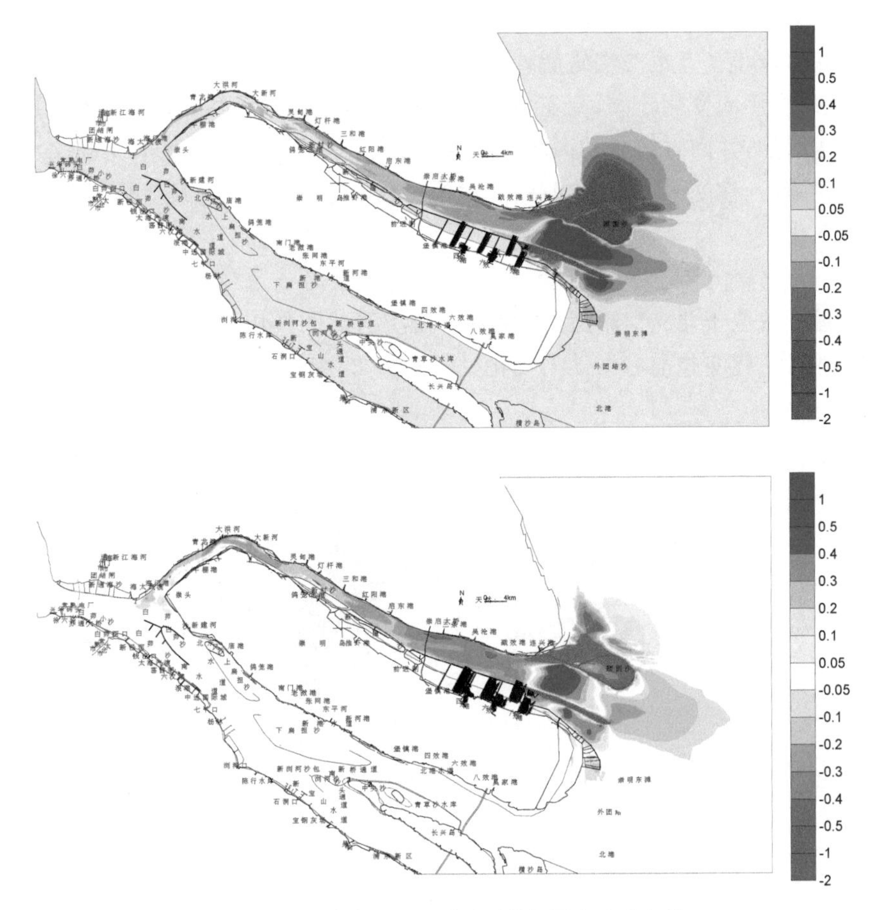

图 6.4-26　方案二洪季落潮、涨潮最大流速变化

方案一主要是顾园沙单独圈围成岛，圈围线基本沿－2 m 等高线布置，长度约 25.2 km，圈围面积约 38.1 km^2。从洪季涨、落潮最大流速变化可以看出，随着工程的实施，工程的影响主要集中在顾园沙附近，顾园沙圈围范围内流速减小，减小的幅度较大。随着顾园沙的圈围，顾园沙北侧航槽流速有所增加，增幅一般在 0.05 m/s 以内，临海测局部流速则略有减小；顾园沙右侧航槽内流速略有减小，减幅约 0.05 m/s。涨潮条件下，方案一实施后流速变化与落潮条件下变化趋势较为一致；顾园沙圈围区域内涨潮流速减幅较大，顾园沙南侧流速有所减小，减小的幅度一般在 0.05～0.10 m/s；顾园沙北侧变化相对较小。

方案二是顾园沙并北岸方案，该方案基于顾园沙圈围方案，在顾园沙北侧深槽修建阻水坝，阻断北侧水流，阻水坝轴线沿顾园沙头部与连兴港外堤线的连线，长度约 7.4 km，坝顶高程 6.0 m；在崇明岛北缘沿中缩窄方案下游修建导堤，导堤长约 16.8 km，堤顶高程约 6.0 m。

从洪季涨、落潮最大流速变化可以看出，相对方案一，方案二实施后的影响有所增大。顾园沙圈围范围及北侧阻隔掩护区范围内落潮最大流速减小，减小的幅度较大，减幅最大超过 1.0 m/s。南侧导堤头部右缘局部流速有所增加，局部最大约 0.5 m/s。随着断面的缩窄，北侧与南侧导堤之间南航槽内流速有所增加，增加的幅度一般在 0.1～1.0 m/s 。随着顾园沙及并北方案的实施，北支阻力增加，落潮量减小，大兴河至连兴港一线落潮最大流速均有所减小，减小的幅度一般在 0.05～0.2 m/s。

涨潮条件下，方案二实施后流速变化与落潮条件下变化趋势较为一致，且变化幅度相对落潮有所增加；顾园沙圈围范围及北侧阻隔掩护区范围内落潮最大流速减小，减小的幅度较大，减幅最大超过 1.0 m/s。南侧导堤头部右侧区域涨潮最大流速有所增加，增幅一般在 0.1～0.3 m/s。由于口门外壅水，口门外局部区域流速有所减小，减小的幅度一般在 0.05～0.2 m/s；随着断面的缩窄，北侧与南侧导堤之间南航槽内流速有所增加，增加的幅度一般在 0.1～1.0 m/s。随着顾园沙及并北方案的实施，北支阻力增加，涨潮量减小，大兴河—连兴港一线落潮最大流速均有所减小，减小的幅度一般在 0.05～0.35 m/s。

方案三是顾园沙并南岸方案（图 6.4-27），该方案基于顾园沙圈围方案，在顾园沙南侧深槽修建阻水坝，阻断南侧水流，阻水坝轴线走向与北岸岸线尽量保持一致，长度约 16.2 km，坝顶高程 6.0 m；北岸连兴港外修建导堤，长约 6.0 km，堤顶高程约 6.0 m。从洪季涨、落潮最大流速变化可以看出，相对方案一，方案三实施后的影响有所增大。顾园沙圈围范围及南侧阻隔掩护区范围内落潮最大流速减小，减小的幅度较大，减幅最大超过 1.0 m/s。随着断面的缩窄，北侧与南侧导堤之间南航槽内流速有所增加，增加的幅度一般在 0.1～1.0 m/s 。随着顾园沙及并南方案的实施，北支阻力增加，落潮量减小，大兴河—连兴港一线落潮最大流速均有所减小，减小的幅度一般在 0.05～0.25 m/s，局部减幅超过 0.3 m/s。

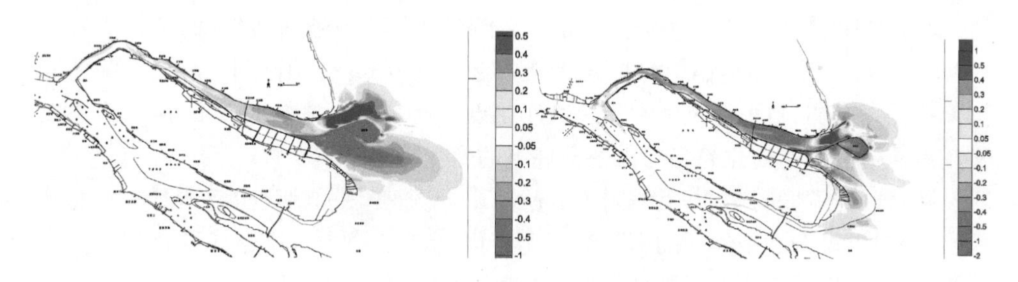

图 6.4-27 方案三洪季落潮、涨潮最大流速变化

涨潮条件下，方案三实施后流速变化与落潮条件下变化趋势较为一致，且变化幅度相对落潮有所增加；顾园沙圈围范围及南侧阻隔掩护区范围内落潮最大流速减小，减小的幅度较大，减幅最大超过 1.0 m/s。崇明东滩外缘局部流速有所增

加，增幅一般在 0.1 m/s 以内。由于口门外壅水，口门外局部区域流速有所减小，减小的幅度一般在 0.05～0.2 m/s；随着断面的缩窄，南侧圈围与北侧导堤之间北航槽内流速有所增加，增加的幅度一般在 0.1～1.0 m/s 。随着顾园沙及并南方案的实施，北支阻力增加，涨潮量减小，大兴河—连兴港一线落潮最大流速均有所减小，减小的幅度一般在 0.05～0.4 m/s，局部超过 0.5 m/s。

从洪季涨、落潮最大流速变化可以看出，建闸类方案实施后水动力变化幅度随着建闸宽度的增加而有所减小。方案四实施后(图 6.4-28)，顾园沙圈围范围及南侧阻隔掩护区范围内落潮最大流速减小，减小的幅度较大，减幅最大超过 1.0 m/s。随着建闸方案的实施，闸孔内流速增加幅度较大，局部最大增加幅度大于 1.0 m/s。南侧导堤沿湖区域内流速减小，最大减幅度超过 1.0 m/s。崇启大桥以下流速有所减小，减小幅度一般在 0.5 m/s 以上；崇启大桥以上，减小幅度一般在 0.1～0.5 m/s。

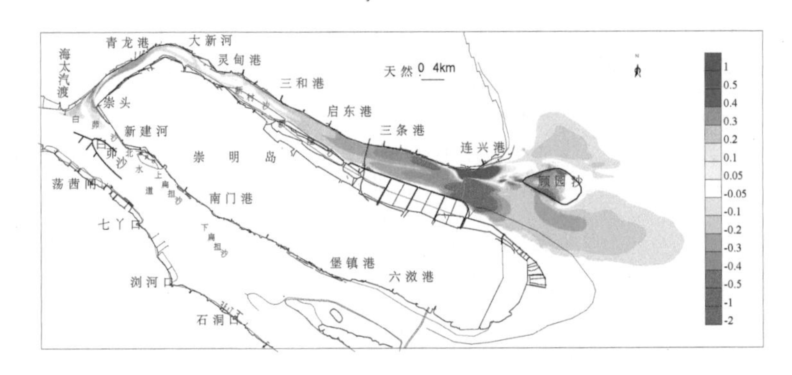

图 6.4-28　方案四落潮最大流速变化

涨潮条件下，方案四实施后流速变化与落潮条件下变化趋势较为一致，流速减小幅度略有增加；顾园沙圈围范围及建闸方案的实施，外海及建闸下游侧流速均有所减小，减小的幅度超过 1.0 m/s。崇明东滩外缘局部流速有所增加，增幅一般在 0.1 m/s 以内。闸孔内流速增加，增加幅度超过 1.0 m/s。闸孔上游，北支整体涨潮流速预缩减弱，自下而上涨潮流速减小幅度有所减小。枯季水文条件下，方案四实施后涨落潮流速变化趋势与洪季条件下的变化趋势基本一致。

随着闸孔宽度的增加，沿程阻力有所减小，流速变化的幅度也有所减小。总体而言，相对洪季大潮条件下的涨落潮流速变化，枯季大潮条件下落潮变化幅度略有减小，涨潮条件下流速变化则略有增加。

(3) 潮量变化

为了检验工程实施后各主要汊道涨落潮潮量的变化，特选取了徐六泾、吴淞口、青龙港、三条港、连兴港等五个断面进行统计分析。

研究表明，洪季、枯季水文条件下方案一实施后沿程各断面潮量变化较小，南

支基本无变化；北支涨落潮量均有所减小，减小的幅度一般在 0.5%以内。

方案二实施后，徐六泾及吴淞口断面涨落潮量变化一般在 1.0% 以内。相对主汊，北支内各断面涨落潮量变化相对较大，洪季大潮落潮条件下，青龙港断面落潮量减小约 14%，连兴港附近落潮量减小约 11%；涨潮条件下，青龙港断面落潮量减小约 16.5%，连兴港附近落潮量减小约 12%。枯季落潮条件下，青龙港断面落潮量减小约 22%，连兴港附近落潮量减小约 11.5%；涨潮条件下，青龙港断面落潮量减小约 10%，连兴港附近落潮量减小约 12%。

方案三实施后，徐六泾及吴淞口断面涨落潮量变化一般在 2.0% 以内。相对主汊，北支内各断面涨落潮量变化相对较大，洪季大潮落潮条件下，青龙港断面落潮量减小约 19%，连兴港附近落潮量减小约 17.5%；涨潮条件下，青龙港断面落潮量减小约 24.5%，连兴港附近落潮量减小约 19.5%。枯季落潮条件下，青龙港断面落潮量减小约 36.5%，连兴港附近落潮量减小约 21.5%；涨潮条件下，青龙港断面落潮量减小约 24%，连兴港附近落潮量减小约 20%。

方案四实施后，徐六泾及吴淞口断面涨落潮量变化一般在 2.5% 以内。相对主汊，北支内各断面涨落潮量变化相对较大，洪季大潮落潮条件下，青龙港断面落潮量减小约 13%，连兴港附近落潮量减小约 19.0%。枯季落潮条件下，青龙港断面落潮量减小约 14.5%，连兴港附近落潮量减小约 20.5%；涨潮条件下，青龙港断面落潮量减小约 32.3%，连兴港附近落潮量减小约 23%。

(4) 河床冲淤变化

系列年水沙年现状条件下，北支进口延续了近年来的河床冲淤变化趋势。北支进口段海太汽渡附近总体有所淤积，方案一实施后淤积的幅度、范围基本和现状条件下河床冲淤变化一致(图 6.4-29)。北支出口很宽，经历系列水沙年后北支出口段总体处于微冲状态，河床冲淤幅度一般在 1 m 以内，同时顾园沙圈围边缘呈现冲刷态势，局部冲深较大。

北支平面方案二(并北方案)实施后(图 6.4-30)，北支进口淤积的趋势没有改变，淤积的幅度有所减小。北支口门附近，随着并北方案的实施，两导堤间冲刷较大，掩护区淤积明显，同时戤效港一带也有所淤积。

北支平面改善方案三(并南方案)实施后(图 6.4-31)，北支进口淤积的趋势没有改变，淤积的幅度有所减小，但比方案二略大。北支口门附近，随着并南方案的实施，两导堤间冲刷较大，掩护区淤积明显，同时戤效港一带也有所淤积。

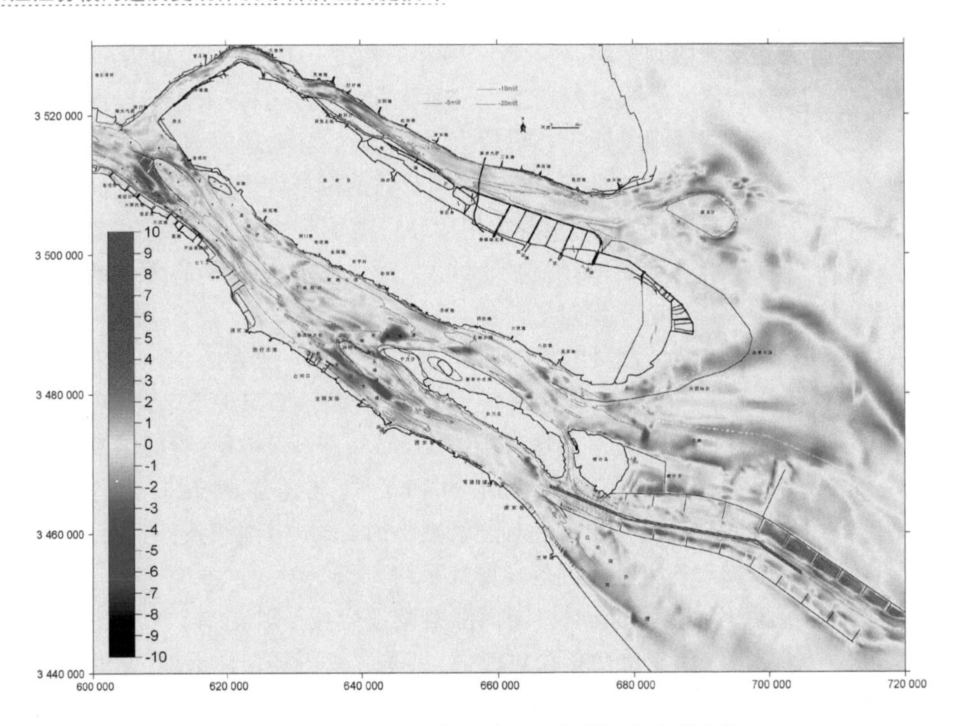

图 6.4-29　系列水沙年方案一实施后河床冲淤变化

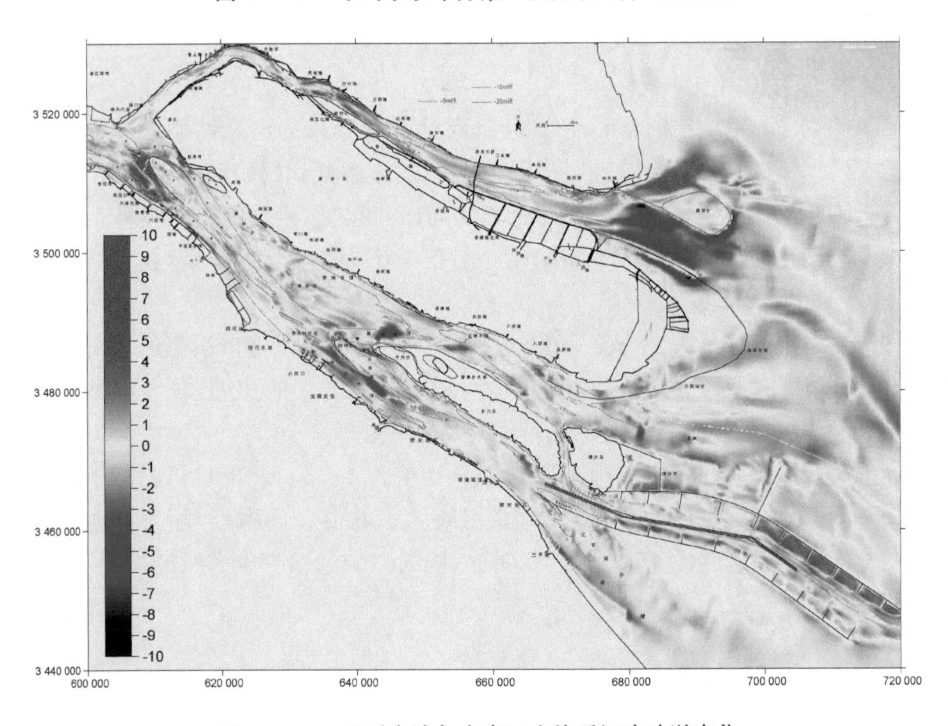

图 6.4-30　系列水沙年方案二实施后河床冲淤变化

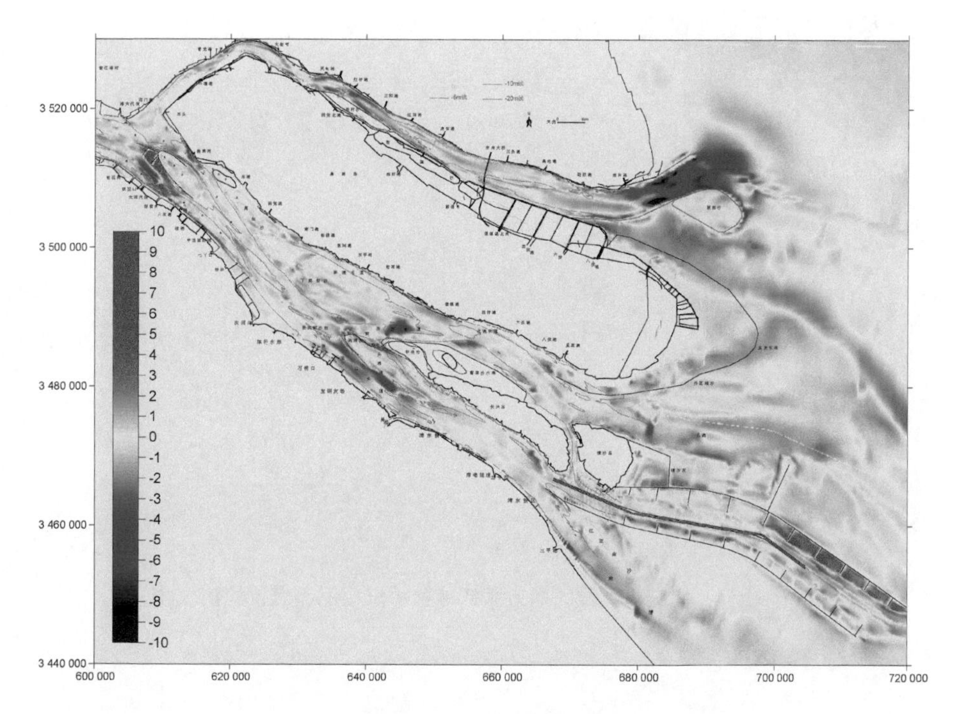

图 6.4-31　系列水沙年方案三实施后河床冲淤变化

方案实施后,3 个方案闸孔上下游均有冲刷,这是由于开闸时闸孔附近流速大,底床泥沙更容易起动,涨潮时将床沙带至上游,落潮时将泥沙带至外海。方案四的闸孔上下游冲刷最严重,最大冲刷深度达到－5 m,闸门右侧堤的上下游淤积也最为严重。

(5) 综合分析

长江南支下段涉水工程众多,相互间协调性强;且北支盐水倒灌,水沙条件复杂。在现状河势控制以及航道整治等工程相继实施条件下,应结合本河段的河势变化、河道特性以及沿江经济发展需求进行相应的治理。

① 从平面改善方案实施后潮量变化可以看出,随着平面改善方案的实施,北支沿程涨潮流均有所减小,连兴港断面最大减小约 20%,青龙港附近最大减小约 30%。涨潮量的减小有利于减小水沙倒灌,但北支进口淤积的趋势依旧存在。

② 从北支的河型以及涨落潮动力来看,北支以涨潮流动力为主,从河道治理来说,宜采取一定的放宽率,且过度减小涨潮量不利于北支进口段的水深的维持。随着涨潮量的减少,原先位于青龙港附近的会潮点有所下移,且在北支动力减弱的条件下,北支进口的淤积部位将有所下移(图 6.4-32)。为此,北支的综合治理现

阶段宜尽快实施北支进口疏浚工程。

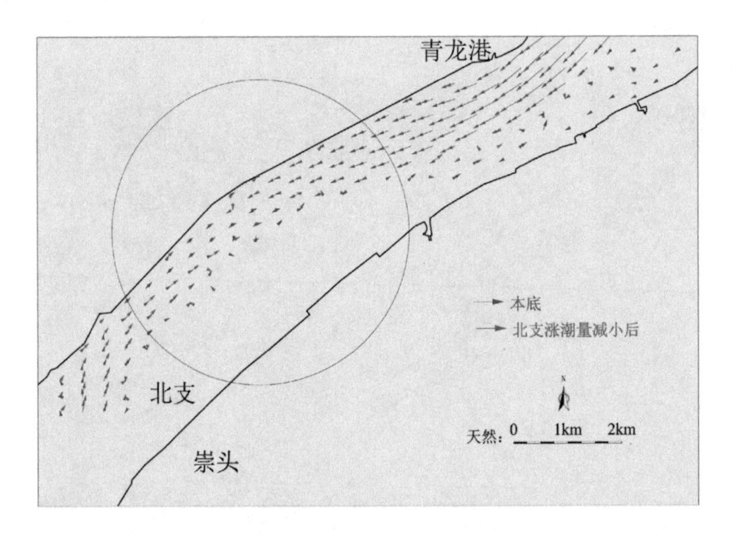

图 6.4-32　北支中下段缩窄方案实施前后进口汇流点位置的变化

7 结语

（1）长江江苏段全长433 km，总体呈弯曲分汊型。南京河段上起和尚港下至三江口，河段长85.1 km；镇扬河段上起三江口下至五峰山，河段长73.3 km；扬中河段上起五峰山下至鹅鼻嘴，河段长87.7 km；澄通河段上起鹅鼻嘴下至徐六泾，河段长88.2 km；河口段北支从徐六泾至启东寅阳咀长98.2 km、南支徐六泾至浏河口长47.7 km。

（2）长江江苏段受径流和潮汐共同影响，九龙港以上河床造床以径流为主，来沙以上游来沙为主（北支除外）。2003年三峡水库蓄水运用后，大通站上游年均来水总量变化不大，年内变化主要表现为洪季月均流量减小，减幅约5%～10%，枯季月均流量有所增加约10%～25%；由于上游来沙减少和三峡水库拦沙作用等影响，大通站上游年来沙总量大幅度减小，减幅约60%，年内洪季减小明显、枯季变化较小。长江流域来沙量显著减小，徐六泾站涨、落潮平均含沙量呈现逐年减小的趋势，三峡蓄水前后相比较，含沙量减少约50%；长江口南北港枯季含沙量变化不明显，而洪季减小约40%；长江口北支河段主要受潮汐影响，含沙量变化与上游水沙变化基本无关。

（3）长江口为中等强度潮汐河口，受河床边界条件阻滞及径流作用，沿程潮差和涨落潮历时不断变化，越往下游潮差越大、涨潮历时越长。长江江苏段河床底沙中值粒径总体呈现主槽大于滩地、上游大于下游的分布规律；长江江苏段主深槽底沙中值粒径一般约0.10～0.25 mm，洲滩底沙中值粒径一般约0.01～0.10 mm。

（4）自20世纪50年代以来，长江江苏段在天然节点和人工工程控制作用下，河道边界条件逐步受控，河道平面形态和主流位置相对稳定，总体河势基本稳定；但河道内潜洲、水下暗滩等局部滩槽活动性较强，自然状态下其演变仍处于周期性演变进程。河床演变主要受来水来沙、上下游河势条件、人类活动等影响，其中大洪水往往导致河势格局发生较大变化。涉水工程引起的局部水动力与河床冲淤变化具有互馈关系，河床通过自调整作用适应水流变化。新水沙条件下沿程河床总体呈冲刷态势，局部岸线发生崩岸风险加大；水下心滩或高潮淹没、低潮出水的洲滩呈现滩面高程降低、面积微减特性；以悬沙落淤积为主的支汊淤积衰退趋势减缓。自20世纪六七十年代进行河道治理以来，在天然和人工节点控导作用下，上下游分汊河道演变的相互影响逐步减弱;若上下汊道无明显过渡段或过渡段较短,上游河道汊道分流比变化仍会对下游河道的演变产生缓慢蠕动影响。对于相邻河段之间节点或缩窄段控制作用较弱的河段,上下河段演变关联性较强,需进一步加强节点控制作用,稳定汊道分流,守护关键河势部位。

(5) 长江江苏段呈现藕节状多分汊弯曲的河势,下游受潮汐作用明显。河势总体控制宜坚持"因势利导、统筹兼顾、循序渐进、动态管理"的原则,结合节点控导、崩岸守护和固滩稳流的关键技术进行。

(6) 河道治理要依据各河段不同的形态特征顺势而为,统筹考虑防洪、航运、供水等各方面对河道治理的要求,以确保防洪安全,促进河势向稳定方向发展。航道整治是在河势稳定的基础上,重点对碍航段进行集中整治,实现汊道稳定,提高河段的航道尺度,改善航行条件,保证船舶航行的安全畅通。

(7) 长江江苏段河道治理、航道整治以及洲滩利用协调性主要包含以下几个方面:南京河段主要是新济洲汊道段与上游马鞍山河段河势变化的关联性;八卦洲左汊缓慢衰退与航道尺度维护的协调性;众多过江通道与河道治理、航道整治间的协调性。镇扬河段主要是世业洲水道左汊进口航道整治工程对局部岸段影响的协调性。和畅洲水道航道整治新建潜坝后,局部冲刷影响较大,岸线稳定与航道治理的协调性。扬中河段主要是航道整治落成洲相关工程实施后,落成洲右汊分流比有所遏制,主流顶冲点的调整对嘶马弯道上下段影响的协调性。常泰过江通道建设与天星洲尾部协调性需进一步关注。澄通河段主要是靖江边滩与福北水道维护的协调治理。沿江经济发展需求与河势、航道的协调性,比如双涧沙的圈围出水以及天生港水道的治理。从通州沙沙体整体稳定以及航道尺度维护角度出发,通州沙、狼山沙以及新开沙需协调治理。长江河口段主要是近年来南强北弱的趋势进一步加强,进一步研究航道条件现阶段相对较好的态势下白茆小沙的协调治理,以及北支中下段缩窄与进口段疏浚的协调治理。

附录

A1 物理模型简介

A1.1 模型相似条件

① 水流运动相似条件

由非恒定流运动方程：

$$\begin{cases} \dfrac{\partial u}{\partial t}+u\dfrac{\partial u}{\partial x}+v\dfrac{\partial u}{\partial y}+g\dfrac{\partial \zeta}{\partial x}+g\dfrac{u^2}{C^2h}=0 \\ \dfrac{\partial v}{\partial t}+u\dfrac{\partial v}{\partial x}+v\dfrac{\partial v}{\partial y}+g\dfrac{\partial \zeta}{\partial y}+g\dfrac{v^2}{C^2h}=0 \end{cases}$$

可得：

重力相似：$\lambda_V=\lambda_H^{1/2}$

阻力相似：$\lambda_V=\lambda_n^{-1}\lambda_H^{7/6}-\lambda_L^{-1/2}$

水流惯性相似：$\lambda_V=\lambda_L\lambda_{t_1}^{-1}$

水流连续性相似：$\lambda_Q=\lambda_H^{3/2}\lambda_L$

紊流限制：$R_{em}\geqslant 10\ 000$

模型变率限制：$\dfrac{\lambda_L}{\lambda_H}\leqslant\left(\dfrac{1}{6}\sim\dfrac{1}{10}\right)\left(\dfrac{B}{H}\right)_P$

为保证模型和原体相似，模型水流处于阻力平方区，模型雷诺数 $R_{e_m}>1\ 000$。

② 泥沙运动相似条件

本河段地处长江河口段，受径流及潮汐共同作用，河床的冲淤变化应同时考虑悬移质及推移质运动的相似，临底层泥沙运动对河床变形起主导作用。泥沙运动及其引起河床变形相似条件如下：

泥沙起动相似：$\lambda_u=\lambda_{u0}$

泥沙沉降部位相似：$\lambda_\omega=\dfrac{\lambda_u\lambda_h}{\lambda_1}$

泥沙悬浮扩散相似：$\lambda_{\omega}=\lambda_{u*'}$

泥沙输沙相似：$\lambda_{p}=\lambda_{p*}$，$\lambda_{S}=\lambda_{S*}$

河床变形相似：$\lambda_{t_2}=\lambda_{\gamma 0}\frac{\lambda_l^2\lambda_h}{\lambda_p}$，$\lambda_{t2}=\lambda_{\gamma 0}\frac{\lambda_l}{\lambda_{S*}\lambda_u}$

式中：λ_{V0}——泥沙起动流速比尺；

λ_{ω}——泥沙沉降流速比尺；

$\lambda_{u*'}$——沙粒摩阻流速比尺；

λ_{p}——底沙输沙量比尺；

λ_{p*}——底沙输沙能力比尺；

λ_{S}、λ_{S*}——悬沙挟沙量和挟沙能力比尺；

$\lambda_{\gamma 0}$——泥沙干容重比尺；

λ_{t_2}——河床冲淤变化时间比尺。

考虑到：

$$u'_* = \frac{n_d\sqrt{gh}}{h^{\frac{1}{6}}}$$

$$n_d = 0.045d_{95}^{\frac{1}{6}}$$

$$u'_* = \frac{u}{7.14\left(\frac{h}{d_{95}}\right)^{\frac{1}{6}}}$$

式中：λ_{u_0}——泥沙起动流速比尺；

λ_{ω}——泥沙沉降流速比尺；

$\lambda_{\gamma*}$——沙粒摩阻流速比尺；

λ_{p}——底沙输沙量比尺；

λ_{p*}——底沙输沙能力比尺；

λ_{S}、λ_{S*}——悬沙挟沙量和挟沙能力比尺；

$\lambda_{\gamma 0}$——泥沙干容重比尺；

λ_{t_2}——河床冲淤变化时间比尺；

d_{95}——级配曲线中小于等于95%的泥沙粒径。

泥沙悬浮扩散相似条件式可转化为：

$$\lambda_{\omega} = \frac{\lambda_u}{\left(\frac{\lambda_h}{\lambda_d}\right)^{\frac{1}{6}}}$$

式中：λ_{ω}——泥沙沉降流速比尺；

λ_V——流速比尺；

λ_H——垂直比尺；

λ_d——泥沙粒径比尺。

A1.2 模型比尺表

定床潮汐河工模型试验要求满足水流运动相似条件，对模型糙率的要求可通过加糙的方法来达到。各项比尺可按相似条件确定，其中，λ_S 及 λ_{t2} 的采用值是输沙淤积试验验证试验调整后的数值，模型所采用比尺结果见表 A1-1。

表 A1-1 模型比尺表

内 容	名称	符号	数值
几何相似	水平比尺	λ_l	655
	垂直比尺	λ_h	100
	变率	$\eta=\lambda_l/\lambda_h$	6.55
水流运动相似	流速比尺	$\lambda_u=\lambda_h{}^{1/2}$	10
	糙率比尺	$\lambda_n=\lambda_h^{2/3}/(\lambda_l^{1/2})$	0.84
	时间比尺	$\lambda_t=\lambda_l/(\lambda_h^{1/2})$	65.5
	流量比尺	$\lambda_Q=\lambda_u\lambda_h\lambda_l$	655 000
泥沙运动相似	河床质流速比尺	$\lambda_{u0}=\lambda_\omega$	10
	河床质粒径比尺	λ_{d1}	1.13
	床沙质沉速比尺	λ_ω	3.54
	床沙质粒径比尺	λ_{d2}	0.56
	含沙量比尺	λ_s	0.103
	冲淤时间比尺	λ_{t2}	1 326

A1.3 模型范围

模型上起江阴水道下至长江南支吴淞口，北支青龙港下约 8 km。江阴水道至南通水道西界港采用 2014 年 7 月实测 1∶10 000 与 1∶5 000 地形图制作，西界港至浏河口采用 2012 年 3 月实测 1∶10 000 地形图制作。模型水平比尺为1∶655，垂直比尺 1∶100。模型上起江阴水道下至吴淞口，长约 270 m，相当于原体 176 km。模型上游采用扭曲水道连接量水堰和模型试验段，上游采用大通流量控制，下游北支由水位控制的矩形平板翻转式尾门生潮设备产生潮汐过程，南支由潮水箱生潮设备产生潮汐过程。模型布置见图 A1-1，试验场景见图 A1-2 至图 A1-4。

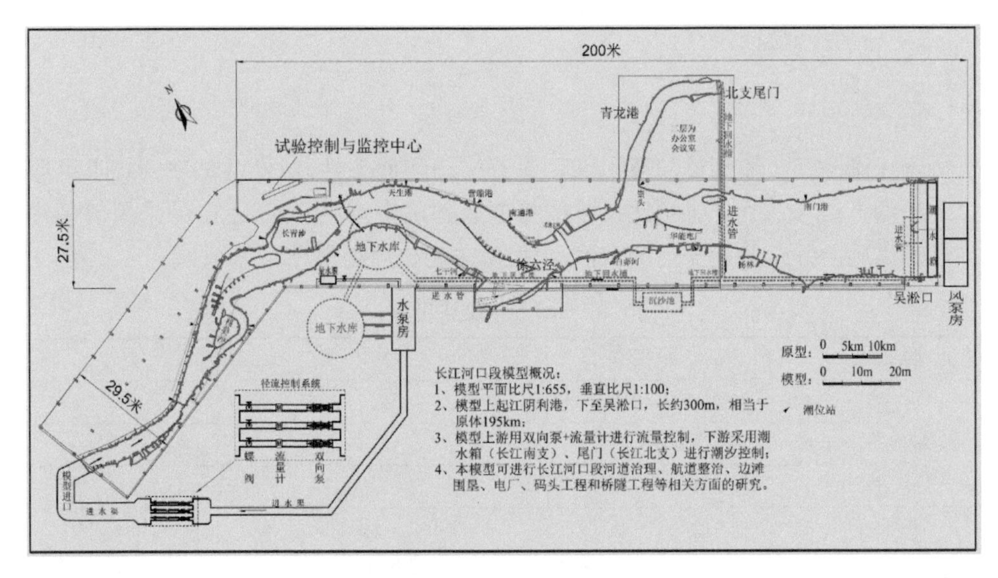

图 A1-1　模型布置图

图 A1-2　模型上游试验场景

图 A1-3　模型中下段徐六泾河段

图 A1-4　模型下游试验场景

A1.4　模型的率定与验证

2005 年，采用 2004 年 8 月至 9 月实测 1∶10 000 地形图进行模型制作，并用 2004 年、2005 年实测水沙及地形资料进行率定及验证；此后，模型地形经多次更变，并进行多次水动力及河床冲淤相似性验证。本次研究前，又对模型进行水动力和河床冲淤验证，具体见模型试验报告。

数学模型和物理模型建立及验证详细成果见“长江江苏段河势控制、航道整治协调治理数模计算、物模试验研究”专题报告，总体验证结果满足规程、规范要求。

A2 数学模型简介

A2.1 笛卡尔坐标系水动力方程

连续方程：

$$\frac{\partial\zeta}{\partial t}+\frac{\partial[h+\zeta]u}{\partial x}+\frac{\partial[(h+\zeta)v]}{\partial y}=0$$

动量方程：

$$\frac{\partial u}{\partial t}+u\frac{\partial u}{\partial x}+v\frac{\partial u}{\partial y}=\frac{\partial u}{\partial x}\left(v_e\frac{\partial u}{\partial x}\right)+\frac{\partial}{\partial y}\left(v_e\frac{\partial u}{\partial y}\right)-g\frac{\partial\zeta}{\partial x}+\frac{\tau_{sx}}{pH}-\frac{\tau_{bx}}{pH}+fv$$

$$\frac{\partial v}{\partial t}+u\frac{\partial v}{\partial x}+v\frac{\partial v}{\partial y}=\frac{\partial}{\partial y}\left(v_e\frac{\partial v}{\partial y}\right)+\frac{\partial}{\partial x}\left(v_e\frac{\partial v}{\partial x}\right)-g\frac{\partial\zeta}{\partial y}+\frac{\tau_{sy}}{pH}-\frac{\tau_{by}}{pH}-fu$$

A2.2 笛卡尔坐标系二维泥沙输运方程

(1) 悬沙不平衡输运方程

由$\frac{\partial c}{\partial t}+\frac{\partial(cu_{m,i})}{\partial x_i}=\frac{\partial}{\partial x_i}(c\omega\delta_{i3})+\frac{\partial}{\partial x_i}\left(\frac{v_{mt}}{\sigma_c}\frac{\partial c}{\partial x_i}\right)$沿水深积分，并假定由流速和含沙量沿垂线分布不均匀在积分时产生的修正系数：$\frac{1}{HuS}\int_{-h}^{\zeta}u_1 s\mathrm{d}z\approx1.0$，$\frac{1}{HvS}\int_{-h}^{\zeta}u_2 s\mathrm{d}z\approx1.0$，引入冲淤平衡时的挟沙能力$S^*$，得：$\frac{\partial HS_i}{\partial t}+\frac{\partial HuS_i}{\partial x}+\frac{\partial HvS_i}{\partial y}=\frac{\partial}{\partial x}\left(H\frac{v_t}{\sigma_S}\frac{\partial S_i}{\partial x}\right)+\frac{\partial}{\partial y}\left(H\frac{v_t}{\sigma_S}\frac{\partial S_i}{\partial y}\right)+\Phi_s$

式中：S为单位水体垂线平均含沙量，S为单位水体含沙量，$S=\frac{1}{H}\int_{-h}^{\zeta}s\mathrm{d}z$，$s=\rho_s c$，$c$为单位水体体积浓度；$v_t=v_{mt}$；$\sigma_s=\sigma_c$为$Schmidt$数；$\omega_S$为泥沙沉速，下标$i$表示非均匀泥沙分组情况。

(2) 推移质不平衡输移方程

根据推移质不平衡非均匀输沙原理，通过推移质水深折算推导出底沙不平衡输沙输移方程：

$$\frac{\partial(HN_b)}{\partial t}+\frac{\partial(uHN_b)}{\partial x}+\frac{\partial(vHN_b)}{\partial y}=\beta\omega_s(N_{b*}-N_b)$$

对于非均匀沙，推移质不平衡输移方程采用如下形式：

$$\frac{\partial HN_i}{\partial t}+\frac{\partial HuN_i}{\partial x}+\frac{\partial HvN_i}{\partial y}=\beta_i\omega_{si}(N_i^*-N_i)$$

式中下标 i 表示第 i 组粒径泥沙对应的变量。

(3) 河床变形方程

由悬移质冲淤引起的河床变形方程为：

$$\gamma_0\frac{\partial\eta_{si}}{\partial t}=\alpha_i\omega_{si}(s_i-s_i^*)$$

式中：η_{si} 为第 i 组粒径悬移质泥沙引起的冲淤厚度；γ_0 为床面泥沙干容重。

由推移质冲淤引起的河床变形方程为：

$$\gamma_0\frac{\partial\eta_{bi}}{\partial t}=\beta_i\omega_{si}(N_i-N_i^*)$$

式中：η_{bi} 为第 i 组粒径推移质泥沙引起的冲淤厚度。

这样，河床总的冲淤厚度：$\eta=\sum_{i=1}^{n}\eta_{si}+\sum_{i=1}^{m}\eta_{bi}$

A2.3 数学模型的建立及验证

本次研究范围为大通至长江口外，上游以大通为进口边界，长江口外东到东经 123°，南起北纬 29°27′，北到北纬 32°15′，包括长江口和杭州湾模型在内的水域。模型计算空间步长 Δs=30～8 000 m，共有网格结点约 198 024 个，单元 201 813 个，并对工程区域进行网格加密，以便在进行工程方案计算时充分反映工程的影响。本次研究，数学模型分别采用 2014 年、2016 年实测水下地形进行概化，相关参数及其验证具体见模型试验报告。

长江江苏段受径流、潮汐共同作用，水沙条件复杂，河床冲淤多变。而澄通河段是沿江经济最为发达、涉水工程多、兼顾防洪和航运需求、水利和交通协调性需求程度高的分汊河段，为此本次研究物理模型试验重点对澄通河段河势控制、航道治理以及洲滩利用协调性进行研究。

附表 1　长江江苏段节点综合分析表

河段	节点名称	节点位置	节点类型*	节点(段)长度(km)	造床流量下节点断面参数						节点控导作用强弱
					断面	水位(m)	面积(m^2)	河宽(km)	平均水深(m)	河相关系系数ξ	
南京河段(猫子山—三江口)	七坝—大胜关	新潜洲左汊下段、新济洲汊道与梅子洲汊道分界	二级、单边、人工、河段	5.5	七坝	5.50	34 800	1.37	25.5	1.8	对主流走势有控导作用，节点控导作用较强，是本河段主要河势控制节点
				4.0	大胜关	5.12	33 540	1.64	20.4	2.0	
	浦口—下关	梅子洲汊道段下段	一级、双边、人工、河段	4.0	浦口—下关	4.77	31 310	1.29	24.3	1.5	控制主流深槽走势，节点控导作用强
	八卦洲头、天河口—燕子矶、新生圩节点群	八卦洲右汊	二级、错口对应、天然及人工、局部	1.5	新生圩	4.60	24 970	1.35	18.4	2.0	节点群呈上下交错，但节点间距离较短，节点控制作用强，使右汊处于稳定的状态
	西坝、拐头	八卦洲汊道出口回流段、龙潭水道进口左岸	二级、单边、人工、河段	2.5	西坝	4.44	29 780	1.37	21.8	1.7	西坝拐头节点为人工控制的单边节点，控制龙潭水道上段主流方向，节点控导作用强
镇扬河段(三江口—五峰山)	陡山—三江口	龙潭水道与仪征水道交界	二级、错口对应、人工、河段	5.3	陡山	4.13	35 890	1.63	22.0	1.8	三江口陡山节点控导主流走势，控导作用较强
	瓜洲—龙门口	世业洲汊道段与六圩弯道分界	一级、错口对应、人工、河段	左1.2、右3.5	龙门口	3.63	32 230	1.78	18.1	2.3	河宽最窄仅约1.2 km，为镇扬河段主要控制节点，对河势、主流控制作用较强
扬中河段(五峰山—鹅鼻嘴)	五峰山	镇扬河段与扬中河段分界	一级、双边、天然、河段	2.2	五峰山	3.09	34 890	1.23	28.3	1.2	控制进入扬中河段太平洲汊道进口主流方向，节点控导作用较强，是本河段主要控制节点

续表

河段	节点名称	节点位置	节点类型	节点(段)长度(km)	造床流量下节点断面参数						节点控导作用强弱
					断面	水位(m)	面积(m^2)	河宽(km)	平均水深(m)	河相关系系数ξ	
扬中河段(五峰山—鹅鼻嘴)	界河口—录安洲、天生港(上)	扬中河段下段、江阴水道进口段	二级、错口对应、人工、局部	2.5	录安洲	2.55	34 560	2.78	12.4	4.2	左一右二交错，间距4～8 km，总体控导作用较强，使江阴水道主流及主槽始终偏南岸一侧
				0.4	天生港(上)	2.43	38 740	1.84	21.0	2.0	
澄通河段(鹅鼻嘴—徐六泾)	鹅鼻嘴—炮台圩	扬中河段与澄通河段分界处	一级、双边、天然、河段	5.0	鹅鼻嘴—炮台圩	2.24	40 990	1.38	29.7	1.3	节点控导作用强，是本河段主要控制节点，与下游黄山、肖山、长山等一起使分汊前主流北偏进入福姜沙左汊
	九龙港	如皋沙群段浏海沙水道右岸	二级、单边、人工、局部	7.0	九龙港	1.88	49 990	1.88	26.6	1.6	位于主流顶冲段，经多次守护形成人工节点段。控制主流进入南通水道的方向，节点控导作用较强
	龙爪岩	通州沙东水道左岸	二级、单边、天然、局部	3～5	龙爪岩***	1.72	55 800	2.00	27.9	1.6	为天然单边节点，河道较宽，对主流有一定控导作用
河口段(江苏)(徐六泾—浏河口、北支西起崇头东至连兴港	徐六泾	澄通河段与河口段分界处	二级、双边、人工、河段	5.5	徐六径	1.53	74 030	4.60	16.1	4.2	控制主流的走势，其对河势及主流控制具有一定的作用，逐渐成为本河段主要河势控制节点
	七丫口	白茆沙河段南北水道汇流段右岸	二级、单边、人工、局部	3.0	七丫口	1.13	105 710	8.45	12.5	7.3	单边控制节点，由于节点河道宽，控导作用较弱

＊节点分类：① 按控制作用强弱分，一级：两岸都控制的节点，二级：一岸固定而另一岸位置不固定的节点；② 按功能分，分单边、双边和错口对应控制节点；③ 按形成原因，分天然和人工节点；④ 按河段中位置，分河段控制节点、局部控制节点。

＊＊河段长度统计：单一河道河段总长 44.8 km，顺直分汊段总长 168.4 km，弯曲分汊总长 39 km，鹅头分汊总长 110.2 km。

＊＊＊龙爪岩节点断面参数统计中，右侧至−2 m 等高线。

附表 2 长江江苏段固滩稳流研究汇总

序号	河段名称		河型	主要洲滩分布	汊道分流分沙比	滩槽演变特征及稳定性	汊道演变特征及稳定性	已实施的滩槽稳定工程及效果	后期重点关注问题
1	南京河段（猫子山—三江口，长约85.1 km）	新生洲新济洲分汊段（猫子山至大胜关）	顺直多级分汊	新生洲及新济洲、子母洲、新潜洲，①洲体0 m线长约10.5 km、3.9 km、5.9 km；②最宽处1.9 km、0.9 km、1.4 km	①新生洲新济洲左汊、右汊长14.5 km、14.7 km，2017年分流比约38%、62%，分沙比略大于分流比；②新潜洲左汊长约10 km，左汊分流比约78%	新生洲和新济洲经守护总体较为稳定，但头部及左缘受水流冲刷仍会有所变化；子母洲、新潜洲近年仍有变化，其变化影响到汊道稳定	①新生洲、新济洲汊道历史上出现交替兴衰的变化，目前右汊为主汊，仍受上游小黄洲汊道变化影响；②新潜洲受上游新济洲汊道及子母洲变化影响，近年汊道仍有所变化	①形成分汊洲滩守护，稳定新生洲头部及新洲尾部右缘顶冲段；②封堵新生洲与新济洲之间中汊，稳定洲滩及汊道；③七坝顶冲段的多次护岸稳定岸坡及河床平面形态，控制河势	①受上游小黄洲影响，各汊道分流比仍不稳定。②南京河段进口上下汊道之间无明显过渡段，汊道间关联性较强。③新生洲头、新济洲尾、新潜洲活动性较强。④近年下三山边滩冲刷，新潜洲右汊有所发展
		梅子洲分汊段（大胜关至下关）	顺直多级分汊	梅子洲、潜洲，①洲体0 m线长10.5 km、3.6 km；②最宽处2.5 km、0.6 km	①梅子洲左、右汊长12.5 km、13.5 km，分流比约95%、5%，右汊分沙比略小于分流比；②潜洲左右汊分流比约80%、20%	梅子洲洲头及左缘经守护后总体较为稳定；潜洲近年来变化较小	多年来梅子洲汊道分流比较稳定；梅子洲左汊出口段潜洲汊道20世纪50至70年代变化较大，70年代后较稳定；新水沙条件下潜洲局部有所变化，仍存在变化可能	①大胜关段已进行多次守护，已形成人工节点，控制主流走势；②梅子洲头及左缘经多次守护，稳定洲头，控制主流走势	梅子洲左汊为长顺直河段，滩槽仍可能变动
		八卦洲分汊段（下关至栖霞山）	鹅头型分汊	八卦洲洲体0 m线长约11.5 km，最大宽度约7.3 km	八卦洲左汊长23.5 km，2017年分流比约14%，右汊长约11.3 km，分流比约86%，左汊分沙比略小于分流比	八卦洲头部及左右缘、右汊燕子矶、天河口水流顶冲点部位、左汊弯道凹岸守护后，滩槽基本稳定；中部河道放宽顺直，三道湾滩槽仍有变动	在整治工程及护岸工程作用下近年较稳定。左汊20世纪80年代洲头守护后，上游来沙减小，在航道疏浚等因素影响下衰退速度变缓	浦口下关经多次守护，已形成对峙节点，控制主流深槽走势。八卦洲头及左右缘已进行守护，稳定沙洲，对右汊内水流顶冲段进行守护，稳定了右汊滩槽	八卦洲左汊总体来说仍呈衰退趋势，右汊内受水流顶冲地段仍存在崩岸险情，如八卦洲头及左右缘、燕子矶段、天河口段
		龙潭弯道段（栖霞山至三江口）	单一微弯	兴隆洲边滩滩体0 m线长约11.6 km、最大宽度约2.5 km	—	对西坝拐头守护及龙潭河口至三江口守护，稳定河势；兴隆洲边滩仍有所变化，易形成心滩下移	龙潭水道经多年治理，主流基本稳定，八卦洲右汊主流偏北顶冲西坝拐头段，拐头凸嘴挑流下右偏，顶冲龙潭河口，然后沿右岸侧经三江口挑流至左岸陡山	龙潭至三江口经多年守护，基本稳定，深槽主流贴岸	龙潭水道凹岸侧水深岸陡，存在崩岸险情，中段河道较宽，凸岸边滩一侧存在活动心滩

续表

序号	河段名称		河型	主要洲滩分布	汊道分流分沙比	滩槽演变特征及稳定性	汊道演变特征及稳定性	已实施的滩槽稳定工程及效果	后期重点关注问题
2	镇扬河段（三江口—五峰山，长约73.3 km)	世业洲分汊段（三江口至龙门口）	弯曲分汊	世业洲洲体0 m线长约13 km、最大宽度约3.9 km	世业洲左汊长约14.0 km、2018年分流比约39%，右汊长约16.1 km、分流比约61%	世业洲进口主流方向及分流点位置，洪季偏北、枯季偏南。航道整治工程前，左汊总体呈冲刷状态，右汊进口河道展宽，滩槽不稳，江中时有心滩出现，工程后河道缩窄，滩槽趋稳	左汊顺直，右汊微弯，左汊向窄深方向发展，右汊较宽，由于左汊发展，有所淤浅。2015年实施航道整治工程，左汊分流比减小，目前处于工程调整期	① 左右汊段两岸崩岸段守护；② 右汊出口以下崩岸段多次守护；③ 深水航道工程对进口段两岸进行守护，采用丁坝缩窄右汊进口，左汊采用护底带限制发展	航道整治工程实施后汊道分流比发生调整，汇流后水流顶冲部位相应变化
		六圩弯道段（龙门口至沙头河口）	单一微弯	征润洲边滩滩体—5 m线长约14.8 km、最大宽度约3.5 km	—	六圩弯道经多次守护，平面形态基本稳定。镇扬河段经多次整治及近期航道整治工程实施，河道主流方向平面形态及主深槽总体较稳定	主流由龙门口一侧向下逐渐左摆至凹岸六圩河口，然后沿左岸至沙头河口下靠和畅洲左缘侧进入和畅洲左汊	① 六圩弯道凹岸崩岸段多次守护，岸线基本稳定。② 进口段龙门口至镇江引航道处于水流顶冲深槽冲刷下延，已经多次守护	河道向窄深方向发展，凹岸侧水深岸陡。凸岸淤长，边滩有被切割形成分汊可能
		和畅洲汊道段（沙头河口至五峰山）	鹅头型分汊	和畅洲洲体0 m线长约5.7 km、最大宽度约3.8 km	和畅洲左汊长约10.5 km、2017年分流比约66%，右汊长约9.5 km、分流比约34%.	和畅洲左汊实施限流工程潜坝附近上下游河床冲淤幅度较大，滩槽变化处于工程调整期。大港水道主槽靠右岸，多年来滩槽较稳定	和畅洲左右汊多次出现交替兴衰的变化，20世纪80年代后左汊成为主汊。航道整治工程实施后，左汊实施限流工程分流比有所减小，目前汊道处于调整期	和畅洲头部、左汊孟家湾、东还原等水流顶冲段的守护。航道整治工程实施，限制左汊发展，对崩岸段进一步守护，目前左汊分流比减小约5%左右	航道整治工程实施，汊道分流比发生较大变化，工程附近局部冲刷幅度大

续表

序号	河段名称		河型	主要洲滩分布	汊道分流分沙比	滩槽演变特征及稳定性	汊道演变特征及稳定性	已实施的滩槽稳定工程及效果	后期重点关注问题
3	扬中河段(五峰山—鹅鼻嘴，长约87.7 km)	太平洲分汊段(五峰山—太平洲尾)	鹅头型多级分汊	① 太平洲、落成洲最大宽度约10.3 km、1.5 km；② 鳗鱼沙水下心滩；③ 高港近岸低边滩	①太平洲左、右汊长约48.7 km、43.9 km，分流比约90%、10%，右汊分流比约79%、21%	左汊进口段受嘶马弯道影响，河道放宽，江中有落成洲分汊，左岸有淮河入江口，上下深槽过渡段滩槽多变，有时出现江中心滩。嘶马弯道出口段受上游汊道汇流及两岸边滩冲淤影响，深槽及主流仍有所变化	① 落成洲右汊20世纪90年代分流比渐增。② 嘶马弯道曾为长江主要崩岸段，自60年代以来多次守护，近年落成洲右汊分流比增加后顶冲点下移。③ 顺直段江中出现淤积心滩，心滩多变	航道整治工程守护落成洲头，限制右汊发展，守护两岸险工段，顺直段鳗鱼沙心滩采用鱼骨坝守护稳定滩槽。嘶马弯道段经多次守护趋稳，左汊两岸水流顶冲段及崩岸段经守护岸线基本稳定	① 近年河道至航道整治工程多，河床局部调整变化较大；② 落成洲汊道分流比调整变化，引起下游汊道汇流点变化；③ 高港低边滩发展变化
		炮子洲录安洲分汊段(太平洲尾—天生港)	顺直多级分汊	炮子洲、录安洲、天星洲：① 洲体0 m线长7.2 km、5.1 km、8.8 km；②最大宽度约3.3 km、1.4 km、1.4 km	① 2017年天星洲左、右汊及炮子洲夹江分流比分别约6.04%、93.71%、0.25%；② 2017年录安洲左、右汊分流比约为90.6%、9.4%	航道整治工程和河道整治工程实施，河势总体趋向稳定，但受来水来沙变化及工程影响，河床水动力条件、冲淤变化、河床滩槽及水流顶冲段仍有所变化	① 天星洲整治刚实施，河床还在调整中；② 炮子洲右汊窄浅较稳定，分流比约1%。③ 录安洲右汊20世纪90年代发展较快，分流比5%～10%，现变化趋缓，左缘主流贴岸顶冲，经人工整治，形成人工节点	天星洲已实施整治工程，稳定洲滩。炮子洲、录安洲左缘守护，防止左缘崩退。主流继续右摆	天星洲整治工程刚实施，河床冲淤变化仍在调整中。录安洲洲头及左缘岸坡较陡，深水贴岸，关注节点段稳定
		江阴水道(天生港—鹅鼻嘴)	单一微弯	北岸近岸水下活动性低边滩	—	南岸边滩围垦，河道缩窄，上段北岸边滩变化，中下段有江中心滩变化，主槽稳定在南岸侧	江阴水道为单一河道，南岸边滩围垦河道缩窄，近年河床总体呈冲刷下切，深槽稳定在靠南岸一侧	进口左岸界河口守护，及右岸边滩围垦岸线守护，进口形成对峙节点控制主流走势	北岸低边滩随来水来沙变化冲淤消长变化，中下段北岸次深槽及江中心滩相应变化

续表

序号	河段名称		河型	主要洲滩分布	汊道分流分沙比	滩槽演变特征及稳定性	汊道演变特征及稳定性	已实施的滩槽稳定工程及效果	后期重点关注问题
4	澄通河段(鹅鼻嘴—徐六泾,长约88.2 km)	福姜沙分汊段(鹅鼻嘴—护漕港)	弯曲型多级分汊	① 福姜沙洲体长约8.3 km、最大宽度约4 km;② 靖江近岸水下活动性低边滩	① 福姜沙左、右汊长约11.7 km、16.1 km,分流比约80%、20%;② 2017年福北、福中和福南水道分流比分别约为43%、36%、21%	① 靖江边滩演变主要受上游来水来沙变化、福姜沙河段河势变化及近岸涨落潮流等因素影响,边滩易受水流作用周期性切割下移,影响到福姜沙左汊滩槽稳定和航道条件;② 航道整治工程实施后,双涧沙头部基本稳定	① 福姜沙左、右汊多年来分流比基本稳定。② 双涧沙整治工程实施有利于福中、福北水道分流格局的稳定	航道整治工程守护双涧沙沙体,稳定福中和福北水道分汊位置,福姜沙左缘丁坝群缩窄左汊河宽,稳定福姜沙头部及其左缘,有利于多汊分流格局的稳定	① 靖江水下低边滩发展变化;② 福南水道弯顶段顶冲部位发展变化
		双涧沙、民主沙分汊段(护漕港—一干河)	弯曲分汊	① 双涧沙、民主沙最宽处2.4 km、2.3 km;② 护漕港水下低边滩−5 m线长约8.4 km、最大宽度约1.2 km	左汊浏海沙水道分流比约70%,右汊如皋中汊分流比约30%	① 受上游来沙影响,福北水道凸岸边滩仍有冲淤消长的变化;② 双涧沙下段及民主沙上段右缘受水流冲刷后退;③ 护漕港边滩、渡泾港下上下深槽过渡滩槽仍不稳定	如皋中汊、浏海沙水道分流比多年来基本稳定	人工护岸工程守护老海坝至九龙港顶冲段,长青沙头部守护稳定了河道平面形态控制河道趋势	双涧沙及民主沙右缘受水流顶冲,冲刷后退,已出现崩岸现象
		长青沙、横港沙分汊段(一干河—西界港)	弯曲分汊	① 长青沙洲体0 m线长约12.3 km、最大宽度约5.9 km;② 横港沙沙体−5 m线长约10.1 km、最大宽度约3 km	左汊天生港水道长约26 km、分流比约1%,右汊主水道分流比约99%;左汊分沙比略大于分流比,约1.5%	① 横港沙下段右缘尚不稳定;② 南通水道河道逐步展宽,涨落潮流路不一致,局部滩槽仍在变化中	天生港水道以涨潮流动力为主,进口入流条件不畅,汊道总体呈缓慢衰退。由于南通水道展宽,局部滩槽不稳,河床冲淤多变。两汊分流比相对稳定	通州沙西水道整治工程后,通州沙洲头得到守护,通州沙沙体上段窜沟实施封堵,有利于双分汊河道格局的形成	① 九龙港水流顶冲段变化;② 横港沙下段右缘尚不稳定;③ 南通水道河道较宽,涨落潮流路不一致,局部滩槽尚不稳定
		通州沙、狼山沙(西界港—徐六泾)	顺直多级分汊	通州沙、狼山沙、新开沙:①沙体−5 m线长约21.3 km、6.6 km、4.9 km;②最宽处7.7 km、3 km、1.2 km	① 进口通州沙东、西水道分流比91%、9%;② 出口新开沙夹槽、狼山沙东水道、狼山沙西水道分流比分别约为9%、66%、25%	① 通州沙南北向窜沟发展变化,影响到局部河势稳定;② 新开沙尚不稳定,水下低边滩发育,局部滩槽仍在变化中	通州沙西水道整治工程实施后,进口东、西水道分流格局基本稳定,维持东水道为主汊的格局不变。航道整治及铁黄沙整治工程的实施,有利于出口分流格局的稳定	航道整治工程实施后,通州沙下段左缘、狼山沙沙体得以稳定;通州沙西水道和铁黄沙整治工程实施后,守护了西水道近岸边滩和铁黄沙沙体	① 新开沙尚不稳定,且东水道河道展宽,心滩发育,滩槽仍不稳定;② 通州沙沙体左缘姚港至营船港段未进行守护,滩面窜沟发育影响周边河势稳定

续表

序号	河段名称		河型	主要洲滩分布	汊道分流分沙比	滩槽演变特征及稳定性	汊道演变特征及稳定性	已实施的滩槽稳定工程及效果	后期重点关注问题
5	长江南北支河段（南支徐六泾—吴淞口、长约70 km；北支崇头—连兴港、长约83 km）	徐六泾河段（徐六泾—白茆河口）	顺直展宽分汊	① 白茆小沙沙体−5 m线长约6.6 km,最大宽度约0.45 km;② 新通海沙已圈围并岸	徐六泾主槽分流比约93%,金泾塘水道分流比约7%	白茆小沙上沙体在头部礁石群掩护作用下,多年来总体较为稳定,但下沙体稳定性较差,2004—2008年下沙体冲失,白茆沙南水道进口段河槽有所展宽,不利于主流及局部滩槽的稳定	徐六泾主槽总体稳定,白茆小沙下沙体冲刷区域近年河床有冲有淤	新通海沙和常熟边滩围垦后,徐六泾河段河宽缩窄,徐六泾节点对下游河势控导作用有所加强	白茆小沙尚不稳定,特别是下沙体冲失后影响研究
		白茆沙分汊段（白茆河口—吴淞口）	顺直展宽多分汊	① 白茆沙扁担沙沙体−5 m线长约6.6 km、40 km;② 最宽处3.6 km、6 km;	①白茆沙南、北水道分流比约69%、31%;② 北港分流比约51%、南港分流比约49%	白茆沙尾部受涨潮流影响,沙尾存在窜沟发育,尚不稳定。扁担沙沙体上窜沟发育多变	白茆沙南、北水道历史上出现交替兴衰的变化,航道整治工程守护白茆沙头部,稳定分汊。近年来南水道分流比增加,水动力增强,近岸冲刷明显,局部冲深已达10 m以上	航道整治工程实施,白茆沙头部缩窄南水道进口河宽,稳定白茆沙头部及其分流格局,改善进口碍航段水深	① 白茆沙尾部仍受涨潮流影响;② 扁担沙滩上窜沟发育影响到周边河势稳定;③ 近年白茆沙南水道进口冲刷、北水道和北支进口淤积,南强北弱趋势进一步加强
		北支河段（崇头—连兴港）	上段弯曲、下段顺直且逐步展宽	永隆沙、兴隆沙已圈围并岸	南、北支分流比约96%、4%,北支分沙比明显大于分流比,约占10%~15%	北支中下段围垦、河床缩窄。北支进口段处于南北支汇潮段,近年河床淤浅,下游围垦,导致涨潮量减少,加剧北支进口淤积	北支河床总体呈萎缩态势。北支中下段经多次围垦,河道不断缩窄,河道上窄下宽,涨潮流为主要动力	北支已进行多次守护即围垦工程,河道缩窄,岸线不断调整,逐渐成为受人工控制的河道	北支中下段由于河道放宽,涨落潮流路不一致,滩槽不稳

附表 3　长江江苏段崩岸守护研究概况汇总

序号	河段名称		险工段名称	位置	长度(km)	坡比	近岸流速(m/s)	冲淤变化	历史崩退情况	工程措施
1	南京河段(猫子山—三江口，长约85.1 km)	新济洲汊道段(猫子山至大胜关)	新济洲左缘	左缘	5.4	1∶2		迎流顶冲岸段，前沿深槽最深－39.2 m，距0 m线约110 m		新济洲整治工程已实施
			新生洲分水鱼嘴段	洲头及右缘	4.6	1∶2.2	1.36	局部区域近岸河床纵向下切，近岸河床最大冲刷下切约3 m，岸坡趋陡	20世纪90年代发生多次崩岸险情	新济洲整治工程已实施
			铜井段	新济洲右汊右岸	6.4	1∶2	1.2	处于主流顶冲岸段，局部岸坡较陡	20世纪末21世纪初发生多次崩岸险情	新济洲整治工程已实施
			七坝段	新潜洲左汊左岸	4.6	1∶1.9	2.45	处于主流顶冲岸段，前沿深槽达到约40 m。上段岸坡较陡	20世纪70年代至今发生多次崩岸险情	整治较早，后期陆续加固
		梅子洲汊道段(大胜关至下关)	大梅段(大胜关——梅子洲)	大胜关右岸，梅子洲头左缘	5	1∶1.5～1∶2	1.25	局部岸坡小于岸坡稳定值，处于主流顶冲岸段，前沿深槽达到－45 m	20世纪末新世纪初发生多次崩岸险情	整治较早，20世纪70年代开始整治，后期加固
			江宁河口	右岸	3.7	1∶1		深槽贴岸，前沿深槽－35 m，距0 m线约100 m，局部岸坡陡		2015年列入新济洲河段整治3.5 km
			浦口段	左岸	8.5	1∶2	2.15	处于主流顶冲岸段，前沿深槽－30 m。2015年局部出现崩窝，局部岸坡较陡	20世纪50至90年代发生多次崩岸险情，2007年发生窝崩，2010年长江主江堤外严重渗漏管涌	20世纪50年代开始整治，早期采用沉排，后期抛石加固
			下关段	右岸	4.2	1∶2.2	1.65	处于主流顶冲岸段，前沿深槽－40 m。电厂煤码头以上岸坡较陡，局部岸坡小于岸坡稳定值，需继续加以关注。	20世纪50年代至今发生多次崩岸险情	20世纪50年代开始整治，早期采用沉排，后期又加固
		八卦洲汊道段(下关至栖霞山)	八卦洲头左右缘	八卦洲	9.9	1∶1.4		主流顶冲，前沿深槽－45 m，距0 m线约140 m。局部岸坡陡		2004年南京河段二期整治实施8.5 km，列入八卦洲河段整治
			天河口	八卦洲	3.3	1∶1		导流过渡段，前沿深槽－40 m，距0 m线约100 m		南京河段二期整治实施1.3 km，列入八卦洲河段整治
			燕子矶	右岸	5.6	1∶1.4		主流顶冲，前沿深槽－45 m，距0 m线约100 m，局部较陡		2010年实施的幕燕风光带岸段加固，长2.3 km。列入八卦洲河段整治
			94679部队	右岸	1.2	1∶1.7		前沿深槽－28 m，距0 m线约90 m，岸坡较陡	2003年出险，实施应急治理	列入全省崩岸应急治理1.26 km

续表

序号	河段名称		险工段名称	位置	长度(km)	坡比	近岸流速(m/s)	冲淤变化	历史崩退情况	工程措施
1	南京河段(猫子山—三江口,长约85.1 km)	八卦洲汊道段(下关至栖霞山)	八卦洲左汊凹岸	左岸	6			位于八卦洲左汊弯道顶冲部位		列入八卦洲河段整治
			西坝段	左岸	5	1∶2	1.93	处于主流顶冲地段,前沿深槽达到−50 m,但局部岸坡坡比小于稳定值,存在抛石块石下滑的可能性,应高度重视	20世纪60年代至今发生多次崩岸险情,2010年划子口河船闸引航道左侧隔堤距入江口约200 m处发生管涌	20世纪70年代开始整治
		龙潭水道(栖霞山至三江口)	三江口段	右岸	7.8	1∶2~1∶3	1.57	崩岸易发段,已进行多次守护。龙潭港四、六期工程附近出现小范围崩窝,岸线后退10~30 m;三江口凸咀段(龙潭二期集装箱码头~三江河口)近年来发生窝窝,附近深槽平均冲深约3 m,−15~−20 m岸坡变陡	20世纪80年代发生多次崩岸险情	20世纪80年代进行整治,2008年三江口出现崩岸
2	镇扬河段(三江口—五峰山,长约73.3 km)	世业洲汊道段(三江口至龙门口)	泗源沟以下段	左岸	4.4	1∶2	1.67	弯道环流、主流贴岸,近岸最深点−30 m。近期冲淤不大,但坡度较陡是长期态势	20世纪90年代,发生多次崩岸险情	已治理长度4.4 km,镇扬三期新护2.8 km,加固1.2 km
			外公记段	右岸	2.8	1∶3	1.05	主流贴岸近期近岸深槽有所回淤,最深点由−18.7 m上抬至−17.7 m,近期变化不大	2000年前后发生多次冲刷崩塌	崩岸长度2.5 km,治理长度1.8 km
			大寨河	左岸	3.5	1∶3		主流靠岸,前沿深槽−20.3 m,距0 m线100 m		镇扬三期整治工程实施
			世业洲头及其左缘	洲体	2.5	1∶1.5	1.73	水流顶冲洲头目前最深点贴近洲头左缘,近期微淤上抬1.5 m至−32.6 m,近岸0~−10 m岸坡近期约有缓和,但仍有冲退后移可能	20世纪60至70年代,洲头发生多次崩岸险情	镇扬河段三期已安排洲头左缘加固1.05 km,新护1.7 km、世业洲左缘新护8.2 km
			世业洲头右缘	洲体	5	1∶2.8	1.77	主流靠岸近期冲刷严重,最深点上移至洲头下侧300 m处,该处近期下切幅度达到8 m,最深点为−11.5 m,距离洲头陡坎约70 m,坡比相对缓和,最陡处在最深点下游700 m开外,近期变化不大	20世纪90年代受水流顶冲后退	已实施较低标准平顺护岸2.4 km,镇扬河段三期已安排世业洲右缘新护2.0 km

续表

序号	河段名称		险工段名称	位置	长度(km)	坡比	近岸流速(m/s)	冲淤变化	历史崩退情况	工程措施
2	镇扬河段(三江口—五峰山，长约73.3 km)	世业洲汊道段(三江口至龙门口)	世业洲左汊左岸	左岸	3.5	1∶3	1.56	主流靠岸已实施低标准护岸2 km，近期近岸深槽下切2 m，最深点达到−20.3 m	—	三期工程已整治
			世业洲左汊尾段右岸	洲体	2.4	1∶1.5	1.25	主流靠岸近期最深点值维持在−30.1 m，但向右岸逼近约80 m，距离右岸陡坎紧70 m，近岸0～−15 m坡度陡峻	—	已实施较低标准平顺护岸0.5 km，镇扬河段三期世业洲尾新护1.61 km，加固1.2 km
			龙门口段	右岸	10.7	1∶1.5	2.15	该段为弯道环流顶冲区域，深水贴岸龙门口上段沿线基本布满码头，码头工程及其相关的护岸工程大大提高了近岸河床的抗冲能力。近期最深点由−45.8 m下切至−47.3 m，近岸局部坡比略有变陡	自20世纪60年代至今发生多次崩岸险情，为崩岸险情多发段	已实施护岸8.5 km。镇扬河段三期：新建护岸2.3 km、护岸加固2.95 km
		六圩弯道段(龙门口至沙头河口)	六圩弯道凹岸段	左岸	10.5	1∶1.5	1.39	弯道环流顶冲最深点下移至京杭大运河下游侧，该处深槽下切10.9 m，最深点达−54.6 m，近岸坡比变化不大	20世纪50年代开始出现崩岸险情	全线已实施平抛和丁坝护岸工程，三期已安排加固5号丁坝至沙头河口段7.2 km
		和畅洲汊道段(沙头河口至五峰山)	沙头河口以下段	左岸	3	1∶2.5～1∶3	1.5	弯道环流顶冲由于弯道顶冲点的变化，沙头河口已建工程前沿冲刷明显，最深点由−45.6 m下切至−51.9 m	20世纪70至90年代发生多次崩岸	已实施平抛工程1.1 km，镇扬河段三期已安排加固沙头河口以下0.8 km
			和畅洲洲头及两缘	洲体	9.4	1∶2	1.15	位于发展中的汊道，主流顶冲江岸，本河段河势变化复杂属强崩区，深坑位于洲头两缘；最深点位于左缘崩窝口门外侧，目前为−63.5 m，相比崩窝发生前下切13.3 m；右缘最深点淤积抬高2.3 m，目前为−48.4 m；最陡处位于洲头，0～−45 m河床处于大尺度陡峻状态	20世纪50年代以来洲头冲刷后退	已实施较低标准平顺护岸9.4 km，深水航道整治已安排和畅洲左缘护岸工程6.3 km
			孟家港段	左岸	4.4	1∶2	1.1	弯道环流顶冲近期近岸深槽下切1.7 m，最深点达到−47.2 m，近岸岸坡陡峻，近岸岸线呈“锯齿”状，河势变化又复杂，需加强监测	20世纪70年代以来发生多次崩岸险情，为崩岸险情多发段	河道治理长度4.4 km，航道护岸加固3.8 km

续表

序号	河段名称		险工段名称	位置	长度(km)	坡比	近岸流速(m/s)	冲淤变化	历史崩退情况	工程措施
3	扬中河段(五峰山—鹅鼻嘴，长约87.7 km)	太平洲分汊段(五峰山—太平洲尾)	四圩头	左岸	2			扬中河段紧扣，缩窄段，历史险工段		深水航道整治实施
			嘶马弯道	左岸	14	1∶1.5	2.11	该段为弯道环流顶冲区域，深水贴岸。弯道中段深槽冲深面积扩大，部分丁坝崩毁，下段护岸工程外缘冲深，岸线缓慢后退，已威胁到建护岸工程的稳定。东三坝—科进船厂为空白段，需要治理	嘶马弯道段崩岸险情多发段，20 世纪 60 年代至今，发生多次崩岸险情	陆续整治
			杨湾—高港段	左岸	3.7	1∶1.6	1.88	位于弯道水流顶冲区，深槽靠岸。受落成洲右汊发展的影响，水流顶冲强度增加，全线以冲刷为主，且幅度较大		—
			丰乐桥段	右岸	3	1∶1.1	1.59	位于发展中汊道进口段，现状江堤外滩面宽度最窄处仅为 40 m	20 世纪 80 至 90 年代，发生多次崩岸险情	—
			太平洲左缘(二墩港—胜利河年丰河段)	洲体左缘	20	1∶1.8	1.05	属强崩区。该段位于太平洲左汊顺直过渡段右岸，河道中部有水下鳗鱼沙心滩(暗沙)。受上段心滩时而扩大连片，左右两深槽冲淤交替发展，出现边滩下移或滩槽易位、近岸河床坍塌等不稳定现象。二墩港段和小决港段仍需进行加固	2017 年 11 月发生崩岸险情	下段已实施低标准治理
			永安洲(小明沟—过船港)段	左岸	9.6	1∶2.1	1.21	深槽靠岸。受鳗鱼沙心滩变化的影响，近期全线以冲刷为主，且幅度较大	20 世纪 70 至 80 年代，发生多次崩岸险情	—
			太平洲右汊大路弯道段	洲体	8	1∶1.1	1.33	弯道水流顶冲由于水流湍急，紊乱，深泓逼岸	—	已实施低标准治理
			太平洲右汊姚桥弯道段	洲体	4.8	1∶1.8	1.32	弯道水流顶冲	—	已实施低标准治理
			太平洲右汊九曲河弯道段	洲体	2	1∶1.6	1.46	弯道水流顶冲目前基本无险情	—	已实施低标准治理
			太平洲右汊六圩港弯道段	洲体	10	1∶1.8	1.15	弯道水流顶冲险情基本消除	—	陆续整治
			太平洲右汊长旺弯道段	洲体	3.5	1∶2.2	1.3	弯道水流顶冲全线已得到治理，2011—2012 年实施加固整治工程，险情基本消除	—	陆续整治
			太平洲右汊兴隆弯道段	洲体	7	1∶2.1	1.05	弯道水流顶冲，险情基本消除	—	已实施低标准治理

续表

序号	河段名称		险工段名称	位置	长度(km)	坡比	近岸流速(m/s)	冲淤变化	历史崩退情况	工程措施
3	扬中河段(五峰山—鹅鼻嘴，长约87.7 km)	炮子洲录安洲分汊段(太平洲尾—天生港)	炮子洲大江侧	洲体	5	局部1∶1.6	1.32	迎流顶冲，深槽靠岸本区域近岸岸坡陡，滩面高程大多在2.5 m左右，主江堤外滩面宽度10～50 m，急需防护	20世纪70炮子洲左缘发生崩岸险情	已实季低标准治理
			夹江炮子洲左缘	洲体	3.3	1∶2	1.37	弯道水流顶冲，基本无险情	—	已实季低标准治理
			录安洲头及大江侧	右岸	6.5	1∶1.8	0.82	主流顶冲、弯道环流冲刷，近岸深槽发育，滩槽高差大，岸坡陡。急需补强	20世纪80年代录安洲左缘及头部冲刷	持续治理
			德胜河—澡港河	右岸	3	1∶1.8	1.23	近期，录安洲右汊进流条件改善，河床刷深5～10 m，—15 m深槽不断发展，串通成槽。近岸河床边坡陡、滩槽高差大，堤外滩地较窄，危及河势的稳定及常州段堤防防洪安全	20世纪90年代录安洲右汊发展出现崩岸险情	—
		江阴水道(天生港—鹅鼻嘴)	上天生港段	右岸	1	1∶2.5	1.55	由于上游河势变化及土质条件较好等因素，基本无险情	—	—
			西界河段	左岸	2	1∶3.1	1.6	水流顶冲，深槽靠岸受录安洲挑流影响，主流左摆，界河口附近水流冲刷强度增大，导致深槽发育，但近岸河床目前仍基本稳定	20世纪70至90年代，发生多次崩岸险情	—
			下三圩—下四圩段	左岸	3	1∶2.5	1.15	水流顶冲，深槽靠岸沿线码头的建设有利于岸线的稳定		—
			炮台圩段(移到澄通河段)	左岸	2	1∶2.8	1.48	河势控制重要节点段，水流顶冲，深槽靠岸		—

续表

序号	河段名称		险工段名称	位置	长度(km)	坡比	近岸流速(m/s)	冲淤变化	历史崩退情况	工程措施
4	澄通河段（鹅鼻嘴—徐六泾，长约88.2 km）	福姜沙河段（鹅鼻嘴—护漕港）	福姜沙右汊凹岸段	右岸	6	1∶2～1∶3	1.43	弯道环流冲刷。河床形态出现明显调整，河槽进一步刷深，宽度缩减，右岸边坡变得更陡，最深点高程－34.6 m	20世纪50至70年代，发生多次崩岸险情，以窝崩类型为主	已实施低标准治理
			双山沙	左侧小北五圩	4	1∶10.8	1.6	深槽靠岸近岸冲刷，河床最大下切深度约8 m，最深点高程－12.7 m	20世纪末至新世纪初，发生多次崩岸险情，以洗崩类型为主	已实施低标准治理
		双涧沙、民主沙分汊段（护漕港——干河）	六助港—长江农场段	左岸	16	1∶20.8	1.27	深槽靠岸，弯道环流冲刷，2001年以来，近北岸深槽底部淤积抬高，至2016年，最大淤积抬升高度达14 m	20世纪80年代，发生多次崩岸险情	已实施低标准治理
			渡泾港—十三圩段（老海坝）	右岸	14.5	1∶7	1.55	弯道环流冲刷，总体呈冲刷态势，2001年主槽最深点高程为－54.9 m，之后主槽河床开始淤积抬高，至2016年淤浅至－45.1 m	20世纪60年代至新世纪初期，发生多次崩岸险情，以窝崩类型为主	已整治
		如皋沙群段（一干河—西界港）	如皋中汊又来沙江岸	左岸	3.9	1∶2.7	1.37	断面稳定，变化幅度小，最深点高程－24.4 m	20世纪90年代，发生多次崩岸险情，以窝崩、条崩为主	已实施低标准治理
			如皋中汊长青沙	西南缘	2	1∶2.9	1.33	深槽靠岸断面稳定，变化幅度小，最深点高程－43.3 m	20世纪80年代、2005年至今，发生多次窝崩为主崩岸险情	已整治
			新跃涵洞段	天生港水道左岸	2	1∶5.3	1.39	深槽靠岸，弯道环流冲刷，最深点高程－7.5 m		已实施低标准治理
		通州沙河段（西界港—徐六泾）	通吕河口—龙爪岩段	左岸	10.8	1∶6.6	1.95	该段为弯道环流顶冲区域，深水贴岸近期断面稳定，变化幅度较小，深泓最深点高程－44.1 m	20世纪80年代及近期2012年发生多次崩岸险情	已实施低标准治理
			东方红农场段	左岸	2		1.71	位于河道束窄段冲刷段已实施较低标准平顺、丁坝护岸2 km，沿岸均建有码头，已形成较稳定的岸线边界条件。目前基本无险情	20世纪80年代，发生多次崩岸险情	已实施低标准治理
			福山塘—徐六泾段	右岸	10		1.21	属于风浪洗滩，全线已实施低标准水上护坡工程，目前基本无险情		已整治

续表

序号	河段名称		险工段名称	位置	长度(km)	坡比	近岸流速(m/s)	冲淤变化	历史崩退情况	工程措施
5	长江南北支(南支河段长约70 km,徐六泾—吴淞口;北支河段长约83 km,崇头—连兴港)	徐六泾河段	徐六泾节点	右岸	7		1.69	主流顶冲,全线实施平顺护岸		已整治
		白茆沙河段(白茆河口—吴淞口)	新太海汽渡至七丫口段	右岸	19.4	1∶1.3	1.25	新险工段,近年发生强烈冲刷,右岸华能石化码头附近冲刷剧烈,最深点高程达−56 m,附近涉水工程随时可能发生坍塌	—	出现新险情
			东方红农场	左岸	2.5			河道束窄段,潮流顶冲区域。历史险工段		已实施低标准
		北支河段(崇头—连兴港)	青龙港至大新河段	左岸	10	1∶2.4	1.48	河道凹岸受环流掏刷及水流顶冲,易崩塌,老险工段,近岸深槽最深点高程达−10 m	20世纪50至80年代发生多次窝崩险情。新世纪初发生多次崩岸险情	已实施低标准治理
			庙港至新村沙头部	右岸	7.1	1∶2.4	1.32	河道凹岸段,受主流摆动冲刷,有老险工也有新险工,深槽最深点高程达−11 m	—	有新险情
			牛鹏港至新跃沙	右岸	5.5	1∶1.9	0.65	新险工段,涌潮区冲刷导致,近岸深槽−10 m,逐年向右岸逼近,牛棚港近岸岸坡极陡	—	未整治